国家自然科学基金项目（52460028，52000045）
贵州省青年学术先锋建设资助项目

博弈战略

原理与应用

支　援◎著

中国财经出版传媒集团

经济科学出版社
Economic Science Press

·北　京·

图书在版编目（CIP）数据

博弈战略：原理与应用／支援著. -- 北京：经济
科学出版社，2025.1. -- ISBN 978 - 7 - 5218 - 6595 - 0

Ⅰ. O225

中国国家版本馆 CIP 数据核字第 2024B6N689 号

责任编辑：张　燕　李　宝
责任校对：靳玉环
责任印制：张佳裕

博弈战略：原理与应用
BOYI ZHANLÜE：YUANLI YU YINGYONG
支　援　著
经济科学出版社出版、发行　新华书店经销
社址：北京市海淀区阜成路甲 28 号　邮编：100142
总编部电话：010 - 88191217　发行部电话：010 - 88191522
网址：www. esp. com. cn
电子邮箱：esp@ esp. com. cn
天猫网店：经济科学出版社旗舰店
网址：http：//jjkxcbs. tmall. com
北京季蜂印刷有限公司印装
710 × 1000　16 开　25.5 印张　430000 字
2025 年 1 月第 1 版　2025 年 1 月第 1 次印刷
ISBN 978 - 7 - 5218 - 6595 - 0　定价：118.00 元
（图书出现印装问题，本社负责调换。电话：010 - 88191545）
（版权所有　侵权必究　打击盗版　举报热线：010 - 88191661
QQ：2242791300　营销中心电话：010 - 88191537
电子邮箱：dbts@ esp. com. cn）

前言

博弈论是对策略形势的研究，它是以数学为主要分析工具，研究理性的决策主体在其行为发生直接的相互作用时的策略选择及策略均衡的理论。无论是在日常生活中，还是在经济、社会乃至自然界中，都广泛存在博弈现象，这些都是博弈论的研究范围。

博弈论在经济、社会及工程等诸多领域的重要性已成为共识。自1994年诺贝尔经济学奖第一次被授予博弈论研究者以来，已有众多从事博弈论相关领域研究的学者获得了诺贝尔经济学奖，反映出博弈论在理论和实践应用方面均具有极大的价值。

博弈论之所以受到越来越多的关注，是因为其数学逻辑的严谨性、精确性和实际应用的价值性。从博弈论的价值看，如果忽视了实践应用，它就只是数学的一个分支，然而若只强调博弈的经济意义和战略思维而忽视了数学严密的形式逻辑，又容易流于庸俗化。本书尝试将博弈论的理论意义与实践价值有机结合，以期对博弈论基础原理进行深入浅出的表述，帮助读者加深对博弈理论的理解，并增强分析博弈实例的能力。

在当今国际形势变化、科技进步及建设生态文明的时代，博弈论研究也随之不断发展革新。一方面，国际关系、互联网经济和生态文明建设等方面的新兴博弈问题，逐渐进入人们的视线；另一方面，计算机、互联网和人工智能等领域的发展为博弈战略的分析与求解提供了功能强大、快捷高效的计算和分析工具。本书对这些方面的部分问题进行了介绍和解析。

全书布局思路如下所述。

（1）在现代博弈战略经典内容的框架下，选取了在当今现实中具备重要应用价值，但在一些博弈理论研究中较少涉及的问题，如商业中的公平分割问题、社会中的族群隔离问题、资源科学中的虚拟水调度问题等。

（2）涉及了博弈论的发展前沿，如进化博弈、信息经济理论等。

（3）突出了相应的实例分析的实用性，而不仅仅是对理论的单纯解释。在实例的引入方面，力求确保其真实性，突出介绍在分析实际问题与解决问题方面的逻辑和思路。

（4）体现博弈论在社会、人文方面的价值。本书从社会治理、思政建设角度对一些理论和实例进行了解读，希望从更为广泛的应用价值发掘的角度体现博弈论的博大精深。

（5）应用博弈论分析了部分自然科学方面的问题，如生物进化、水资源管理问题等。

感谢国家自然科学基金项目（52460028，52000045）、贵州省青年学术先锋建设资助项目对本书的支持。

支 援

2024 年 12 月

目 录

Contents

第1章　绪　　论

博弈论（game theory），是以数学为主要分析工具，研究理性的决策主体在其行为发生直接的相互作用时的策略选择及策略均衡的理论，也称为对策论、赛局理论等。博弈论既是现代数学中的一个新兴门类，又是运筹学的一个分支学科，它研究具有斗争或竞争性质的现象，关注博弈活动中个体的预测行为和实际行为，并探索其优化策略。博弈论的思想深刻、内容丰富，自从其诞生以来，已经发展成为经济学的标准分析工具之一，在经济学、金融学、证券学、国际关系、政治学、军事战略、生物学、计算机科学和其他众多领域都得到了广泛的应用。博弈论的诞生和发展，把经济学及相关交叉学科推向了新的高峰。

1.1　博弈论的内涵

1.1.1　博弈的含义

博弈是指在一定的规则约束下，基于直接相互作用的环境条件，各参与人依靠所掌握的信息，选择各自策略（行动），以实现自身利益最大化和风险成本最小化的过程，简而言之就是人与人之间为了谋取利益而竞争。

有人将著名的"电车难题（trolley problem）"进行了改编，用来解释"什么是博弈"："电车难题"是英国哲学家菲利帕·福特（Philippa Foot，1967）提出的，是伦理学领域最为知名的思想实验之一，福特用它来批判伦理哲学中的功利主义等思想。该问题可表述为：如图1-1所示，几个无辜的人被绑在一条电车轨道上。此时一辆失控的电车朝他们驶来，很快即将碾压到他们。此时，"你"可以拉动一个拉杆，使电车变道，开到另一条轨道上，避开这几个人。然而问题在于，在另一条电车轨道上也绑着一个无辜的人。在这种情况下，你会拉动拉杆吗？

图1－1   电车难题示意

资料来源：笔者用绘图软件自行绘制。

上述电车难题是一个单人选择的问题，尚不属于一种博弈。而在博弈论领域，经过改编的电车难题变为如下形式。

如图1－2所示，几个无辜的人被绑在电车轨道上。此时两辆失控的电车从两个方向相向地朝他们驶来，并且很快就要碾压到他们，若如此，这两辆电车也会相撞并在轨道中间停下来。此时，"你"和另外一个旁观者可以各自拉动一个拉杆，让两辆电车分别开到一条空着的备用轨道上，这样可以救下所有人。但假如你和另外那个旁观者中只有一方拉动拉杆，则只有拉动了拉

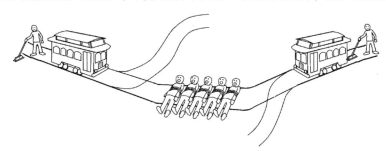

图1－2   一个变体的电车难题

资料来源：笔者用绘图软件自行绘制。

杆那一侧的电车会开到备用轨道上，另外一台电车会压过轨道上的几个人，然后撞上拉动了拉杆的那一方。你不知道另外那位旁观者的想法，也无法与其沟通。考虑上述状况，你是否决定要拉动拉杆？

这个变体的电车难题就是一种博弈——事件的结果不但取决于被观察的某一个当事人（问题中的"你"）的选择（或称策略），也同样取决于其他人（问题中的另一旁观者）的选择。这种问题所描述的情况也被称为"策略形势""策略的相互作用"或"策略性环境中的决策"。

博弈现象自古有之。实际上"博弈"在汉语中是由"博"和"弈"两个各自具有独立含义的单字词组合而来。"博"，即六博，又作陆博，是中国古代民间一种掷采行棋的博戏类游戏，使用六根博箸，行棋前先投箸，据投箸结果行棋，所以称为六博。有观点认为，象棋类游戏可能就是从六博演变而来。

从一些古籍记录可以看出，六博的产生很可能早在春秋时代之前。《史记·殷本纪》中就记载了大约公元前1147年~公元前1113年在位的商朝帝王武乙玩六博的记录："帝武乙无道，为偶人，谓之天神，与之博，令人为行，天神不胜，乃僇辱之。"（帝王武乙昏庸无道，曾经制作一个人偶，把它称为"天神"。武乙与"天神"进行博戏，命令旁人替它走棋。"天神"输了，武乙就侮辱它。）

《穆天子传·卷五》中则记载了大约公元前976年~公元前922年西周君主周穆王玩博戏的经历："天子北入于邴，与井公博，三日而决。"（周天子向北进入邴地，与井公玩博戏，三天才结束。）

《孔子家语·卷一》中也有古代思想家、教育家孔子对六博的评论："哀公问于孔子曰：'吾闻君子不博，有之乎？'孔子曰：'有之。'公曰：'何为？'对曰：'为其有二乘。'公曰：'有二乘，则何为不博？'子曰：'为其兼行恶道也。'"

可见六博在孔子所处的春秋时代是一种常见的娱乐活动。孔子认为，因为玩六博双方会相互争胜（乘：欺凌；二乘：二人相互侵凌争胜），君子玩六博时相互激烈争胜就容易不择手段，就容易使思想走上邪路。孔子对于六博的这种观点，可能是为了借题发挥，劝谏鲁哀公要正道直行。不过孔子的这种观点在史书上确实可以找到一些实例作为其佐证，例如《史记·吴王濞列传》中就记录了一次因为玩六博争胜负而闹出人命的事件：

"孝文时，吴太子入见，得侍皇太子饮博。吴太子师傅皆楚人，轻悍，又素骄，博，争道，不恭，皇太子引博局提吴太子，杀之。"（汉文帝在位时，吴王刘濞曾经派吴太子刘贤入京朝见，汉文帝出于礼遇，便命令太子刘启陪吴太子饮酒、玩博戏。吴太子的老师都是楚地人，浮躁强悍，又平素骄纵，吴太子与皇太子玩博戏时，为下棋发生争执，吴太子态度不恭敬，皇太子拿起棋盘掷击吴太子，打死了他。）

而"弈"同样是一类与策略、胜负有关的活动，即围棋。东汉时期许慎所著《说文解字》中就有"弈，围棋也"。东汉班固的《弈旨》中也有"北方之人谓棋为弈"的记述。围棋可以说是棋类之鼻祖，至今已有4000多年的历史。据先秦典籍《世本》记载："尧造围棋，丹朱善之。"围棋在春秋战国时期已经在社会上广泛流传，例如《论语·阳货》中记载："子曰：'饱食终日，无所用心，难矣哉。不有博弈者乎？为之犹贤乎已。'"（孔子说："整天吃得很饱，什么心思也不用，这就很难办啊！不是有博戏、围棋之类的游戏吗？玩这些，也比什么都不做要好。"）《孟子·告子上》中记载："弈秋，通国之善弈者也。使弈秋诲二人弈，其一人专心致志，惟弈秋之为听；一人虽听之，一心以为有鸿鹄将至，思援弓缴而射之。虽与之俱学，弗若之矣。为是其智弗若与？曰：非然也。"（弈秋是全国闻名的下棋能手，让弈秋同时教两个人下棋，其中一个专心致志，只听弈秋的话；另一个虽然也在听，但心里面却老是觉得有天鹅要飞来，一心想着如何张弓搭箭去射它。这个三心二意的弟子虽然与那个专心致志的弟子一起学习，棋艺却比不上专心致志的弟子。是因为他的智力不如那个人吗？回答很明确：当然不是。）这是史料中第一位有名字记载的职业棋手——弈秋。

从上述例子可以看出，博弈是一种历史悠久的现象，并被人们记录、尝试和总结。可以认为，博弈就是策略对抗，或策略有关键作用的游戏或竞争活动。观察一些游戏和经济活动等决策竞争行为，可以发现其共同的特征，即博弈的基本特征：有两个以上参与人（可能是自然人，也可能是组织、团体等），具有一定的规则、策略选择和结果，策略和结果（利益）相互依存，策略在其中具有关键作用，等等。

现实中，博弈现象无处不在。它涉及经济、社会和政治活动，体现在体育竞技、文化娱乐、生物、计算机、军事等领域，广泛地存在于工作场合或私人生活中，因此博弈现象确实值得系统地研究。

1.1.2　博弈论的含义

前文已经解释了博弈是一种"策略形势"（strategic situation）——事件的结果并不只取决于单个参与人自身的选择，而是由各个参与人策略选择的共同作用所决定的。因此博弈论可以被定义为"一种研究策略形势的理论"。

可以通过一些例子进一步说明什么是"策略形势"，如下所述。

先分析"什么情况不属于策略形势"。例如，微观经济学中常见的例子：完全竞争市场中的生产者企业。由于完全竞争市场中的生产者和消费者数量众多，没有任何一方能够操纵市场价格，市场需求曲线和供给曲线相交的均衡点决定了市场的均衡价格。所以各个生产者企业是既定市场价格的被动接受者，各企业不会也没有必要去改变均衡价格水平，因为企业的任何偏离这一均衡价格的提价或降价行为，都会造成对本企业产品需求的骤减或利润的不必要流失。因此它们也就不必考虑其竞争对手企业的行为。

又例如微观经济学中与完全竞争相对的另一种情况：完全垄断市场。由于垄断企业控制了整个行业的供给，也就控制了整个行业的价格，成了价格的制定者。垄断企业会考虑需求曲线，根据利润最大化原则确定其产量和价格。垄断企业没有竞争对手，自然无须考虑其对手的行为，这种情况也不属于策略形势。

介于上述两者间的情况就是策略形势，即不完全竞争的情况——既不是完全竞争，也不是完全垄断。比如在电子产业中，英特尔公司可能会关注AMD、微软、英伟达公司等明面上或潜在竞争对手的行为，而其他几家公司也同样会这么做，它们的决策会相互影响。

策略形势的书面定义就是：行为影响结果，而结果不仅取决于当事人自己的行为，还取决于其他参与者的行为。博弈论关注的就是这类互相依存（interdependence）的问题。在博弈中，每一个个体都在猜测：其他个体面临的选项是什么？其他个体将选择采取什么样的行动？（当某一方的最优行动选择依赖于其他参与方的行动选择时，这个问题尤其令人关注。）所有人的行动共同导致了怎样的结局？对于个体而言，这个结局好吗？对整个群体而言是否最优？博弈不止进行一轮，而是重复多次，结局会和只博弈一次时有什么差异吗？如果某一个或几个个体对群体内其他个体的选择没有充分的把握，博弈将发生怎样的变化？……诸如此类的问题都是博弈论研究的范畴。

从学科发展的角度来看，博弈论是由美国数学家冯·诺依曼（Von Neumann）和经济学家奥斯卡·摩根斯坦（Oskar Morgenstern）于 1944 年创立的带有方法论性质的学科。它是研究理性的决策主体在其行为发生直接的相互作用时的策略选择及策略均衡的理论。它是应用数学的一个分支，也是运筹学的一个重要学科，是研究具有斗争或竞争性质现象的理论和方法（张维迎，2012）。博弈分析的关键步骤是找出在面对竞争时自己的最佳反应策略（给自身带来最大收益的策略）。

博弈论是自然科学与社会科学完美渗透的结晶，在经济学、管理科学与工程理论体系中占据重要地位。获得诺贝尔经济学奖的美国经济学家萨缪尔森曾盛赞："如果你想成为一个有文化的人，你必须对博弈论有个大致了解。"

博弈论有三大主要功能：第一种功能是解释。现实中许多事件的发生、发展和结果促使人们探寻其中的原因，在多个具有不同目标的决策者进行互动的情况下，博弈论为理解其局势提供了钥匙。例如，商战中的割喉式竞争（当某产品需求高时，价格上升，于是大家一窝蜂跟进生产，导致供过于求。为了求售，只好削价到甚至低于成本的价位来销售）往往是对立企业双方陷入"囚徒困境"的结果。博弈论能够帮助人们分析这些事件的成因和发展过程。

第二种功能是预测。在观察多个博弈参与人的策略互动时，可用博弈论预测其将采用的策略行动以及结果。当然，对特定背景下的推测还有赖于细节信息。博弈论可以帮助人们对各种类型的博弈进行分析，进而培养这种预测能力。

第三种功能是提出建议。博弈论可以为博弈参与人提供辅助，告诉参与人哪些策略行动可能获得良好的结果，哪些可能带来糟糕的结果。这类决策建议仍然是要依据实际状况而定，但博弈论能总结出一些普适性的原则与技巧，人们可以将其运用到各种不同的情形之中。

当然，理论本身并不能总是完美地发挥上述三种功能。要解释事件的结果，人们必须先正确理解参与人的行为和动机。博弈论研究中，多数时候会采用一套简化分析的方法，即个体参与人理性选择和互动均衡的框架，现实中的参与人与互动性质不一定完全符合这种研究框架。

下面这个例子可以解释非理性人假设情况下的问题：

有一个人遇见神仙。神仙说："现在我可以满足你任何一个愿望，但前提是你的邻居会得到双份。"那个人高兴不已。但他仔细一想，如果自己得到一份土地，邻居就会得到两份土地了；如果要一箱金子，邻居就会得到两箱金子了……他想来想去，不知道提出什么要求才好，他实在不甘心被邻居"占便宜"。最后，他一咬牙，对神仙说："哎，你把我打成半死吧。"

故事中此人的行为显然不符合理性人假设。博弈论研究的理性人假设中，一般不考虑"嫉妒"这样的因素（除非把这类心理因素也定量化地纳入自己的收益函数之中），每个人只是在考虑实现自身利益的最大化，并不关心别人到底是得到了利益还是付出了代价。

1.2　博弈论发展简史

1.2.1　古代博弈思想

博弈思想自古有之、历史悠久，虽然古人尚未形成一套完整的理论体系和方法，但博弈论的思想和实践活动却可以追溯到 2000 多年前。除了前文所述的棋类活动外（如《橘中秘》《梅花谱》《韬略元机》等象棋古籍，实际上是对象棋比赛博弈对策的深入研究），历史文献中也记载了其他多种类型的博弈活动。

《史记·孙子吴起列传》中记载了"围魏救赵"的故事：战国时（公元前 353 年），魏国进攻赵国，围攻赵国都城邯郸。赵国求救于齐国。齐将田忌、孙膑率军救赵。齐军趁魏国都城大梁兵力空虚，直攻魏国大梁。魏军被迫回师救援，齐军乘其疲惫，于中途大败魏军，遂解赵围。

《史记·孙子吴起列传》中还记载了另一个经典的博弈问题"田忌赛马"：忌数与齐诸公子驰逐重射。孙子见其马足不甚相远，马有上、中、下辈。于是孙子谓田忌曰："君弟重射，臣能令君胜。"田忌信然之，与王及诸公子逐射千金。及临质，孙子曰："今以君之下驷与彼上驷，取君上驷与彼中驷，取君中驷与彼下驷。"既驰三辈毕，而田忌一不胜而再胜，卒得王千金。（田忌经常与齐国诸公子赛马，设重金赌注。孙膑发现他们的马脚力都差不多，可分为上、中、下三个等级。于是孙膑对田忌说："您只管下大赌注，我能让您取胜。"田忌相信并答应了他，与齐王和诸公子用千金来赌胜。比赛即将开始时，孙膑说："现在用您的下等马对付他们的上等马，用您的上等马对付他们的中等马，用您的中等马对付他们的下等马。"三场比赛完后，田忌一场负而两场胜，最终赢得齐王的千金赌注。）

在这个故事中，齐王的三匹马出场顺序安排理论上有 6 种：上中下、上下中、中上下、中下上、下上中、下中上。田忌的三匹马出场顺序也同样有这 6 种。这样一共有 $6 \times 6 = 36$ 种可能的对局情况。其中齐王赢 3 场的对局有 6 种，赢 2 场的对局有 24 种，赢 1 场（田忌赢 2 场）的对局有 6 种。总的来看，田忌胜利的可能性只有 $6/36 = 1/6$。既然田忌胜利的可能性这样小，孙膑帮助其取胜的关键原因就在于齐王并没有活用 6 种可能的出马顺序，而是固定的"上中下"排列顺序，即田忌、孙膑需要求解的是"在给定齐王策略不变的情况下如何取胜"这一问题，这也反映了信息在博弈中的关键作用。

在国外，博弈论的思想与实践活动也有悠久的历史。例如犹太教法典记载了公元前 2 世纪～公元 5 世纪的犹太教法律及传统。法典中记述了一个"三人争遗产"问题，被人们认为是人类认识博弈论的最早实例之一。其中提出的几条分配争议财产的原则，在 1985 年被罗伯特·奥曼（Robert Aumann）和迈克尔·马希勒（Michael Maschler）证明在保护了弱者的利益的同时仍然保持了博弈规则的公正性，且与现代博弈论的原理相符合。

1.2.2 现代博弈论的起源与发展

1944 年以前，博弈论尚未形成完整的思想体系和方法论体系，研究者们主要关注严格的竞争对策的研究，即通常所称的二人零和博弈。这一时期形成了一些重要的基本概念和定理，这些研究成果成为现代博弈论发展的基础。早在 1838 年，法国经济学家古诺（Cournot）在分析生产者竞争时，就利用均衡概念研究了寡头市场的情况，并使用了"解"的概念，该概念实际上是后来的纳什均衡的一种表达形式，古诺模型被看作早期博弈研究的起点。1881年，英国经济学家埃奇沃斯（Edgworth）提出了"契约曲线"（contract curve）作为决定个体之间交易结果问题的一个解，契约曲线不仅是资源经济学中的重要概念，也被认为是后来合作博弈论中的重要概念"核"的一个特例。1883 年法国经济学家伯特兰德（Bertrand）提出了伯特兰德模型，描述了通过价格进行竞争的寡头博弈情况，与通过产量进行竞争的古诺模型可谓各表一枝、相得益彰。

1913 年，德国数学家恩斯特·策梅洛（Ernst Zermelo）提出了博弈论中第一个定理——策梅洛定理（Zermelo Theorem），尽管策梅洛定理的适用范围是具有完全信息的双人零和博弈，但它的影响是巨大的，在 20 世纪五六十年代曾引起许多博弈论专家和经济学家的广泛深入研究。1921～1927 年，波莱尔（Emile Borel）发表了一系列关于策略博弈的论文，首次提出了博弈的混合策略的现代表达形式，并找到了双参与人博弈中有两个以上的可选策略时的最小最大解。1928 年，冯·诺伊曼证明了矩阵对策基本定理，也称为最小最大值定理，该定理被认为是博弈论的精华，博弈论中的许多概念都与该定理相联系。冯·诺伊曼是美籍匈牙利数学家、计算机科学家、物理学家，被认为是 20 世纪最重要的数学家之一，他在纯粹数学、应用数学、物理学、现代计算机、博弈论、核武器和生化武器等领域内都作出了贡献，被后人称为"现代计算机之父""博弈论之父"。1930 年，丹麦经济学家祖森（Zeuthen）的著作《垄断问题与经济竞争》出版，其中提出了一个关于讨价还价问题的解。此外，在这一时期还提出了博弈的扩展形式、纯策略、策略形式、混合策略、个体理性等重要概念。

1944 年，普林斯顿大学的数学家冯·诺伊曼和经济学家摩根斯坦合著的《博弈论与经济行为》一书出版。此书的出版，被认为是博弈论正式成为一种系统理论的标志，它构建起了博弈论这一学科的理论框架，为现代经济博弈论奠定了基础。该书不仅详述了双人零和博弈的理论，也在博弈论的其他若干领域做出了开创性研究，如合作博弈、可转移效用、联盟博弈和冯·诺伊曼–摩根斯坦（v–N–M）效用函数等。正是通过冯·诺伊曼和摩根斯坦对经济行为主体行为特征的分析，才使经济学家们了解到博弈论这一新工具在分析和研究经济问题时的用途。

20 世纪 50 年代是博弈论蓬勃发展的时期，在这一时期，产生了许多著名的博弈论专家，涌现出了一系列重要概念和理论，构建了现代博弈论的理论体系。1950～1953 年，约翰·纳什（John Nash）发表了一系列有划时代意义的论文。纳什提出了非合作博弈均衡即"纳什均衡"，并证明了纳什定理，即纳什均衡的存在性定理；纳什还提出了"纳什方案"及其实施，该方案建议对合作博弈的研究可通过简化为非合作博弈形式来进行；此外，纳什还创立了公理化讨价还价理论，证明了讨价还价博弈的纳什均衡解的存在性。纳什的这些研究，为非合作博弈的一般理论和合作博弈的讨价还价理论奠定了基础。纳什曾罹患精神分裂症，20 世纪 80 年代末期渐渐康复，并于 1994 年和另两位博弈论学家约翰·海萨尼（John Harsanyi）和莱因哈德·泽尔腾（Reinhard Selten）共同获得诺贝尔经济学奖。以纳什为原型的剧情片《美丽心灵》于 2002 年上映。罗伯特·奥曼（Robert Aumann）评价这一时期为："（20 世纪）40 年代末 50 年代初是博弈论历史上令人振奋的时期，原理已经破茧成蝶，正在用它们的双翅试飞……一批巨人活跃着。"①

1950 年，美国兰德公司（一家以军事为主的重要综合性战略研究机构）的梅里尔·弗勒德（Merrill Flood）和梅尔文·德雷舍（Melvin Dresher）拟定了一种博弈困境的理论，后由普林斯顿大学的阿尔伯特·塔克（Albert Tucker）将其表述为"囚徒困境"。1952 年，约翰·麦克金斯（John Mckinsey）出版了第一本博弈论教材《博弈论入门》。1953 年，哈罗德·库恩（Harold Kuhn）提出了博弈模型扩展式表述；罗伊德·沙普利（Lloyd Shapley）定义了聪明联盟博弈解的概念，即著名的"沙普利值"。此外，沙普利还开创了随机博弈理论。1957 年邓肯·卢斯（Robert Duncan Luce）和霍华德·瑞法（Howard Raiffa）出版了有广泛影响的《博弈与决策》一书。1959 年，数学家吴文俊发表了中国博弈论研究的开山之作《关于博弈理论基本定理的一个注记》，并在《博弈论杂谈：（一）二人博弈》中借由"田忌赛马"的故事介绍了中国古代的博弈论思想；同年，马丁·舒比克（Martin Shubik）出版了《策略

---

① Aumann R. Game Theory [M] //Eatwell J., Milgate M., Newman P. The New Palgrave Dictionary of Economics. London: Palgrave Macmillan, 1987: 460 – 482.

与市场结构：竞争、垄断与博弈论》一书，博弈论开始正式被应用在经济学中。在 20 世纪 50 年代末期，对重复博弈的研究开始出现，罗伯特·奥曼在博弈研究中定义了强纳什均衡和相关均衡的概念。此外，这一时期还出现了一些关于随机博弈和动态博弈的研究成果。总之，在 20 世纪 50 年代，已经形成了以纳什的非合作博弈理论为核心的现代博弈论体系。

20 世纪 60 年代是博弈论进一步发展和完善的时期，博弈论研究者们一方面系统地阐述和证明了一些重要的基本概念，另一方面对合作博弈的解、核、稳定集等理论进行了更深入的研究和发展。吴文俊（1961）率先提出了有限非合作博弈的本质均衡的概念，并给出了其存在性证明。罗伯特·奥曼和贝扎雷·皮莱格（Bezalel Peleg）（1960）、戴维斯和马希勒（Davis M and Maschler M，1965）、沙普利（1969）等系统研究了非转移效用的联盟博弈问题，对合作博弈理论进行了完善和发展。博弈论研究在地域上也突破了原本集中于美国普林斯顿大学和兰德公司的局限，在以色列、德国、比利时及苏联等都建立了研究中心。20 世纪 60 年代，博弈论研究的重要成果之一是不完全信息博弈理论的建立。1966 年，奥曼和马希勒在研究中提出了具有不完全信息的无限重复博弈。同年约翰·海萨尼对合作博弈和非合作博弈的区别作出了定义，该定义是迄今使用最普遍的一种。1967 年海萨尼在《管理科学》（*Management Science*）期刊上发表了著名的《由贝叶斯博弈者进行的不完全信息博弈》一文，从而建立了不完全信息博弈理论，为信息经济学的发展奠定了理论基础。这一时期的另一项重要研究成果是 1965 年莱茵哈德·泽尔腾所提出的具有子博弈完美均衡概念的精炼纳什均衡。然而，尽管博弈论在这一时期得到了较大的发展，但在主流经济学范畴内的应用还不多，仍然是一个相对独立的研究领域。

20 世纪 80 ~ 90 年代是博弈论的成熟期。在 1970 ~ 1989 年，博弈论取得了长足的发展。一方面，博弈理论自身在众多方面都取得了重大突破，包括策略均衡、谈判理论、声誉模型、多人博弈、随机博弈、重复博弈等，不仅完善了博弈理论体系，也为博弈论的实践应用打下了理论基础。另一方面，博弈论被广泛应用到经济学、哲学、生物学、计算机科学等学科中，在实践中被广为传播，并日益被人们（尤其是经济学家们）所认同和接受。这一时期博弈论的发展在以下方面的表现较为突出。

（1）在策略均衡概念的研究方面进一步发展和改进。海萨尼（1973）否认了博弈者利用随机化装置来决定其行动的传统观点，认为没有人能真正地做到随机化，随机化的出现是由于收益没有确切地被所有人知道，每个确切地知道自己收益的博弈者都有唯一一个最优行动。奥曼（1974）提出了相互关联的均衡的概念。泽尔腾（1975）定义了"颤抖手精炼均衡"的概念，此概念是对子博弈精炼纳什均衡的真正改进。

（2）在不完全信息博弈领域的研究，丰富了博弈论的理论体系和研究内容，并使博弈论研究更接近现实。乔治·阿克尔洛夫（George Akerlof，1970）解释了非对称信息可能导致逆向选择问题的原理。迈克尔·斯宾塞（Michael Spence，1973）研究了劳动力市场上非对称信息博弈中教育作为信号的作用。1976年，迈克尔·罗斯柴尔德（Michael Rothschild）和约瑟夫·斯蒂格利茨（Joseph Stiglitz）发表了对保险市场中的不完全信息博弈的研究。奥曼（1981）发表了论文《重复博弈的一个考察》，首次提出了应用离散数学和自动机理论来描述一个重复博弈中的参与者，研究了存在约束下的博弈方的相互作用行为。1982年，大卫·克雷普斯（David Kreps）和罗伯特·威尔逊（Robert Wilson）把子博弈精炼均衡的思想引入扩展式的子博弈中，称为"序贯均衡"。克雷普斯和威尔逊还研究了不完全信息博弈中的声誉问题。亚伯拉罕·内曼（Abraham Neyman，1985）和阿里尔·鲁宾斯坦（Ariel Rubinstein，1986）系统地阐述了重复博弈中的有限理性思想，探索分析了重复博弈条件下的囚徒困境问题。1988年，德鲁·弗登伯格（Drew Fudenberg）和大卫·克雷普斯最早研究了学习博弈中，参与者如何利用学习过程了解均衡的问题。

（3）在生物进化论的应用研究方面取得重要突破。1972年约翰·梅纳德·史密斯（John Maynard Smith）提出了进化稳定策略，并于1982年出版了《进化与博弈论》，将博弈理论的应用推广到生物进化研究领域。

博弈论发展至今，其研究范围几乎涉及经济学所有领域，深度地改变了微观经济学的理论基础。它偏向个体行为研究和不对称信息研究，经济学家们已经把博弈论视为经济分析最合适的工具之一（谢识予，2023）。博弈论不仅在心理学、行为科学、认知科学等人文科学取得了成功应用，也在生物学、智能技术、计算机科学等领域得以应用。博弈论还是一个"盛产"诺贝尔经济学奖得主的领域，多名博弈论及相关领域研究专家获得诺贝尔经济学奖（见表1-1）。

表 1-1 历年博弈论相关领域的诺贝尔经济学奖得主

年份	获奖者	获奖理由
1994	约翰·海萨尼（美）、约翰·纳什（美）、莱因哈德·泽尔腾（德）	在非合作博弈的均衡分析理论方面作出了开创性的贡献，对博弈论和经济学产生了重大影响
1996	詹姆斯·莫里斯（英）、威廉·维克瑞（美）	前者在信息经济学理论领域作出了重大贡献，尤其是不对称信息条件下的经济激励理论。后者在信息经济学、激励理论、博弈论等方面都作出了重大贡献
2001	乔治·阿克尔洛夫（美）、迈克尔·斯宾塞（美）、约瑟夫·斯蒂格利茨（美）	为不对称信息市场的一般理论奠定了基石。他们的理论从传统的农业市场到现代的金融市场迅速得到了应用
2005	罗伯特·奥曼（以色列和美国双国籍）、托马斯·谢林（美）	通过博弈理论分析增加了世人对合作与冲突的理解
2007	莱昂尼德·赫维茨（美）、埃里克·马斯金（美）、罗杰·迈尔森（美）	在机制设计理论方面作出巨大贡献
2010	彼得·戴蒙德（美）、戴尔·莫滕森（美）、克里斯托弗·皮萨里季斯（英国和塞浦路斯双国籍）	利用"搜寻理论"对"经济政策如何影响失业率"作出了深入的理论分析
2012	埃尔文·罗斯（美）、罗伊德·沙普利（美）	创建"稳定分配"理论，并进行"市场设计"的实践
2014	让·梯若尔（法）	对市场力量和监管的分析
2016	奥利弗·哈特（美）、本特·霍姆斯特罗姆（美）	对契约理论的贡献
2020	保罗·米尔格罗姆（美）、罗伯特·威尔逊（美）	对拍卖理论的改进和发明了新拍卖形式

资料来源：Nobel Prize Outreach. All Nobel Prizes［EB/OL］.（2024-02-01）［2024-08-24］. https：//www.nobelprize.org/prizes/lists/all-nobel-prizes.

经济学离不开博弈论。当今用博弈论重构经济学已经成为经济理论与实践的重要趋势，并且正以主流经济学的面貌出现。世界上许多优秀的经济学家和应用数学家正投身于博弈论的研究，在中国，经济学界对博弈论的关注与兴趣也在迅速增强，特别是将博弈论的理论和方法用于解决经济发展与创新中的热点、难点问题所获得的初步成功，为经济理论工作者带来了巨大鼓舞。众多现象表明，博弈论正在把经济学的发展推向一个崭新的阶段。

第 2 章　博弈的基本原理

　　本章运用源于现实经济社会活动或与现实经济社会有关的博弈实例，解释博弈分析的基本概念、原理和方法。本章将分析博弈研究的基本思想和部分基础方法，并对人们在博弈中的思考与行动逻辑、各种相关现象的内在规律等作出解释。

2.1　囚徒困境及其原理

　　在博弈分析中，人们有时会发现，无论其他参与人选择什么策略，某参与人的某个策略总是优于此人的其他备选策略，即总能比其他策略给该参与人带来更好的博弈结果；或与之相反——无论其他参与人选择什么策略，某人的某个策略总是劣于此人的其他策略。这类"永远最优"或"永远最劣"的策略，就涉及（严格）优势策略和（严格）劣势策略的概念。而前文中提到的博弈论中的经典模型之一"囚徒困境"对此类概念作出了生动具体的描述。

2.1.1　囚徒困境和金钱游戏

　　囚徒困境的经典表述为：一位法官分别审讯两个有合伙作案嫌疑的囚徒，告知他们，若囚徒 1 认罪（相当于背叛、揭发同伙），囚徒 2 不认罪，则囚徒 1 视为戴罪立功，予以释放，囚徒 2 则由于抗拒调查，从重判处 5 年徒刑，反之亦然。若都不认罪，则由于缺少关键证据，只能各判两人较轻的 1 年徒刑；若 2 人都认罪，则各判 2 年徒刑。两个囚徒无法互相交流，那么他们将会如何选择？

现用如下的一个"金钱游戏"将囚徒困境的模型进一步简化表述出来。它和第 1 章描述的"变体电车难题"类似，你和另外一个参与者在无法互相交流的前提下，各自在 A 和 B 两个选项中选择一项。若你选择了 A，你的对手选择了 B，则你可以从游戏主持人处得到 3 元的奖励，而对手需要赔付给游戏主持人 1 元；若你选择了 B，对手选择了 A，则你需要赔付 1 元，而对手得到 3 元；若你们两人同时选择 A，则你们都得到 0 元；若你们两人同时选择 B，则你们各得 1 元。应该如何选择？

如果想要在这个游戏中得到尽可能多的金钱奖励，则可以进行如下分析。

自己和对手各有 A、B 两种策略，则游戏一共有 $2 \times 2 = 4$ 种策略组合（即结局）。可以将自身（"己方"）在这些组合中的得失列为如图 2 – 1 所示的矩阵。其中己方位于横行位置，对手位于纵列位置。博弈论中将结果的得失称为 payoff，本书中将其译为"收益"，也有其他文献将其译为"支付""得益""赢得"等。可以直观地看出此游戏的四种结局及对应情况下的己方收益：

若己方和对手都选择 A，则己方得到 0 元；

若己方选择 A，对手选择 B，则己方得到 3 元；

若己方选择 B，对手选择 A，则己方赔付 1 元，即己方得到 –1 元；

若己方和对手都选择 B，则己方得到 1 元。

	对手 A	对手 B
己方 A	0	3
己方 B	–1	1

图 2 – 1　金钱游戏中己方的收益示意

同理，可以写出对手在此游戏中可能的收益，如图 2 – 2 所示。

	对手 A	对手 B
己方 A	0	–1
己方 B	3	1

图 2 – 2　金钱游戏中对手的收益示意

博弈研究中，更常用的表述方式是将上述两个矩阵统合起来成为一个矩阵，如图2－3所示。

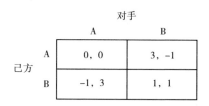

图2－3   金钱游戏中双方的收益示意

按照博弈论的习惯规则，每个单元格内，第一位数字是横行参与方（本例中为己方）的收益，第二位是纵列参与方（本例中为对手）的收益，这就是包含游戏所有内容信息的矩阵，称为二人有限博弈的双矩阵（bimatrix）表述（von Neumann and Morgenstern，2007）。

观察图2－3中的矩阵，不难发现，不论对手做出什么选择，己方选择A的收益永远优于选择B：当对手选择A时，己方选择A得到0，选择B得到－1；当对手选择B时，己方选择A得到3，选择B得到1。用博弈论的术语来说就是，如果选择A的结果严格优于选择B的结果，那么A相对于B是严格优势策略，而B相对于A是严格劣势策略。从对手的角度分析也是如此。由此可以得到在博弈中应当遵循的基本原理之一：应当避免选择严格劣势策略。

在这个博弈中，如果双方都遵循上述原理，不选择严格劣势策略B，而选择严格优势策略A，则最后都只能得到0。这样的结果与双方都选择B并各得1元的结果相比，在经济学意义上是无效率的（inefficient），即存在帕累托改进的余地。

帕累托最优是指资源分配的一种理想状态，假定固有的一群人和可分配的资源，从一种分配状态到另一种状态的变化中，在没有使任何人境况变坏的前提下，使得至少一个人变得更好。帕累托最优状态就是不可能再有更多的帕累托改进的余地。换句话说，帕累托改进是达到帕累托最优的路径和方法。这个概念是以意大利经济学家维弗雷多·帕累托的名字命名的。需要注意的是，帕累托最优状态主要关注效率最大化，较少考虑社会公平问题。

在这个游戏中，若双方遵循了上述"避免选择严格劣势策略"的基本原理，无疑是理性的选择，但最后达成了一个非帕累托最优的结局——假如双方从都选择 A 改变为都选择 B，则每人收益都从 0 变为 1，这是一种帕累托改进。因此，在博弈中可能出现这样的局面：个体的理性选择导致了总体上非最优的结果。"囚徒困境"就是典型的例子。

不难看出，金钱游戏与"囚徒困境"的原理完全相同。而原版囚徒困境的收益矩阵如图 2-4 所示，可以看出其与上述金钱游戏几乎只存在具体数值上的区别。观察矩阵可知，对两个囚徒而言，主动认罪、出卖自己的同伙是严格优势策略，而不认罪是严格劣势策略。

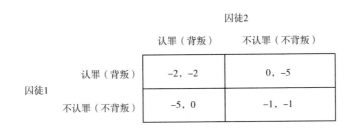

图 2-4　囚徒困境中双方的收益示意

在历史上出现过许多类似"囚徒困境"的事例。例如《史记·商君列传》记载了商鞅制定的一条法律："令民为什伍，而相牧司连坐。不告奸者腰斩，告奸者与斩敌首同赏，匿奸者与降敌同罚。"（商鞅下令把居民十家编成一什，五家编成一伍，在什伍内实行互相监督的连坐制度，若有一家人犯法，几家都要连带治罪。不告发奸恶的处以腰斩的刑罚，告发奸恶的人可以得到与斩敌首级的士兵同等的奖赏，隐藏奸恶的人会受到与投降敌人同等的惩罚。）

《史记·酷吏列传》中记载："（赵禹）与张汤论定诸律令，作见知，吏传得相监司。用法益刻，盖自此始。"（汉武帝时，太中大夫赵禹和张汤共同负责制定各种法令，制定了"见知法"，让官吏互相监视、相互检举。汉朝法律越来越严厉，大概就是从这时开始的。）

又例如隋朝初年，农民隐漏户口，谎称高龄或低龄以逃避租役的现象极为严重，导致地方豪强地主占有的劳动力人口增多，而国家政府所能直接掌控的劳动力人口减少，直接影响了国家的财政收入和对劳动力的控制。为了查实应该纳税和负担徭役的人口，隋文帝于开皇三年（583 年）下令州县官吏采取"大索貌阅"政策，即按户籍上登记的年龄和本人的真实体貌进行核对，检查百姓是否谎报年龄、诈老诈小逃避租役。凡出现户口不实的情况，地方官吏里正、保长、党长要被处以流刑（遣送到边远地区服劳役）。同时，还鼓励百姓互相检举，告发不实之户。通过检查，大量隐漏户口被查出，增加了政府控制的人口和赋税收入（王家范等，2011）。

需要说明的是，在囚徒困境这种情况下，即使通过协商达成某种同盟，也往往难以达成总体上较优的结果。其原因不是缺少沟通，而是没有强制力或足够的利益。例如金钱游戏中，即便两个理性的参与人充分理解了"理性选择可能导致总体上非最优的结果"这一原理，让其再博弈一次，结果也不会发生变化。通过分析不难发现，只要两人是理性的，就仍然会选择严格优势策略 A。甚至即使两人事先沟通，定下"共同选择 B"的协定，也难以遵守。

在现实中能够观察到，很多情况下要使人们遵守协定，需要投入社会道德、法律等博弈模型本身以外的要素作为补充，例如共同租房/共用宿舍情况下由谁来打扫卫生等问题，就需要制定"宿舍公约""卫生轮值表"等；为了避免合同违约，有时需要诉诸法律，等等。甚至在部分国家和地区可以观察到，如果社会中缺乏官方的法律强制力保障协议实施，则可能会催生帮派等非法组织来维系一些约定，如美国电影《教父》中的黑手党首领"教父"维托就是发现了意大利裔移民聚集的社区存在缺乏警方维持公道的权力真空地带，将意大利裔老乡组织起来，为同胞们排忧解难、"主持公道"，以减少内斗、抱团对付其他族群，从而一跃成为社区的"守护者和话事人"。

创作《龟兔赛跑》的法国作家拉·封丹（La Fontaine）在其《寓言诗》中记载了一个"老鼠的勾结"的故事：一群老鼠商议，怎样才能不被一只老猫逐个吃掉。它们认为单个老鼠势单力薄，决定结成联盟共同对敌。但真正要面对老猫作战时，每个老鼠都想要保全自己的性命，全都争先逃跑，老鼠的联盟就这样瓦解了——这也是一个囚徒困境（梁小民，2005）。拉·封丹通过这个故事，讽刺了 17 世纪法国那些尸位素餐、整日空谈，到了关键时刻却畏缩不前的贵族和官员们。

下面考虑金钱游戏博弈的另一种情况。在现实中固然存在喜欢金钱，在金钱游戏中会努力争取获得更多金钱的参与人，但也存在一些更加重视心理情感的人，可以将这种参与人命名为"情感型"的参与人。图 2 - 5 显示了两个情感型参与人进行金钱游戏博弈的收益矩阵。规定收益如下：当两方都选 A 或都选 B 时，收益与前述的喜好金钱的参与人相同。但当一方选 A、另一方选 B 时，选 A 的一方会获得 3 的金钱，但是"坑了对方"这种心理上带来的负罪感会导致心理上的负向收益（ - 4），故其最终收益为 3 + (- 4) = - 1；选 B 的一方除了（ - 1）的金钱损失，还会因为亏损"越想越气"造成心理上的负向收益（ - 2），故其最终收益为 - 1 + (- 2) = - 3。

参与人2

		A	B
参与人1	A	0, 0	-1, -3
	B	-3, -1	1, 1

图 2 - 5　金钱游戏中两个情感型参与人的收益

可以看出，这种情况下，对两个参与人而言 B 选项不再是严格劣势策略，A 选项也不再是严格优势策略。双方较优的策略是：对方选 A 时自己也应该选 A，对方选 B 时自己也应该选 B。

这种情况下，与前述金钱游戏相比，由于参与人重视的东西（偏好）发生了变化，导致收益发生了改变，所以得到了完全不同的结果。需要注意的是，情感型参与人的选择判断逻辑并非违背理性人假设，只是其收益函数与金钱偏好型的参与人不同而已。可见，博弈参与方的收益函数对博弈具有重要的影响。

下面讨论一个金钱偏好型参与人和一个情感型参与人进行金钱游戏博弈，其收益矩阵如图 2 - 6 所示。设定横行的参与人是金钱偏好型的，而纵列的参与人是情感型的。可以看出，这个收益矩阵相当于是图 2 - 3 和图 2 - 5 中双方对应收益进行"叠加"所构造而成。这种情况下双方的策略选择分析如下。

2情感型

		A	B
1金钱偏好型	A	0, 0	3, -3
	B	-1, -1	1, 1

图 2 - 6　金钱偏好型参与人和情感型参与人的金钱游戏

　　站在情感型参与人 2 的角度分析：当对手（金钱偏好型）选择 A 时，参与人 2 选择 A 的收益（0）优于选择 B 的收益（-3）；当对手选择 B 时，参与人 2 选择 B 的收益（1）优于选择 A 的收益（-1），没有严格优势策略。

　　此时参与人 2 可以进行换位思考，从金钱偏好型的参与人 1 的角度分析问题：当参与人 2 选择 A 时，参与人 1 选择 A 的收益（0）优于选择 B 的收益（-1）；当参与人 2 选择 B 时，参与人 1 选择 A 的收益（3）优于选择 B 的收益（1）。即对于参与人 1 而言，A 是严格优势策略，B 是严格劣势策略。参与人 1 只会选择 A。

　　由于参与人 2 是理性的，能够完成上述换位思考，因此在"参与人 1 只会选择 A"这个前提下，不难发现参与人 2 选择 A 的收益（0）优于选择 B 的收益（-3）。因此两人进行博弈的结果为：尽管双方没有经过交流沟通，但经过上述思考过程后，双方会一致选择 A。

　　在博弈分析中，换位思考是一种很重要的能力。美国第 16 任总统亚伯拉罕·林肯（Abraham Lincoln）就曾经说过："当我准备与人争论时，我只用三分之一的时间去考虑我想说什么，而会花三分之二的时间考虑对方想说什么。"①

　　以下这个事例是换位思考的成功运用。1770 年，英国航海家库克（James Cook）发现了澳大利亚东海岸，澳大利亚成为英国殖民地。由于地广人稀，亟待开发，英国政府鼓励国民移民到澳大利亚。但当时澳大利亚非常荒凉落后，英国自由民愿意移居澳大利亚的人数较少。英国政府采取了一项粗暴的解决措施，将罪犯流放到澳大利亚去进行开发。②《福尔摩斯探案集》中的一个故事《"格洛里亚斯科特"号三桅帆船》就是以此为背景，故事中福尔摩斯的大学同学特雷佛的父亲老特雷佛原本是罪犯，后在澳大利亚采矿发了财。

　　当时英国政府雇佣私营船只运送犯人，按照装船的人数付费，船主运送的犯人越多，赚钱就越多。政府很快发现这样做有很大的弊端，就是罪犯的

　　① Spall B. Abraham Lincoln Quotes：Inspirational Quotes from Honest Abe［EB/OL］.（2020 - 01 - 19）［2020 - 06 - 15］. https：//benjaminspall. com/lincoln-quotes/.

　　② Government of Australia. Convicts and the British colonies in Australia［EB/OL］.（2014 - 11 - 04）［2020 - 06 - 17］. https：//web. archive. org/web/20160101181100/http：//www. australia. gov. au/about-australia/australian-story/convicts-and-the-british-colonies.

死亡率非常高，平均超过了 10% ，最严重时男性犯人的死亡率甚至超过 30% 。其原因是船主们为了牟取暴利，每船运送人数过多，造成犯人生存环境恶劣，还有船主克扣犯人的食物，以便到达目的地后转卖获利，使得大量犯人在航行途中就死去，甚至有船主直接把活着的犯人扔进大海中。英国政府想尽办法试图降低运输过程中的罪犯死亡率，包括增加食物配发量、强制船上配备医生、派官员上船监督、限制装船数量、提高船主酬金，等等，实施效果却都不好，比如，增加配发的食物也会被船主克扣，派出的监督员可能被船主收买。最后，在经济学家的建议下，政府终于找到了一劳永逸的办法，从 1793 年开始将付款方式变换了一下，由"根据上船的犯人数付费"改为"根据到澳大利亚下船的犯人数付费"。船主只有将人活着送达澳大利亚，才能赚到运输费用。这项新政策一出炉，罪犯死亡率立竿见影地降到了 1% 左右。[①]

这就是政府利用换位思考，抓住了船主们的行为核心——利益。

通过对金钱游戏这个囚徒困境案例的分析，也揭示了构成博弈的几个基本要素：参与人、策略、收益、行动顺序。在本章中，双方是同时作出选择（同时行动）的，后续章节会讨论参与人行动顺序有先后区别时的情况。

现实中有研究做了类似的囚徒困境实验，他们发现大概 70% 的人选择了严格优势策略；30% 左右的人选择了严格劣势策略。对此解释为：可能选择了严格劣势策略的参与者是类似于上述设定中的"情感型参与人"，也可能是这些人没有充分理解实验的规则，或者由于其在思考过程中的某个环节犯了错误，等等。

2.1.2　其他囚徒困境案例

由微观经济学原理可知，出售同类产品的企业之间可以组成垄断组织卡特尔，通过共同将价格维持在高位而获利，但在现实中，这类企业之间却经常出现相互杀价的现象，导致各家都难以赚到较高的利润。当一些企业共谋将价格抬高时，消费者实际上不用着急，因为这种企业联合维持高价的垄断

---

① Cowen T. , Tabarrok A. Modern Principles：Microeconomics（3rd Edition）［M］. New York：Worth Publishers，2018：1 – 2.

行为一般不会持久，可以等待垄断组织自身崩溃，商品价格就会跌下来。

对于这些企业，"合作"的策略就是：组成垄断组织卡特尔，维持高昂的垄断价格，实现行业利益最大化。"背叛"的策略则是：背叛协议，秘密降价，从对手那里偷走生意，谋求自身个体更大的赢利。实际上它们也陷入了囚徒困境，"背叛"成为其严格优势策略。

一个典型的例子是，2000年中国几家生产彩电的大厂商合谋将彩电价格维持高位，组织了一个"彩电厂家价格自律联盟"，并在深圳举办了由多家彩电厂商首脑参加的"中国彩电高峰会议"。但是，在这个峰会之后不到2周，国内彩电价格不但没有上涨，反而一路下跌（王伟光，2001）。这是因为厂商们都有这样一种心态："无论其他厂商是否降价，自己降价是有利于扩大自身的市场份额的。"

类似的例子还有：2000年，一些空调厂商也在南京举行会议，结成价格自律同盟，但会后时隔不到一个月，空调厂商纷纷降价，同盟不攻自破。2005~2007年，重庆市洗车行业曾三次结盟涨价，数百家洗车行结成"涨价联盟"，将价格从原先的10元涨到20元。但每次这种结盟行为都无疾而终，几个月后，价格同盟悄然瓦解，价格又跌回10元的水平（朱丽亚，2007）。

另一个实例是：很多国家和地区的道路、桥梁、水库等公共基础设施都是由政府负责修建的，这也可以用囚徒困境的原理进行如下的解释。

假设某地山区有两户相居为邻的居民，饱受交通不便问题的困扰，十分需要修建一条道路改善交通状况。设修建一条道路所需成本为4个单位，每户居民从修好的道路上获得的便利的价值为3个单位。

如果两户居民共同出资联合修路，平均分摊成本，则每户居民获得的净收益为 $3-4/2=1$ 个单位；

当只有一户人家单独出资修路时，另一户居民不出资但仍可以"搭便车"使用修好的路。此时修路的居民获得的收益为 $3-4=-1$（即亏损），另一户"搭便车"的居民获得的收益为 $3-0=3$ 个单位。

此修路博弈的策略与收益矩阵如图2-7所示。可以看到，对两户居民而言，"修路"都是严格劣势策略，因而两户居民都不会出资修路。

此时，为了解决这条道路的建设问题，政府可以强制性地分别向每家征税2个单位，然后将征收到的4个单位资金投入道路建设，这样能改善交通，

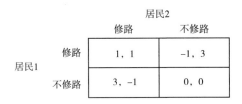

图 2-7　修路博弈矩阵

使两户居民的生活状况都得到改善（在这个例子中，政府并没有从中牟利）。这就是为什么现实中大多数道路、桥梁、水库等公共设施都是由政府出资修建的原因。同理，国防、教育、社会保障、环境卫生等领域大多由政府承担资金投入，而私人一般没有承担这方面建设的积极性和能力。

资源经济学中的"公地悲剧"，即公共资源经常被过度利用的现象，其本质也是一种囚徒困境。例如，美国生态学家加勒特·哈丁指出，英国苏格兰地区有大量的草地，其产权没有界定，属于公共资源，全体牧民都可以自由地在那里放牧。本来草地属于"可再生资源"，如果限制放牧的数量，没有被牛羊吃掉的剩余草根还会重新生长出新的牧草。但如果不限制放牧规模，每个牧民都出于自己的利益尽可能地多放牧，过多的牛羊将草连根吃得一干二净，则此后不会再有新草生长出来，草场就会退化消失。每个牧民每增加放牧一头牲畜，都会有正负两种后果：对增加牲畜的这名牧民而言，他得到增加牲畜的全部收益；如果增加牲畜属于过度放牧，其对草地所造成的危害则由全体牧民分担，增加牲畜者自己只需要承担人均分担的危害值，其个人损失一般远小于增加牲畜带来的收益。因此，增加牲畜对单个牧民而言是优势策略，如图 2-8 所示。然而，所有的牧民都会这样做，其结果就是全体牧民落入一个在面积有限的公共牧场上无限增加牲畜的公共资源耗竭陷阱。类似地，蒙古国、中国内蒙古自治区等地区也有因过度放牧导致草原退化的实例。

牧民2

		增加牲畜	不增加牲畜
牧民1	增加牲畜	2, 2	5, 1
	不增加牲畜	1, 5	3, 3

图 2-8　过度放牧情况下的牧场博弈

2.2 完全信息静态博弈

前文所介绍的博弈类型都属于完全信息静态博弈。其特征是：博弈中的各参与人对彼此的策略集、收益函数有准确了解，且博弈行为同时进行。例如金钱游戏中，博弈的策略与收益矩阵是双方都可以明白地看见的，并且规则要求双方同时作出选择。现实中的一些例子如"石头、剪刀、布"游戏和彼此非常了解的两个厂商进行价格战，都属于完全信息静态博弈。

值得注意的是，现实中有些博弈，虽然各参与方决策不是在绝对时间意义上的"同时"，而是有先后顺序之分，但这种决策的时间先后差别跟博弈结果没有关系，也可看作"同时进行的博弈"。例如不同竞标单位作出的投标决策，虽然投出的标书（策略）不一定是严格地同时进行，而是有先有后的，但较后投出方并不能看到较先投出方的策略并根据此调整自己的策略，最后各方都只能在中标信息发布后同时看到对方的策略，因此这是一个静态博弈。又例如电影《非诚勿扰》中男主人公秦奋发明的"分歧终端机"，其原理就是确保两人的"石头、剪刀、布"游戏成为静态博弈，避免"先后手"作弊。双方在遮挡住的"分歧终端机"中比出划拳手势，虽然出拳的顺序可能有先后区别，但双方都只有在揭晓结果时才能同时看到对方的选择并得知博弈结果，所以这也是一个静态博弈。

2.2.1 博弈的策略式表述

博弈模型的主要表示形式包括策略式表述（strategic form）和扩展式表述（extensive form，也叫树形图）等。本章主要介绍博弈的策略式表述。

博弈论中常用字母 G 表示一个博弈。博弈中的参与方（players），一般双参与方的博弈可表述为参与方 i、j；若是 n 人博弈的参与方集合，则可记为 N，其中的某个参与方则记为 i，即 $i \in N$。

参与方的某一策略（strategy），一般双参与方可表述为 s_i、s_j，即参与人 i 或参与人 j 的某个策略；若是 n 人博弈则可记为 s_i。

参与人 i 所有可能的策略集合，记为 S_i，s_i 即为集合 S_i 中的元素，即 $s_i \in S_i$。例如前文的囚徒困境中，$S_i = \{认罪，不认罪\}$。

特别地，用 s_{-i} 表示一局博弈中"除了 i 外其他参与人的策略"，因为有时候需要用 s_{-i} 这种表达方式来帮助分析在对手做出不同选择时参与人 i 的收益。由此可以用离散数学中的笛卡尔积（Cartesian product）来表示"除了参与人 i 外其他所有参与人所有策略的可能组合"，通常记为：

$$S_{-i} = S_1 \times S_2 \times \cdots \times S_{i-1} \times S_{i+1} \times \cdots \times S_n \qquad (2-1)$$

所有参与人不同策略组合构成的策略空间可表示为 S，则 S 是 S_i 和 S_{-i} 的并集：

$$S = (S_i, S_{-i}) \qquad (2-2)$$

$$S_i = S_1 \times S_2 \times \cdots \times S_n \qquad (2-3)$$

一局博弈中，一旦确定了所有参与人的策略，便形成了一个博弈局势，也称为策略组合（strategy profile）、策略向量、策略列表、策略剖面，表示为：

$$s = (s_1, s_2, \cdots, s_N), s \in S \qquad (2-4)$$

博弈中参与人 i 的收益（payoff）一般用效用（utility）的首字母表示为 U_i。为了表示收益 U_i 是博弈中各个参与人的策略共同作用的结果，即 U_i 取决于参与人 1 的策略一直到参与人 n 的策略（当然也包括参与人 i 自己的策略），换言之，U_i 取决于某个博弈局势 s，记为 $U_i(s_1, s_2, \cdots, s_i, \cdots, s_N)$，也可简写为 $U_i(s)$。

从集合论的角度看，参与人 i 的收益函数 $U_i(s)$，是从博弈局势集 S 到实数集 R 的一个映射，反映了参与人 i 对局势 $s = (s_1, s_2, \cdots, s_n)$ 的偏好。

综合以上博弈要素，一个博弈可以表示为：

$$G = \{S_1, \cdots, S_n; U_1, \cdots, U_n, i \in N\} \qquad (2-5)$$

以上就是博弈的策略式表述。

以图 2-4 中的囚徒困境为例，其策略式表述可以写为：

$$参与人集合 N = \{囚徒1，囚徒2\} \qquad (2-6)$$

$$参与人的策略集 \ S_1 = S_2 = \{认罪, 不认罪\} \tag{2-7}$$

当两个囚徒都认罪时，囚徒 1 的收益可以表示为：

$$U_1(认罪, 认罪) = -2 \tag{2-8}$$

当囚徒 1 认罪、囚徒 2 不认罪时，囚徒 2 的收益可以表示为：

$$U_2(认罪, 不认罪) = -5 \tag{2-9}$$

2.2.2 优势策略和劣势策略

给出博弈的策略式表述后，就可以将前文提及的严格优势策略等博弈概念用数学式表述出来。

在博弈中，如果无论其他参与人选择什么策略，某个参与人 i 的某个策略给他带来的收益值始终严格高于该参与人的其他策略，则称该策略为该参与人的严格优势策略（strictly dominant strategy）。

对于两个策略之间的比较，则是：参与人 i 的某策略 s_i 与其另一个策略 s_i' 作比较，当其他参与人选择 s_{-i} 时，参与人 i 选择 s_i 的收益 $U_i(s_i, s_{-i})$ 严格优于同样情况下选择 s_i' 的收益 $U_i(s_i', s_{-i})$，对所有 s_{-i} 均成立，则称 s_i 严格优于 s_i'。即：

$$U_i(s_i, s_{-i}) > U_i(s_i', s_{-i}), \forall s_{-i}, \forall s_i \neq s_i' \tag{2-10}$$

则称 s_i 严格优于 s_i'。

而若在博弈中，如果无论其他参与人选择什么策略，某个参与人 i 的某个策略给他带来的收益值始终至少不劣于（即大于等于）该参与人的其他策略，则称该策略为该参与人的优势策略（dominant strategy），或称弱优势策略。

对于两个策略之间的比较，则是：参与人 i 的某策略 s_i 与其另一个策略 s_i' 作比较，当其他参与人选择 s_{-i} 时，参与人 i 选择 s_i 的收益 $U_i(s_i, s_{-i})$ 不低于同样情况下选择 s_i' 的收益 $U_i(s_i', s_{-i})$，对所有 s_{-i} 均成立，且在其他参与人的至少 1 个策略 $\hat{s}_{-i}$ 下，s_i 严格优于 s_i'[即排除 $U_i(s_i, s_{-i})$ 恒等于 $U_i(s_i', s_{-i})$ 的可能性]，则称 s_i 弱优于 s_i'。用数学式写作：

$$U_i(s_i, s_{-i}) \geqslant U_i(s'_i, s_{-i}), \forall s'_{-i} \qquad (2-11)$$

$$U_i(s_i, \hat{s}_{-i}) > U_i(s'_i, \hat{s}_{-i}), \exists \hat{s}_{-i} \qquad (2-12)$$

则称策略 s_i（弱）优于策略 s'_i。

关于"参与人的优势策略"以及"策略之间的优势关系"的含义可以用图 2-9 解释。图 2-9 中，参与人 1 有 A、B、C 三个可选策略，可以用其应对参与人 2 的 α、β、γ 三个可选策略。图中用粗线条表示收益较高的应对策略，用细线条表示收益较低的应对策略。图 2-9-A 说明对于参与人 1 而言，策略 A 优于策略 B；图 2-9-B 说明对于参与人 1 而言，策略 A 优于策略 C。因此对于参与人 1，策略 A 是他的优势策略（三个可选策略中最优的）。

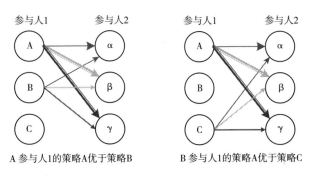

A　参与人1的策略A优于策略B　　　　　B　参与人1的策略A优于策略C

图 2-9　优势策略含义示意

与优势策略的意义相对的是劣势策略。在博弈中，如果无论其他参与人选择什么策略，某个参与人 i 的某个策略给他带来的收益值始终严格低于该参与人的其他策略，则称该策略为该参与人的严格劣势策略（strictly dominated strategy）。

对于两个策略之间的比较，则是：参与人 i 的某策略 s_i^* 与其另一个策略 s'_i 作比较，当其他参与人选择 s_{-i} 时，参与人 i 选择 s_i^* 的收益 $U_i(s_i^*, s_{-i})$ 严格劣于同样情况下选择 s'_i 的收益 $U_i(s'_i, s_{-i})$，对所有 s_{-i} 均成立，则称 s_i^* 严格劣于 s'_i。即：

$$U_i(s_i^*, s_{-i}) < U_i(s'_i, s_{-i}), \forall s_{-i}, \forall s_i^* \neq s'_i \qquad (2-13)$$

则称 s_i^* 严格劣于 s'_i。

在博弈中，如果无论其他参与人选择什么策略，某个参与人 i 的某个策略给他带来的收益值始终至少不优于（即小于等于）该参与人的其他策略，则称该策略为该参与人的劣势策略（dominated strategy），或弱劣势策略。

对于两个策略之间的比较，则是：参与人 i 的某策略 s_i^* 与其另一个策略 s_i' 作比较，当其他参与人选择 s_{-i} 时，参与人 i 选择 s_i^* 的收益 $U_i(s_i^*, s_{-i})$ 不高于同样情况下选择 s_i' 的收益 $U_i(s_i', s_{-i})$，对所有 s_{-i}' 均成立，且在其他参与人的至少 1 个策略 $\hat{s}_{-i}$ 下，s_i^* 严格劣于 s_i'，则称 s_i 弱劣于 s_i'。用数学式写作：

$$U_i(s_i^*, s_{-i}) \leqslant U_i(s_i', s_{-i}), \forall s_{-i}' \qquad (2-14)$$

$$U_i(s_i^*, \hat{s}_{-i}) < U_i(s_i', \hat{s}_{-i}), \exists \hat{s}_{-i} \qquad (2-15)$$

则称策略 s_i（弱）劣于策略 s_i'。

下面这个例子就包含了优势策略的原理。公元前 218 年，罗马共和国向北非古国迦太基宣战，揭开了第二次布匿战争的序幕。迦太基的将军汉尼拔·巴卡决定率军攻打罗马本土所在的意大利半岛，将战争带到敌人的国土上。[①]

汉尼拔是迦太基的名将、军事家，被后世誉为"战略之父"。当时迦太基人有两条进军路线可以选择：其一是从正面战场进军，从南往北攻击罗马；其二是沿着利古里亚海岸边北进，越过阿尔卑斯山到达波河流域，然后从北往南攻击罗马。正面战场是一条较容易通行的道路，而翻越阿尔卑斯山的路线地形险峻、气候寒冷，还要和沿途的部落作战，会造成较严重的减员。而罗马人也需要选择在哪一条路线布防。可以构造如图 2-10 所示的矩阵，假设汉尼拔出发时率领着 2 个单位的迦太基部队。汉尼拔的收益以"能有多少单位的迦太基部队进入罗马境内"来表示，而防守者罗马人的收益以"能够拦截多少迦太基部队使其无法进入罗马境内"来表示。双方可能形成的策略组合及收益如下所述。

		汉尼拔	
		易	难
罗马军	易	1, 1	1, 1
	难	0, 2	2, 0

图 2-10　汉尼拔进军罗马博弈

---

① Ellis P. B. A Brief History of the Celts [M]. London：Robinson，2003：208.

（1）汉尼拔如果选择容易通行的道路，而罗马人也选择在容易通行的道路布防，则经过攻防战斗后，会有 1 个单位的迦太基部队阵亡，剩余 1 个单位的迦太基部队攻入罗马。

（2）汉尼拔如果选择难走的道路，而罗马人选择在容易通行的道路布防，则虽然没有发生攻防战斗，但会有 1 个单位的迦太基部队在翻越阿尔卑斯山途中减员，剩余 1 个单位的迦太基部队攻入罗马。

（3）汉尼拔如果选择容易通行的道路，而罗马人选择在难走的道路布防，则没有发生攻防战斗，2 个单位的迦太基部队攻入罗马。

（4）汉尼拔如果选择难走的道路，而罗马人也选择在难走的道路布防，则会有 1 个单位的迦太基部队在翻越阿尔卑斯山途中减员，剩余 1 个单位的部队在攻防战斗中阵亡，没有部队攻入罗马。

在防御者罗马人的角度没有优势策略：当汉尼拔选择容易走的道路时，罗马人也应该选择在容易走的道路布防（1 > 0）；当汉尼拔选择难走的道路时，罗马人也应该选择在难走的道路布防（2 > 1）。

而站在攻击者汉尼拔的角度则存在优势策略，但并非严格优势，只是一个弱优势：当罗马人选择防守易走的道路时，汉尼拔选择 2 条道路的收益都为 1；当罗马人选择防守难走的道路时，汉尼拔应该选择容易通行的道路（2 > 0）。因此"选择容易走的道路"是汉尼拔的弱优势策略。

历史上，罗马人认为汉尼拔不可能选择翻越阿尔卑斯山。但汉尼拔正是出其不意，带着部队克服了许多艰难险阻，用 33 天时间翻越了阿尔卑斯山，行程近 900 千米。根据古罗马历史学家波利比乌斯在其《通史》中所述，汉尼拔出发时带领着 3.8 万名步兵、8000 名骑兵和几十头战象组成的大部队，走完这段异常艰苦的征程后，只剩下 2 万名步兵、6000 多名没有马的骑兵和 37 头战象了。汉尼拔的奇兵突然出现在阿尔卑斯山下，使罗马人大为惊慌。迦太基军在特雷比亚河战役、特拉西梅诺湖战役、坎尼会战等一系列战役中大败罗马军。[1]

无独有偶，二战期间也发生过一个类似的战例。1943 年初，鉴于在新几内亚岛的战事吃紧，日军大本营决定从新不列颠岛的拉包尔抽调大批地面部

---

[1] Lancel S. Hannibal [M]. New York：Wiley, 1999：60.

队，搭乘运输船只穿越俾斯麦海，对新几内亚岛的莱城港口进行增援。此时在新几内亚苦战的日军已经被澳大利亚陆军和美军打得节节败退，急需增援兵力和物资，此次增援行动对他们非常重要。对于日军而言，经过精心策划和严密护航的运输船队，很有希望突破盟军的拦截。日军可选的航线有南北两条，航程均为 3 天，未来 3 天北路阴雨连绵，南路天气晴好。美军此时通过破译的无线电情报和空中侦察也已经获悉：日本舰队集结于南太平洋的新不列颠岛，准备经过俾斯麦海开往伊里安岛。美军西南太平洋空军司令乔治·丘吉尔·肯尼决定在预定拦截区域派出侦察机侦察，发现日舰航线后，再出动轰炸机轰炸。①

对美日双方来说，可能的局势如图 2－11 所示，其中美军的收益以"能有多少天数进行轰炸"来表示，而日军的收益以"能有多少天数不被轰炸"来表示。具体的局势如下：

（N，N）：美军派多数侦察机集中侦察北路，派少量侦察机侦察南路，日舰选择北路航线，花费 1 天侦察能发现日舰，有 2 天时间轰炸。

（N，S）：美军派多数侦察机侦察北路，派少量飞机侦察南路，日舰选择南路，南路天气晴好，少量飞机花费 1 天侦察也能发现日舰，有 2 天时间轰炸。

（S，N）：美军派多数侦察机侦察南路，派少量飞机侦察北路，日舰选择北路，北路为阴雨天气，少量飞机需要 2 天发现日舰，只有 1 天时间轰炸。

（S，S）：美军派多数侦察机侦察南路，派少量飞机侦察北路，日舰选择南路，则有望立刻发现日舰，有 3 天时间轰炸。

		日军	
		北路（N）	南路（S）
美军	北路（N）	2，1	2，1
	南路（S）	1，2	3，0

图 2－11   俾斯麦海之战博弈

① Bergerud E M. Fire in the Sky：The Air War in the South Pacific ［M］. Boulder：Westview Press，2000：592.

在美军的角度没有优势策略：当日军选择北路时，美军也应该重点侦察北路（2 > 1）；当日军选择南路时，美军也应该重点侦察南路（3 > 2）。

而在日军的角度存在弱优势策略：当美军重点侦察北路时，日军选择 2 条航线的收益都为 1；当美军重点侦察南路时，日军应该选择北路（2 > 0）。因此选择北路是日军的弱优势策略。

肯尼将军经过研究，决定把搜索重点放在北路，这一决策被证明是正确的。历史上俾斯麦海之战的结局是：盟国陆基航空兵击沉了日军船队 16 艘舰船中的 11 艘，8 艘运输船无一幸免。搭载的第 51 步兵师团主力遭到灭顶之灾，6900 名士兵中有 3664 人丧生。除了被驱逐舰救起的，共有 2427 人落水，这些士兵大多在漂往岸边的过程中因为暴晒、饥渴、盟军飞机的追击而死亡，即使部分日军能坚持到上岸，也面临无粮无水、武器也早就丢光的困境，只能在被澳军击毙或者饿死之间做出选择。最终能够坚持着漂到岸边并躲过盟军的巡逻、抵达莱城的日军，只有约 800 人。即使是这些稍微幸运些的人，也多在随后和盟军进行的激烈战斗中丧生。俾斯麦海之战两个星期后，日军大本营发布命令，所有南方战区的日军士兵必须学会游泳。时至今日，俾斯麦海之战仍是陆基航空兵对海作战的一个重要范例。[①]

2.2.3　占优均衡和重复剔除严格劣势策略均衡

一个博弈的某个局势（策略组合）中，如果其中所有策略都是各参与人的优势策略，则称该策略组合为该博弈的一个占优均衡，或优势均衡。

以前文的金钱游戏（见图 2 - 12）为例，经分析已知，对参与人 1 而言，无论参与人 2 采取什么策略，选择 A 总是参与人 1 的严格优势策略。由于矩阵的对称性，对参与人 2 来说也可得出类似结论。因此，该博弈的这个策略组合（A，A）是占优均衡。但该占优均衡的收益，却帕累托劣于另外一个策略组合（B，B）。

---

① Bergerud E. M. Fire in the Sky：The Air War in the South Pacific ［M］. Boulder：Westview Press, 2000：598.

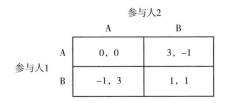

图 2 - 12 金钱游戏中双方的收益示意

而对占优均衡概念稍加扩展，就得到重复剔除严格劣势策略均衡的概念。在博弈中，如果各参与人在其各自策略集中，能够不断通过换位思考剔除严格劣势策略，如果最终各参与人仅剩下一个策略，则该策略组合就被称为重复剔除严格劣势策略均衡。

下面通过一个实例说明。

有这样一个选数字游戏：一群参与人各自在 1～100 这 100 个整数中，选择一个数字。如果有人选择的数字满足："最接近所有人回答数字的平均值的 2/3"这个条件，则此人获胜。那么怎样选择数字才能获胜？

这个游戏可以使用前文金钱游戏中得出的几条基本原理进行分析。如果这个游戏里的每个人真的都是"随机选择一个数"的话，根据大数定律，所有人所选数字的平均值应该在 50 左右。50 的 2/3 是 33.33，那么如果谁选了 33，就是赢家。

不过多想一步，如果自己选了 33，难道其他人不会和自己的想法一样，也选 33 吗？如果这样，所有人的平均值就是 33，获胜数字就变成了 33 的 2/3 即 22，换位思考后，应该选 22。如果继续这样换位思考想下去，大家的平均值应该越来越小：50，33，22，15，10，7，5，3，2，1……最后，把问题想得非常复杂的人的答案是 1。

不过上述这种思考过程有一个漏洞，它的出发点"每个人都是随机选择一个数"不太站得住脚。因此下面这种分析思路更符合博弈的基本原理。

即使所有人都选 100，那么若干个 100 的平均数的 2/3 应该是 66.67，获胜值是 67，因此大于 68 的数字是无论如何不能获胜的，根据"不要选择严格劣势策略"的原理，剔除掉可选区间 [68，100]。

如果所有参与者都是理性的，那么都会完成上述剔除。对于剩余的可能选择区间［1，67］，即使所有人都选 67，其平均数的 2/3 应该是 44.67，获胜值是 45，再次根据"不要选择严格劣势策略"的原理，剔除区间［46，67］。

如果所有参与者都是理性的，那么都会完成上述剔除。对于剩余的可能选择区间［1，45］，即使所有人都选 45，其平均数的 2/3 应该是 30，获胜值是 30，再次根据"不要选择严格劣势策略"的原理，剔除区间［31，45］。

如此反复剔除严格劣势策略，最后，把问题想得非常复杂的人的答案是 1。如果参与博弈的人都是理性的，那么"大家都选 1"就是此博弈的重复剔除严格劣势策略均衡。

回顾一下这种思考过程：［46，67］策略区间在博弈初始并不是严格劣势的，可是一旦排除掉了严格劣势的［68，100］区间，［46，67］区间就成了新的严格劣势策略。

剔除［68，100］区间，是一种直接思考，也是作为一个理性参与人的必然选择。而后续的剔除［46，67］等区间，则是换位思考的结果，因为"对手们也同样不会选择严格劣势策略"。

在现实中进行这个猜数字游戏，参与者们所选择的数字往往是五花八门的。这是一个值得分析的现象。

先看所选数字超过 67 的人。大于 68 的数字是无论如何不能获胜的，而这些参与者事后往往解释选这类严格劣势的数字的原因是因为没有仔细研究规则。先别就这样放过这个现象。在现实社会生活中，也存在很多没有仔细研究规则的人。例如，生产者可能认为产品质优价廉就能得到消费者的青睐，但实际上花高价购买低质量产品的消费者大有人在，因而不能指望所有的用户都像业内人士那样非常了解规则并具有精准的判别力。

再看看选 1 的参与者。或许"1"这个结果很多人想都想不到，但几乎每次游戏实践都有选 1 的参与者，而且越理性的参与人群体，答案选 1 的比例越高。但很可惜，由于并不是所有人都选 1，因此 1 这个答案虽然是理性人假设下的"正确答案"，却往往不能赢得游戏。选 1 的人，沉浸于自己了解世界、"众人皆醉我独醒"的快感中，难以为大众所理解。在每次游戏里面，比一般人"多想一步"的人就已经不多，多想两步的人更少，经过重重递归迭代到达"1"的最终境界的人可谓少之又少，人们对此只好惋惜地评价："天才般的答案，但却无法赢得游戏。"这些理性的天才的悲哀就在于，他搞懂了规则，却没有搞懂人。他自己想明白了，就想当然地以为别人也会想明白。他不但错误地忽略了只想到 67 的人的存在，更忽略了没有思考的，或者存心不按规则玩的人的存在。毕竟，这个世界不是一个只有天才的世界。

接下来分析选择 67 左右数字的参与者。他们是正常的、平凡的人——在明确无误的规则面前，按照规则行事，用思考指导行动，但不会想更多，较少进行换位思考。"67"式思维的人是社会的大多数，在他们前面，有"1"式思维的人在引领世界，有"45""30""20"式思维的人在推动世界；在他们的后面，有大量的选择随机数的更平凡的人。正是这些"大多数"人，奠定了社会的基调。

再说选择数字在"45""30""20"附近的人。他们也遵循常人的思维模式，但是比之又多前进了几步，但又不前进得过多。他们提出的方案让大多数人（选 67 者）感觉到有道理，却不像天才（选 1 者）提出的终极方案那么晦涩难懂，因而很有可能成为社会中的成功者。

当然还有一种类型的参与者，已经通过重复剔除严格劣势策略得到了"1"的结果，却又为了迎合大众选了 [20，30] 区间的数字，即"扮猪吃老虎"，伪装得傻一些，这种选择获胜的概率很大（实践中的获胜数字往往在 20～30 范围内），但可能会被"1"式思维的天才们认为不紧跟潮流，遭到鄙夷。就像现实中"放下身段"迎合大众的成功企业，往往也难以躲过业界尖端人士的指指点点。

除此之外，还存在另一种类型的人，其思维活动是："我知道这个数字可能会非常小，甚至趋近于 1，而我就是想要故意选择一个大一点的数字，把平均值抬高，看看能不能影响这个游戏的最终结果。"这种"搅局"或者"损人不利己"的思维模式，现实社会中也不乏其人。

选 1 的天才们艰难地拖着这个世界前行。没有"1"式思维的人，人类社会就难以进步；只可惜，他们获得的只是一小部分人的敬佩。对于选 45、30、20 的人，他们帮助了无数"67"式思维的人改善了生活，自己也能获得巨大的商业成功。如果没有这些"45""30""20"式思维的人发挥过渡作用，就很难让"1"式思维的顶尖者的思想被"67"式思维的普罗大众所理解，而影响尖端理论的落实。

以上是用博弈的结果映射到社会现实。实际上，如何把社会现实抽象提炼、总结成"选数字博弈"这样的模型，是更有意义且值得研究的。

图 2 – 13 是一个博弈的双矩阵表述。观察可知，由于双方都没有优势策略，该博弈不存在占优均衡。但可用重复剔除严格劣势策略的方法，得到重复剔除严格劣势策略均衡解。

图 2 – 13　一个双人博弈的策略与收益

先从参与人 2 开始分析，显然，策略"右"在任何情况下都存在一个比其收益更高的策略——当对手选"上"时，策略"中"最优；当对手选"下"时，策略"左"最优，因此，参与人 2 应该剔除"右"这个严格劣势策略。

一旦参与人 2 剔除其严格劣势策略"右"，对其而言博弈即可简化为如图 2 – 14 所示。由于博弈的信息对于两个参与人来说是"完全"的，因此，参与人 1 通过换位思考也能够预测到参与人 2 的这个推理过程，或者说，参与人 1 也同样能够看到此图。而参与人 1 应剔除图中其严格劣势策略"下"。因为无论对手选"左"还是"中"时，策略"上"都最优。

		参与人2		
		左	中	右
参与人1	上	1, 0	1, 3	0, 1
	下	0, 4	0, 2	2, 0

图 2 – 14　参与人 2 剔除其严格劣势策略后的矩阵

一旦参与人 1 剔除其严格劣势策略"下"，对其而言博弈即可简化为如图 2 – 15 所示。而参与人 2 通过换位思考也能够预测到参与人 1 的这个推理过程，针对此时的博弈，参与人 2 应该剔除此时的严格劣势策略"左"，此时剩下唯一的策略组合（上，中），就是此博弈的重复剔除严格劣势策略均衡（见图 2 – 16）。

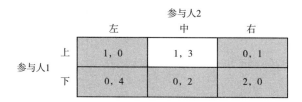

图 2 – 15　参与人 1 剔除其严格劣势策略后的矩阵

| | | 参与人2 | |
	左	中	右
上	1, 0	1, 3	0, 1
下	0, 4	0, 2	2, 0

图 2 – 16　重复剔除严格劣势策略均衡

　　在求解重复剔除严格劣势策略均衡过程中，只有严格劣势策略才能剔除，而弱劣势策略是不能剔除的。前文所讲的汉尼拔进攻罗马和俾斯麦海之战的故事中，弱劣势策略是不能剔除的，至于罗马人误判了汉尼拔的路线而肯尼将军能做出正确决策，则是由于历史中的汉尼拔和肯尼将军的理性程度要比其对手高上一阶（多想一步）所致。

2.3　智猪博弈

2.3.1　智猪博弈模型

　　智猪博弈是一个经典的博弈模型，它是对现实中诸多经济现象的一种提炼。假设猪圈中有一头大猪和一头小猪，在猪圈的一端设有一个食槽，猪圈另一端有一个机关按钮，每按一下按钮，食槽中就会投放进 10 单位的食物，但每次去按一下按钮会消耗能量，消耗量相当于 2 单位食物。假设两头猪奔跑速度相同。如果大猪先到达食槽，则大猪能吃到 9 单位食物，小猪仅能吃到 1 单位食物；如果两头猪同时到达食槽，则大猪能吃到 7 单位食物，小猪能吃到 3 单位食物；如果小猪先到，大猪能吃到 6 单位食物而小猪能吃到 4 单位食物。

由上述设定条件可知，若两头猪都去按动按钮，则都要付出成本，且同时到食槽，大猪收益为 7 - 2 = 5，小猪收益为 3 - 2 = 1；若只有大猪按动按钮，则小猪不必付出成本，且先到食槽，此时大猪收益为 6 - 2 = 4，小猪收益为 4；若只有小猪按动按钮，则大猪不必付出成本且先到食槽，此时大猪收益为 9，小猪收益为 1 - 2 = - 1；若两头猪都不去按动按钮，收益都为 0。可以列出博弈矩阵，如图 2 - 17 所示。

图 2 - 17　智猪博弈

这个博弈没有占优均衡，因为大猪没有优势策略。但是，小猪有一个严格劣势策略"按"，因为无论大猪做何选择，小猪选择"等待"都是比选择"按"更优的策略。

所以，若两头猪是理性的，小猪会剔除严格劣势策略"按"，而选择"等待"；大猪换位思考后知道小猪会选择"等待"，此时大猪的策略"等待"又严格劣于"按"，从而大猪只能选择"按"。所以，可以预料博弈的结果是（按，等待），小猪肯定会选择"搭便车"策略坐享其成，而大猪不得不去按动按钮，为了吃到小猪的残羹剩饭而奔波于按钮和食槽之间。

在这个博弈中决定大猪、小猪策略的核心指标是不同局势下的收益，而收益主要是由"每次落下的食物数量""按下按钮的成本""按钮与投食口之间的距离"等因素决定的。如果猪圈的管理者调节其中的某些因素，则博弈局势可能会发生变化。

改变情景一：减量情景。每次按按钮后，落下的食物改为原来的一半（5单位）。如图 2 - 18 所示，这种情况下"等待"成了双方的严格优势策略，"按"成了双方的严格劣势策略。结果是小猪和大猪都不去按动按钮了。

改变情景二：增量情景。不论是否按动按钮，食槽里永远有吃不完的食

		小猪	
		按	等待
大猪	按	1.5，−0.5	−1，4
	等待	5，−2	0，0

图 2 − 18　智猪博弈减量情景

物，按动按钮的成本消耗也可以轻易地靠近进食补充，如图 2 − 19 所示。这种情况下双方均没有优势策略或严格劣势策略。博弈的结果/均衡将是任意一种策略组合，两头猪可能随机地按动按钮或等待，而此方案所需要投入的成本无疑是非常高的。

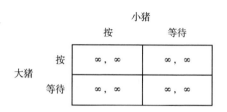

		小猪	
		按	等待
大猪	按	∞，∞	∞，∞
	等待	∞，∞	∞，∞

图 2 − 19　智猪博弈增量情景

　　改变情景三：减量并位移情景。每次按按钮后，落下的食物为原来的一半（5 单位），但同时将按钮移动到食槽旁边，按动按钮不需要奔跑，也不需要耗费成本。并且假设去按下按钮的一方能够提前预知掉下食物这个事件的发生，因此能够比等待的情况下多吃到一些食物，如图 2 − 20 所示。此时对双方来说"按"都是严格优势策略，"等待"是严格劣势策略。结果小猪和大猪会一起去按动按钮。可见，如果管理者想要两头猪都"动起来"，情景三将是三种情景中效率最高且成本较低的改进方案。

		小猪	
		按	等待
大猪	按	3.5，1.5	4，1
	等待	3，2	0，0

图 2 − 20　智猪博弈减量并位移情景

2.3.2　智猪博弈的现实意义

智猪博弈给博弈中的弱势者"小猪"的启发是：为了生存和发展，在竞争中难以凭借"硬实力"胜过别人的情况下，作为弱者就要想办法去寻找一个适合自己的环境，想办法去"搭便车"。它给强者"大猪"的启发是：如果想要维护自己的知识产权和劳动价值，不能老是做冤大头，必须寻找一个能够实现自己价值的环境工作。它给管理者的启发是：不同的分配方案会导致不同的结果，要实现社会资源的有效配置，实现经济社会的和谐发展，必须制定一套合理的游戏规则，使得所有人都能最大限度地发挥自己的能力，让大家都去尽力创造财富，同时也要完善保障制度，保护弱势群体的利益，在保证效率的同时兼顾公平。

例如，在股票市场上，财团、信托公司以及其他拥有庞大资金的集团或个人是"大户"，相当于模型中的大猪，他们的资金实力雄厚、投资额高、交易量大，要进行技术分析，收集信息，预测股价走势，甚至像"股神"沃伦·巴菲特（Warren Buffett）那样影响股价走向。但大量散户就是小猪，他们不愿也无力花成本去进行技术分析，而是跟着大户的投资战略进行股票买卖，即所谓"散户跟大户"的现象。

在技术创新市场上，大型企业相当于大猪，它们投入大量资金进行技术创新，开发新产品。而中小企业是小猪，往往难以进行大规模技术创新，而是等待大企业的新产品形成新的市场后，再模仿大企业的产品生产新产品进行销售。

在市场营销领域也有智猪博弈的例子：大型企业是大猪，中小企业是小猪。大型企业能够投入大量资金为产品打广告以打开市场，中小企业则愿意等待大企业的广告为产品打开销路形成市场后，才生产类似产品进行销售。例如日本著名模型制造商田宫公司为推广其产品"迷你四驱车"，推出了相关的漫画、动画、杂志等进行宣传，而有的玩具制造厂商就曾借助这股热潮，仿造迷你四驱车进行销售，并模仿田宫的"红蓝双星"商标设计出与之外观相似的商标。又例如2001年中信出版社引进出版了美国作家斯宾塞·约翰逊的《谁动了我的奶酪？》一书，十分畅销，迅速登上各大媒体畅销书排行榜前列，这也带动了一系列的"奶酪书"出版，如《我动了你的奶酪!》《我不想动你的奶酪!》《我能动谁的奶酪?》《谁也动不了我的奶酪!》《谁敢动我的奶酪?!》《奶酪够了!》，等等。

对于白手起家的创业"小猪"来说，可以通过自己的智慧和策略，直接或间接地使用别人的资本，如通过向银行借贷或与他人合作等方式，来弥补自己资本方面的不足，走出困难的局面，从而开创出自己的一番事业（前提是，需要找到这样一个合适的大猪和猪圈）。例如一位著名传媒企业家，1995年大学本科毕业时，凭借出色的策划方案，一举拿下无锡市的亮化工程（在商业繁华区域建立灯箱广告）。由于前期制作费是由无锡财政局出面进行贷款，这位企业家自己没掏一分钱，而是借鸡生蛋，取得了"拿着创意和灯箱广告来，带着 50 万元走"的成功。

20 世纪 50 年代末，美国的富勒（Fuller）化妆品公司几乎独占了非洲裔化妆品市场。虽然有很多的化妆品公司与其竞争，但是它的霸主地位始终无法撼动。这时，公司有一名员工自立门户，他就是乔治·约翰逊（George E. Johnson）。约翰逊从一家银行借了 250 美元，又从一位朋友那里借了 250 美元，作为公司的启动资金，他还邀请了几个同伴一起创业。最开始人们对这家"约翰逊产品公司"的实力很是怀疑，因为已经有很多大公司在与富勒公司的竞争中败下阵来了，约翰逊这样的小公司被认为根本没有竞争力。但是约翰逊的想法不一样，他觉得自己并不是要和富勒公司竞争，而是要从富勒公司那里分到一杯羹，所以从某种意义上来说，富勒公司越发达，对自己也就越有利，只要借助富勒公司的力量就可以了。约翰逊说到做到，当他的产品生产出来之后，其广告词让人们非常惊讶，那就是："非洲裔兄弟姐妹们，当你用过富勒公司的化妆品之后，再擦上一次约翰逊产品公司的粉质膏，你会得到意想不到的效果!"它不像一般的广告词一样，总是抬高自己贬低别人，而这则广告似乎在夸奖富勒公司的产品，但其实也是在推销自己的产品，这就是借助别人已有的声誉的策略。让富勒公司这只"大猪"替自己开拓市场的方法很灵验，他们把自己的新产品和富勒的名字摆在一起，消费者们很自然地就接受了约翰逊产品公司的粉质膏。走出第一步之后，约翰逊又开始推出一系列的新产品，这时候消费者已经接受了他们的产品，随后的发展就变得不那么困难了。经过数年的努力，约翰逊产品公司居然打败了富勒公司，成为非洲裔化妆品市场的新霸主。1971 年，约翰逊产品公司成为第一家在美国证券交易所上市的非洲裔经营的公司。①②

在影视领域也有智猪博弈的例子。一般来说，一部电影想成为"大片"，一般需要拥有出色的剧情、大牌的演员和震撼的特效，而这些都需要大量的资金投入。一些喜欢"蹭热度"的"山寨厂商"没有这些资源，也不想冒险投入巨大的成本，则会主动扮演"小猪"的角色。他们的做法一般是：先派出眼线和商业间谍四处打探其他大电影公司的投资举动，一旦某个题材的剧本投资开拍，他们就写一份类似题材的剧本，等大电影公司的片名公布了，他们也把自己的片名写成与之近似的。例如 2013 年华纳兄弟与传奇影业公司出品了《环太平洋》（Pacific Rim），而 TA 公司拍摄的一部低成本影片则命名为《环大西洋》（Atlantic Rim）。两部电影的情节大体都是以巨型机器人战斗为核心，剧情上演的地点一个是"太平洋"，另一个在"大西洋"，观众不仔细分辨很容易误认为它们是系列电影。③ 这些"山寨大片"的团队写剧本快，拍摄更快。大公司的正牌大片还在按部就班地进行费时费力的选角、打磨剧本、搭建场景和制作道具等流程时，"山寨大片"已经用几周时间拍摄完毕了。"山寨"影片制作完毕后一般不会马上发布，而是要等正版大片放出预告、开始市场宣传和营销攻势后，"山寨版"才会被投放到一些中小影院上映，或是在商店的货架上出售。

这些"山寨大片"的制作公司为了避免法律问题，打"擦边球"的尺度也掌握得非常好。虽然借鉴了大公司的作品创意，宣传营销上蹭了热度，但这些做法一般都在立项前期经过专业法务人士的论证，提前规避了诉讼方面可能遇到的麻烦。例如华纳公司拍摄由英国作家托尔金的奇幻小说《霍比特人》改编的电影《霍比特人：意外之旅》（The Hobbit：An Unexpected Jour-

---

① Semmes C E. King of selling：The rise and fall of S. B. Fuller ［M］//Weems R E, Chambers J P. Building the black metropolis：African American entrepreneurship in Chicago. Champaign：University of Illinois Press, 2017：99 – 121.

② Genzlinger N. Joan Johnson, 89, whose hair products company broke racial barrier on stock exchange ［N］. The New York Times, 2019 – 09 – 13（A28）.

③ Katz D. From Asylum, the people who brought you（a movie kinda sorta like）Pacific Rim ［EB/OL］.（2013 – 07 – 11）［2023 – 07 – 12］. https：//www. gq. com/story/sharknado-atlantic-rim-pacific-rim-asylum-movie-spoof.

ney）时，就被 TA 公司蹭了一把热度，后者拍摄的"山寨版"命名为《霍比特人时代》（Age of the Hobbits）。为此华纳提起诉讼，但 TA 公司辩称，其影片的主题是现实中的东南亚地区一个古代人类族群的故事，这个族群在古人类学界被称为"霍比特人"也是事实，剧情与托尔金所著《霍比特人》无关。这番辩解可谓是无懈可击，最终法院也只是判决《霍比特人时代》不得与《霍比特人：意外之旅》同时期发行而已。

好莱坞的这类"山寨"电影制作方的集大成者，莫过于前面中提到的 TA 公司，该公司于 1997 年成立，常年专注摄制山寨影片，作品大多取材自大型影业公司的大制作，从片名到海报都能做到"神同步"。实际上该公司的历史颇具传奇色彩，2004 年，美国音像市场开始走下坡路时，该公司的某创始人和制片人阅读了英国作家威尔斯的科幻小说《世界大战》，准备改编成电影。巧合的是，著名导演斯皮尔伯格也在准备改编这一题材，TA 公司决定抓住这个机会，投入 50 万美元进行自己版本的《世界大战》摄制。2005 年，两部《世界大战》影片同年上映。美国影片出租龙头百视达公司注意到了这家小企业，并购买了 10 万份 TA 公司出品的《世界大战》拷贝。在当时，这甚至超过了一些大公司的销量，公司的两位经营者从中看到了希望，他们决定重新定位公司的商业模式，继而保持至今。一般来说，TA 公司从商讨项目到发行影片，只需要几个月，每年更是可以制作 10～15 部影片，其中不乏《鲨卷风》《丧尸国度》等名气较大的影视剧。TA 公司发展至今，生意十分兴隆，几乎从没做过一单亏本生意。2012 年，TA 公司净利润达 500 万美元；当环球影业斥巨资拍摄的《超级战舰》（Battleship）票房失利，亏损超过 1 亿美元时，TA 公司蹭其热度的"模仿"影片《美国战舰》（American Battleship）却取得了 25 万美元的利润，利润率达 50%。

从 2004 年制作"山寨"影片至今，TA 公司坚持每部电影的制作成本要远低于 100 万美元，这个投入成本水平即使与中国、印度等国家的电影业市场相比较，也堪称超小投资，甚至比不上一些大剧组的成本的零头。有限的预算，决定了拍摄流程必须因陋就简，通常剧本只有数十页，拍摄时间也尽量在一个月内完成（包括天气变故、演员罢工等突发情况耽误的时间在内）。公司也请不起外包制作，从拍摄到后期再到推广，都是自己完成，电脑特效更是能省则省。TA 公司的正式员工只有 30 人左右，每拍一部电影时，都要再雇几十名临时工。影片主演大多是聘请三线以下的低片酬演员；配角人选则更为随意，当地社区表演协会的业余表演爱好者们也有机会出镜串场。比如《环大西洋》影片中的部分配角就是由社区的表演爱好者们客串的。而且，TA 公司基本依赖现金流运作，资金来自买方的预付款。买方主要有两类，一类是像网飞（Netflix）这样的影碟和网络电影企业，另一类是索尼电视（Sony TV）、SYFY 频道等有线电视台。在影视界竞争激烈的情况下，这些"创意"内容十分吃香。2018 年，TA 公司还开设了自己的网络影视频道，平均每月用户观看时间超过 300 万小时。该公司制片人介绍，虽然他们的影片都是低成本制作，但制作态度都是"非常严肃"的，他们从不在影片中嘲笑任何人——除了那些耗费上亿资金却拍出烂片的疯狂厂商。①

智猪博弈中，大猪要防止被小猪多吃多占，尽可能地让自己多劳多得，办法就是占据先发优势，在小猪还没来得及做出反应之前，就迅速占据市场的主导地位。

例如 19 世纪末，受经济危机的影响，美国石油业陷入恶性竞争危机，铁路货车总装运量不断下降，这时美孚石油公司创始人约翰·洛克菲勒提出了一个方案，号召各大产油商、炼油商、铁路公司联合起来，共同解决石油的流通问题。为此，洛克菲勒组建了南方改良公司。该公司的合作商可以享受优惠的石油运输价格，而拒绝参加的非成员的运费则要高出很多。洛克菲勒先下手为强，联合了各大铁路公司，这样一来，他的对手们只有两个选择——要么成为洛克菲勒领导的美孚石油公司的附庸，要么最后在运费折扣制的压力下破产倒闭。结果到 1880 年时，洛克菲勒领导的美孚石油托拉斯成功地垄断了全美 95% 的石油生产量。②

洛克菲勒选择主动充当"大猪"的角色，目的就是在智猪博弈中"先发制人"，让小猪"搭便车"的收益降至最小，以雷霆手段迅速实现市场垄断，正是将大猪的利益最大化的体现。

---

① Ritman A. AFM：How the asylum used schlock and awe to create a B-movie empire［EB/OL］. (2022 - 11 - 01)［2023 - 07 - 12］. https：//www. hollywoodreporter. com/movies/movie-features/the-asylum-celebrates-25-year-anniversary-1235251946/.

② Yergin Daniel. The prize：The epic quest for oil，money and power［M］. New York：Simon & Schuster，1991：101 - 102.

智猪博弈给管理者的启示是：不同的博弈规则、分配方案会导致不同的结果。要实现经济社会的平衡、充分发展，就要合理设置博弈规则，兼顾"大猪"的积极性和"小猪"的弱势地位，让参与博弈的各方各尽所能，在保障效率的同时兼顾公平。例如 2022 年韩国教育课程评价院研究了韩国、新加坡、日本、芬兰、爱沙尼亚的教育情况，发现韩国学校虽然比其他各国更强调学生的合作学习，但其他国家学校对合作学习的重视程度和学生学业成就普遍呈现正相关关系，唯独韩国出现"越强调合作学习，学生的学业成就反而越低"的现象。有教师认为，这是由于韩国学生中成绩不佳的学生"搭便车"过多，而成绩较好的学生认为自身在合作学习中的付出与得到的评价不匹配，从而失去合作学习动力。为此，韩国教育课程评价院认为，需要完善对学生的考核机制。①

2.4　中值选民定理

2.4.1　选举博弈背景介绍

选举博弈是重复剔除严格劣势策略均衡的一种应用。其背景是：假设某个国家正在进行两党选举，例如美国的民主党和共和党在总统选举中竞争。

有人认为，美国的共和党和民主党可谓是同出一脉。19 世纪初美国的民主共和党发生分裂，一派称辉格党，另一派为民主党；而美国共和党于 1854 年成立，最初由民主党和美国辉格党中反对奴隶制的人士组成。但这两个政党发展至今，立场存在较大的区别。民主党政治立场相对激进，例如 1933 年富兰克林·罗斯福总统上台，实行了"新政"，通过一系列政府干预措施挽救了经济萧条的局面（李少文，2018）。而其后的几位民主党总统也是如此，各出新招。例如约翰·肯尼迪总统就曾设想让美元回归金本位，从而使白宫或者美国国家能控制私人性质的美联储，而不是让国家受

---

① 李厚娟. 韩学生越强调合作学习成就越低或因竞争太激烈［EB/OL］. （2022 - 01 - 03）［2022 - 01 - 11］. https：//chinese. joins. com/news/articleView. html？ idxno = 104493.

美联储的掌握[①]；贝拉克·奥巴马总统则是着力推行全美医疗保险改革。

共和党与民主党相比，政治立场更为保守，反对激进的改革，反对政府过多干预经济。例如，共和党大力反对民主党奥巴马总统的医疗保险改革，其理由主要是：医疗保险这类社会福利，应该要靠人们凭自己的努力才能得到，而若实施全民医保，那就等于是让很多人不劳而获、坐享其成，这会使那些"懒惰者"自甘堕落，并且相当于把其医保费用转嫁到了辛苦工作交保费的人们头上，让整个社会变得更加不公平。[②] 可见共和党保守派自有一套信奉"自我努力"的逻辑，与英国保守党人的理念类似，例如英国首相、保守党领袖撒切尔夫人等。这也是一些国家的保守派阻挠改革，却仍然能赢得众多拥护者的原因——保守派并非完全拒绝社会发展，不想过更好的日子，而是其设想的发展道路与改革派不尽相同。2020 年，独立调查机构 JL Partners 对 2000 名英国受访者进行了一项线上调查，请受访者设想 8 位历任英国首相中，谁最有可能解决英国在 2020 年面临的难题。结果于 2013 年去世的撒切尔夫人赢得了 32% 的受访者的肯定，在调查结果中排名最高。令人惊讶的是，即使是在未经历撒切尔夫人执政期的 18 ~ 24 岁年龄段受访人群中，撒切尔夫人也最受认可（获得该群体 15% 的人支持）（Walters，2020）。可见，保守派强势、果断的作风能够帮助其赢得一些民众的支持。

从 20 世纪末至 21 世纪初几任美国总统的政策中可以看出，此时期的共和党主要代表着制造业主、军火商和能源企业的利益（也有部分华尔街金融界的支持），例如小布什（George W. Bush）总统任期内的伊拉克战争与石油资源相关，而特朗普总统则提名石油企业埃克森美孚国际公司的董事长兼首席执行官（CEO）雷克斯·蒂勒森担任国务卿一职[③]。与共和党相对，克林顿总统签署了《金融服务现代化法案》（Gramm-Leach-Bliley Act of 1999），允许投资银行和零售银行的合并，使金融巨鳄们得以"大而不倒"；奥巴马总统任职期间的"救市"计划则被认为使大量资金流入华尔街。[④]

---

① Richard E. Silver sale by treasury ended; President seeks support repeal [N]. New York Times, 1961 - 11 - 29（1）.

② 陈勇，肖云南. 反奥巴马医疗改革的社会文化分析 [J]. 求索，2010（5）：83 - 84.

③ 刁大明. 总统角色、群体互动与美国的阿富汗战争决策 [J]. 世界经济与政治，2022（8）：31 - 54，155 - 156.

④ 肖炼. 美国"救市计划"成效几何？[J]. 社会观察，2013（10）：54 - 57.

那么，"激进"的民主党和"保守"的共和党在总统选举中如何争取选民为自己投票？可以用以下的简化模型来说明其中的一些原理。

2.4.2　选举模型

假设所有选民均匀分布在从极左（激进）逐渐过渡到极右（保守）的一系列政治立场中，如图 2 - 21 所示。可以将选民们划分为 10 个立场，编号为 1 ~ 10，每个立场都有 10% 的选民（即选票），这些选民会投票给离自己政治立场最近的候选人。

1	2	3	4	5	6	7	8	9	10
	候选人 1		候选人 2						

图 2 - 21　选举博弈示意

两个党派的两名候选人需要从 10 个立场中分别选择一个（可以是同一个），作为自己参加竞选时所宣称的立场。当某候选人选择其中一个立场时，获得该区域的全部选票，未被候选人选中的其他区域选民会投票给离自己立场最近的候选人，若某个区域与两个候选人的立场距离相等，则两候选人均分该区域的选票。若两候选人选中了同一个立场，则由于这两人与所有选民的距离都相同，两人均分所有选票。

例如，在图 2 - 21 中，候选人 1 选择了 2 号立场，赢得该立场的全部选票，同时 1 号立场选民会将选票投给离他们最近的候选人 1。同理，候选人 2 选择了 4 号立场，则会赢得 4 ~ 10 号立场的全部选票。而对于 3 号立场，两个候选人与之距离相等，则均分该立场的选票。

可以发现，这个博弈中真正的"参与人"是两个候选人而非选民们，因为规则规定了选民只能被动地将票无条件地投给离自己立场较近的候选人。而两个候选人的策略集合就是这 10 个立场。那么，候选人如何选择立场，才能使自己胜率最高，即获得尽可能多的选票？

要分析这个问题，可以将其进行简化分解。首先比较 1 号立场和 2 号立场哪个更好些。由于选民分布的区域是对称的，解答了这个问题也就相当于解答了"9 号立场和 10 号立场哪个更好些?"

可以用优势策略和劣势策略的概念来帮助比较 1 号立场和 2 号立场的优劣。为此需要比较当对手选择"立场 1~立场 10"这 10 种情况下，某候选人（以候选人 1 为例）选择立场 1 和立场 2 的对应收益。

如图 2-22 所示，当候选人 2 选择立场 1 时，若候选人 1 选择立场 1，则会和候选人 2 均分所有选票，即得到 50% 选票（见图 2-22-A）；若候选人 1 选择立场 2，则可得到 90% 的选票。对候选人 1 而言，此情况下立场 2 优于立场 1。

1	2	3	4	5	6	7	8	9	10
候选人1、候选人2									

A. 候选人1选择立场1

1	2	3	4	5	6	7	8	9	10
候选人2	候选人1								

B. 候选人1选择立场2

图 2-22　候选人 2 选择立场 1 时的博弈示意

如图 2-23 所示，当候选人 2 选择立场 2 时，若候选人 1 选择立场 1，则会得到 10% 的选票（见图 2-23-A）；若候选人 1 选择立场 2，则会和候选人 2 均分所有选票，即得到 50% 的选票（见图 2-22-B）。对候选人 1 而言，此情况下立场 2 优于立场 1。

1	2	3	4	5	6	7	8	9	10
候选人1	候选人2								

A. 候选人1选择立场1

1	2	3	4	5	6	7	8	9	10
	候选人1、候选人2								

B. 候选人1选择立场2

图 2-23　候选人 2 选择立场 2 时的博弈示意

如图 2-24 所示，当候选人 2 选择立场 3 时，若候选人 1 选择立场 1，会得到 15% 的选票（见图 2-24-A）；若候选人 1 选择立场 2，会得到 20% 的选票（见图 2-24-B）。对候选人 1 而言，此情况下立场 2 优于立场 1。

1	2	3	4	5	6	7	8	9	10
候选人1		候选人2							

A. 候选人1选择立场1

1	2	3	4	5	6	7	8	9	10
	候选人1	候选人2							

B. 候选人1选择立场2

图 2-24　候选人 2 选择立场 3 时的博弈示意

如图 2-25 所示，当候选人 2 选择立场 4 时，若候选人 1 选择立场 1，会得到 20% 的选票（见图 2-25-A）；若候选人 1 选择立场 2，会得到 25% 的选票（见图 2-25-B）。对候选人 1 而言，此情况下立场 2 优于立场 1。

1	2	3	4	5	6	7	8	9	10
候选人1			候选人2						

A. 候选人1选择立场1

1	2	3	4	5	6	7	8	9	10
	候选人1		候选人2						

B. 候选人1选择立场2

图 2-25　候选人 2 选择立场 4 时的博弈示意

上述情形的候选人 1 收益可以写为博弈策略式表述：

$$U_1(1,1) = 50\% < U_1(2,1) = 90\% \tag{2-16}$$

$$U_1(1,2) = 10\% < U_1(2,2) = 50\% \tag{2-17}$$

$$U_1(1,3) = 15\% < U_1(2,3) = 20\% \tag{2-18}$$

$$U_1(1,4)=20\% < U_1(2,4)=25\% \qquad (2-19)$$

后续情形不必继续枚举，因为通过观察上述几种情形可以发现，当对手立场 >2 时，候选人 1 选择立场 1 的收益总比选择立场 2 少 5%。若从候选人 2 的角度考虑也是如此。因此可以得出立场 1 严格劣于立场 2。同理，立场 10 严格劣于立场 9。因此双方可以将严格劣势策略"立场 1"和"立场 10"从各自的策略集合中剔除。

按照上述分析过程，继续比较立场 2 和立场 3 哪个更好（也即比较立场 8 和立场 9），可以发现，当剔除两端的严格劣势策略后，新的两端立场又成为严格劣势策略。按照以上方式迭代剔除劣势立场 2 和立场 9、立场 3 和立场 8、立场 4 和立场 7……最后只剩下立场 5 和立场 6。即两个候选人会选择中间位置的立场作为自己参加竞选时所宣称的立场，这就是选举中的中值选民定理（median voter theorem），也叫中间人投票定理——两大政党为了赢得选举，不再受既定的意识形态和政治纲领的束缚，都表现得像"中间派"一样。中值选民定理认为，对政党来说，选举中能最好地应对对方的政治纲领就是能使中间选民满意的政治纲领。

中值选民定理是重复剔除严格劣势策略的又一应用。其主旨在于通过换位思考，推测对手的行为策略，同时考虑理性人对手也会进行如此的换位思考，反复此过程，最终结果可能就会收敛于唯一的策略选择。

2.4.3 中值选民定理的讨论

中值选民定理可以解释为什么两党制下，在选举中两党候选人的表现有时是相类似的——大家都向中值选民接近。有人批判美国式的选举是轮流执政，是"假民主"，换汤不换药。从美国总统普选的角度上看，确实如此，因为两党的政治纲领都是，也只能是向中值选民的态度接近，如果不这样，就必然输掉大选（当然，候选人胜选后并不一定会履行选举时提出的施政目标）。这其实是投票选举制度下的必然：要想获得选举胜利，必须尊重中值选民的价值取向。

中值选民定理还有更具体的体现。例如，已知美国的民主党倾向自由，共和党倾向保守。但能观察到民主党总统候选人在初选（党派内部选出候选人）中比在普选（全国选民为候选人投票）中更为自由化，而共和党总统候选人在初选中比在普选中更为保守。原因就在于，每个候选人都必须首先通过初选赢得普选资格。为此，他们必须获得他们各自党内的中值选民的支持，即表现得像各自党内的"中庸派"。而在初选之后，进入普选的两党候选人又必须获得整体（全国）的中值选民的选票，这就要求每个候选人进一步向全体选民的中间立场移动——共和党变得更自由，而民主党变得更保守。他们都知道，初选和普选的选举策略是不同的。

　　作为一个简化的模型，中值选民定理的选举模型与现实情况也存在一些区别。例如，此模型只描述了两个候选人的情况，而现实中可能会上演"多强争霸"；现实中选民并非均匀分布——极端自由派和极端保守派应该比中庸派的人数少些；模型中的政治立场仅仅是单一维度，而现实中的候选人可能在某方面激进而在另外的方面保守；选民也未必相信候选人所宣称的政治立场；现实中存在弃权票、废票；现实选民常根据候选人的其他特征而非政治立场来进行投票，例如外貌、性格、性别等。

　　例如，在美国民主党总统约瑟夫·拜登执政期间，由于新冠疫情失控、立法议程停滞不前、通货膨胀、经济复苏缓慢等问题迟迟得不到解决，有美国选民们将其"归咎"于民主党政府，导致 2021 年部分政府关键岗位选举中，甚至出现民主党老牌政治精英被缺少从政经验的共和党政治新人"赶下台"的情况［在该年 11 月的民主党票仓新泽西州议员选举中，共和党人、卡车司机爱德华·杜尔出人意料地击败了民主党人、长期担任州参议院议长的史蒂夫·斯威尼。① 几乎与之同时，在另一个民主党票仓弗吉尼亚州的州长选举中，同样毫无从政经验的共和党人格伦·扬金（曾任私募股权基金凯雷集团高管）击败了政治经验、声望和本身能力都更占优势的民主党候选人特里·麦考利夫］。②

① Sonmez F. Edward Durr Jr. , Republican truck driver and political novice, defeats longtime New Jersey State Senate President Steve Sweeney［EB/OL］. (2021－11－05)［2023－01－10］. https：//www. washingtonpost. com/politics/durr-defeats-sweeney/2021/11/04/3c2b9f52-3d85-11ec-bfad-8283439871ec_story. html.

② Martin J, Burns A. Glenn Youngkin, a Republican financier, defeats Terry McAuliffe in the Virginia governor's race［EB/OL］. (2021－11－04)［2023－01－10］. https：//www. nytimes. com/2021/11/02/us/elections/youngkin-wins-virginia-governor. html.

　　甚至在美国著名作家马克·吐温的小说《竞选州长》中，民主党和共和党为了击败来自第三方"独立党"（作家虚构的党派）的竞争者，不惜采取了一系列"盘外招"，这也是中值选民定理没有描述的情况：其一，利用报纸等新闻媒体在竞选中的重大作用，故意混淆视听，轮番在报纸上制造出一个个罪名，强加在独立党候选人身上；其二，打着"人民""公众"的旗号，欺骗选民，把自己装扮成正人君子、民意的代言人，号召人们不要投独立党人的票；其三，挑动、组织不明真相的选民"采取断然行动"，冲进独立党候选人家中，对其人身及财产进行攻击。这样一套"组合拳"下来，独立党候选人终于招架不住，只得宣布退出竞选。

　　中值选民定理是由英国经济学家邓肯·布莱克（Duncan Black）于 1948 年发表的《论集体决策原理》和美国政治学家安东尼·唐斯（Anthony Downs）在 1957 年出版的《民主的经济理论》中提出的。唐斯指出，如果在一个多数决策的模型中，个人偏好都是单峰的，则反映中间投票人意愿的那种政策会最终获胜，因为选择该政策会使整个集体的福利损失最小，所以多峰偏好现象的存在也会使中值选民定理失灵。

　　所谓单峰偏好，是指选民在一组按某种标准排列的备选方案中，有一个最为偏好的选择，而从这个方案向任何方面的偏离，选民的偏好程度或效用都是递减的。单峰偏好理论是由邓肯·布莱克在 1958 年出版的《委员会与选举理论》一书中提出的。布莱克由于对公共选择问题的开创性研究而被称为公共选择学派的奠基人。

　　图 2-26 描述了三个选民对于"低、中、高三种额度的预算哪个好"的偏好（也就是各种预算额度给各选民带来的效用）。三个人的偏好线都是单峰

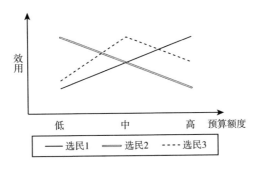

图 2-26　单峰偏好示意

形状的。单峰偏好意味着人们最理想的结果只有一个，对于这个唯一的最理想目标的偏离，无论是正的方向，还是负的方向，都是坏事情，都将使他们的福利水平降低。

图 2-27 中，选民 3 的偏好曲线是双峰形的（多峰偏好），该线先是从某一峰顶（低预算）上往下降，然后又往另一峰顶（高预算）上升。多峰偏好意味着人们最理想的结果不止一个。图 2-27 表明，选民 3 会觉得低预算和高预算都不错，但却不喜欢折中的方案。

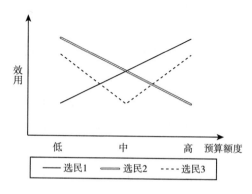

图 2-27　选民 3 为多峰偏好示意

例如，在越南战争时期，一些美国公民对战争发表意见时，更希望政府进行一场全面投入战争（包括使用核武器）或完全不参与战争，而不太支持进行一场有限战争或局部战争。可以看出，这些公民对于极端性解决方案而非折中性解决方案表示出更大的偏好。由于多峰偏好的存在，使得在多数票规则下有可能无法达成政治均衡。

现实中的美国总统选举，实际上也不完全是中值选民模型中所描述的简单多数票制度，而是"选举人团"制度——每个州有一定数量的"选举人票"（数量与各州人口数相关），选举时，各州选民对候选人投票，绝大多数州的规则是，如果某候选人能获得该州多数选民票的支持，那么该候选人就赢得了该州的所有选举人票，这种规则被称为"赢者通吃"。而最终决定总统胜选者的，是各候选人赢得的选举人票数量（全国共有 538 张选举人票，率先获得 270 张者胜选）。比如某州有 10 张选举人票，若候选人甲和候选人乙在此州获得的民众普选票数比例为 8∶2，则候选人甲赢得此州所有的 10 张选举人票，而不是候选人甲得到 8 张选举人票，候选人乙得到 2 张选举人票。

在美国，大小州选民的票值不等。例如，在纽约州，每张选举人票代表着约 40 万选民，而在阿拉斯加州每张选举人票代表着约 11 万选民。历史上曾经出现过 5 次（1824 年、1876 年、1888 年、2000 年、2016 年）"伪多数"的情况，即某位总统候选人得到的普选票总数比对手多，但由于获得的选举人票少于对手而败选。历史上也曾出现过不按本州普选结果投票的"不忠选举人"临场倒戈或弃权，以表达抗议等诉求，但都未能改变大选的结果。

在这样的前提下，"红州"（共和党优势州）的民主党支持者，和"蓝州"（民主党优势州）的共和党支持者们，其手中总统选票意义大为丧失。选举人团制度非但没有落实其"保障小州利益"的初衷，反而让摇摆州的利益（尤其是摇摆州中的大州）挟持了国家政策——为了获得连任，时任总统往往会在大选前一两年就开始给予摇摆州大量的政策倾斜与优惠，而红州与蓝州的许多需求却遭到忽视（这也是"中值选民定理"的某种体现）。这些都与现代民主政治中一人一票、人人平等的基本价值观背道而驰。

而在各州内部的选举中，同样存在上述"赢者通吃"的规则，因此执政党的政客们会运用多种策略在选举中打击对手党派：一是集中策略（packing），即在划分选区时把对手党派的支持者集中在尽量少的几个选区之内，牺牲这些选区使对手浪费大量的选票，保证己方在其他选区的胜利，也就是"田忌赛马""弃卒保车"，使对手支持者众多却使不上力；二是分散策略（cracking），即把对手党派的支持者尽量分散在尽可能多的选区，使对手的选票稀释，在尽可能多的选区得不到足够的支持；三是堆垛策略（stacking），就是在划分选区时将其设计得奇形怪状，以制造出有利于己方的选区。如图 2 - 28 所示，用方块指代选民，总计 25 个选民中，支持白方的选民远多于支持黑方的选民，如果按照一人一票的原则，肯定是白方胜选。若要将其划分为 5 个选区，每个选区 5 人，如果按照常规的选区划分，例如图 2 - 28 - A，则白方赢得 3 个选区，黑方赢得 2 个选区，最终白方胜选。而在图 2 - 28 - B 中，则是白方赢得了全部 5 个选区，黑方一个选区也没有赢下，仍是白方胜选。但如果按照图 2 - 28 - C 所示划分选区，通过巧妙的设计，造成了黑方在 3 个选区内获胜、白方只赢得 2 个选区的局面，最终支持人数较少的黑方反而得到总体的胜利。

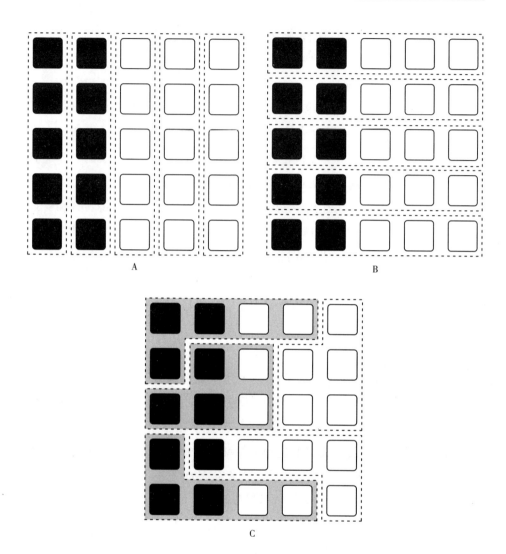

图2-28 三种不同的选区设计

这种做法最早出现在1812年的参议院选举中，马萨诸塞州的民主党政客们为了确保本党候选人能赢得两席参议员的席位，将该州选区进行了重新划分，新划出的选区中，有一个选区形状蜿蜒曲折，很不规则，酷似一只蝾螈。由于当时马萨诸塞州的州长是埃尔布里奇·杰利（Elbridge Gerry），人们就用他的名字与蝾螈（salamander）合成一个词来指代这种做法，即著名的"杰利蝾螈"（Gerrymander）。虽然美国最高法院在1985年裁决该做法违宪，此后各州的众议院选区划分必须以人口比例进行分配，但至今美国的政客们仍然在

"灵活"地运用这类策略为己方争取优势。例如俄勒冈州（民主党执政）在 2021 年的国会选区划分中，将民主党人占多数的选区由原来的 2 个增加到了 4 个，"摇摆选区"由 2 个减少为 1 个；得克萨斯州（共和党执政）则在该年的选区划分中，将共和党占优的选区由原来的 22 个增加到了 24 个，"摇摆选区"由原来的 6 个减少到 1 个。加拿大、德国、马来西亚等国的选举中也出现过类似做法。

随着现代计算机技术的发展和大数据的应用，使得政党对于选民信息的掌握更加精确。通过使用选民数据库等信息技术手段，政党可以获得每个家庭的年龄、收入、种族、受教育程度、政党登记、竞选捐款记录、选举的投票次数等，这使得政党更加容易去预测选民的投票倾向并进行上述"安排操作"。2021 年舆观（YouGov）公司对美国选民的一项调查显示，44% 的选民认为本州不能公正地划分选区，40% 表示不确定，只有 16% 的受访者认为本州能公正地划区。

总之，在实际生活中，中值选民定理可能会遇到不适用的情形，那可能是因为已经增加或者偏离了其假设的条件，因为现实总是多维度和复杂多变的，但是这个理论至少给人们提供了一种思考方式。现实中西方的大多数政党的纲领都在向中间靠拢，反映了这个原理的现实意义。过去人们以为，政客们都是为了实现他们远大的理想而参加竞选；中值选民定理让人们明白，有的政客是为了赢得选举而去刻意剪裁他们的远大理想，只有讨好中间派选民，才能获得选举的成功。从另一个角度来看，在生活中面对各种利益博弈和纠纷时，选择中间立场可能更有助于调节和斡旋。

第3章 纳什均衡及其性质

本章主要介绍非合作博弈理论的核心概念——纳什均衡（Nash equilibrium），探讨纳什均衡的性质，解释以其为核心的一些博弈分析方法和概念之间的关系，并对部分典型的相关模型与实例进行介绍。

3.1 最优对策

第2章中介绍了优势策略和劣势策略的概念。在很多博弈中，有时难以找到符合"永远优于/不劣于其他策略"或"永远劣于/不优于其他策略"的策略，而各个策略的关系可能是互有优劣，面对不同局势时能够让参与人取得最优收益的策略是不同的。为了描述这种情况，需要用到最优对策（best response）的概念。

3.1.1 最优对策的定义

如果参与人 i 的策略集合 S_i 中存在某个策略 s_i^*，使得在对手选择某个策略 s_{-i} 时，参与人 i 选择 s_i^* 的收益弱优于参与人 i 的其他任意策略 s_i'，即：

$$U_i(s_i^*, s_{-i}) \geqslant U_i(s_i', s_{-i}), \forall s_i' \in S_i \qquad (3-1)$$

则称 s_i^* 是参与人 i 应对对手策略 s_{-i} 的最优对策。

最优对策的定义还可以表示为，若参与人 i 的策略集合 S_i 中存在策略 s_i^*，有：

$$s_i^* \models \frac{\max}{s_i} U_i(s_i, s_{-i}) \qquad (3-2)$$

则称 s_i^* 是参与人 i 应对对手策略 s_{-i} 的最优对策。

在前文关于优势策略和劣势策略的定义中，用全称量词"$\forall$"来表达"无论其他参与人选择怎样的策略"，而此处用其来修饰"s_i 比己方（参与人 i）的其他任何策略都好"。

优势策略的含义可以用图 3 – 1 帮助理解。图 3 – 1 中，参与人 1 有 U、M、D 三个可选策略，可以用其应对参与人 2 的 L、R 两个可选策略。图中用粗线条表示收益较高的应对策略，用细线条表示收益较低的应对策略。图 3 – 1 – A 说明当参与人 2 选择 L 策略时，参与人 1 选择策略 U 是其三个策略中最优的；图 3 – 1 – B 说明当参与人 2 选择 R 策略时，参与人 1 选择策略 M 是其三个策略中最优的。因此对参与人 1 来说，策略 U 是在对手（参与人 2）选择 L 时的最优对策，策略 M 是在对手选择 R 时的最优对策。

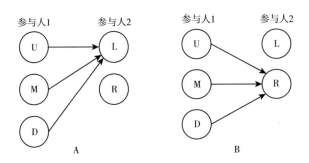

图 3 – 1　最优对策含义示意

以图 3 – 2 所示的这个博弈为例，假设欲求此博弈中参与人 1 的策略选择方案。此博弈中参与人 2 不存在严格劣势策略或优势策略，因此"寻找占优均衡"和"重复剔除严格劣势策略"的分析方法在此不适用。

		参与人2	
		L	R
	U	5, 1	0, 2
参与人1	M	1, 3	4, 1
	D	4, 2	2, 3

图 3 – 2　一个 3×2 的双人博弈

可以从寻找最优对策的角度分析此博弈：对参与人 1 而言，选择策略 U 是在对手（参与人 2）选择策略 L 时的最优对策，选择策略 M 是在对手选择策略 R 时的最优对策。至于参与人 2 到底会选择哪一个策略，可引入概率论的观点来求解此问题。

把参与人 2 "选择 R 的可能性" 设为自变量 x，则其选择 L 的可能性为 $(1-x)$，把参与人 1 选择 U、M、D 的收益作为函数 y，则其三种策略的预期收益（expected utility）分别为：

$$U_1(\mathrm{U}, x) = y = 5 \times (1-x) + 0 \times x = 5 - 5x \qquad (3-3)$$

$$U_1(\mathrm{M}, x) = y = 1 \times (1-x) + 4 \times x = 1 + 3x \qquad (3-4)$$

$$U_1(\mathrm{D}, x) = y = 4 \times (1-x) + 2 \times x = 4 - 2x \qquad (3-5)$$

将上述函数在平面直角坐标系中画出函数图，如图 3-3 所示。

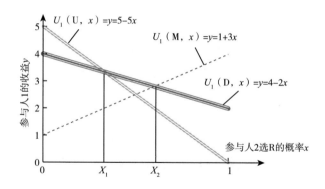

图 3-3 参与人 1 三种策略的预期收益函数

图 3-3 中的三条函数图像线代表对手选 R 的不同概率情形中，参与人 1 的预期收益。观察可知，若对手选 R 的概率 $\leqslant X_1$，参与人 1 的最优对策是 U；若对手选 R 的概率 $\geqslant X_2$，参与人 1 的最优对策是 M；若对手选 R 的概率在 X_1、X_2 之间，则参与人 1 的最优对策是 D。而 X_1、X_2 的值通过联立方程可求出，解得：$X_1 = 1/3$，$X_2 = 3/5$。即：$x \leqslant 1/3$ 时，参与人 1 的最优对策是 U；$1/3 < x < 3/5$ 时，参与人 1 的最优对策是 D；$x \geqslant 3/5$ 时，参与人 1 的最优对策是 M。

由此，虽然参与人 1 没有一个永远最优的策略，但退而求其次，若其能得知参与人 2 选择 R 的概率，则可以得出自己的最优对策。

引入概率的概念后，最优对策的定义则可扩展为广义定义。

如果参与人 i 的策略集合 S_i 中存在某个策略 s_i^*，使得在参与人 i 对于对手的策略选择持有信念（belief，即对对手的概率判断）p 时，参与人 i 选择 s_i^* 的预期收益弱优于参与人 i 的其他任意策略 s_i'，即：

$$U_i(s_i^*,p) \geq U_i(s_i',p), \forall s_i' \in S_i \qquad (3-6)$$

则称 s_i^* 是参与人 i 应对被判断为信念 p 的对手的最优对策。

也可以表示为，若参与人 i 的策略集合 S_i 中存在策略 s_i^*，有：

$$s_i^* \;\vdash\; \frac{\max}{s_i} U_i(s_i,p) \qquad (3-7)$$

则称 s_i^* 是参与人 i 应对被判断为信念 p 的对手的最优对策。

3.1.2　点球博弈中的最优对策

和众多体育运动项目一样，足球运动的发展史本身就充满了各种博弈行为。足球运动的发展方向、发展规模等方面都存在大量博弈的例子。1863 年，一些足球爱好者在伦敦的一家小酒馆开会，制定了 13 条比赛规则，包括比赛的场地大小、参赛队员人数以及禁止用手触碰球等。这些"博弈规则"是英国第一套全国性足球比赛规则，也是世界上首套足球比赛规则。同年，世界足球史上第一次有规则的足球比赛在伦敦举行，这标志着近现代足球运动博弈历史的开始。至于足球比赛中球队的阵型，由最初英国人创造的"九锋一卫"（9 名前锋，1 名后卫，1 名守门员），到 1958 年巴西在瑞典世界杯上运用的"4-2-4"（4 前锋、2 中场、4 后卫）进攻型阵型，再到 1974 年德国世界杯上荷兰国家队采用的"全攻全守"（除守门员之外的全部球员在场上的位置是流动的，任一球员都可以承担进攻或防守的职责）的战术阵型，以至现代足球中的各种阵型的发展，都体现了足球运动博弈的历史。

此处研究一个较简单的球员层面的博弈问题——点球。点球（penalty kick），全称为"罚球点球"。在比赛进行中，若某一队的球员在本方罚球区内做出按规则可以判罚直接任意球的犯规行为之一时，这种判罚的任意球则以罚球点球的方式执行。罚球点球可以直接进球得分。除了犯规会判罚点球外，20 世纪 70 年代以来，大多数世界级、洲级足球赛事都引入了"点球大战"的规则，即在常规比赛和加时赛都结束后，双方仍是平局时，通过双方球员轮流与对方守门员射点球的方式来决出最后的胜负。一般罚点球的规则是：防守方守门员留在本方球门柱间的球门线上，面对主罚队员，直至球被踢出（球未罚出前，守门员只可沿球门线左右移动，而不可前后移动）。随着规则的发展，还对罚点球队员的假动作等做出了限制。

足球运动史上的经典点球案例不胜枚举。例如，1994 年美国世界杯决赛，巴西和意大利必须通过点球大战分出胜负，意大利球星罗伯特·巴乔最后一个出场，射失了关键点球。2008 年的欧冠决赛中，切尔西队长特里鬼使神差地脚底打滑，他罚出的球最终没能飞入范德萨把守的曼联大门。2018 年，俄罗斯世界杯 D 组首轮阿根廷与冰岛队的小组赛中，冰岛队门将哈尔多松扑出了阿根廷球星梅西的关键点球，帮助球队战平了阿根廷队。

1998 年夏天，法国世界杯的一场 1/8 决赛在圣埃蒂安的吉夏尔球场进行，对阵双方是英格兰队和阿根廷队，两队一直打到点球大战，胶着的比分使现场球迷和电视观众都紧张得透不过气来。轮到英格兰后腰球员大卫·巴蒂罚点球时，场上比分为 6∶5，阿根廷队领先。如果巴蒂这个球进不了，英格兰队就确定出局了。就在巴蒂出脚射门的一刹那，有一个观众就预测到了英格兰的失败。这个观众并不是久经赛场的球星、经验丰富的教练或见多识广的体育记者，而是一个研究核弹的专家。他的判断不是来自直觉或幻想，而是来自科学。他就是英国诺贝尔奖被提名者、核物理学家德里克·劳（Derek Fairbanks-Law）。事后德里克·劳博士指出，巴蒂的罚点球策略是半高球，可能是守门员最喜欢而得分率最低的一种（Penner，1998）。

2006 年德国世界杯的 1/8 决赛中，东道主德国队遭遇阿根廷队，在点球大战中，德国队门将莱曼猜对了阿根廷队每一个点球的主罚方向，并成功扑救出了阿亚拉和坎比亚索罚出的点球。赛后，莱曼手中的一张纸条引起了世人的关注，这是点球大战前德国队教练组交到他手中的，上面记录了阿根廷几位点球手踢点球时的惯用脚法，例如里克尔梅习惯踢向球门左上角；梅西和罗德里格斯喜欢踢向球门左侧；克雷斯波长距离助跑时经常踢向右侧，短距离助跑则经常踢向左侧，等等。正是有了这个"锦囊妙计"，德国才得以杀出重围，进军四强。无独有偶，2017 年波兰 21 岁以下欧锦赛半决赛中，德国队通过点球淘汰英格兰队，德国门将波勒斯在整理左腿球袜时，翻看了藏在袜子里的小纸条，小纸条上同样是记载了英格兰球员点球的习惯等信息。

图 3-4 是一个简化的点球博弈。假设主罚队员可以选择把球踢向球门的左/中/右侧，而守门员可以选择向球门左/右侧扑救。这里规定双方对于"左""右"方向的理解是一致的。设置主罚队员的收益是其进球率，守门员的收益是被进球概率的相反数。例如，若主罚队员向左射门，守门员也向左扑救，进球的概率为 40%。若主罚队员向左射门，而守门员向右侧扑救，守门员就扑空了，进球的概率为 90%——考虑到主罚队员射空门也可能出现打偏，这种情况下的进球率并未设置成 100%。若主罚队员向球门正中射门，由于此模型设置了门将必须往左侧或右侧扑救，则进球的概率为 60%。此模型略去了主罚队员和门将"惯用右脚/右手"等习惯可能造成的左右差异。

	守门员（2）	
	左	右
主罚队员（1）　左	40%，-40%	90%，-90%
中	60%，-60%	60%，-60%
右	90%，-90%	40%，-40%

图 3-4　点球博弈

欲求解主罚队员的最优策略选择方案，可用与上一节相同的方法来求解此问题。把守门员"选择右的可能性"设为自变量 x，主罚队员选择左、中、右的收益作为函数 y，则其三种策略的预期收益分别为：

$$U_1[左,(1-x,x)] = y = 40\% \times (1-x) + 90\% \times x = 0.4 + 0.5x \quad (3-8)$$

$$U_1[中,(1-x,x)] = y = 60\% \times (1-x) + 60\% \times x = 0.6 \quad (3-9)$$

$$U_1[右,(1-x,x)] = y = 90\% \times (1-x) + 40\% \times x = 0.9 - 0.5x \quad (3-10)$$

将上述函数在平面直角坐标系中画出函数图，如图 3-5 所示。

图 3-5 中的三条函数图像线代表守门员往右扑救的不同概率情形中，主罚队员的预期收益。观察可知，若守门员往右扑救的概率≤50%，主罚队员

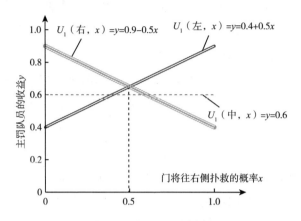

图3-5　主罚队员三种策略的预期收益函数

的最优对策是往右侧射门；若守门员往右扑救的概率≥50%，主罚队员的最优对策是往左侧射门；而往中间射门任何情况下都不是最优对策。

图3-6是上述点球博弈的改变：设想主罚队员提高了射门的力度，于是向左右两侧射门更容易用力过猛，导致进球率下降了；而向中间射门更有机会踢出一记势大力沉的直射，进球率提高了。这种改变会对主罚队员的策略选择有何影响？

		守门员（2）	
		左	右
	左	30%，-30%	80%，-80%
主罚队员（1）	中	70%，-70%	70%，-70%
	右	80%，-80%	30%，-30%

图3-6　改变后的点球博弈

在数值改变的情况下，仍然可以用相同的方法求解最优对策。主罚队员左、中、右三种策略的预期收益分别变为：

$$U_1(左,x) = y = 30\% \times (1-x) + 80\% \times x = 0.3 + 0.5x \qquad (3-11)$$

$$U_1(中,x) = y = 70\% \times (1-x) + 70\% \times x = 0.7 \qquad (3-12)$$

$$U_1(右,x) = y = 80\% \times (1-x) + 30\% \times x = 0.8 - 0.5x \qquad (3-13)$$

可将上述函数在平面直角坐标系中画出函数图，并与图 3 - 5 中的原始图像对比（以虚线表示），如图 3 - 7 所示。

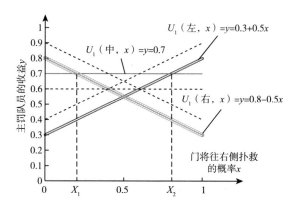

图 3 - 7　改变后的主罚队员三种策略预期收益函数

可知在此情形中，若守门员往右扑救的概率 $\leqslant X_1$，主罚队员的最优对策是往右侧射门；若守门员往右扑救的概率 $\geqslant X_2$，主罚队员的最优对策是往左侧射门；若守门员往右扑救的概率在 X_1、X_2 之间，则主罚队员的最优对策是往中间射门。X_1、X_2 的值通过联立方程可求出，解得：$X_1 = 0.2$，$X_2 = 0.8$。即：守门员往右扑救的概率 $\leqslant 0.2$ 时，最优对策是往右侧射门；若守门员往右扑救的概率在 $[0.2, 0.8]$ 区间时，最优对策是往中间射门；守门员往右扑救的概率 $\geqslant 0.8$ 时，最优对策是往左侧射门。

3.2　纳什均衡

3.2.1　纳什均衡介绍

纳什均衡（Nash equilibrium）概念是 1950 年由约翰·纳什首先提出的。

纳什均衡的策略式定义为：对于一个博弈 $G = \{N, S_i, U_i, i \in N\}$，如果对于每一个参与人 i，s_i^* 是给定其他参与人策略 $s_{-i}^* = (s_1^*, \cdots, s_{i-1}^*, s_{i+1}^*, \cdots, s_n^*)$ 情况下的参与人 i 的最优对策，即：

$$U_i(s_i^*, s_{-i}^*) \geq U_i(s_i, s_{-i}^*), \forall s_i \in S_i, \forall i \in N \qquad (3-14)$$

则称策略组合 $s^* = (s_1^*, \cdots, s_i^*, \cdots, s_n^*)$ 是一个纳什均衡（Nash，1950）。

纳什均衡的通俗定义为：n 个参与人的博弈中，如果某种情况下，每个参与人的策略都是对其他参与人策略的最优对策，此时没有任何一个参与人可以独自改变策略而增加自己的收益，则此策略组合被称为纳什均衡。

纳什均衡具有深刻的意义。它是一种稳定的策略组合：当所有参与人的策略选择公开以后，所有参与人的策略"互为最优对策"，此时每个参与人都会认为自己作出了正确的选择并感到满意；没有参与人能预期得到更好的结果。

纳什均衡为解释合作与背叛提供了帮助。如果 n 个参与人在博弈之前协商达成一个协议，规定了每一个参与人选择某一个特定的策略。此时的问题是，假定其他参与人都遵守该协议，在没有外在强制力的情况下，是否有某一参与人会有动机选择违反该协议？以图 3-8 中的囚徒困境为例，假如两个囚犯协商一致"两人都不认罪"，或者协商一致"都认罪"，通过分析可知，后一种协定最后能够自动实现。

图 3-8　囚徒困境

矩阵式表述的博弈，其纯策略纳什均衡可以用"划线法"求解（与纯策略相对的"混合策略"会在后续章节介绍），即将双方所有最优对策以下划线进行标记，若有双方的最优对策形成博弈局势（即各方带有下划线的策略在同一个格子中），即为该博弈的纳什均衡。如图 3-9 所示，对囚徒 1 来说，"认罪"在对手选择认罪和不认罪时均为其优势策略；由于矩阵的对称性，对囚徒 2 来说也是如此。因此通过划线法可知（认罪，认罪）是该博弈的纳什均衡。

另外一种与"划线法"思路不同但原理一致的寻找纯策略纳什均衡的办

图 3－9　划线法求解纳什均衡

法"箭头法"，也可称为"先猜后证"的方法。如图 3－10 所示，可以先假定博弈的各个局势为纳什均衡，验证各个局势下是否有参与人有单方面偏离当前局势的策略、改选其他策略的动机，即带来严格收益增加的改变，将这种偏离当前策略的动机用箭头表示。若至少有一方有偏离的动机，则此局势不是纳什均衡。例如在（不认罪，认罪）的组合中，囚徒 1 有偏离的动机——若囚徒 2 保持"认罪"不变，囚徒 1 只要改选"认罪"，其收益就会从（－5）上升为（－2）。同理（认罪，不认罪）和（不认罪，不认罪）的组合都不是纳什均衡。

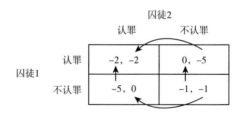

图 3－10　箭头法求解纳什均衡

根据前面的分析很容易看出，箭头法和划线法的思路是不同的，但两者都是基于策略之间的相对优劣关系进行分析，得到的结论也都是一致的，因此这两种求解纳什均衡的方法是可以相互替代的。

囚徒困境中，在约定了"都不认罪"的协议（策略组合）时，双方都有不遵守协定即改选"认罪"的动机。而约定了"都认罪"的协议时，双方都有遵守该协议的动机——任何一方若要单方面违背该协议，即改选"不认罪"，会使自己的收益下降（从 －2 变为 －5），因此称"都认罪"这个协议是可以自动实施（self-enforcing）的，参与人们会自愿地遵守它，而无须投入额外的外部成本来实现这一点。

　　纳什均衡揭示了这样一个原理：只有当选择"遵守协议"给参与人带来的效用（收益）大于"违反协议"时，参与人才有动机遵守协议。如果一个博弈中，没有任何参与人有动机违反某个协议，即他们都会遵守协议，则称该协议是可以自动实施的，即构成纳什均衡；否则该协议就不是纳什均衡（Polak，1999）。

　　纳什均衡（也只有纳什均衡）具有一致预测性——纳什均衡是对博弈将会如何进行的"一致"（consistent）预测。即：如果博弈的所有参与人都预测某个特定的纳什均衡会出现，那么没有参与人有动机选择与该纳什均衡不同的策略。没有任何参与人想要利用该预测或者这种预测能力来选择与该预测结果不一致的策略，即没有参与人有偏离这个预测结果的动机，因此这个预测结果最终就真的会成为博弈的实际结果。"一致"的意义在于，各博弈参与人的实际策略选择与他们的预测相一致。假设各参与方预测的博弈结果局势（即各方策略组合）相同，以及各参与方都是理性的（也就是不会犯错误）情况下，不可能预测任何非纳什均衡是博弈的结果。预测是博弈分析最基本的功能之一，而纳什均衡的一致预测性为博弈分析的预测能力提供了基本保证。2014 年诺贝尔经济学奖获得者让·梯若尔（Jean Tirol）对此指出，如果博弈中有任何非纳什均衡局势的出现，意味着至少有一个参与人"犯了错误"：可能是在预测其他参与人的行为时犯了错；也可能是虽然正确地预测了他人的行为，但在最大化自己的收益时，在分析过程或执行过程中犯了错。

　　在现实中，人们常常面临这样的问题：如何防止违反协议、赖账的现象出现？这需要先分析人们为什么会违反协议。其根本原因是，有些情况下违反协议比遵守协议能带来更高的收益。而纳什均衡是一种稳定局面：如果一个协议构成纳什均衡，在其他参与人遵守此协议的前提下，没有任何一个参与人有动机偏离此协议的规定，即违反协议不能比遵守协议带来更高的收益。反之，如果一个协议不构成纳什均衡，它就不可能自动实施，因为至少有一个参与人会有动机违反此协议。不满足纳什均衡要求的协议往往是没有意义的。

　　纳什均衡对管理者、立法者的启示是：想要使法律/法规/制度实施的结果与制定这些法律/法规/制度的目标或初衷相一致，就必须使得立法所涉及的各相关方（即博弈的参与人们）达成纳什均衡。否则，立法就仅仅是"官方规则"或"表面规则",而实际支配人们行动的则是潜规则。潜规则的核心是多方博弈——博弈中的某几方私下达成默契,而蒙骗正式制度和公正原则的代表。

例如,20 世纪 20 年代初,美国宪法第 18 号修正案规定,凡是制造、售卖和运输酒精含量超过 0.5% 的饮料皆属违法,即"禁酒令"。该法案旨在解决酗酒引起的犯罪、降低生产效率和宗教道德问题。但禁酒令无法断绝人们对酒类饮料的需求,引起了非法酿造、出卖和走私酒类饮料、黑帮控制私酒行业等新的犯罪行为;且执行禁酒令的成本甚高,失去酒品税收也影响了政府的税收来源。1933 年,美国国会通过宪法第 21 号修正案,废除了禁酒令。此后,美国政府对酒类的管制改为主要针对具体问题立法,或主要由各州政府立法。例如,以税收等经济措施限制酒类贸易的规模,要求所有在售的酒精饮料都必须带有"饮酒有害身体健康"的警告标志,限制酒吧营业时间等。这些法律法规获得了长期的坚持,收到了实效。

纳什均衡之所以重要,就是因为它具有很强的普遍性,在人类博弈活动中,纳什均衡几乎无处不在、无所不包。纳什均衡理论既适用于解释人类的行为规律,也适用于分析人类以外的其他生物的生存、运动和发展的规律。纳什均衡和博弈论的桥梁作用,使经济学与其他社会科学、自然科学的联系更加紧密,形成了经济学与其他学科相互促进的良性循环。2007 年诺贝尔经济学奖获得者之一的罗杰·迈尔森认为,发现纳什均衡的重要性,足以与生命科学领域中发现脱氧核糖核酸(DNA)的双螺旋结构相比。[1] 1970 年诺贝尔经济学奖得主保罗·萨缪尔森有一句名言,以夸张的手法强调了经济学中供求分析的重要性:"你甚至可以使一只鹦鹉变成一个训练有素的经济学家,因为它必须学习的只有两个词,那就是'供给'和'需求'"。东京大学经济学教授神取道宏(Kandori Michihiro)对这一名言做了一个幽默的引申:"这只鹦鹉需要再学两个词,那就是'纳什均衡'"。[2]

---

① Myerson R B. Nash equilibrium and the history of economic theory [J]. Journal of Economic Literature, 1999, 37 (3): 1067-1082.

② Kandori M. Evolutionary game theory in economics [M] //Kreps D M, Wallis K F. Advances in Economics and Econometrics: Theory and Applications. Cambridge: Cambridge University Press, 1997: 243-277.

然而，对纳什均衡应用的广泛性和有效性也不应过分夸大。尽管纳什均衡非常重要，但并不是掌握了这种分析方法就一定能预测所有博弈的结果。纳什均衡分析只能保证"个体理性人的博弈结果是唯一纯策略纳什均衡"情况下的预测，而不能保证对所有博弈的结果都作出准确的预测。现实中的博弈可能属于以下"例外"的情况之一：有些博弈不存在纯策略纳什均衡；有些博弈是多重纳什均衡；有些博弈的参与人可能是有限理性或集体理性的。这些情况下，对纳什均衡的预测就会有很多不确定性。

3.2.2　合伙人博弈

用如下的博弈介绍纳什均衡的应用情景：假设有两个参与人合伙开办一家公司，约定平分经营收入。两人需要选择对公司投入多少可量化的资金或劳动。设定该"投入"的数值为 [0，4] 区间内的任意实数。即：

$$S_1 = S_2 = [0,4] \qquad (3-15)$$

这就是本博弈中的策略集合，它是一个连续区间，其中有无穷多个实数，即两个参与人有无穷多个可选策略。

设该公司的经营收入 y 表达式为：

$$y = 4[s_1 + s_2 + bs_1s_2] \qquad (3-16)$$

其中，参数 b 表示两个合伙人的协同程度，为了简化计算，设定 $b=1/4$。可见此模型中两人协同合作产生的收入大于两人投入的简单加和。

两个合伙人的利润（收益）可以表示为分到的收入减去自身投入，即：

$$U_1(s_1,s_2) = \frac{1}{2} \times \left[4\left(s_1 + s_2 + \frac{1}{4}s_1s_2\right)\right] - s_1 \qquad (3-17)$$

$$U_2(s_1,s_2) = \frac{1}{2} \times \left[4\left(s_1 + s_2 + \frac{1}{4}s_1s_2\right)\right] - s_2 \qquad (3-18)$$

由于这两个利润表达式为单调增函数，则此问题过于简单——参与人1和参与人2只需要选择最大投入值即为各自的优势策略。因此本案例中将两人的利润表达式设定为：

$$U_1(s_1, s_2) = \frac{1}{2} \times \left[4\left(s_1 + s_2 + \frac{1}{4}s_1 s_2\right) \right] - s_1^2 \qquad (3-19)$$

$$U_2(s_1, s_2) = \frac{1}{2} \times \left[4\left(s_1 + s_2 + \frac{1}{4}s_1 s_2\right) \right] - s_2^2 \qquad (3-20)$$

此情况下，求解两个参与人各自的最优对策难以沿用点球博弈中的作函数图求解的方法，因为两个参与人的策略集合都是连续区间。参与人 1 需要求出针对每一个可能的 s_2 的最优对策；参与人 2 也需要求出针对每一个可能的 s_1 的最优对策。

可以考虑用求函数最值的方法求解。由于参与人 1 的收益是 s_1、s_2 的函数，但 s_2 是参与人 1 无法控制的，因此求 s_1 的导数，令其为 0 时函数取最值，即：

$$\max_{s_1} U_1(s_1, s_2) = 2\left(s_1 + s_2 + \frac{1}{4}s_1 s_2\right) - s_1^2 \qquad (3-21)$$

$$\frac{\partial U_1}{\partial s_1} = 2\left(1 + \frac{1}{4}s_2\right) - 2s_1 = 0 \qquad (3-22)$$

由于：

$$\frac{\partial \left(\frac{\partial U_1}{\partial s_1}\right)}{\partial s_1} = -2 < 0 \qquad (3-23)$$

因此一阶导数为 0 时函数取最大值。整理式（3-21），用 s_1^* 表示参与人 1 的最优对策，可得：

$$s_1^* = 1 + \frac{s_2}{4} \qquad (3-24)$$

同理可求出参与人 2 的最优对策 s_2^*：

$$s_2^* = 1 + \frac{s_1}{4} \qquad (3-25)$$

根据 s_1 和 s_2 的定义域（即策略集合）为 $[0, 4]$，以 s_1 的定义域为横轴、s_2 的定义域为纵轴，可以绘制式（3-24）和式（3-25）的函数图，如图 3-11 所示。

对参与人 1 而言，由于 s_1^* 的值域为 $[1, 2]$，在此之外的 s_1 值不会成为

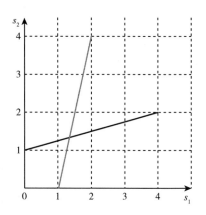

图 3 – 11 两个合伙人的最优对策函数

参与人 1 的最优对策。由于参与人 1 不会选择严格劣势策略，如图 3 – 12 – A 所示，剔除非最优对策的 s_1 定义域（阴影部分）。

同理对参与人 2 而言，由于 s_2^* 的值域为 $[1, 2]$，在此之外的 s_2 值不会成为参与人 2 的最优对策。由于参与人 2 不会选择严格劣势策略，如图 3 – 12 – B 所示，剔除非最优对策的 s_2 定义域（阴影部分）。

双方参与人通过换位思考，即取各自剔除区域的交集，如图 3 – 12 – C 所示。在剩余的可选策略空间中继续上述重复剔除严格劣势策略过程，最后双方的最优对策将会只剩下"两条最优对策函数曲线的交点"这一个策略组合。由于此点是两条最优对策函数曲线的交点，此时两个参与人的策略均是各自应对对方策略的最优对策。联立式（3 – 24）和式（3 – 25）可以求出此交点坐标：$s_1^* = s_2^* = 4/3$。

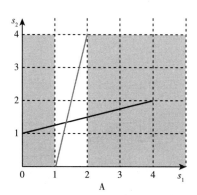

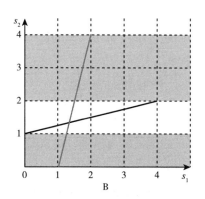

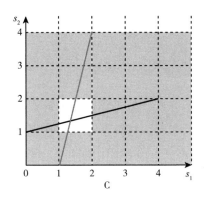

图 3 – 12　两个合伙人剔除严格劣势策略示意

此策略组合即是此博弈的纳什均衡，在此策略组合中，每个博弈参与人都采用了自己的最优对策。

3. 2. 3　纳什定理

纳什于 1950 年提出并证明了纳什均衡的存在性定理，即纳什定理。具体表述为：在一个有 n 个参与人的博弈 $G = \{S_1, \cdots, S_n; U_1, \cdots, U_n, i \in N\}$ 中，如果 n 是有限的，且 S_i 都是有限集，则该博弈至少存在一个纳什均衡（可能是混合策略均衡）。

纳什均衡从拓扑学（topology）意义上来说是一个不动点，当年冯·诺伊曼看完纳什的文章认为它只是一个普通的不动点定理，但时间证明了它的巨大贡献。

不动点的特性可以用几个例子进行类比说明。

（1）假设有一个容器，里面填满了大量的同等大小的小球，可以任意搅拌、震荡这个容器里的小球，所有小球重新静止下来后，每一个小球都重新占据了容器中的一个位置，如果某个小球的新位置和其运动前的旧位置重合，那么这个小球就是一个不动点。

（2）两张一模一样的纸，其中第一张平放在桌面上，第二张揉成团（但不能撕裂）放在平放的那张纸上，拓扑学已经证明，揉成纸团的第二张纸只要不超出平摊的第一张纸的边界，那么第二张纸上一定有至少一点正好就在第一张纸的对应点的正上方。

（3）公园、商场等地方可以看到该地区的平面地图，上面标有"您在此处"的红点。如果标注足够精确，那么这个红点在地图上的位置就是与其实际所在的地点重合的。

拓扑学是数学的一个分支，是研究几何图形或空间在连续改变形状后还能保持不变的一些性质的学科。拓扑学最初叫作形势分析学，是德国数学家莱布尼茨 1679 年提出的名词。19 世纪中期，德国数学家黎曼在复变函数的研究中强调，研究函数和积分就必须研究形势分析学。由此产生了现代拓扑学的系统研究。法国数学家庞加莱被称为组合拓扑学的奠基人。

拓扑学被戏称为"捏橡皮泥的科学"。在拓扑学里一般不讨论两个图形全等的概念，而是讨论拓扑等价的概念。比如，左手戴的厚毛皮手套能否在空间掉转位置后变成右手戴的手套？在平面游戏中经常见到的一个身体右侧朝外的人物，只能紧贴纸面/屏幕运动，能否变成身体左侧朝外？

拓扑学主要考虑物体间的位置关系，而较少考虑它们的具体形状和大小。在拓扑学里，重要的拓扑性质包括连通性与紧致性。例如，人们通常认为圆形和三角形、四边形的形状是不同的，可能面积大小也有区别，但在拓扑变换下，它们都是等价图形；足球和橄榄球，一个是球体一个是椭球体，而从拓扑学的角度看，它们的拓扑结构是完全一样的，因此也是等价的。而游泳圈的表面和足球的表面则有不同的拓扑性质，因为游泳圈中间有个"洞"。在拓扑学中，足球所代表的空间叫作球面，游泳圈所代表的空间叫作环面，球面和环面是不同的空间。

1736 年，29 岁的瑞士数学家欧拉（Euler）向圣彼得堡科学院递交了《哥尼斯堡的七座桥》（哥尼斯堡即现俄罗斯加里宁格勒）的论文，在解答"能否不重复走遍七座桥"问题的同时，开创了数学的一个新的分支——图论与几何拓扑。著名的"地图四色问题"又称四色猜想，也是与拓扑学发展有关的问题。

根据拓扑学中不动点的相关原理，纳什对纳什定理的证明可以用下述方式来表达。

每个 n 个参与人的博弈中的每个策略组合，都可以看作由 n 个参与人的策略空间相乘得到的 n 维乘积空间中的一个点。对每个这种策略组合，都可

以找到由 n 个参与人对它的最优对策构成的一个或多个策略组合。这就形成了一个从上述乘积空间到它自身的"一对多"的映射（mapping）。由于在引入混合策略后，在预期收益的意义上收益函数均为连续函数，因此该映射的图形是封闭的（闭集），且每个点在映射下的影像都是凸集。根据角谷不动点定理（Kakutani's fixed point theorem，得名于日本著名数学家角谷静夫，Kakutani Shizuo），可知该映射至少有一个不动点，这个不动点即是一个纳什均衡策略组合。

　　角谷静夫的不动点定理，可以看作布劳威尔不动点定理（得名于荷兰数学家鲁伊兹·布劳威尔，Luitzen Brouwer）在 n 维空间上的推广。布劳威尔不动点定理是拓扑学里一个非常重要的不动点定理。

　　如果 $f(x)$ 是定义域和值域都是闭区间 [0，1] 的连续函数，则在 [0，1] 中至少存在一点 x^*，满足 $f(x^*) = x^*$。称 x^* 为 $f(x)$ 的一个不动点。即：如图 3 − 13 中的函数 $f(x)$ 与图中的 45°线至少有一个交点。而纳什指出，在混合策略的意义上，博弈方之间的策略构成的正是 n 维空间上的连续映射，因此至少存在一个不动点。

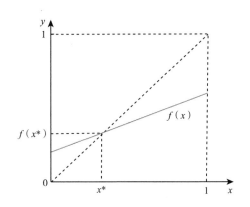

图 3 − 13　布劳威尔不动点定理示意

　　纳什定理提出后，有研究者进一步对其进行了扩展。例如，哈罗德·库恩（Harold Kuhn，1953）证明了库恩定理：对于任意有限步数的完美信息博弈，均存在子博弈精炼纳什均衡。罗伯特·威尔逊（Robert Wilson，1971）提出了奇数定理（oddness theorem）：几乎所有有限博弈，都存在有限奇数个纳什均衡（包括纯策略纳什均衡和混合策略纳什均衡）。

3.2.4　三种均衡的关系

纳什均衡与前文介绍的占优均衡和重复剔除严格劣势策略均衡的关系可以用如图 3 - 14 所示的文氏图表示。

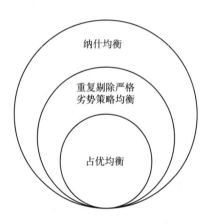

图 3 - 14　三种均衡的关系

占优均衡和纳什均衡之间的关系，在前面的讨论中已经有了说明：占优均衡是包含在纳什均衡范围之内的，占优均衡肯定是纳什均衡，但反过来纳什均衡不一定是占优均衡，因此占优均衡是比纳什均衡更严格、稳定性更高的均衡概念，但是占优均衡在博弈问题中的普遍性比纳什均衡要差得多。因此，在博弈分析中可以首先考虑是否存在占优均衡，若不存在占优均衡，再寻找纳什均衡。

纳什均衡和重复剔除严格劣势策略均衡之间的关系要复杂一些，关键是这两者之间是否存在相容性，即重复剔除严格劣势策略法是否会剔除纳什均衡。对于纳什均衡和重复剔除严格劣势策略法的关系，下面的两个定理做出了说明。

定理 1：每一个占优均衡、重复剔除严格劣势策略均衡一定是纳什均衡，但反过来不一定成立。

定理 2：纳什均衡一定不能通过重复剔除严格劣势策略法剔除。

下面对上述定理进行简要证明。由于定理 2 的证明更简单一些，先证明定理 2。

记纳什均衡时的策略组合为 $s^* = (s_1^*, \cdots, s_i^*, \cdots, s_n^*)$，用反证法证明：假定纳什均衡能在重复剔除严格劣势策略过程中被剔除掉，不失一般性，假设 s_1^* 是 s^* 中被首先剔除的策略，则在参与人 1 的策略集 S_1 中，一定存在一个尚未被剔除的策略 s_1' 严格优于 s_1^*。于是根据严格劣势策略的定义，s_1^* 严格劣于 s_1'，对于此时所有尚未被剔除的其他参与人的任意一个策略组合 $s_{-1} = (s_2, \cdots, s_i, \cdots, s_n)$，均有：

$$U_1(s_1^*, s_{-1}) < U_1(s_1', s_{-1}) \tag{3-26}$$

由于设定了 s_1^* 是 s^* 中被首先剔除的策略，因此当 s_1^* 被剔除的时候，$s_2^*, \cdots, s_i^*, \cdots, s_n^*$ 尚未被剔除，自然满足式（3-26），即：

$$U_1(s_1^*, s_2^*, \cdots, s_i^*, \cdots, s_n^*) < U_1(s_1', s_2^*, \cdots, s_i^*, \cdots, s_n^*) \tag{3-27}$$

这显然与"s^* 是纳什均衡"这一前提条件矛盾，因为 s_1' 是严格优于 s_1^* 的，那么在 $s^* = (s_1^*, \cdots, s_i^*, \cdots, s_n^*)$ 中，参与人 1 并没有选择最优对策（至少 s_1' 优于 s_1^*）。因此 s^* 不是纳什均衡。这一矛盾说明"纳什均衡能在重复剔除严格劣势策略过程中被剔除掉"的假定是错误的，证毕。

下面开始证明定理 1：重复剔除严格劣势策略均衡一定是纳什均衡。

使用反证法证明：假设经重复剔除严格劣势策略后，只剩下唯一的一个策略组合 $s^* = (s_1^*, \cdots, s_i^*, \cdots, s_n^*)$，但它却不是纳什均衡。即至少一个参与人在此策略组合中没有采取最优对策，不失一般性，假设这个人是参与人 1。则存在一个 $s_1'' \in S_1$，使得下列事实成立：

$$U_1(s_1^*, \cdots, s_i^*, \cdots, s_n^*) < U_1(s_1'', \cdots, s_i^*, \cdots, s_n^*) \tag{3-28}$$

但由于 $(s_1'', \cdots, s_i^*, \cdots, s_n^*)$ 在重复剔除严格劣势策略过程中被剔除，而 $s^* = (s_1^*, \cdots, s_i^*, \cdots, s_n^*)$ 是被保留下来的唯一一个策略组合。按照严格劣势策略的定义，应该有：

$$U_1(s_1^*, \cdots, s_i^*, \cdots, s_n^*) > U_1(s_1'', \cdots, s_i^*, \cdots, s_n^*) \tag{3-29}$$

比较式（3-28）和式（3-29），可以发现矛盾，即"重复剔除严格劣势策略均衡可能不是纳什均衡"的假定是错误的。证毕。

至此，证明了定理1和定理2都是成立的。定理1和定理2保证了重复剔除严格劣势策略均衡和纳什均衡之间的相容性，保证了进行纳什均衡分析之前先通过重复剔除严格劣势策略法对博弈进行简化是可行的。严格劣势策略不可能是最优对策，最优对策才可以构成纳什均衡。这对于提高博弈分析的效率、增加博弈分析的方法和工具都是有价值的。

3.3　多重纳什均衡

在博弈中，可能存在多个纳什均衡。例如图3-15中的博弈，策略"上"和"左"分别是参与人1和参与人2各自的弱优势策略，而策略"下"和"右"分别是参与人1和参与人2各自的弱劣势策略。通过划线法可知，该博弈存在两个纯策略纳什均衡（上，左）和（下，右）。

		参与人2	
		左	右
参与人1	上	1, 1	0, 0
	下	0, 0	0, 0

图3-15　多重纳什均衡示意

下面对多重纳什均衡进行进一步的分析。

3.3.1　猎鹿博弈

猎鹿博弈（stag hunt game）是一个经典博弈问题。

两个猎人组队打猎，同时发现1头鹿和2只兔子，一头鹿的价值是20单位，一只兔子的价值是4单位。鹿难以捕捉，需要两人协作才能将其抓住；而抓一只兔子只需要一个人就可以办到。如果两人都去抓鹿，则可以合力把鹿抓住，兔子则跑掉；如果两个人都去抓兔子，则可以各抓到1只兔子，鹿就会跑掉；但如果一个人选择了抓兔子而另一个人选择了抓鹿，那么选择抓兔子的人能抓到 1 只兔子，选择抓鹿的人则一无所获。由于两人来不及商量，必须瞬间作出决策，如图 3 - 16 所示。

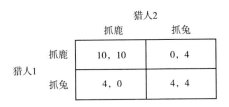

图 3 - 16　猎鹿博弈

不难看出，此博弈有两个纯策略纳什均衡，分别为（抓鹿，抓鹿）、（抓兔，抓兔）。明显地，两人一起去猎鹿的好处比各自去打兔的收益要大得多，即一起猎鹿的纳什均衡与各自抓兔的均衡相比，存在严格的帕累托改进的空间。因此可知，一起猎鹿的纳什均衡比各自抓兔的纳什均衡具有帕累托优势，猎鹿的均衡是帕累托占优的均衡。

但进一步分析不难发现，若某参与人选择猎鹿策略，万一另一个参与人选择抓兔策略，则抓兔的参与人仍能得到 4 单位的收益，但选择猎鹿策略的参与人则只能得到 0 收益。也就是说，猎鹿策略是风险较大的策略，抓兔策略是风险较小的策略。因此称各自抓兔的纳什均衡是风险占优均衡。

许多博弈实验研究表明，现实中，人们更愿意选择风险占优均衡。参与人对风险占优均衡的选择倾向，有一种强化的机制。当部分或所有参与人选择风险占优均衡的可能性增强的时候，任一参与人选择帕累托占优均衡策略的预期收益会进一步减小，而这又使得帕累托占优均衡策略的收益更小，从而形成一种选择风险占优均衡策略的正反馈机制，并使其出现的概率越来越大。

与之相对，帕累托占优均衡虽然具有高风险，但也具有较高的回报。目前在世界上比比皆是的企业强强联合现象，就很接近于猎鹿博弈的帕累托改善，跨国汽车公司的联合、互联网企业的联合等，均属此列。这种强强联合造成的结果是它们能各自发挥资金雄厚、生产技术先进、管理有方等优势，达到整体大于部分之和的效果，使其在世界市场上的竞争能力进一步增强，影响力进一步提高。总之，这些企业通过联合将蛋糕做得更大，双方的效益也就更高。

又如，1904 年夏天，在美国圣路易斯举行世界博览会期间，有一个制作糕点的商贩欧内斯特·哈姆维在会场外面卖薄饼，生意并不好，而和他相邻的一个卖冰淇淋的商贩生意却非常兴隆，冰淇淋卖得很快，把带来的用来装冰淇淋的纸杯都用完了，正苦于没有容器给顾客盛放冰淇淋。卖薄饼的哈姆维灵机一动，把自己的薄饼卷成一个圆锥形，可以将冰淇淋舀入其中。卖冰淇淋的商贩见这个方法很可行，就从哈姆维处购入了大量的薄饼，制成锥形冰淇淋卖给顾客们。这种锥形的冰淇淋被参加展会的客商们看好，而且被称为"世界博览会上真正的明星""世界博览会丰饶羊角"（丰饶羊角是西方传统文化符号之一，起源于古希腊罗马神话，形象为装满鲜花和果物的羊角或羊角状篮子等容器，以此庆祝丰收和富饶）。从此这种锥形冰淇淋被传播开来，被认为是现今甜筒冰淇淋的雏形。①

科学研究领域的一些"交叉"成果，也可以视为优势互补、取长补短的例子。如1859 年德国化学家本生（Bunsen）和物理学家基尔霍夫（Kirchhoff）将各自的学科专长结合，合作设计了世界上第一台光谱仪，并创立了光谱分析法②；1953 年剑桥大学卡文迪许实验室的物理学家克里克（Crick）和生物学家沃森（Watson）同样各展所长，合作发现了脱氧核糖核酸（DNA）的双螺旋结构。③

上述猎鹿博弈的讨论，思路实际只停留在考虑"整体效率最高"这个角度，而没有考虑"猎物变多""蛋糕做大"之后的分配。猎鹿博弈是假设猎人双方平均分配猎物。但如果换一种假设，猎人 2 是两人所在村落的酋长，猎人 1 与猎人 2 合作猎鹿之后的分配不是两人平分20 单位的成果，而是猎人 1 仅分到了 2 单位鹿肉，猎人 2 却分到了 18 单位的鹿肉，在这种情况下，整体效率虽然提高，但却不是帕累托改善，因为整体的改善反而损害了猎人 1 的利益。此时共同猎鹿也不再是纳什均衡，猎人 1 不会选择猎鹿。即便假设具有特权的猎人 2 会通过各种手段和方法让猎人 1 乖乖就范，但是猎人 1 的狩

① Kennedy P. Who made that? (Ice-cream cone) [J]. The New York Times Magazine, 2013 (6): 20.

② Jensen W B. The origin of the Bunsen Burner [J]. Journal of Chemical Education, 2005, 82 (4): 518.

③ Watson J D, Crick F H. Molecular structure of nucleic acids: A structure for deoxyribose nucleic acid [J]. Nature, 1953, 171 (4356): 737 – 738.

猎热情遭到伤害，这必然会导致整体效率的下降。进一步推测，如果不是两个人进行狩猎，而是多人狩猎博弈，根据分配可以分成既得利益集团与弱势群体，这和现实社会中的一些问题非常相似。

猎鹿博弈源自法国启蒙思想家让 – 雅克·卢梭（Jean-Jacques Rousseau）的著作《论人类不平等的起源和基础》。在这本著作中，卢梭指出，人类不平等的第一阶段的特点是财产权的确立和由此而造成的"富人和穷人的不平等"；不平等的第二阶段是由于"权力机关的设置"，就产生了"强者和弱者的不平等"。卢梭在分析社会不平等的发展的时候，用辩证的观点来论述"自然状态的平等→文明社会的不平等→社会契约的平等"的发展过程。卢梭认为，由于生产和技术的发展，使人类由野蛮走向文明，因此文明社会的出现是一种进步，但是文明每前进一步，不平等也前进一步。这是因为，自然野蛮状态的人类是平等的，文明社会带来了人间的罪恶和痛苦，这对自然状态的平等来说，则又是一种倒退。卢梭看到了人类社会的进步，进步又包含着对抗，同时又是退步。从自然状态到社会状态，从平等到不平等，既是进步又是退步。专制权力把不平等推向顶点，最后，极度不平等的制度被人们用暴力推翻，"这样，不平等又重新转变为平等，但不是转变为没有语言的原始人所拥有的旧的、自发的平等，而是转变为新的、更高级的社会契约的平等，压迫者被压迫，这是否定之否定"（卢梭，1962）。

卢梭揭露了封建专制制度的反动性，论证了被压迫人民用暴力推翻封建专制政权的合理性，提出了建立以社会契约为基础的资产阶级民主共和国的理想。德国作家歌德等称赞卢梭："伏尔泰结束了一个旧时代，而卢梭开创了一个新时代""《论人类不平等的起源和基础》是 18 世纪法国哲学思想的辩证法杰作""大革命的象征""自由的奠基人"。①

3.3.2　协调博弈

猎鹿博弈实际上是一种协调博弈（coordination game）。协调博弈，是指在

---

① Hammer C Jr. Goethe and Rousseau：Resonances of the mind［M］. Lexington：The University Press of Kentucky, 1973：1 – 9.

博弈所定义的收益空间中，任何均衡点都符合以下条件：

（1）在给定其他参与人行为策略的条件下，没有任何参与人有动机单方面改变自身的行为策略；

（2）在给定己方行为策略的条件下，没有任何参与人希望其他参与人改变其行为策略。

可以用图 3-17 所示的"投资博弈"进一步解释协调博弈。假设若干个参与人要选择是否为一个项目投资，可以选择不投资，也可以选择投资 10 元。不投资者的收益为 0。如果选择投资者达到总参与人数的 90% 以上，则投资者每人可以获得 10 元的利润（即收益）。如果选择投资者达不到总参与人数的 90%，则投资者失去其投资，收益为（-10）元。

图 3-17　投资博弈

此博弈和猎鹿博弈类似，其纳什均衡为"都投资"或"都不投资"。如果重复进行几次此博弈，若第一次博弈投资的人达不到 90%，则后续博弈中的投资人往往会趋向于风险占优均衡。但如果第一轮时投资者的比率高于 90%，选择不投资的人则会后悔，在后续博弈中可能会转而选择投资。这和股市中的"牛市"与"熊市"相似。在此例子中，达成风险占优的"都不投资"均衡而无法达成"都投资"的帕累托占优均衡的情况，即总体非最优的结局，在协调博弈中被称为"协调谬误"。

"协调谬误"与囚徒困境不同。囚徒困境中，参与人们都选择严格优势策略而导致了总体的非最优结局，但在协调博弈中，策略间并没有严格优劣之分。例如投资博弈中"不投资"并不严格优于"投资"。

现实生活中有很多协调博弈或协调谬误的例子。例如，进行聚会是一种协调博弈，聚会者们需要协调好去同一个地点；使用即时通信软件沟通的人们需要约定好使用同一种软件，如 QQ、微信、钉钉等；多数电脑软件、手机应用等都需要和主流的操作系统相兼容，等等。

标准被称为"人类文明进步的成果",同样是协调博弈的一种体现。《礼记·中庸》中描述周王朝:"今天下车同轨,书同文,行同伦。"这表明周朝建立时,统一交通标准、文字、道德规范已经成为国家制度,即"周礼"。《史记·秦始皇本纪》也记载:"一法度衡石丈尺,车同轨,书同文字。"秦王朝建立之后,将原来分裂和混战的各诸侯国的标准予以统一。这些统一的标准便利了经贸往来、促进了文化互通、规范了社会治理,促进了各地区实质上的融合和统一,对于中华文明的形成和发展具有重要作用。

银行挤兑现象也是一种协调谬误的实例。银行挤兑是指大量的银行客户同时到银行提取现金的现象。银行挤兑往往是由信用度下降、传闻破产等原因导致储户对在银行内的储蓄安全有怀疑造成的。当挤兑现象出现时,若银行的存款准备金不足以支付,则有可能会使银行陷入流动性危机,进而破产倒闭。

银行挤兑在信用危机的影响下,是一种突发性、集中性、危害性的危机。这种现象是金属货币流通条件下货币信用危机的一种表现形式。其既是银行危机的一种表现,也是银行危机的一种诱因,因此防范和平息银行挤兑,从最根本上是要避免银行危机。

例如,北岩银行(Northern Rock,又译诺森罗克银行)是英国第五大抵押贷款机构,其主要业务是银行间拆借与出售抵押贷款证券等。2007 年,由于"次贷危机"中各银行"惜贷",北岩银行遭遇流动性短缺,发布利润减少警告。2007 年 9 月 14 日,英国央行英格兰银行宣布,对北岩银行给予资金支持,这是自 1997 年以来,英国央行首次直接出手对商业银行进行援助。此消息一出,反而引发了市场的恐慌情绪,北岩银行股价当天下跌 30% 左右。9月 14 日和 15 日,北岩银行连续遭遇挤兑风潮,在英国多个地区,该行储户在各分行门口排起长龙争相取款,场面混乱,储户提现总额接近 20 亿英镑。北岩银行不得不计划出售其持有的价值 1000 亿英镑抵押贷款债权,以应对危机。①

2015 年,希腊总理齐普拉斯宣布要举行一场可能决定该国在欧元区命运

---

① 张光涛,刘春波. 金融稳定在英国的发展及其对我国的启示——从北岩银行说起[J]. 金融发展研究,2014(1):36-40.

的公投后，很多希腊民众由于担心希腊退出欧元区，银行遭遇破产，于是争相取款。仅 6 月 27 日一天时间，希腊全国有超过 1/3 的自动取款机被取空现金，银行系统有大约 6 亿欧元现钞被民众提走。为了防止银行挤兑和资本的外逃，希腊政府只得宣布从 2015 年 6 月底开始对国民实施资本管制，规定每张银行卡在自动取款机上每日最多取款 60 欧元，并禁止银行转账或向海外付款。①

2020 年 3 月，由于美国传染病疫情造成的恐慌和股市暴跌，储户们从银行大量提款，有时一次取走数万美元。于是，美国全国各地的银行都缩减业务，关闭分支机构。投资公司 Mantis VC 董事总经理兼《福布斯》杂志撰稿人塔蒂亚娜·科夫曼（Tatiana Koffman）在社交平台 Twitter 上表示，美国银行的提现金额限制已降至 3000 美元，并可能继续下降。

2022 年 10 月，越南最大的私营房地产企业万盛发集团董事长因涉嫌非法发行债券筹集数万亿越南盾被捕。该消息在业界引起轩然大波，社交媒体上更是传出越南第五大银行西贡商业银行与该案有关的传言，引发了对西贡商业银行的挤兑，进而引起越南股市暴跌。为了安抚市场和储户，越南监管机构表示，将对西贡商业银行进行"特别审查"，而西贡商业银行则提高了利率，以重新吸引储户。越南央行行长则出面解释称，央行已采取"必要措施"确保西贡商业银行的正常运作和银行的流动性。央行的背书使该挤兑风波得以暂时平息。②

2023 年 3 月，美国监管机构称，美国第 16 大银行硅谷银行（Silicon Valley Bank）由于业务亏损、美联储加息等原因遭遇挤兑，投资者和储户们试图从该行提取 420 亿美元，成为十余年来美国最大的银行挤兑之一。由于硅谷银行的现金余额已经为负数，且其抵押品难以满足美联储的现金要求，美国联邦存款保险公司已将该银行纳入破产管理程序。有媒体称，这是美国历史上倒闭的第二大银行（Sweet，2023）。

2014 年 3 月 24 日，江苏省盐城市射阳县一名储户欲在农村商业银行支取

———————————

① 韩秉宸. 希腊银行开始限制性营业 [N]. 人民日报，2015 - 07 - 21 (22).

② Uyen N D T. Vietnam to put lender under "special scrutiny" after bank run [EB/OL]. (2022 - 10 - 15) [2023 - 05 - 28]. https：//www.bloomberg.com/news/articles/2022 - 10 - 15/vietnam-to-put-saigon-commercial-bank-under-special-scrutiny.

20 万元现金，但银行以未预约拒绝了取款。随后，一则"射阳农村商业银行将要倒闭"的谣言在民间流传。该地区曾经存在数十家借款担保公司，担保公司老板"失联""卷款跑路"的情况时有发生，致使当地居民对银行问题颇为敏感，因而引发挤兑风潮，数百名群众集中到银行网点取款。射阳农村商业银行紧急调取了大批现金以保障兑付供应，围绕此次挤兑，各方紧急调动的备用资金约有 13 亿元。2014 年 3 月 26 日下午，集中提款情况基本平息。27 日，盐城警方通报，散布谣言的蔡某被行政拘留（林培，2014）。

2019 年 10 月，河南洛阳伊川县农商银行被传"将要破产"而陷入挤兑风波。起因是由于伊川农商银行原党委书记、董事长康某某涉嫌严重违纪违法，正接受新乡市纪委监委纪律审查和监察调查。10 月 29 日，伊川农商银行各营业网点出现储户集中办理业务情况。10 月 30 日，编造并散布"农商行快破产"等虚假信息的网民王某因虚构事实扰乱公共秩序被依法行政拘留（王璐，2019）。

随着商业银行存款保险制度和商业银行破产法律的实施，银行可以破产成为制度设计的重点，更成了人们金融意识宣传和提高的重点。但不可避免的是，这样的制度设计和宣传虽然有利于提高民众的金融风险意识，但同时也会在一定程度和一定范围内引发民众对存款安全的担忧，这是在特定的历史阶段必然会出现的现象。而一些商业银行由于规模较小，也不可避免地成为挤兑风波的目标和重点。客观上部分商业银行经营管理出现了一定的问题，如不良资产率高企、资本充足率不足等，也自然会让人容易相信谣言。

银行挤兑问题中，存在两种纳什均衡，相当于投资博弈中的"都投资"和"都不投资"：

（1）如果储户们对银行抱有信心，都选择把钱存到银行里，银行则可以利用其中一部分资金开展贷款业务，并支付储户利息；

（2）如果储户们对银行失去了信心，开始争相提款时，银行没有足够的现金来兑现，导致破产，储户的存款也会受到损失。

美国著名的圣诞节题材电影《生活多美好》中的一个重要情节就是"贝利兄弟建筑与信贷协会"公司遭遇了挤兑危机。《生活多美好》是由被称为"银幕上的欧·亨利"的弗兰克·卡普拉执导，奥斯卡影帝詹姆斯·史都华、最佳女配唐娜·里德等影星主演的电影，1946 年 12 月 20 日于美国上映。影片中，主人公乔治·贝利在圣诞夜遭遇重大打击，丧失了对生活的信心，于是上帝派了一个天使，来帮他渡过这个危机。在天使的引导下，乔治回顾了自己的过去，意识到了如果没有自己为他人提供的帮助，周围很多人的人生会变得不幸和痛苦。他由此明白了自己生命的价值所在，重新鼓起了生活的勇气。2006年，该片被美国电影学会评选为"百年百部励志电影"第一位。

电影《生活多美好》中，贝利兄弟信贷公司在遭遇挤兑危机时并没有倒闭——主角乔治·贝利站出来对前来要求提款的镇上居民们进行了劝说，晓以利害。如果把乔治的这段台词改用博弈的术语来表述就是："大家都争相提款的均衡是较劣的均衡，最后会导致大家都一无所有；大家仍然把钱存在贝利兄弟公司是较优的均衡，这对每个人来说都是收益较高的，所以我们还是把钱继续存在贝利兄弟公司吧！"经过乔治的劝说，镇上的绝大多数居民们达成了一个共识，只取出生活开支所必需的小笔金钱；后来居民们发现贝利兄弟公司并不会破产，他们也恢复了信心，又把更多的钱存入贝利兄弟公司了。

可以看出，协调博弈和囚徒困境不同，协调博弈仅通过沟通而非"外部强制力"就可以改善协调谬误的结果。例如前文中乔治·贝利的沟通并不是劝居民们选择严格劣势策略，而是想让居民们达成帕累托占优的纳什均衡。当理性的人们约定达成"都存款"的均衡时，由于纳什均衡的一致预测性，没有人有动机选择"不存款"。

协调博弈成功的例子还有很多，例如，美国科技企业微软公司和苹果公司一直明争暗斗，因为两者实力旗鼓相当，所以各有胜负。但是，这种情况持续到20世纪90年代，事情开始有了变化。苹果由于经营不善等原因，销售日益下降。而微软公司发展得顺风顺水，实力已经大大超过苹果这个老对手。业界同行们都已看出，微软随时都有可能将苹果"踢出局"。然而，微软并没有像人们猜测的那样做，而是决定慷慨解囊，向陷入危机的苹果注资1.5亿美元，帮助其渡过危机。很多业界人士对此大跌眼镜：难道微软公司转了性子，成了慈善家吗？实际上微软认为，即使苹果实力大不如从前，但是"瘦死的骆驼比马大"，仍是不容忽视的。假如微软全力出击，逼得苹果与其他公司联手，简直就是惹火上身。在此时与苹果合作，能避免苹果与他人合伙，另外依据双方实力对比，微软无疑能在合作中占据主导。而苹果虽然知道"天下没有免费的午餐",但是接受注资显然是此时较好的选择。①

20 世纪 90 年代中后期,好莱坞电影业进入高片酬时代。在此背景下,由于喜剧电影的制片成本相对较低,如何尽量节约片酬开支成为喜剧电影制片方急需解决的问题。此时以本·斯蒂勒为首的一群喜剧演员组成一个团体"烂仔帮"(Frat Pack),进行团队合作,团队成员互相担任助演、制片或导演等工作,不仅能够引发群体的粉丝效应,也大大降低了影片的制作成本。这种团队合作很快取得了良好的成效,以相对较低的成本制作了多部高票房的喜剧电影。

《史记·廉颇蔺相如列传》中记述,秦赵两国渑池会结束以后,由于上大夫蔺相如在渑池会上与秦昭襄王当庭力争,使赵惠文王没有受辱于秦,功劳很大,被赵王封为上卿,官位在大将廉颇之上。廉颇对此不服:"作为赵国的将军,我有攻战城池、作战旷野的大功劳,而蔺相如只不过靠能说会道立了点功,他的地位却在我之上,况且蔺相如本来就出身卑贱,我感到羞耻,无法容忍地位在他之下。"并且扬言:"我遇见蔺相如,一定要羞辱他一番。"蔺相如听到这话后,就避免和廉颇碰面。每到上朝时,蔺相如常常声称有病,不愿和廉颇去争位次的先后。蔺相如乘马车外出,远远看到廉颇,蔺相如就掉转车子回避。蔺相如的门客们一起向蔺相如劝谏道:"如今您与廉颇官位相同,廉颇传出坏话,而您却害怕他、躲避着他,胆怯得也太过分了,一般人尚且感到羞耻,更何况是身为将相的人呢?"蔺相如说:"诸位认为廉将军和秦王相比谁更厉害?"众人都说:"廉将军比不上秦王。"蔺相如说:"以秦王的威势,而我尚敢在朝堂上呵斥他,羞辱他的群臣,我蔺相如虽然本事不怎么样,难道还会害怕廉将军吗?但是我想到,强大的秦国之所以不敢对赵国用兵,就是因为有我们两人在呀。如今我们二人若是相斗,就如同两头猛虎争斗一般,势必不能同时生存。我之所以这样忍让,就是将国家的危难放在前面,而将个人的私怨放在后面罢了。"廉颇听说了这些话后,非常惭愧,于是脱去上衣,露出上身,背着荆鞭,由宾客引领,到蔺相如的门前请罪(即成语"负荆请罪"),说:"我这个粗野卑贱之人,想不到您的胸怀如此宽大啊!"二人终于和好,成了生死与共的好友。这就是"将相和"的典故。

---

①　高非. 友谊还是阴谋 [J]. 互联网周刊, 1998 (10): 39.

六尺巷景区位于安徽省桐城市西南，全长 100 米、宽 2 米，建成于清朝康熙年间，巷道两端立石牌坊，牌坊上刻着"礼让"二字。据《桐城县志略》等史料记载，康熙年间文华殿大学士、礼部尚书张英在桐城的府邸与吴姓人家相邻。吴家盖房欲占张家隙地，双方发生纠纷，告到县衙。因两家都是高官望族，县官难以定夺。张府家人遂写信送给张英，要求他出面解决。张英阅罢，立即批诗寄回，诗曰："一纸书来只为墙，让他三尺又何妨。万里长城今犹在，不见当年秦始皇。"家人得诗，旋即退让三尺，吴家深为感动，也退让出三尺。于是两家之间便形成了一条六尺宽的巷道，被称为"六尺巷"。

3.3.3　聚点均衡

在对称协调博弈中，参与者们的策略集是相同的，并且收益函数或收益矩阵是对称的，参与人之间不存在利益冲突。但在更多的由现实事件总结出来的博弈模型中，可以观察到的一类现象是：博弈的多个纳什均衡间，不存在明显的帕累托占优关系或风险占优关系。这时如何预测哪一个纳什均衡会出现，是一个很有意义的问题。

例如，一对男女要去约会。女方更想去购物，而男方则更想去看电影。同时他们都希望两个人能一起行动，否则约会失败（双方收益为 0）。有关纯策略及相应收益情况如图 3-18 所示。

		男	
		购物	看电影
女	购物	2, 1	0, 0
	看电影	0, 0	1, 2

图 3-18　约会博弈

这是一个非对称协调博弈的典型例子。这个博弈的纯策略纳什均衡为（购物，购物）和（看电影，看电影）。其中存在一个潜在的冲突：每个参与人都觉得达成均衡总比协调失败要好，但是女方更偏好（购物，购物）的均衡，而男方更偏好（看电影，看电影），必须有一个参与人做出让步。如果允许双方进行沟通，则博弈一般会以其中一方作出让步的形式达成均衡。

现实中也存在各方互不让步，导致沟通失败的博弈案例。例如 2016 年 2 月，英国政府宣布，将强制执行与初级医生的新合同，根据新合同，初级医生周末也需工作，从而引发了全国初级医生的反抗。2016 年 3 月 9 日，英国初级医生举行了 48 小时的大罢工。据英国 BBC 新闻报道，此次大罢工是该年度英国初级医生第三次举行罢工活动。①

2018 年 1 月，德国影响力最大的工会德国金属行业工会（IG Metall）要求资方给金属行业和工程行业的 390 万工人加薪 8% 并将每周工时从 35 小时减少到 28 小时。但行业雇主协会只愿意加薪 2%，并拒绝了缩短工时的要求。由此全德工人（特别是汽车行业）进行了数十次罢工。据称，此次联合罢工的参与人数多达 70 万人。此次罢工行动是自 1984 年以来在德国发生的规模最大的罢工，至少给戴姆勒（Daimler）、BMW 等汽车制造商以及零件供应商、工程公司等造成了约 2 亿欧元的损失，而空中巴士（Airbus）等企业也受到波及。②③

另外，以约会博弈为例，在现实中往往双方很默契地知道如何进行博弈，无须进行协商就能够相互了解，并做出一致的策略选择。这是由于现实的博弈中参与人往往会利用博弈模型以外的信息，实现对特定博弈均衡一致关注的"聚点"。这些信息包括：参与人共同的文化背景或规范，共同的知识，具有特定意义事物的特征，某些特殊的位置、数量关系等。一些可能的"聚点"包括：约会博弈中（购物，购物）与"当天是女方生日"的聚点；"中午"与"12：00"的聚点；参与人中地位不一致而导致的均衡向地位较高一方倾斜的聚点，等等。这些由博弈模型以外的因素形成的纳什均衡被称为聚点均衡（focal point equilibrium）。聚点这一理论最早是由托马斯·谢林于 1960 年提出的，因此也称为谢林点（Schelling point）。

谢林通过这样一个例子阐述了聚点均衡的概念：向一些学生提出一个问题，"假设明天你要在纽约跟一个陌生人见面，你会选择什么时间和什么地

---

① 李怡清. 不满周末加班、工作不稳定等权益受损，英法同日爆发大罢工［EB/OL］.（2016 - 03 - 10）［2016 - 05 - 28］. https：//www. thepaper. cn/newsDetail_forward_1441870.

② BBC. German industrial workers win right to flexible hours［EB/OL］.（2018 - 02 - 06）［2019 - 09 - 15］. https：//www. bbc. com/news/world-europe-42959155.

③ 环球网. 保时捷德国工会发布罢工警告 要求涨薪［EB/OL］.（2018 - 01 - 05）［2018 - 01 - 09］. https：//auto. huanqiu. com/article/9CaKrnK6fqa.

点?"这是一个协调博弈问题，其中任何时间、任何地点都是等价的。谢林发现，绝大多数人的回答是"中午在纽约中央火车站"（Schelling, 1960）。纽约中央火车站是纽约著名的地标性建筑，是世界上最大、美国最繁忙的火车站，也是纽约铁路与地铁的交通中枢，还是一座公共艺术馆。实际上并没有什么因素使"纽约中央火车站"成为更好的地点（任何一个餐馆、酒吧，或者图书馆阅览室都可以用于约定见面），但纽约的文化传统提高了中央火车站的保险系数，从而使其成为一个自然的聚点。

另一个例子是：两个人参加一个实验，要求他们各自从四个球中选择一个，四个球中三个是蓝色的、一个是红色的。两人不允许互相交流，如果他们能正好选中同一个球，则可获得奖励。假设这两个人并不了解对方，但又都希望获得奖励，那么他们很可能会不约而同地选择那个红色的球。当然，红色的球并不比蓝色的球好，两人如果都选中同一个蓝色的球，同样可以得到奖励，而且仅当一个人知道另一个人也选择了红球时才"应该"去选择红球（当然同时博弈的前提下不可能预先知道对方的选择）。但是在这个实验中，那个与众不同的红球是最明显也是最保险的，所以大多数参与人会选择红球。红球就是此博弈的一个聚点。

观察现实中的聚点均衡可以得出一些规律，例如，人们通常会协调、磨合彼此的行为（"你强我就弱，你弱我就强"）；先例、习俗产生的影响远大于逻辑或者法律、规则；人们总是乐于安守现状或接受自然形成的界线（界山、界河），等等。聚点均衡确实反映了人们在多重纳什均衡选择中的某些规律性，但因为涉及因素太多，对于一般博弈模型很难总结出普适性的规律，最好的办法是从实际出发，具体问题具体分析。

3.4　古诺模型及其扩展

3.4.1　古诺的双寡头模型

安东尼·奥古斯丁·古诺（Antoine Augustin Cournot）是法国数学家、经济学家和哲学家。古诺 1801 年生于法国格雷，1877 年在巴黎逝世；他最先提出用数学方法来解决经济问题，是数理经济学的创始人之一。古诺指出，统计学的目的是协调各项观察，去除偶然因素的影响，确定数字关系和揭示出正常原因的作用，被称为数理统计学的奠基人。古诺最早提出"需求量是价格的函数"这个需求定理，其《财富理论的数学原理的研究》一书常被当作数理经济学的开端。

古诺曾在著名的巴黎高等师范学校和索邦大学学习，获巴黎大学博士学位。他曾在巴黎大学和里昂大学任教，担任格勒诺布尔学院院长，成为法国勋级会荣誉军团成员，并出任巴黎的教育巡视员。古诺在数学、科学哲学和历史哲学、经济学方面都有造诣，其思想对法国经济学家里昂·瓦尔拉斯（Léon Walras）创立一般均衡理论有一定影响。古诺在当今的声誉主要来自其在经济学上的成就。[1]

然而，古诺的思想并不符合当时法国学术界的主旋律。此时法国学术界的热点问题是对大革命的争论以及日益增长的社会主义思潮，如圣西门和傅立叶的空想社会主义，蒲鲁东对私有制的抨击，路易·布朗和裴迪南·拉萨尔的社会主义合作思想，等等。古诺可谓生不逢时。而古诺性情忧郁，性格孤僻，是个内向型的人，又不擅长推广自己的作品以提高影响力，没有努力引起同时代学界的关注，长期默默无闻。直到古诺去世前，他的作品引起了里昂·瓦尔拉斯（法国经济学家）和威廉姆·杰文斯（英国经济学家和逻辑学家）等人的注意，人们才开始真正认识到古诺的学说具有深远意义。[2]

古诺在《财富理论的数学原理的研究》一书中提出了这样一个问题（Cournot，1897）：

假设市场中只有两家寡头企业，它们生产某种相同的产品，两家企业的策略为各自的产量 q_1、q_2；假设单位产品的边际成本恒为 c，市场上该产品的单价 p 的函数为：

$$p = a - b(q_1 + q_2) \tag{3-30}$$

a，b 为常数参数。可见两家企业生产的总产品越多，该产品的市场价格就

---

[1]　Friedman J W. The legacy of Augustin Cournot [J]. Cahiers d'économie politique/Papers in Political Economy，2000，37：31-46.

[2]　Nichol A J. Tragedies in the life of Cournot [J]. Econometrica，1938，6（3）：193-197.

越低。

该博弈中两家企业的收益就是各自的利润，即各自的销售减去各自的成本，根据设定的情况，它们分别为：

$$U_1(q_1,q_2) = pq_1 - cq_1 = aq_1 - bq_1^2 - bq_1q_2 - cq_1 \qquad (3-31)$$

$$U_2(q_1,q_2) = pq_2 - cq_2 = aq_2 - bq_2^2 - bq_1q_2 - cq_2 \qquad (3-32)$$

可见，双方的收益都取决于己方和对手企业的策略（产量）。

假设两个企业需要同时做出产量决策，欲求出两家企业各自的最优产量以及此博弈的纳什均衡，可以使用前文"合伙人博弈"中求最优对策函数的方法求解。即：

$$\frac{\partial U_1}{\partial q_1} = a - 2bq_1 - bq_2 - c = 0 \qquad (3-33)$$

$$\frac{\partial U_2}{\partial q_2} = a - 2bq_2 - bq_1 - c = 0 \qquad (3-34)$$

整理得到双方的最优对策：

$$q_1^* = \frac{a-c}{2b} - \frac{q_2}{2} \qquad (3-35)$$

$$q_2^* = \frac{a-c}{2b} - \frac{q_1}{2} \qquad (3-36)$$

将式（3-35）和式（3-36）联立，可以求得该方程组模型的唯一的一组解 $q_1^* = q_2^* = \frac{a-c}{3b}$，也称为"古诺产量"。因此策略组合 $\left(\frac{a-c}{3b}, \frac{a-c}{3b}\right)$ 是此博弈唯一的纳什均衡。也可通过以 q_1 为横轴、q_2 的定义域为纵轴，绘制式（3-35）和式（3-36）的函数图，找出两家企业最优对策函数曲线的交点即为纳什均衡，如图 3-19 所示。

古诺在纳什出生前 90 年（1838 年），就给出了该博弈问题的答案（Cournot，1897）。此模型也符合微观经济学中的一些基本原理。由式（3-35）和式（3-36）可知，若其中一家企业（不妨设为企业 2）产量为 0，则另一家企业（此假设下为企业 1）的最优产量为：

$$q_1^* = \frac{a-c}{2b} \qquad (3-37)$$

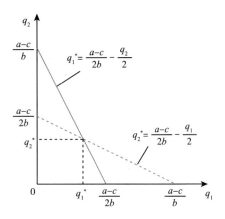

图 3 – 19　古诺模型的最优对策函数

与微观经济学中的垄断产量相符。以微观经济学的视角分析此情景，则有：

该企业的总收益为：

$$TR = pq = aq - bq^2 \qquad (3-38)$$

该企业的边际收益为：

$$MR = \frac{\partial TR}{\partial q} = a - 2bq \qquad (3-39)$$

垄断情况下满足 $MR = c$，即垄断产量为：

$$q_M = \frac{a-c}{2b} \qquad (3-40)$$

而若此市场是完全竞争市场，则有 $p = c$，即完全竞争情况下市场中的总产量为：

$$q = \frac{a-c}{b} \qquad (3-41)$$

而在古诺均衡下，每家企业的产量是 $\frac{a-c}{3b}$，而市场中有两家企业，这样整个行业的总产出就是 $\frac{2(a-c)}{3b}$，因此有：完全竞争产量 > 古诺产量 > 垄断产量；而从价格角度的比较是：完全竞争价格＜古诺价格＜垄断价格。从生产者的角度来看，古诺均衡劣于垄断，优于完全竞争；而从消费者的角度来看，古诺均衡劣于完全竞争，但优于垄断的情况。

古诺博弈与合伙人博弈的区别在于：合伙人博弈中双方的最优对策曲线都是向右上倾斜的，因此其中一方如果采取加入更多"投入"的策略（虽然超过均衡的投入是不够理性的），另一方根据最优对策函数的最优对策是随之增加投入，即这是一个策略互补博弈。而古诺博弈是一个策略替代博弈：双方的最优对策曲线都是向右下倾斜的，即企业 1 若增加产量，企业 2 根据最优对策函数的最优对策则是降低产量。

如果要对古诺模型做效率评价，则可通过均衡产量求得均衡结果中双方企业的收益：

$$U_1^*(q_1, q_2) = U_2^*(q_1, q_2) = \frac{(a-c)^2}{9b} \qquad (3-42)$$

而垄断条件下的总预期收益是：

$$U_M = \frac{(a-c)^2}{4b} \qquad (3-43)$$

可见从两家企业整体的角度而言，根据整体利益最大化（即把两家企业视为一家垄断企业）确定产量效率更高。若两家企业约定，各生产一半的垄断产量可实现行业利润最大化，如图 3－20 所示的 q_1^M 和 q_2^M。而其各自的利润

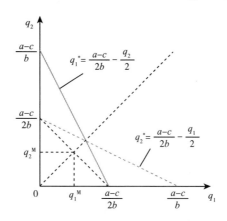

图 3－20　两家企业联合进行垄断的古诺模型

为 $\dfrac{(a-c)^2}{8b}$，也要高于古诺均衡中的收益，比只考虑自身利益最大化的独立决策行为得到的收益要高。

当然，即便不考虑反垄断法等因素，只要两家企业是各自独立决策的，而不涉及外部干预/协调机制，那么上述合作的结果也并不容易实现，即使实现了也往往是不稳定的。合作难以实现或维持的原因是，"各生产一半的垄断产量"这样的策略组合并不是该博弈的纳什均衡。换言之，在这种各生产一半的垄断产量的博弈局势（策略组合）中，双方都有独自改变自己的产量（针对对方产量利用己方最优对策函数求解）而得到更高利润的动机。在缺乏有强制作用的协议等保障手段的情况下，这种动机注定使这种维持较低产量的垄断协议难以实施，两家企业迟早都会根据对方的产量，利用最优对策函数不断调整自己的最优产量对策，只有达到纳什均衡的产量水平——古诺产量时才会稳定下来，因为只有此时才满足"任一企业单独改变其产量无法为自身带来严格有利改变"。这与第 2 章中分析的卡特尔垄断组织难以长久维持的原理是相同的。

以产量为策略进行博弈的古诺模型是一种囚徒困境。它对于如何组织产业、如何管理市场经济，以及如何评判社会经济制度的效率，都具有非常重要的意义。古诺博弈说明了自由竞争的经济同样也存在低效率问题，放任自流、一味依靠市场调节也不是最优的方案。这些结论也说明了对市场的监督、管理和调控都是有必要的。

古诺模型在现实中的例子之一，是国际经济中石油输出国组织"欧佩克"（OPEC）的石油产量限额及其突破问题。欧佩克是亚、非、拉石油生产国为协调成员国石油政策而建立的国际组织。它的成员国都很清楚，各自为战、自定产量的博弈结果肯定会使国际油价下跌，各成员国利润都将受损，因此各成员国有共同磋商制定产量限额，以维持油价的意愿。但一旦规定了各国的生产限额，且按照这个限额生产时，每个成员国都会发现，如果其他国家都遵守限额而只有自己超额生产，因为只有自己一国超产，油价并不会下跌太多，则自己将会获得更多的利润，且此时其他各国只是普遍受少量损失。而如果反过来，如果其他国家都超额生产，只有自己一国遵守限额，那么己方会遭受很大的损失。因此各个成员国在本位利益的驱使下，都希望其他国家遵守限额而自己偷偷超产，独享较多的利益。最终的结果是，各国普遍突破限额，限产计划难以维系，油价严重下跌，各国都只能得到不能令其最满意的古诺均衡的利润，2001～2007 年欧佩克组织的商定产量和实际产量的差异也证明了这一点（Acemoglu et al.，2017）。

3.4.2　伯特兰德模型

伯特兰德模型（Bertrand model，或称伯特兰德双寡头模型，Bertrand duopoly model）是由法国经济学家约瑟夫·伯特兰德（Joseph Bertrand）于 1883 年建立的。它的很多条件设定与古诺模型相似，但古诺模型是把企业的产量作为竞争手段，是一种产量竞争模型，而伯特兰德模型是价格竞争模型。

在伯特兰德模型中，两家企业生产某种相同的产品，两家企业的策略为各自的单位产品定价 p_1、p_2，为了简化分析设定价格的值域为 $[0,1]$，并且两家企业同时做出定价决策；假设单位产品的边际成本恒为 c。每个公司设定价格后，根据需求来调整产量。市场上该产品的需求函数为：

$$Q(p) = 1 - p_{min} \qquad (3-44)$$

其中，Q 为市场总需求量，p 为两家企业中定价较低的价格。即消费者只会购买定价较低的企业的产品，定价较高的企业产品将完全卖不出去。若 $p_1 = p_2$，则两家企业各自占有 1/2 的市场需求。双方各自的需求函数为：

$$q_1 = \begin{cases} 1 - p_1, & (p_1 < p_2) \\ \dfrac{1 - p_1}{2}, & (p_1 = p_2) \\ 0, & (p_1 > p_2) \end{cases} \qquad (3-45)$$

$$q_2 = \begin{cases} 1 - p_2, & (p_2 < p_1) \\ \dfrac{1 - p_2}{2}, & (p_2 = p_1) \\ 0, & (p_2 > p_1) \end{cases} \qquad (3-46)$$

该博弈中两家企业的收益是各自的利润，即销售收入减去成本，它们是两家企业各自价格的函数：

$$U_1(p_1,p_2) = q_1 \times p_1 - q_1 \times c = q_1(p_1 - c) \qquad (3-47)$$

$$U_2(p_1,p_2) = q_2 \times p_2 - q_2 \times c = q_2(p_2 - c) \qquad (3-48)$$

由于需求函数是分段函数，因此最优对策函数需要分段讨论。

（1）若一家企业的定价低于成本 c，即赔本经营，另一家企业的最优对策是：将其价格设定得比前者高（退出市场）。

（2）若一家企业的定价高于成本 c，另一家企业只要价格比其稍低（用 ε 表示一个极小的差值）即可占领市场。但若前者的定价高于垄断价格 p^M，则后者的定价对策应为"等于垄断价格"才能取得最大利润。

（3）若一家企业的定价等于边际成本 c，即其收益为 0，另一家企业的最优对策是也定价等于边际成本 c 或定价高于边际成本（即退出市场），这两种选择的收益都为 0。

由此两家企业的最优对策函数都是分段函数：

$$p_1^* \in \left\{ \begin{array}{l} p_1 > p_2, (p_2 < c) \\ p_2 - \varepsilon, (c < p_2 \leqslant p^M) \\ p_1 = p^M, (p_2 > p^M) \\ p_1 \geqslant c, (p_2 = c) \end{array} \right\} \qquad (3-49)$$

$$p_2^* \in \left\{ \begin{array}{l} p_2 > p_1, (p_1 < c) \\ p_1 - \varepsilon, (c < p_1 \leqslant p^M) \\ p_2 = p^M, (p_1 > p^M) \\ p_2 \geqslant c, (p_1 = c) \end{array} \right\} \qquad (3-50)$$

分析式（3-49）和式（3-50），可知此博弈的纳什均衡为（$p_1 = c$，$p_2 = c$）。即纳什均衡是两家企业都把价格设定为等于边际成本。此时两家企业都作出了最佳对策。

这个结果叫作伯特兰德悖论（Bertrand paradox）。它与完全竞争的情况非常相似——尽管市场中只有两家企业。可见，伯特兰德模型虽然与古诺模型有很多相同的基础设定，但策略集合设定与古诺模型不同，因而得出一个完全不同的结果。伯特兰德模型之所以会得出这样的结论，是因为它假定了企业没有产能的限制，一家企业的产能足以供应整个市场，且各企业生产的产品可以完全替代。

　　历史上可口可乐和百事可乐的价格竞争就与伯特兰德模型描述的情况相似。19 世纪 80 年代正是美国历史上资本主义高速发展的"镀金时代"，人人都怀揣一夜暴富的梦想，疯狂寻找发财机会。当时有一批头脑灵活的商人，靠贩卖"秘方药"成了富翁。可口可乐的发明者约翰·彭伯顿原本是南方邦联的一名军人，南北战争结束后也开始从事"秘方药"的生产。当时社会上流行一种含有植物古柯（coca，含有可卡因）的法国科西嘉药酒，彭伯顿看准商机，于 1885 年在佐治亚州亚特兰大市推出了这种酒的"高仿版"，起名叫"法国古柯酒"（French Wine Coca），原料是古柯叶、可乐果（kola nut，含有咖啡因）和葡萄酒。1886 年，亚特兰大通过了禁酒法令，不允许售卖酒精饮料。于是，彭伯顿又研发出了符合禁酒令的新饮料配方"可口可乐"（Coca-Cola），加入了苏打水，并作为专利药品进行销售（当时在药店出售的苏打水类饮料很受欢迎，因为人们认为碳酸水对健康有益），号称其可以治疗吗啡成瘾、消化不良、神经紊乱、头痛和性功能障碍等问题。可口可乐发展至今，其配料中已经剔除了可卡因成分。[①]

　　百事可乐最初于 1893 年由美国北卡罗来纳州一位名为卡莱布·布拉德姆（Caleb Bradham）的药剂师所发明，起初命名为"布拉德饮料"（Brad's Drink）是用于缓解消化不良的一种药物，其配方是苏打水、香草、糖和可乐果等。1898 年布拉德姆将其更名为"Pepsi"，意为其能像胃蛋白酶（pepsin）一样促进消化，并于 1903 年 6 月 16 日将之注册为商标，由此逐渐发展为一种碳酸饮料。[②]

　　由于百事可乐的诞生比可口可乐要晚十余年，而且口味和可口可乐非常相近，在二者相互争斗的一个多世纪中，大约前半个世纪百事都处于可口可乐这个"老大哥"的强大阴影下。1922 ~ 1933 年，可口可乐公司曾三次获得收购百事可乐公司的机会，但每次可口可乐都拒绝了。20 世纪 30 年代，百事抓住美国经济大萧条的时机，推出"同样价格，双倍享受"的促销策略，针对可口可乐瓶形固定、容量少、几十年无变化的弱点，改用比可口可乐容量更大的包装，却以和其相同的价格贩售。此举恰好击中可口可乐的一个痛

---

　　① Pendergrast M. For God, Country, and Coca-Cola（2ed Edition）［M］. New York：Basic Books, 2000：7 – 32.

　　② 魏浩浩. 可口可乐 VS 百事可乐：百年双雄战［J］. 走向世界，2012 (5)：38 – 39.

处——可口可乐的口味虽老少皆宜，但瓶子的容量太小，其容量适合中老年人群饮用。青年人饮量大，认为可口可乐容量太少，喝起来不过瘾，不如喝一瓶百事可乐痛快，况且平均单价还更便宜，这样，占消费者总数 1/3 的青年人群逐渐被百事可乐所吸引。这样，百事可乐就成功地夺走了可口可乐在美国大众中的相当一部分市场。[①]

3.5　霍特林模型

3.5.1　标准霍特林模型

古诺模型和伯特兰德模型对双寡头市场的讨论中，假设了相互竞争的生产者销售的是同质产品。但是，现实中常常有企业生产的产品相似但不同质。例如，波音公司和空中客车公司生产的飞机不同，任天堂和索尼公司出品的电子游戏机并不相同，中国移动公司和中国联通公司提供的网络服务也不尽相同，而上述对比中的企业都处于同一行业。经济学家把同一产品类型存在众多品种的这种市场称为差异化产品市场。

美国经济学家、数学家哈罗德·霍特林（Harold Hotelling）于 1929 年提出了霍特林模型。该模型被认为是对伯特兰德模型的一种挑战。霍特林认为，价格或产出的不稳定并非寡头垄断的基本特征。霍特林不同意"消费者由一个卖方突然转向另一个卖方是市场的特征"这一观点。他预测价格的下降实际上吸引不了多少消费者。因而他认为，只要消费者不是突然改变其所选择的卖方，而是逐渐改变的，市场就仍将保持稳定。

霍特林模型的基本设定是：一座城市是长度为 1 的线段，两家企业分别坐落在坐标 0、1 处，其策略是各自的产品售价 p_1 和 p_2，产品边际成本均为 c。线段上每个点都代表一个消费者，则坐标为 x 的消费者到企业 1 的距离为 x，到企业 2 的距离为 $1-x$。假设每个消费者都要选择一家企业进行购买，且只买 1 个产品，如图 3-21 所示。

---

① 薛玉建. "百事可乐"斗法"可口可乐"［J］. 财会月刊，2000（1）：7-8.

图 3 - 21　霍特林模型

规定每个消费者会选择对其而言购买总成本最低的企业进行购物，消费者购物的总成本为产品售价与交通成本之和。消费者走过单位路程需付出的交通成本为 t。例如，在 x 坐标处的消费者，如果从企业 1 购买产品需要支付的总成本为 $p_1 + tx$，如果从企业 2 购买产品需要支付的总成本为 $p_2 + t(1-x)$。

求解霍特林模型的纳什均衡可以借助最优对策函数。设 $D_i(p_1, p_2)$ 为需求函数（选择 i 企业的消费者数量），若存在某个均衡点 x，住在 x 的消费者在两家企业购物的成本是无差异的，则所有在 x 左边的消费者都将在企业 1 处购物，所有住在 x 右边的消费者都将在企业 2 处购物，则两家企业的需求分别为 $D_1 = x$，$D_2 = 1 - x$。即 x 满足：

$$p_1 + tx = p_2 + t(1-x) \tag{3-51}$$

整理式（3 - 51），可得两家企业的需求函数表达式：

$$D_1(p_1, p_2) = x = \frac{p_2 - p_1 + t}{2t} \tag{3-52}$$

$$D_2(p_1, p_2) = 1 - x = \frac{p_1 - p_2 + t}{2t} \tag{3-53}$$

根据需求函数可进一步写出两家企业的利润函数：

$$U_1(p_1, p_2) = (p_1 - c) \times D_1(p_1, p_2) = \frac{1}{2t}(p_1 - c)(p_2 - p_1 + t) \tag{3-54}$$

$$U_2(p_1, p_2) = (p_2 - c) \times D_2(p_1, p_2) = \frac{1}{2t}(p_2 - c)(p_1 - p_2 + t) \tag{3-55}$$

由于两家企业都会选择各自的价格（即策略）从而使各自的利润最大化。则有：

$$\frac{\partial U_1(p_1,p_2)}{\partial p_1} = p_2 + c + t - 2p_1 = 0 \qquad (3-56)$$

$$\frac{\partial U_2(p_1,p_2)}{\partial p_2} = p_1 + c + t - 2p_2 = 0 \qquad (3-57)$$

且其二阶导数均小于 0，即满足一阶导数为 0 时，利润函数为最大值。

联立式（3-56）和式（3-57）可求得两家企业的纳什均衡策略：

$$p_1^* = p_2^* = c + t \qquad (3-58)$$

纳什均衡局面下两家企业的利润为：

$$U_1(p_1^*,p_2^*) = U_2(p_1^*,p_2^*) = \frac{t}{2} \qquad (3-59)$$

纳什均衡局面下两家企业的销售量（需求）及无差别消费者的位置 x 为：

$$D_1(p_1^*,p_2^*) = D_2(p_1^*,p_2^*) = x = \frac{1}{2} \qquad (3-60)$$

霍特林将消费者位置的差异比喻为产品差异，则霍特林模型中的交通成本可进一步解释为消费者购买产品的心理成本（品质偏好），也就是选择更加不偏好的产品所要克服的心理障碍——选择线段上距离越远（更加不偏好）的产品，交通成本越高。而单位交通成本 t 越高，说明产品的差异就越大。

通过上述分析可知，产品的差异会降低市场需求的价格弹性。产品的差异包括质量、外观、包装、市场形象、兼容性等。在质量相同的前提下，同类产品的差别越大，市场需求的价格弹性越小，企业调节价格的余地就越大。企业所采取的产品价格策略，实际上是一种构筑市场壁垒从而获得竞争力的策略。既满足了消费者的差异化需求，也设置了一种阻止竞争对手或潜在竞争对手的障碍。

另外，产品差异化将削弱价格竞争的强度。同类产品的差异化程度越大，说明消费者对产品的主观偏好程度越高，则影响消费者选择的因素中"交通成本"占比就越高，而市场价格对消费者需求的影响就越小，此时企业通过降低价格来吸引消费者的意义就越小。而若交通成本为 0，则说明不同企业的产品具有完全的替代性，没有一家企业可以将价格定得高于成本，此时与前文中伯特兰德模型的情况相似。

3.5.2　一般化的霍特林模型

在一般化的霍特林模型中，两家企业的产品差异可以更加多样化，在线段模型中反映为其位置坐标不再固定于 0、1 点，而是任意的坐标 a、b 点，如图 3 – 22 所示。为了方便分析，规定 $a < b$，即企业 1 的位置恒位于企业 2 的左侧。

图 3 – 22　霍特林模型的一般化

在 x 坐标处的消费者，如果从企业 1 购买产品需要支付的总成本为 $p_1 + (x - a)t$，如果从企业 2 购买产品需要支付的总成本为 $p_2 + (b - x)t$。此时无差别消费者的坐标 x 需满足：

$$p_1 + (x - a)t = p_2 + (b - x)t \qquad (3 - 61)$$

整理式（3 – 61），可得此时两家企业的需求函数表达式：

$$D_1(p_1, p_2) = x = \frac{p_2 - p_1}{2t} + \frac{a + b}{2} \qquad (3 - 62)$$

$$D_2(p_1, p_2) = 1 - x = 1 - \frac{p_2 - p_1}{2t} - \frac{a + b}{2} \qquad (3 - 63)$$

根据需求函数进一步写出两家企业的利润函数为：

$$U_1(p_1, p_2) = (p_1 - c) \times D_1(p_1, p_2) = (p_1 - c)\left(\frac{p_2 - p_1}{2t} + \frac{a + b}{2}\right)$$
$$\qquad (3 - 64)$$

$$U_2(p_1, p_2) = (p_2 - c) \times D_2(p_1, p_2) = (p_2 - c)\left(1 - \frac{p_2 - p_1}{2t} - \frac{a + b}{2}\right)$$
$$\qquad (3 - 65)$$

两家企业都会选择各自的价格（即策略）从而使各自的利润最大化。则有：

$$\frac{\partial U_1(p_1,p_2)}{\partial p_1} = \frac{p_2 - 2p_1}{2t} + \frac{ta + tb + c}{2t} = 0 \qquad (3-66)$$

$$\frac{\partial U_2(p_1,p_2)}{\partial p_2} = \frac{p_1 - 2p_2}{2t} + \frac{2t - ta - tb + c}{2t} = 0 \qquad (3-67)$$

且其二阶导数均小于 0，即满足一阶导数为 0 时，利润函数为最大值。

联立式（3-66）和式（3-67）可求得两家企业的纳什均衡策略：

$$p_1^* = \frac{t(a + b + 2) + 3c}{3} \qquad (3-68)$$

$$p_2^* = \frac{t(4 - a - b) + 3c}{3} \qquad (3-69)$$

纳什均衡局面下两家企业的利润、销售量（需求）及无差别消费者的位置 x 为：

$$U_1(p_1^*,p_2^*) = \frac{t(a + b + 2)^2}{18} \qquad (3-70)$$

$$U_2(p_1^*,p_2^*) = \frac{t(4 - a - b)^2}{18} \qquad (3-71)$$

$$D_1(p_1^*,p_2^*) = x = \frac{a + b + 2}{6} \qquad (3-72)$$

$$D_2(p_1^*,p_2^*) = \frac{4 - a - b}{6} \qquad (3-73)$$

由上述结果可知，均衡价格与单位交通成本 t（即产品差异）之间呈正相关关系，而均衡利润与单位交通成本 t 之间呈正比例关系。这就是最大化产品差异原理。最大化产品差异原理说明：增大与竞争对手产品的差异，会使竞争对手抢占己方市场份额的难度随之增加，从而可以适当提高价格以增加利润。与之相对，最小化产品差异原理说明：缩小与竞争对手产品的差异，有利于抢占竞争对手的市场而不必降低太多价格。

市场上存在着大量符合霍特林模型的产品。比如，消费者对两座雕塑的喜爱程度，对两首音乐的喜爱程度，对两个软件的用户界面布局的喜爱程度，等等，均没有一个能形成定式的公认的标准，但这种偏好又确实存在，它取决于不同消费者的主观好恶。差异化的竞争策略是否成功，关键在于是否能迅速而准确地掌握消费者的消费偏好。在互联网时代，生产者可以利用网络经济，更好地构建起与消费者沟通的平台和渠道，来掌握消费者的各种偏好，从而制定更符合消费者需求的策略。

霍特林模型在政策、战略、规划实施中也有体现。例如，在水资源管理中实施"虚拟水战略（virtual water strategy）"，被认为是平衡区域水资源禀赋、实现水资源科学管理、保障水生态安全的可行途径，即借助产品的调度、贸易等手段，将"虚拟水"（指产品中所蕴含的其生产过程中消耗的水资源）从水资源丰富的地区向缺水地区输送，帮助后者节约其本地的水资源、缓解水资源供给压力，达到与实体调水工程相类似的"输水"效果（Allan，1998；杨志峰等，2015）。然而虚拟水战略虽然已成为水资源管理研究中的热点，却往往在实践中未能有效实施，或未被重视，难以真正发挥其作用。目前仅有以色列等少数国家成功实施了虚拟水战略（Horlemann and Neubert，2007）。对这一问题的研究发现，国家和地区是否实施虚拟水战略，不仅是政府等管理层的决策问题，而且与企业、消费者等利益相关方息息相关（支援，2020）。在存在偏好差异的情况下，即便虚拟水战略具备平衡区域水资源禀赋，带来生态安全、社会公平等效益的优势，也不一定能使偏好短期经济利益的相关方接受并为之投入前期成本，而其可能选择维持现状，即拒绝虚拟水战略的指导。而以色列等少数国家能成功实施虚拟水战略，则是由于缺水问题严重，对"减小水资源压力的"偏好甚于"节约短期成本"。而其他国家要实现虚拟水战略的落实，则可考虑通过宣传和教育来改变相关方的偏好，提高其在生态、环保、社会责任方面的意识，这种做法比依靠行政命令强行推进虚拟水战略成本更低，并且有利于取得持久的效果。

3.6　候选人－选民模型

3.6.1　模型设定

第2.4节中的中值选民模型可以看作霍特林模型思想的一种体现，以下是与之相似但又有所区别的一种投票情景。

假设所有选民均匀分布在从极左（激进）逐渐过渡到极右（保守）的一系

列政治立场中，如图 3 - 23 所示。可以将选民们划分为 9 个立场，编号为 1 ~ 9，每个立场都有 1 位选民，这些选民会投票给离自己政治立场最近的候选人。若两个候选人与某立场的选民距离相同，则两个候选人均分此立场的选票。

| 1 | 2 | 3 | 4 | 5 | 6 | 7 | 8 | 9 |

图 3 - 23　候选人 - 选民模型示意

与中值选民模型不同的是，此模型称为"候选人 - 选民模型"。其中所有选民均可以选择"是否作为候选人参选"，但参选的候选人不能变更自己所处的政治立场。若多个候选人的票数并列第一，则通过抽签决定胜选者。

假设候选人选举获胜的收益为 B，而参选需要付出成本 C，且 $B > C$。若某选民不参选，则获胜候选人的立场距离该选民越远，该选民将承受越重的负面效应，即政治立场不同造成的郁闷心理。例如若某选民立场为 x，当选者立场为 y 点，则该选民承担（$- |x - y|$）的负面效应，即郁闷程度取决于选民和当选者的立场偏差程度。若立场为 x 的某人参选后落选，而当选者立场为 y 点，则 x 立场的参选人需要付出成本并承受心理郁闷效应。

综上，此博弈中某参与人 x（设其立场为 x）可能的收益为：

（1）x 参选并获胜，此时 x 的收益为 $B - C$；

（2）x 参选，但 y 立场的人获胜，此时 x 的收益为（$- C - |x - y|$）；

（3）x 不参选，y 立场的人获胜，此时 x 的收益为（$- |x - y|$）。

此模型中的设定可以与诸多现实现象相印证。例如关于选举成本的设置，据《人民日报》2014 年报道，美国 2014 年中期选举（美国国会竞选每 2 年举行一次。其中一次与总统选举同时举行，而另一次则在总统任期内举行。在总统任期内举行的国会选举，即称为中期选举）期间，记者就曾收到美国民主党竞选网站以奥巴马总统名义发送的推广邮件，其中写道："朋友，如果我从竞选活动中学到了什么，那就是你手中的资源会多么容易地决定输赢。更多的资金意味着更多的竞选组织者，更多的竞选组织者意味着前往投票的选民更多。这样我们才能赢。我们需要赢……请点击链接捐献 10 美元或更多金额"（温宪，2014）。中华人民共和国外交部网站 2021 年发布的《美国民主情况》报告也指出，美式民主沦为"金钱政治""富人游戏"。曾有一位美国联邦参议员指出："有些人认为美国国会控制着华尔街，然而真相是华尔街控制着美国国会。"据统计，91%的美国国会选举的胜选者都是得到最雄厚资金支持的候选人（新华社，2021）。

据美国哥伦比亚广播公司报道，美国权威选情分析机构"库克政治报告"发布的预测称，投入在2016年美国总统选举中的电视广告费可能高达44亿美元。而《华盛顿邮报》2017年报道，据竞选财务监督机构称，2016年大选的最终成本约为65亿美元——其中24亿美元用于总统竞选（包括初选和普选），另外约40亿美元用于国会竞选。据《纽约时报》报道，2020年美国总统选举的总花费高达140亿美元，刷新了美国历史上成本最高的选举纪录。[①]

关于胜选收益的设置也与一些现实情况相符。例如美国总统年薪约40万美元，不仅如此，奥巴马总统卸任后，还和妻子米歇尔一起同知名出版集团企鹅兰登书屋签订了一份稿酬高达6500万美元的天价图书出版合同，创造了当时回忆录的最高竞价纪录。奥巴马给华尔街企业等团体做演讲的"出场费"也高达每次40万美元。[②] 这种现象在美国政坛有较多实例，有人认为这是资本集团在政客执政期间得到了好处，事后"投桃报李"。

3.6.2 模型求解

候选人－选民模型的纳什均衡，可以用类似"箭头法"的思路求解。

假设位于中间的5号选民参选（见图3－24），那么对于其他任何一个选民来说"参选"都不是其最优对策，因为此时对于其他选民而言"不参选"都能获得比"参选"更好的收益：参选必然无法战胜5号，收益为（ $-C-|x-5|$ ）；而不参选收益为（ $-|x-5|$ ）。因此这种局势是一个纳什均衡。

1	2	3	4	5	6	7	8	9
				参选				

图3－24　候选人－选民模型的一种均衡

---

① 张志新."金钱政治"在今年美国大选中再次暴露无遗［EB/OL］.（2020－12－03）［2020－12－15］. http://www.china.com.cn/opinion2020/2020－12－03/eontent_76973883.shtml.

② 中新网. 史上最畅销？美前第一夫人米歇尔回忆录卖近千万本［EB/OL］. 中国新闻网.（2019－03－28）［2020－12－15］. https://www.chinanews.com.cn/gj/2019/03－28/8793476.shtml.

如果只有一位非中间位置的选民参选，则不是纳什均衡，因为对中间位置的 5 号选民来说，参选是其此时的最优对策。

若两个对称位置的选民同时参选，如 3 号和 7 号（见图 3 – 25 – A），那么对于其他位置的选民而言，此时不参选为其最优对策，因为此时若有第三个选民（如 2 号）参选，其不仅不会当选，而且会分掉离自己更近的候选人选票，从而把当选者推向离自己更远的立场（见图 3 – 25 – B），降低自身的预期收益。由于规定了出现平票时通过抽签决定胜选者，因此当获胜的收益 B 足够大时，这种两个参选者对称分布的局势也是一个纳什均衡。

1	2	3	4	5	6	7	8	9
		参选				参选		

A. 两个候选人参选

1	2	3	4	5	6	7	8	9
	参选	参选				参选		

B. 搅局者为2号

图 3 – 25　搅局者效应

这种情况在政治学中被称为"搅局者效应"：政见相近的"搅局候选人"会影响主要候选人的选情——某候选人的"盟友"发挥得越好，反而会分走其选票，其竞选成功的概率就越低。一些西方政党在两党选举中还会故意制造这种"搅局者效应"，利用第三方的加入以达到分散对手选票的目的（Poundstone，2008）。

此模型还存在其他纳什均衡。例如，如图 3 – 26 所示，当获胜的收益 B 足够大时，三个候选人分别处于 1/6 立场、1/2 立场和 5/6 立场，此时每人当选的概率为 1/3。但这个均衡是非常脆弱的，此时若左派的候选人 1 的立场不是正好在 1/6 处，而是在 1/6 右侧少许，右派的候选人 3 的立场也不是正好在 5/6 处，而是在 5/6 左侧少许，那么中间立场的候选人 2 的选票就会被左右两个候选人 1、3 各分掉一小部分，从而使中间的候选人 2 被"排挤"而落选。

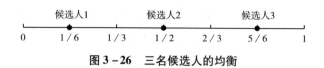

图 3 - 26　三名候选人的均衡

这在政治学中称为杜瓦杰法则（Durverger's law），由法国法学家、社会学家和政治学家莫里斯·杜瓦杰（Maurice Duverger）提出：少数服从多数的选举规则有利于形成两党政治，且两党意识形态差距将日益减少；但小党将被排除执政的可能。如果两大党的候选人太极端，就会有新的中间候选人参选。

例如，英国撒切尔夫人执政时期，选民们觉得保守党的撒切尔政府过于右倾，而当时的工党又过于"左"倾，在此背景下，一个中间党派自由民主党（Liberal Democrats，简称自民党）应运而生。此党是英国国会中第三大党，曾拥有 78 名上议院议员和 72 名下议院议员，仅位于保守党和工党之后。[1]

在特朗普、拜登两任美国总统执政时期，民主党和共和党在政策问题上表现出强烈的意识形态对立，而在解决实际问题上未尽如人意，让不少美国选民感到失望。有民调显示，2/3 的受访者认为，美国需要一个第三方主要党派。有分析认为，这可能是"前进党"等第三方政党跻身美国政坛主流的机遇。[2]

纽约市前市长迈克尔·布隆伯格也曾考虑以独立候选人的身份参加 2016 年美国总统大选。有分析认为，部分美国选民已经厌倦了极化政治，期待切实的改变，这也是代表所谓反建制派的特朗普和桑德斯具有优势的原因；如果布隆伯格决定参战，可以选择的策略是以超然于政党斗争的独立人士出现，承诺彻底解决奥巴马时期的政党政治僵局，以其经营商业帝国和纽约市的具有企业家精神的高效行政管理经验来治理国家，这样可能吸引到中间选民以及分别对桑德斯和特朗普不满的两党内的温和派。[3]

2020 年 7 月，美国非裔说唱歌手坎耶·维斯特在社交网站推特上声称将参加 2020 年总统竞选。因为维斯特在娱乐界拥有一个数量庞大的粉丝群体，

①　Sloman P. Squeezed out? The Liberal Democrats and the 2019 general election [J]. The Political Quarterly, 2020, 91 (1): 35 - 42.

②　Jones J M. Support for third US political party at high point [EB/OL]. (2021 - 02 - 15) [2021 - 05 - 01]. https：//news. gallup. com/poll/329639/support-third-political-party-high-point. aspx.

③　新华网. 布隆伯格确认有意参加美国总统选举 [EB/OL]. (2016 - 02 - 09) [2016 - 02 - 20]. http：//www. xinhuanet. com/world/2016 - 02/09/c_128711420. htm.

此番言论立刻在美国社会引起极大反响。2020 年美国总统大选主要有 2 位参选人，一位是时任总统特朗普，其在 2020 年 3 月获得了共和党总统候选人提名；另一位是前副总统约瑟夫·拜登，于 2020 年 6 月获得民主党总统候选人提名。尽管维斯特最终未能胜选，但有观点认为，维斯特的参选是为了阻击拜登，试图从这位民主党总统候选人的票仓中剥离出非洲裔选民。也有观点与之正相反，认为维斯特可能会吸引部分特朗普的支持者，包括一些支持特朗普的非洲裔选民。还有媒体认为，维斯特此举只是一种吸引大众关注的宣传营销策略。①②

综合以上分析，从候选人–选民模型中可以得出如下主要结论。

结论 1：此模型可能存在多个纳什均衡。并非所有均衡中的候选人都保持中间立场，如果是二人均衡，两个候选人必定是左右对称的。

结论 2：如果激进派或保守派中的一方有一个新的候选人加入，反而可能会导致对手党派获胜的概率增大（搅局者效应）。

结论 3：如果两党候选人的立场过于极端，会有新的中间候选人参选。

---

① Eustachewich L. Inside the madness of Kanye West's wild 2020 presidential bid［EB/OL］.（2020 – 07 – 21）［2021 – 07 – 30］. https：//nypost. com/2020/07/21/a – look – at – the – madness – of – kanye – wests – 2020 – presidential – bid/.

② BBC. Kanye West election：How many votes did he get?［EB/OL］.（2020 – 11 – 07）［2020 – 11 – 12］. https：//www. bbc. com/news/election – us – 2020 – 54849605.

第4章 混合策略和混合策略纳什均衡

本章将对混合策略及其构成的纳什均衡相关概念、理论与实例进行介绍。由于博弈中可能出现纯策略纳什均衡不存在或不唯一的情况,因而需要从混合策略角度为博弈方提供建议,以更好地满足博弈分析的需要。在介绍混合策略纳什均衡的求解方法的同时,也介绍了不同的解读混合策略的思路。

4.1 选址模型

4.1.1 背景介绍

人类社会中有时会出现种族隔离现象。种族隔离被认为是种族歧视行为的一种,它是指在日常生活中,按照不同种族将人群分隔开来,使得各种族不能同时使用公共空间或者服务。种族隔离可能是由法律明文规定的,也可能是无明文规定但事实上存在的。

历史上最著名的种族隔离之一发生在美国。美国的种族隔离现象由来已久。在对美国发展影响深远的南北战争(1861~1865年)中,共和党领导的北方(美利坚合众国)最终战胜了民主党领导的南方(美利坚联盟国)。但时至今日,当年参加"南方联盟"的南方各州却基本是共和党的主要票仓。原来南北战争时期,共和党和民主党的政治纲领与今日正好相反:南北战争时期,以工业资本家为主导的共和党一统北方,民主党则代表南方奴隶制种植园主的利益,民主党内曾经充斥种族主义组织"3K党"成员,甚至在1924年党大会上取得优势地位。经济基础的巨大差别决定了南北意识形态的巨大分歧，直至诉诸武力，导致南北战争的最终爆发。南北战争期间，林肯总统于 1862 年颁布了《解放黑人奴隶宣言》，并于次年正式实施。南北战争以北方胜利告终，美国资本主义发展的内部障碍得以扫清，北方工业资本家获得了战争红利，资本与政治地位相辅相成，形成良性循环，共和党人担任总统 20 余年。

虽然共和党通过南北战争解放了黑人奴隶，但是在大萧条时期，民主党的富兰克林·罗斯福总统上台（1933 年），为了振兴经济，实施"新政"，扩大政府权力，提倡"大政府"，集中力量办大事。这些政策导致共和党和民主党的立场被整个翻转：由于新政触及了资本家的利益，因此共和党反对政府权力广泛地扩大，政治上的保守性开始显现并一直坚持至今；与之相对，罗斯福新政对低收入人群的救济措施，使民主党获得了非裔美国人群体的支持。甚至连"保守主义"和"自由主义"这两个词在美国的含义也发生了变化：前者更近似亚当·斯密时期的古典自由主义，主张小政府、大社会，反对政府对市场的干预；而后者主张政府干预经济、监管企业。

二战后，20 世纪五六十年代美国民权运动风起云涌，民主党的林登·约翰逊总统签署了民权法案，在名义上禁止了歧视有色人种。非裔彻底倒向民主党，同时南方白人群体尤其是宗教保守势力与共和党的联系愈加紧密，这也就奠定了两党至今的"北民主南共和"格局（孔亮，2016）。

美国于 1863 年正式实施《解放黑人奴隶宣言》，非裔民权运动领袖马丁·路德·金于 1963 年发表了著名的"我有一个梦想"的演讲，2008 年美国人选出了第一位非洲裔总统奥巴马，然而种族矛盾问题仍未解决，种族歧视仍然根深蒂固，"黑与白"仍是美国社会最敏感的问题之一。2020 年，中国国务院新闻办公室发表了《2019 年美国侵犯人权报告》，揭露了美国侵犯人权的状况。该报告指出，在少数族裔人权方面，美国白人至上主义回潮，美国国内近年来发生的恐怖活动大多与白人至上主义暴力有关；美国警察枪杀和残暴虐待非洲裔案件频发，非洲裔成年人被监禁的概率是白人成年人的 5.9 倍。2021 年发表的《2020 年美国侵犯人权报告》显示，美国少数族裔遭受"系统性种族歧视"，其中，非洲裔被警察杀死的概率是白人的 3 倍；非洲裔感染新冠肺炎病毒和死亡的概率分别是白人的 3 倍和 2 倍。2022 年发表的《2021 年美国侵犯人权报告》指出，美国少数族裔与白人之间在就业创业、工资收入、金融贷款等方面长期存在系统性的经济不平等。白人家庭比非洲裔家庭更容易获取基本金融服务，而白人成立的公司首年获得贷款的可能性也远高于非洲裔公司。2023 年发表的《2021 年美国侵犯人权报告》指出，美国历史上殖民主义和奴隶制留下的阴影至今仍挥之不去，种族歧视与不平等愈演愈烈（中华人民共和国国务院新闻办公室，2020，2021，2022，2023）。《印度快报》也发表评论称，美国的种族主义颠覆了美国的民主制度。

　　非洲裔总统奥巴马的当选被认为是美国非裔在平权道路上取得的伟大成就。奥巴马就任之初，很多美国人都希望种族问题也随之消失。然而事实证明，数百年来积累的种族矛盾不能指望由一个人或者一个总统就能够得到解决。众多研究者认为，只要美国政府不从根本上解决底层非裔在就业、收入、受教育等方面遭遇的不公平待遇，美国社会"黑白分明"的现实就无法改变。

4.1.2　选址模型及其均衡

　　可以用如下模型分析种族隔离中的一些原理。如图 4-1 所示，假设存在两个城镇——北镇和南镇，每个城镇都只能容纳 10 万人。有两种人群需要入住这两个城镇——左撇子和右撇子，每种人群都有 10 万人。这些左撇子/右撇子们的策略是选择北镇还是南镇。有一部分左撇子和右撇子已经分别提前居住于两个城镇中，但他们也可以选择搬到另一个城镇去。

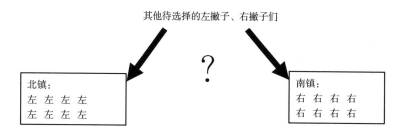

图 4-1　选址模型示意

　　规定每个人的收益函数如图 4-2 所示，如果城镇中只有某参与人自己属于一类，而其他人都属于另一类，那么该参与人的收益为 0。如果城镇中所有人都属于同一类（即 10 万人全是左撇子或右撇子），那么这些人的收益均为

1/2。如果城镇是不同类型均匀混合的，即 5 万人是左撇子而另外 5 万人是右撇子，那么城镇中所有人的收益都是 1。

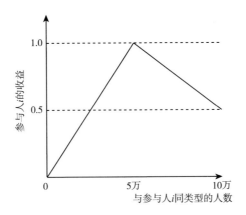

图 4 - 2   选址模型收益示意

从函数图像中可以看出，[0，5 万] 区间内的函数倾斜程度大于 [5 万，10 万] 区间内的倾斜程度。即如果某城镇中两种类型的人不是均匀混合的，那么人们更希望自己属于多数派，因为同一种混合比率下多数派人群的收益高于少数派。

为了完善模型，进行一些补充规定：所有人要同时做出选择（现实中人们是有顺序地选择住所的）；人们可以自由选择想要居住的城镇，但如果选择一个城镇的人数超过了城镇容积，则需要从所有选择该城镇的人中随机抽取超额的人数，分配到另一个城镇。例如，若有 16 万人选择入住北镇，则需要在其中随机抽取 6 万人分配到南镇去。

有研究者对不同的受试群体进行了这个博弈测试，并考察了重复进行几次此博弈的情况。最后往往得到这样的结果：扮演"左撇子"的人基本都选择的是同一个城镇，而扮演"右撇子"的人基本都选择的是另一个城镇，最后所有人的收益都是 1/2。尤其是当少数左撇子和右撇子已经分别提前位于两个城镇时更是如此——即便这些提前入住者可能搬去另一个城镇。只有极少数的人作出了"鹤立鸡群"的选择——少数左撇子选择了右撇子聚集的城镇，或少数右撇子选择了左撇子聚集的城镇，则他们最后的收益非常接近 0。

这个过程实际上就是一例种族隔离——最后左撇子和右撇子都分隔开了。

但是值得注意的是，此模型中这种现象的形成，并不是由于人们喜欢种族隔离。因为模型规定了每个人的偏好，人们实际上最希望住在一个左右撇子均匀混合的城镇。但最后的结果却是种族隔离，其中的原因值得深思。

此博弈存在 3 个较明显的纳什均衡，其中两个纳什均衡是种族隔离的局面（一种是所有左撇子都在北镇，所有右撇子都在南镇；另一种是所有左撇子都在南镇，所有右撇子都在北镇），这两种情况下参与人都无法通过单方面改变策略来取得更高的收益。例如图 4 - 3 中，若有一个左撇子 i 要搬到南镇，则南镇需要随机抽取一个人到北镇。最后 i 的收益可能是从 1/2 变为 0（i 留在南镇）或保持 1/2 不变（i 自己被抽中回到北镇）。因此不存在严格有利改变。

```
北镇：                    南镇：
左  左  左  左            右  右  右  右
左  左  左  左            右  右  右  右
左  左  左  左            右  右  右  右
```

图 4 - 3　种族隔离的均衡

另一个较明显的纳什均衡是每个城镇中不同人群均匀混合。此时参与人们也无法通过单方面改变策略来取得更高的收益。例如图 4 - 4 中，假如一个左撇子 i 要从北镇搬到南镇，则南镇需要随机抽取一个人到北镇。最后 i 的收益可能是：从 1 变为 "略小于 1"（一个右撇子被抽中到北镇，南镇的左撇子人数 > 右撇子人数），或保持 1 不变（一个左撇子被抽中到北镇，两个城镇仍然是均匀混合）。因此不存在严格有利改变。

```
北镇：                    南镇：
左  右  左  右            左  右  左  右
左  右  左  右            左  右  左  右
左  右  左  右            左  右  左  右
```

图 4 - 4　均匀混合的均衡

上述种族隔离和均匀混合的局面皆为纳什均衡，前者风险占优，后者帕累托占优。均匀混合的均衡稳定性较差，比如均匀混合状态下其中一个城镇突然增多了 1% 的右撇子，而另一个城镇增多了 1% 的左撇子，虽然此时两个城镇的两种人群比例和均衡状态相差并不大，但此时所有的左撇子和右撇子都更偏好自己的同类比率更高的城镇了，如果他们能够再次选择，则会纷纷"投奔"同类比率更高的城镇，即迅速形成种族隔离。

因此选址博弈有两个稳定的均衡（两种不同形式的种族隔离）。在两者之间存在一个临界点（tipping point）——均匀混合，如果偏离了临界点就会"滑向"另一个均衡。类似地，在之前第 3.3.2 节中介绍的投资博弈中，有两个均衡"都投资"和"无人投资"，该博弈存在一个自然临界点，即"90%的人选择投资"，如果越过了临界点，就会达成其中一个均衡。临界点的概念是由托马斯·谢林提出的。

有社会学观点认为，世界上众多地方都能观察到种族隔离，种族隔离的形成是由于人类偏好种族歧视和种族隔离。无论是人类学家研究社会变迁，还是历史学家研究历史记录，确实都能发现诸多种族隔离的实例——这都是数以万计的不同人选择的结果。

这个结论在一些情况下可能是正确的。但选址模型却对其提出了一个反例：在有些情况下，实际上人们并不喜欢种族隔离，但是当所有人都作出利己性的选择后，最后导致了种族隔离的局面。这就是谢林的理论：不能因为经常观察到某种现象出现，就认为人们确实偏好它。在选址模型中人们并不偏好种族隔离，最偏好的其实是种族的均匀混合。只能认为是个体的选择共同导致了某种社会现象，但这与人们是否偏好此现象无关。

谢林提出的隔离模型是一个基于国际象棋棋盘的比喻：用棋盘上的格子代表住所，数量相等的两色棋子分别代表两类人群，如上述例子中的左、右撇子们。初始状态下，左、右撇子们随机分布，形成种族融合的局面。若假设每个人都是种族主义者，完全不能接受与另一类型人相邻，一旦与另一类型人相邻则会搬家寻找更合适的住所（迁移到棋盘上的另一个格子），显然两类人群会迅速隔离开来。而即便假设每个人都并非种族主义者，只是希望自己不要成为少数派，即相邻的格子中至少有一定比例的邻居和自己是同一类型（例如 30%），低于该比例就会搬家——这种心态并不等于种族歧视。而推演结果与前述选址模型相同：即使所有人都并非种族主义者，仅仅是为了"投奔"同类比率更高的区域，也能够导致整个棋盘形成种族隔离的局面

(Schelling，2006)。有研究者用计算机程序建立的演化模型也进一步验证了谢林的结论（van de Rijt et al.，2009）。

下面要研究的是，选址博弈是否还存在其他均衡。考虑以下情况：如果所有人都选择了北/南镇中的同一个，会怎样？

如果这种情况真的发生，那么按照建立模型时的规定，20万人中需要随机抽取出10万人安置在另一个无人选择的城镇，即一半的人被分配到北镇而另一半的人则被分配到南镇。根据大数定律（即：在试验不变的条件下，重复试验多次，随机事件的出现频率近似于其真实概率），一共有20万人随机分配，最后结果会非常接近混居均衡，而且每个人都皆大欢喜——每个人的收益将会非常接近最大值。

在这种局势下，如果所有人都是理性的，则可以预测到"所有人选择了去同一个城镇这个策略"结合"随机分配这个规则"，将会达到趋近于最大可能收益的结果，则所有人都会愿意接受选择同一个城镇的策略。因此这的确是一个均衡。故而此博弈还存在另一类均衡，它包含两种情况：所有人选了同一个北/南城镇而被随机分配。

上述均衡在某种意义上超出了常理：每个人的选择都是一样的，人们最后到底住在哪个城镇并不是自己选择的，而是根据博弈的规则而被迫随机分配的。这个均衡似乎和现实情况相去甚远，它只是由于给建模时补充的一个限定规则而产生的。在现实中很少有政府或城镇管理者会这样做，这样的规则只是为了完善模型构建而设定的。但正是这个建模时并不起眼的规则，却产生了另一类均衡。而且它还显示了这样的原理：有时进行类似强制的随机分配，其结果反而要比所谓的自主选择要好。

除了通过上述自上而下的方式进行随机分配（由政府、管理部门主持随机分配工作）之外，还有另外一种实现随机分配的方法，即通过自下而上的方式来达到相同的效果。例如，可以通过让每个人掷硬币的方法来选择其将要入住的城镇：每个参与人掷一枚硬币，掷到正面就去北镇，而掷到背面就去南镇。如果所有人都按照此规则行事，那么根据大数定律，最后分配完毕的南北两个城镇中，人口也都是接近左、右撇子均匀混合的。但这样实现随机化并非依靠管理者或政府强力部门的分配，而是通过个人行为来实现的。这是本模型的另一个纳什均衡：它比起让所有人选择某个镇，然后再由政府随机分配的方法，能让一些人感觉更"舒服"一些。每个人都通过抛硬币来决定去哪一个城镇定居，这就比起政府安排更像是一种自主选择。

一旦在博弈分析中引入了个体策略的随机化，就超出了纯策略的范畴。目前为止所讨论的策略都是单一的、明确的策略，称为纯策略（pure strategy）。例如选址博弈中，纯策略是选北镇或者选南镇；在选数字博弈中，纯策略是选择一个具体的数字；在囚徒困境中是选择认罪或不认罪；在投资博弈中是选择是否要投资……而现在出现了一个新的策略类型，即随机选择、"掷硬币""掷骰子"等，而不是选择单一的、明确的策略。因此需要引入一个新的概念——混合策略（mixed strategy），即表示参与人"有时候选择某策略，而有时候又选择别的策略"。

4.2　混合策略简介

4.2.1　华容道与混合策略

"诸葛亮智算华容，关云长义释曹操"的故事，是中国古典四大名著之一《三国演义》中的一个重点篇章，其中蕴含了一个博弈。建安十三年（公元208 年）的赤壁之战中，孙权、刘备联军大破曹操大军。曹操领残兵败将狼狈逃命，一路上连遭赵云、张飞伏兵劫杀，最后只剩三百余骑往荆州方向而去。诸葛亮事先安排关羽率兵在途中阻截曹军。当时关羽预计与曹操相遇的地方有两条道路，一条是华容小道，另一条是远 50 里的大路。诸葛亮命令关羽伏兵于华容道，并且要求其在华容道上点燃柴火冒出烟雾，引曹操到来。关羽不解，问诸葛亮："如果在伏兵之处点火，曹操望见烟，知有埋伏，如何肯来？"诸葛亮让关羽不必多问，只需依计行事即可。

当曹操等人来到华容道前，发现华容道小路方向有数处烟起，大路并无动静。曹操大笑道："诸葛亮诡计多端，故意叫人在小道上点火，使我军不敢从这条路走，而他却伏兵于大道上等着我！我已经料到了这点，偏不上他的当！"于是，曹操令部下径直往华容道上而去，结果与关羽伏兵撞个正着。关羽念在过去曹操曾厚待自己的情分上，不顾已经立下了要活捉曹操的军令状，放过了曹操——而这也已在诸葛亮的预料之中。

故事中曹操之所以落入了诸葛亮的陷阱，原理是这样的：诸葛亮知道，一般人如果看见华容道上升起烟雾，会认为华容道上有伏兵，于是会避开华容道而走大路。因此诸葛亮应该安排关羽在大路上设伏，才能正好截住对方。

但是，曹操"聪明过人"，他也知道诸葛亮会如此安排来诱他上钩，他偏不上当，料定点火的华容道上无人，诸葛亮的伏兵是在另一条大路上。于是曹操选择走华容道。

根据《三国演义》作者罗贯中的设定，诸葛亮总是比曹操技高一筹。按博弈论的术语来说，就是诸葛亮的理性程度要比曹操高上一阶。诸葛亮也知道曹操的上述思维过程，即诸葛亮知道"曹操知道诸葛亮的打算"，于是让关羽正好在点起烟火的华容道上等着曹操，将其截住。

《三国演义》中的这个故事是作者虚构的。罗贯中假设曹操在智力上比诸葛亮差一些，才会在华容道上被关羽抓住。如果不假定曹操比诸葛亮要笨一些，而是假定曹操与诸葛亮一样聪明，则曹操会进一步换位思考知道"诸葛亮知道曹操知道诸葛亮的打算"，即曹操会知道关羽在华容道上等着他。此时曹操就避开华容道走另一条路。

但是，分析还没有结束，因为若诸葛亮知道曹操的上述思维过程，就会改变选择……显然，这样无限地换位思考下去，最终的结果是曹操与诸葛亮进行混合策略博弈，曹操随机地以 1/2 的概率选择走华容道和另一条路，诸葛亮也以 1/2 的概率令关羽守华容道或另一条路（见图 4-5）。

	诸葛亮	
	大路	华容道
曹操 大路	中伏，捉曹	逃脱，扑空
曹操 华容道	逃脱，扑空	中伏，捉曹

图 4-5 华容道的博弈

于是，《三国演义》中的这一情节就应作如此改写：诸葛亮掷出一枚铜钱，决定让关羽埋伏在华容道还是另一条大路；而曹操也掷出一枚铜钱，决定是走华容道还是走另一条大路。总体来看，曹操有 1/2 的概率逃脱，而关羽也只有 1/2 的概率抓住曹操。如果此时关羽仍然抓住了曹操，则纯属偶然，并非诸葛亮比曹操技高一筹所致。

《资治通鉴》中记载的一个故事也反映了混合策略的原理。长安四年（公元704年），武则天与宰相们商议刺史、县令等地方官吏的人选问题。李峤、唐休璟等人上奏道："近来陛下所任命的地方官，大多是受到降职处分的人，朝廷和世人因此都重视朝内官而轻视地方官。为了改变这个坏风气，建议陛下在台、阁、寺、监的官员中选择贤良方正之士，分派他们主管各州的政务。为了开这个头，请陛下先从我们做起，派我们外出担任地方官。"武则天采纳了这个建议，将所有上奏者的姓名写在纸条上，然后抽签。最后抽中凤阁侍郎韦嗣立、御史大夫杨再思等二十人，于是武则天任命他们各带现任官职出任各州检校刺史。故事中"抽签决定地方官吏的任命"可以视为一种混合策略。

4.2.2　混合策略的表述方式

博弈中通常用 p_i 表示参与人 i 的混合策略，即其以一定的概率（probability）混合使用若干纯策略。

用 $p_i(s_i)$ 表示在混合策略 p_i 中，参与人 i 采用某个具体纯策略 s_i 的概率，即 $p_i(s_i)$ 是 p_i 赋予纯策略 s_i 的概率。

例如在如图 4-6 所示的"石头、剪刀、布博弈"中，若有 $p_i = \left(\dfrac{1}{3}, \dfrac{1}{3}, \dfrac{1}{3}\right)$，说明参与人 i 以 1/3 均等的概率出石头、剪刀、布的手势。若有 $p_i = \left(\dfrac{1}{2}, \dfrac{1}{2}, 0\right)$，说明参与人 i 以 1/2 概率出石头和剪刀，但是不出布。

若要表示参与人 i 有 1/4 的概率出石头，则可写作 $p_i(石头) = \dfrac{1}{4}$。

		参与人2		
		石头（R）	剪刀（S）	布（P）
	石头（R）	0, 0	1, -1	-1, 1
参与人1	剪刀（S）	-1, 1	0, 0	1, -1
	布（P）	1, -1	-1, 1	0, 0

图 4-6　石头、剪刀、布游戏的博弈

　　根据混合策略的定义，可以将纯策略看作一个特殊的混合策略，即赋予某个策略的概率为100%。例如p_i（石头）$=1$，表示参与人i有100%的概率出石头，即其选择了出石头的纯策略。

　　混合策略的预期收益为其中的每个纯策略预期收益的加权平均值，权数为该混合策略中各纯策略的概率。例如上述石头、剪刀、布博弈中，若参与人2的混合策略为"按1/3均等的概率选择三种手势"，而参与人1选择石头（R）的纯策略，则参与人2的预期收益为：

$$U_2(R,p) = \frac{1}{3}U_2(R,R) + \frac{1}{3}U_2(R,S) + \frac{1}{3}U_2(R,P)$$

$$= \frac{1}{3} \times 0 + \frac{1}{3} \times (-1) + \frac{1}{3} \times 1 = 0 \qquad (4-1)$$

此时参与人1的预期收益为：

$$U_1(R,p) = \frac{1}{3}U_1(R,R) + \frac{1}{3}U_1(R,S) + \frac{1}{3}U_1(R,P)$$

$$= \frac{1}{3} \times 0 + \frac{1}{3} \times 1 + \frac{1}{3} \times (-1) = 0 \qquad (4-2)$$

　　同理，可写出参与人2采用1/3均等概率的混合策略，而参与人1选择纯策略剪刀（S）、布（P）时，参与人1的预期收益：

$$U_1(S,p) = \frac{1}{3}U_1(S,R) + \frac{1}{3}U_1(S,S) + \frac{1}{3}U_1(S,P)$$

$$= \frac{1}{3} \times (-1) + \frac{1}{3} \times 0 + \frac{1}{3} \times 1 = 0 \qquad (4-3)$$

$$U_1(P,p) = \frac{1}{3}U_1(P,R) + \frac{1}{3}U_1(P,S) + \frac{1}{3}U_1(P,P)$$

$$= \frac{1}{3} \times 1 + \frac{1}{3} \times (-1) + \frac{1}{3} \times 0 = 0 \qquad (4-4)$$

　　可见参与人1选石头、剪刀、布这三个纯策略，当它们面对参与人2的1/3概率的混合策略时，参与人1的预期收益都是0。而1/3概率的混合策略面对三种纯策略的预期收益也都是0。

　　若参与人1也用同样的1/3混合策略，则其预期收益相当于式（4-2）、式（4-3）、式（4-4）的预期收益都以1/3的权数加权平均，预期收益为：

$$U_1(p,p) = \frac{1}{3} \times 0 + \frac{1}{3} \times 0 + \frac{1}{3} \times 0 = 0 \qquad (4-5)$$

实际上在石头、剪刀、布游戏中，"三种手势均为 1/3 的混合策略"是应对这种 1/3 混合策略的最优对策（尽管是弱优势的），且双方都采取 1/3 的混合策略是此博弈唯一一个纳什均衡。

4.3　混合策略纳什均衡

4.3.1　乒乓球博弈

把博弈方的策略扩展到包含混合策略时，纳什均衡概念仍然成立。混合策略纳什均衡的定义为：对于一个博弈 $G = \{N, S_i, U_i, i \in N\}$，如果一个混合策略组合 $p^* = (p_1^*, \cdots, p_i^*, \cdots, p_n^*)$，对于任意参与人 i，在面对 p_{-i}^* 时其混合策略 p_i^* 是该参与人的最优对策，则该混合策略组合是一个混合策略纳什均衡。

混合策略的预期收益为每个纯策略预期收益的加权平均值。加权平均值，即将各数值乘以相应的权数，然后加总求和得到总体值，再除以总的单位数。加权平均值的大小不仅取决于总体中各单位的数值（变量值）的大小，而且取决于各数值出现的次数（频数），由于各数值出现的次数对其在平均数中的影响起着权衡轻重的作用，因此叫作权数。因为加权平均值是根据权数的不同进行的平均数的计算，所以又将其称为加权平均数。

例如，某学生某科的考试成绩为：平时测验 80 分，期末考试 95 分。学校规定的该科综合成绩的计算方式是：平时测验成绩占 30%，期末成绩占 70%（每个成绩所占的比重即权重）。则此学生该科的综合成绩是平时成绩和期末成绩的加权平均值：

$$\frac{80 \times 30\% + 95 \times 70\%}{30\% + 70\%} = 90.5 \qquad (4-6)$$

加权平均值一定介于参与加权平均的最大值和最小值之间。由此可以推论，如果要使某几个数的加权平均值为最大值，则参与加权平均的几个数都必须等于最大值。例如，要从表 4 – 1 记载的一群人中挑出若干人，并求其身高的加权平均值，设每个人的身高权重相等，即"求平均身高"。怎样才能使求出的加权平均值尽可能大？如果挑出的人数多于一人，并且还要满足平均身高尽可能大，说明了什么？

表 4 – 1　　　　　　　　　　　一群人的身高统计

编号	身高（cm）
1	226
2	160
3	175
4	226
5	180
6	186
7	190
8	220
9	226

显然，只有选取身高均为最大值的 1 号、4 号、9 号中的 1 ~ 3 人并求其平均身高，才能使求出的平均值最大。任何非最大值的加入都会拉低平均值。

这个简单的结论引申出了一个重要的推论：如果一个混合策略是最优对策，那么该混合策略中的每个被赋予正概率的纯策略必须也是最优对策，也就是说它们的收益必须相等。

该表述还可以引申为：如果一个混合策略最优对策 p_i^* 中某个纯策略被赋予正概率，那么该纯策略本身也是一个最优对策。

掌握了这个由加权平均数的性质推导出的结论后，在求混合策略纳什均衡时会更容易。

例如，体育队中的两个乒乓球运动员小王和小马进行对抗，两人均为右撇子。某时刻轮到小王发球。此时两人的策略分别为：小王可以选择把球打到对手小马的左侧（反手），或是右侧（正手）；小马则可以选择防守自己的左侧/右侧。为了方便分析，这里的"左、右"统一以小马的左右侧表述。

此博弈收益矩阵如图 4 – 7 所示。双方的收益为其得分率：例如（左，右）的局势下，即小王将球打向小马的左侧，而小马判断失误，采取了向右侧接球的预判，那么小王得分的概率为 80%，而小马防守得分的概率为 20%。此处设定可能会有用力过猛将球打出界等情况，因此即使小马猜错了方向，小王也不能 100% 得分。从此矩阵中可以看出，比较（右，右）和（左，左）的局势，可以看出小马猜对防守方向时，其防守右侧的水平高于左侧（80% > 50%）；比较（右，左）和（左，右）的局势，可以看出小王成功进攻对方的防守空当时，其打正手斜线球（进攻小马右侧）的得分率比直线球（进攻小马左侧）要高（90% > 80%）。

图 4-7   乒乓球博弈

那么，小王是应该发挥自己的强项，即打斜线球（选择策略左），还是应该攻击小马的弱点，即向小马的反手方向进攻（选择策略右）？体育界的一些评论者可能会这样评论："只需始终发挥自己的强项即可，而不要去管对手的弱点。"这种观点在此博弈中是否正确则值得思考。

分析可知，此博弈不存在纯策略的纳什均衡：如果小马认为小王会选左侧进攻，他的最佳对策是向左侧防守；反之则最佳对策是向右侧防守。而如果小王认为小马可能会向左侧防守，那么他的最佳对策是向小马的右侧进攻；反之则最佳对策是向小马左侧进攻。因此需要寻找混合策略纳什均衡。

由于两人是队友，而且在平时训练和比赛中已经有过多次交手，因此经过长期的交锋，他们已经达成了一个混合策略纳什均衡。这个混合策略纳什均衡是包含小王以某种概率随机地从小马的左侧或右侧进攻，以及小马以某种概率随机地防守左侧或右侧的混合策略。该混合策略纳什均衡中，每个参与人的随机化（混合）策略都是另一参与人随机化（混合）策略的最佳对策。可以用 p 和 $(1-p)$ 表示小王的混合策略中选左和右的概率，用 q 和 $(1-q)$ 表示小马的混合策略中选左和右的概率（见图 4-8），则此问题转化为求 p 和 q 的值。

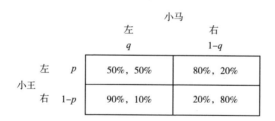

图 4－8　乒乓球博弈中的混合策略

　　欲求解此问题，可进行如下的逻辑梳理：如果小王、小马二人已经达成了一个混合策略纳什均衡，则两人都采取了各自的最优对策，即，小王的混合策略最优对策 $(p^*, 1-p^*)$，面对小马的混合策略 $(q^*, 1-q^*)$，能使小王得到最大预期收益；小马的混合策略最优对策 $(q^*, 1-q^*)$，面对小王的混合策略 $(p^*, 1-p^*)$，能使小马得到最大预期收益。

　　对上述分析进行逆向思考就是：在这个混合策略纳什均衡中，小王的混合策略最优对策 $(p^*, 1-p^*)$ 能使小王得到最大收益，则组成它的纯策略"左"和"右"，在面对小马的均衡策略 $(q^*, 1-q^*)$ 时，都必须能取得最大预期收益，否则小王就不应该混合左和右两个策略，而应该只选择预期收益较高的那个纯策略。

　　同样地，小马的混合策略最优对策 $(q^*, 1-q^*)$ 能使小马得到最大收益，则组成它的纯策略"左"和"右"，在面对小王的均衡策略 $(p^*, 1-p^*)$ 时，都必须能取得最大预期收益，否则小马就不应该混合左和右两个策略，而应该只选择预期收益较高的那个纯策略。

　　因此可以认为，在这个混合策略纳什均衡中，二人的混合策略都能使对方的两个可选纯策略预期收益相等（都等于各自的最大预期收益）。由此可以得到求解混合策略纳什均衡的一个分析技巧：双人混合策略纳什均衡中，欲求某个参与人的混合策略最优对策中各纯策略的概率，可通过分析另一个参与人的各个纯策略收益以求之。

　　以此乒乓球博弈为例，先求小马在纳什均衡中的混合策略 $(q^*, 1-q^*)$，捷径在于分析小王的两个纯策略的预期收益。根据图 4－9，小王面对小马采取的 $(q^*, 1-q^*)$ 时，若小王自己选择进攻左侧的纯策略，有 q^* 的概率遇到小马防守左侧（此情形下小王的收益是 50%），有 $(1-q^*)$ 的概率遇到小马防守右侧（此情形下小王的收益是80%）；若小王选择进攻右侧的纯策略，同样有 q^* 的概率遇到小马防守左侧（此情形下小王的收益是90%），有（$1-q^*$）的概率遇到小马防守右侧（此情形下小王的收益是20%）。即小王选择左、右的纯策略预期收益分别为：

$$U_王[左,(q^*,1-q^*)] = 50\% \times q^* + 80\% \times (1-q^*) \quad (4-7)$$

$$U_王[右,(q^*,1-q^*)] = 90\% \times q^* + 20\% \times (1-q^*) \quad (4-8)$$

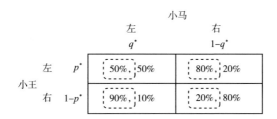

图 4 – 9　分析乒乓球博弈中小王的纯策略收益

已知小王在纳什均衡中也采取了混合策略，则小王的纯策略左和右在面对小马的均衡策略（q^*，$1-q^*$）时，都必须能取得最大预期收益，否则小王就不应该混合左和右两个策略，因此式（4-7）和式（4-8）的值相等。联立解得 $q^*=0.6$，（$1-q^*$）$=0.4$。这就是小马在纳什均衡中的最优对策，即60%的概率防守左侧，40%的概率防守右侧。

同理，求小王在纳什均衡中的混合策略（p^*，$1-p^*$），捷径在于分析小马的两个纯策略的预期收益。根据图4-10，小马面对小王采取的（p^*，$1-p^*$）时，自己左、右的纯策略预期收益分别为：

$$U_马[(p^*,1-p^*),左] = 50\% \times p^* + 10\% \times (1-p^*) \quad (4-9)$$

$$U_马[(p^*,1-p^*),右] = 20\% \times p^* + 80\% \times (1-p^*) \quad (4-10)$$

		小马	
		左 q^*	右 $1-q^*$
小王	左 p^*	50%, 50%	80%, 20%
	右 $1-p^*$	90%, 10%	20%, 80%

图 4 – 10　分析乒乓球博弈中小马的纯策略收益

已知纳什均衡中小马的纯策略左和右在面对小王的均衡策略 $(p^*, 1-p^*)$ 时，都必须能取得最大预期收益，否则小马就不应该混合左和右两个策略，因此式（4-9）和式（4-10）的值相等。联立解得 $p^* = 0.7$，$(1-p^*) = 0.3$。这就是小马在纳什均衡中的最优对策，即70%的概率防守左侧，30%的概率防守右侧。

综上，此博弈的纳什均衡是 $[(0.7, 0.3), (0.6, 0.4)]$。

下面对此纳什均衡 $[(0.7, 0.3), (0.6, 0.4)]$ 进行验证，即证明混合策略 $(0.7, 0.3)$ 和 $(0.6, 0.4)$ 互为最优对策。

先证明小王选择 $(0.7, 0.3)$ 是应对小马 $(0.6, 0.4)$ 的最优对策。证明方法即求小王所有可能的策略的预期收益，检查其中是否有超过 $(0.7, 0.3)$ 策略的严格有利改变。可先求小王的左、右纯策略应对小马 $(0.6, 0.4)$ 时的预期收益：

$$U_王[左, (0.6, 0.4)] = 50\% \times 0.6 + 80\% \times 0.4 = 62\% \quad (4-11)$$

$$U_王[右, (0.6, 0.4)] = 90\% \times 0.6 + 20\% \times 0.4 = 62\% \quad (4-12)$$

则小王采取 $(0.7, 0.3)$ 的混合策略时预期收益为：

$$U_王[(0.7, 0.3), (0.6, 0.4)] = U_王[左, (0.6, 0.4)] \times 0.7 +$$
$$U_王[右, (0.6, 0.4)] \times 0.3 = 62\% \quad (4-13)$$

可见由于每个纯策略预期收益相等，故混合策略的预期收益也与每个纯策略预期收益相等。因此 $(0.7, 0.3)$ 是 $(0.6, 0.4)$ 的最优对策之一——如果它不是最佳对策，那么小王通过改选其他策略，应该能严格地获得增益。

容易证明，任何其他概率的混合策略在面对 $(0.6, 0.4)$ 时收益也都等于62%——因为混合策略的预期收益是各纯策略预期收益的加权平均值。如果改选纯策略并不是严格有利改变，那么改选混合策略必然不是严格有利改变。由此可以证明不存在严格优于 $(0.7, 0.3)$ 的纯策略或混合策略。

同理可以证明小马的 $(0.6, 0.4)$ 是应对小王的 $(0.7, 0.3)$ 的最优对策之一，因为有：

$$U_马[(0.7, 0.3), 左] = 50\% \times 0.7 + 10\% \times 0.3 = 38\% \quad (4-14)$$

$$U_马[(0.7, 0.3), 右] = 20\% \times 0.7 + 80\% \times 0.3 = 38\% \quad (4-15)$$

$$U_马\big[(0.7,0.3),(0.6,0.4)\big] = U_马\big[(0.7,0.3),左\big] \times 0.6 +$$
$$U_马\big[(0.7,0.3),右\big] \times 0.4 = 38\% \qquad (4-16)$$

此处的证明可能会引发一个疑问，例如，既然面对小王的（0.7，0.3）时，小马采取任何纯策略或混合策略，预期收益都相等，那么为什么小马一定要采取（0.6，0.4）呢？实际上这是因为，小王之所以采取（0.7，0.3），正是为了应对小马（0.6，0.4）的结果。不难证明，如果此博弈中某一参与方采用了非均衡策略（非最优对策）的混合策略，一定会使对手选择纯策略应对——因为这样做收益更高。例如，若小马采用的不是（0.6，0.4）这个混合策略，而是（0.7，0.3），即更偏向左侧，或（0.5，0.5）即更偏向右侧，可以分别计算相应情景下小王的各纯策略预期收益。

当小马采取（0.7，0.3）时，小王的左、右纯策略预期收益分别为：

$$U_王\big[左,(0.7,0.3)\big] = 50\% \times 0.7 + 80\% \times 0.3 = 59\% \quad (4-17)$$
$$U_王\big[右,(0.7,0.3)\big] = 90\% \times 0.7 + 20\% \times 0.3 = 69\% \quad (4-18)$$

由于 $59\% < 69\%$，此时小王的最优对策是把球只打向小马右侧。

当小马采取（0.7，0.3）时，小王的左、右纯策略预期收益分别为：

$$U_王\big[左,(0.5,0.5)\big] = 50\% \times 0.5 + 80\% \times 0.5 = 65\% \quad (4-19)$$
$$U_王\big[右,(0.5,0.5)\big] = 90\% \times 0.5 + 20\% \times 0.5 = 55\% \quad (4-20)$$

由于 $65\% > 55\%$，此时小王的最优对策是把球只打向小马左侧。

通过对混合策略纳什均衡的验证，可以得出结论：欲验证某个混合策略是否是最优对策，只需要考虑改选纯策略是否严格有利即可。因为虽然可改选的其他混合策略有无数多种，但是可改选的纯策略却往往并不多。"混合策略的预期收益为其中的每个纯策略预期收益的加权平均值"这一原理不但能有助于求解纳什均衡，也有助于检验纳什均衡。需要注意的是，检验混合策略均衡时，注意要考虑到所有向可能的纯策略的改变，而不仅仅是混合策略中赋予正概率的纯策略。例如，某参与人有 5 个纯策略，而求出的均衡混合策略却只混合了 4 个纯策略，那么验证时要去验证所有可能的 5 个纯策略。

下面讨论乒乓球博弈的一种扩展。假设小马经过训练，改善了接反手球的水平（即防守左侧得分率从 50% 上升到了 70%），其他局势下的双方收益均不变，如图 4 - 11 所示。容易想象，两人经过一定时间的对抗后，又会重新进入某种均衡的稳定状态。这一变化会对博弈有怎样的影响？

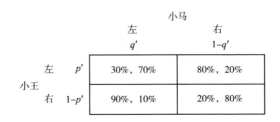

图 4 - 11　改变后的乒乓球博弈

有一种观点认为，这种变化将造成直接影响：既然小马防守左侧的水平有所提高，他防守左侧的得分率上升，那他应该比以前防守左侧的概率更大，即新的 q' 会比原来的 q 有所提高。

另一种观点认为，这种变化将造成间接影响或称战略影响：小王知道小马防守左侧的水平提高了，因此小王进攻小马左侧的概率也比原来低了。于是小马防守左侧的概率也相应地降低了，即 q' 会比原来的 q 有所降低。

欲判断上述哪一种观点更正确，或者说哪一种影响占了上风，只需要重新求改变后的纳什均衡即可。求小马在新的纳什均衡中的混合策略 $(q', 1 - q')$，捷径在于分析小王的两个纯策略的预期收益。此情景中面对小马采取的 $(q', 1 - q')$ 时，小王左、右纯策略的预期收益分别为：

$$U_{王}[左, (q', 1 - q')] = 30\% \times q' + 80\% \times (1 - q') \qquad (4 - 21)$$

$$U_{王}[右, (q', 1 - q')] = 90\% \times q' + 20\% \times (1 - q') \qquad (4 - 22)$$

小王的混合策略能构成纳什均衡，则小王的纯策略左和右在面对小马的均衡策略 $(q', 1 - q')$ 时，都必须能取得最大预期收益，否则小王就不应该混合左和右两个策略，因此式（4 - 21）和式（4 - 22）的值相等。联立解得 $q' = 0.5$，$(1 - q') = 0.5$。这就是小马在新的纳什均衡中的最优对策，即 50% 的概率防守左侧，50% 的概率防守右侧。可见小马防守左侧的概率比之前降低了。

同理可求小王在新的均衡中的混合策略 $(p', 1 - p')$。此情景中面对小王采取的 $(p', 1 - p')$ 时，小马左、右纯策略的预期收益分别为：

$$U_马[左,(p',1-p')] = 70\% \times p' + 10\% \times (1-p') \quad (4-23)$$

$$U_马[右,(p',1-p')] = 20\% \times p' + 80\% \times (1-p') \quad (4-24)$$

小马的混合策略能构成纳什均衡，则小马的纯策略左和右在面对小王的均衡策略（q', $1-q'$）时，都必须能取得最大预期收益，否则小马就不应该混合左和右两个策略，因此式（4-23）和式（4-24）的值相等。联立解得 $p'=7/12$，（$1-p'$）=5/7。可见小王进攻小马左侧的概率也确实比之前降低了。

结果证明，间接影响的作用更大。

当然，小马通过训练改善了接反手球的水平，其真正的意义并不仅在于改变了双方的混合策略概率。计算双方在均衡中的预期收益可知：

$$U_王[左,(0.5,0.5)] = 30\% \times 0.5 + 80\% \times 0.5 = 55\% \quad (4-25)$$

$$U_王[右,(0.5,0.5)] = 90\% \times 0.5 + 20\% \times 0.5 = 55\% \quad (4-26)$$

$$U_王\left[\left(\frac{7}{12},\frac{5}{12}\right),(0.5,0.5)\right] = U_王[左,(0.5,0.5)] \times \frac{7}{12} +$$

$$U_王[右,(0.5,0.5)] \times \frac{5}{12} = 55\% \quad (4-27)$$

$$U_马\left[\left(\frac{7}{12},\frac{5}{12}\right),左\right] = 70\% \times \frac{7}{12} + 10\% \times \frac{5}{12} = 45\% \quad (4-28)$$

$$U_马\left[\left(\frac{7}{12},\frac{5}{12}\right),右\right] = 20\% \times \frac{7}{12} + 80\% \times \frac{5}{12} = 45\% \quad (4-29)$$

$$U_马\left[\left(\frac{7}{12},\frac{5}{12}\right),(0.5,0.5)\right] = U_马\left[\left(\frac{7}{12},\frac{5}{12}\right),左\right] \times 0.5 +$$

$$U_马\left[\left(\frac{7}{12},\frac{5}{12}\right),右\right] \times 0.5 = 45\% \quad (4-30)$$

可见在新的均衡中，小马的预期收益（得分期望）从原来的38%上升到了45%，而小王的预期收益从原来的62%下降到了55%。所以小马的训练是有意义的。

上述分析的过程是：先分析了乒乓球博弈，找到了均衡；然后改变了博弈的一些要素，随后又重新找到了均衡。这种研究方式叫作比较静态分析。

与上述乒乓球比赛的情况类似，多种体育运动中都充满了混合策略。

又如，篮球比赛中进攻方球员需要考虑，是要攻入内线投两分球，还是要投外线三分球；而防守方球员则需要考虑，是在内线防守还是去外线干扰对方的远投。有学者分析了美国职业篮球联赛（National Basketball Association，NBA）的比赛统计数据，发现多支球队在进攻中"尝试投三分球"的预期收益和"尝试投两分球"的预期收益（得分）基本上是一样的，但不能就此得出"投三分球的远射能力对球队来说无关紧要"的结论。其原理是：如果球赛中存在混合策略均衡，那么不同策略的预期收益必然是相等的。如果进攻方选择"尝试投三分球"的预期收益与选择"尝试投两分球"的收益不相等的话，球队就不应该选择混合策略而应该选纯策略了。既然进攻球员选择了有时投三分球而有时投两分球的混合策略，说明投三分球与投两分球两种纯策略在均衡中的预期收益必然相等。

实际上，三分球投射能力较强的球员的价值并不是直接体现在其是否选择投三分球上。命中率高的三分投手的价值体现在，防守方球员需要改变防守策略来增加进攻方投三分球的难度，比如更多地去外线干扰。因此观察进攻方球队的内线突破率数据发现，进攻球队有较好的三分投手时，队伍的内线球员平均突破率一般会高于那些没有优秀三分投手的球队，因为面对进攻方优秀的三分投手，防守方去外线干扰的概率要更高一些，则防守方内线的防守能力会下降。总之，既然篮球比赛处于混合策略均衡之中，那么防守者们必然会对三分球作出回应，但这样做是有代价的，这些代价体现在了内线的防守局势上（Talwalkar，2012）。

类似地，NBA比赛中有一种故意犯规策略，它主要用于防止对方投篮得分，或在比分领先时主动让对手罚球，以争取控制球权。显然，这种战术的缺点是被犯规方会得到罚球机会。正常情况下，NBA球员一般罚球命中率较高，这就意味着这种犯规战术可能会比正常防守使对方拿到更多的分数。因此比赛中整体表现为有时采用犯规战术、有时不采用的混合策略均衡。而面对进攻能力非常强而罚球命中率较低的球员时，另一方球队则会明显提高选择犯规策略的概率，即著名的"砍张战术""砍鲨战术"等。

混合策略纳什均衡的原理在其他领域也有类似应用。例如"9·11"事件以后，各国都加强了机场等场所的安全检查。但有人指出，由于不能对所有乘客进行严格检查，那么假如只对某一类型的乘客，例如"独自出行的男子"进行检查，那么可能犯罪分子就会改变类型，伪装成结伴而行的乘客或者女性来逃避检查。实际上，比较有效的办法就是并不只检查某一类型的乘客，而是随机抽查各种类型的乘客，这也是一种混合策略。从犯罪分子的角度来看，他们并不知道安检人员具体会抽中哪些乘客进行检查。虽然这并不能完全杜绝袭击事件，但至少提高了恐怖分子的风险和成本，降低了袭击事件的总体发生概率。

无论是体育赛事还是安保问题，关键都在如何实现真正的策略随机化上。毕竟随机化对于人类来说并不容易办到。例如，海萨尼在 1973 年否认了博弈者利用随机化装置来决定其行动的传统观点，认为没有人能真正地随机化。在实践中，人们一般会采用抽签、投骰子、编写计算机随机程序等方式实现随机化的策略选择。

4.3.2   约会博弈的混合策略纳什均衡

在第 3.3.3 节的约会博弈中，存在两个纯策略纳什均衡，即（购物，购物）和（看电影，看电影）。但若两人无法事先沟通或寻找到聚点均衡，则只能进行概率化的策略选择（见图 4 - 12）。下面分析此博弈是否存在混合策略纳什均衡。

		男	
		购物 q	看电影 $1-q$
女	购物 p	2, 1	0, 0
	看电影 $1-p$	0, 0	1, 2

图 4 - 12   混合策略下的约会博弈

设女方的混合策略为：以 p 的概率选择购物，$(1-p)$ 的概率选择看电影，而男方以 q 的概率选择购物，$(1-q)$ 的概率选择看电影。

欲求女方在纳什均衡中的混合策略 $(p^*, 1-p^*)$，捷径在于分析男方的两个纯策略的预期收益。根据图 4 - 12，面对女方采取的 $(p^*, 1-p^*)$ 时，男方的购物、看电影两个纯策略的预期收益分别为：

$$U_{男}\big[(p^*,1-p^*),购物\big] = 1 \times p^* + 0 \times (1-p^*) \quad (4-31)$$

$$U_{男}\big[(p^*,1-p^*),电影\big] = 0 \times p^* + 2 \times (1-p^*) \quad (4-32)$$

男方的混合策略能构成纳什均衡，则男方的两个纯策略在面对女方的均衡策略 $(p^*,1-p^*)$ 时，都必须能取得最大预期收益，否则男方就不应该混合这两个纯策略，因此式（4-31）和式（4-32）的值相等。联立解得 $p^*=2/3$，$(1-p^*)=1/3$。

同理，欲求男方在纳什均衡中的混合策略 $(q^*,1-q^*)$，则可以分析女方的两个纯策略的预期收益。面对男方采取的 $(q^*,1-q^*)$ 时，女方的购物、看电影两个纯策略的预期收益分别为：

$$U_{女}\big[购物,(q^*,1-q^*)\big] = 2 \times q^* + 0 \times (1-q^*) \quad (4-33)$$

$$U_{女}\big[电影,(q^*,1-q^*)\big] = 0 \times q^* + 1 \times (1-q^*) \quad (4-34)$$

同样地，女方的两个纯策略在面对女方的均衡策略 $(q^*,1-q^*)$ 时，都必须能取得最大预期收益，否则女方就不应该混合这两个纯策略，因此式（4-33）和式（4-34）的值相等。联立解得 $q^*=1/3$，$(1-q^*)=2/3$。

因此，此博弈的纳什均衡为 $[(2/3,1/3),(1/3,2/3)]$。将所求出的 p^* 和 q^* 代入式（4-31）～式（4-34），可以得出均衡情况下两个参与人的预期收益均为2/3。显然，由于在混合策略均衡中两人约会成功的概率为"同时选择购物"和"同时选择看电影"的概率之和：

$$\left(\frac{2}{3}\times\frac{1}{3}\right)+\left(\frac{1}{3}\times\frac{2}{3}\right)=\frac{4}{9} \quad (4-35)$$

由于存在两人错开而约会失败的可能性，因此使用混合策略的预期收益低于经过商议或依靠聚点信息形成的纯策略均衡——在纯策略均衡中，占优的一方能获得收益2，让步的一方也能获得收益1。

可以从另一种角度解读此博弈中 $[(2/3,1/3),(1/3,2/3)]$ 这个均衡的含义。可以把女方的混合策略 $(2/3,1/3)$ 看成是男方对于女方的一种换位思考，是男方对于女方行为的一种预测或对于女方偏好的一种信念——女方更加偏好购物。同样地，男方的混合策略 $(1/3,2/3)$ 也未必就是男方真的要以此概率随机行动，而是将其看作女方对于男方行为、偏好的一种信念。

罗伯特·奥曼分析约会博弈时，所提出的解决方案是：让双方都同意用一种相对随机的方法，例如通过第三方扔一枚硬币来决定男女双方的策略，正面就选择（购物，购物），反面则选择（电影，电影），这样双方的总体预期收益都是 3/2。奥曼将这种结果称为"相关均衡（correlated equilibrium）"，因为它将双方之间所有选择用一种比较干净利索的方法"关联"在一起。奥曼指出，在博弈中，如果参与人们根据某个共同观测到的信号选择行动，就可能出现"相关均衡"并使所有参与人受益；奥曼还进一步证明，如果每个参与人收到的是不同但相关的信号（信息不完全相关），每个人都可以得到更高的预期收益。奥曼认为，相关均衡在解决一些问题时比纳什均衡更加有效（Aumann，1974）。相关均衡实施的关键之处在于，博弈的参与人们需要达成共识并遵守某种规则。而在现实中一些复杂的博弈问题中，双方是否有能力设置出这种规则并遵循之，则有待进一步研究。

4.3.3　税收检查博弈

纳税人和税务部门的博弈是一个恒久的问题，其中也蕴含了混合策略博弈的原理。美国开国元勋之一本杰明·富兰克林就有一句名言："在这个世界上，除了死亡和税收以外，没有什么事情是确定无疑的。"法国政治家让－巴普蒂斯特·柯尔贝尔也对税收做出过经典的描述："税收这种技术就像拔鹅毛，就是要拔最多的鹅毛，而又让鹅尽量少叫。"税收的特点是具有强制性和无偿性，是国家财政收入的重要来源之一。众多国家都规定，公民有依照法律纳税的义务。

世界上也有一些国家不向国民征税，例如文莱，该国拥有丰富的石油和天然气资源，国库充盈，因此就免去了公民的纳税义务。此外，许多国家有部分减免税款的规定。例如在 2008 年的北京奥运会上，韩国游泳运动员朴泰桓获得了一枚金牌和一枚银牌，并分别从大韩体育协会获得了 7500 万韩元，从游泳联盟获得了 1 亿韩元，从国民体育年金管理公团获得了 3000 万韩元，再加上赞助企业捐助的 2.5 亿韩元，得到的奖金共计 4.55 亿韩元。按照韩国法律的规定，对于奥运会拿到的奖金和依照特别法设立的联盟、国民体育年金管理公团等发放的奖金，国家实行免税政策，而对一般企业捐助的奖金则需要缴纳税金。①

　　许多国家都有纳税人和税务部门"斗智斗勇"的故事。到英国旅游的游客会发现，在中世纪遗留下来的建筑中，有些房屋的窗户是用砖头封住的，这是因为中世纪英国征收过窗税（window tax）。当时的政府认为富人应该多纳税，而房屋越大、窗户越多，就证明房主越有钱，征税额就应该越高。而且征收窗税无须入户调查经济情况，评税工作相对容易。但不少屋主的应对策略是索性将窗户封死，以逃避交窗税。

　　又例如，美国被称为一个"万税之国"，对税收制度一向加以重视。美国的报税表被很多人认为是"世界上最难看懂的文件"，报税表的复杂程度足以令非专业人士看得头晕眼花。曾获第67届奥斯卡奖提名的影片《肖申克的救赎》就对这一点做了生动的描述：主人公安迪·杜佛兰是一名蒙冤入狱的美国银行家，他在肖申克监狱中的一项差事就是帮所有狱警处理报税事务。

　　美国税务局的正式名称是"美国国家税务局"（Internal Revenue Service，IRS），它是美国财政部下属的一个庞大机构，在全国各地拥有7万多名雇员（2019年数据），雇员的工作有两类，一类是为纳税人服务，另一类负责稽查工作。IRS的前身国内税务署（Commissioner of Internal Revenue）最初是林肯总统为了筹集南北战争所需的资金而建立的，当时有很多农场主、工厂主不愿意缴税，隐没收入，甚至暴力抗税，于是政府出于战时体制的考量，给予了税务机构调动军队的权力来应对抗税者。发展到后来，这项权限被保留并完善。IRS的稽查人员不仅人高马大，精通专业技能，而且还配备有不亚于专业警察的武器装备。此外，IRS还设有专属的法庭、监狱，以及不需要申请或公开审判便可直接冻结财产的权力。② IRS的赫赫威名在《绝命毒师》《疯狂动物城》《蝙蝠侠》等以美国为背景的影视作品里也得到了反映，税务局对一些剧中人物的威慑力甚于警方。

　　假设税务调查员和纳税人的博弈如图4-13所示。纳税人的策略是诚实纳税（H）或逃税（D）；而调查员的策略是对纳税人进行税收检查（E）或不检查（N）。双方可能的收益如下：纳税人如实报税时，其收益始终为0；

---

　　① 金元培. 奥运会奖牌获得者的奖金也需要纳税吗？［EB/OL］.（2008 - 08 - 21）［2016 - 03 - 01］. https：//chinese. joins. com/news/articleView. html？ idxno = 1928.

　　② Grote J A. The Internal Revenue Service ［M］. New York：Chelsea House Publishers，2001：43.

若调查员审查了如实报税的纳税人，其收益为 2；若纳税人如实报税而调查员
未进行审查，则节约了检查成本，此时调查员收益为 4。若纳税人逃税被调查
员查获，则会受到（-10）的惩罚，此时调查员虽然付出检查成本，但获得
成就感和奖励，最终收益为 4；若纳税人逃税而未被检查，就能省下应交的税
款，其收益为 4，此时调查员属于失职，其收益为 0。

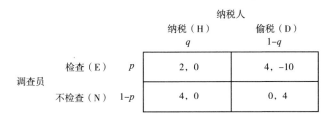

图 4 - 13   税收检查博弈

分析可知此博弈不存在纯策略纳什均衡。设调查员的混合策略为：以 p
的概率选择检查，$(1-p)$ 的概率选择不检查。而纳税人的混合策略为：以 q
的概率选择纳税，$(1-q)$ 的概率选择偷税。

根据图 4 - 13，面对调查员采取的均衡混合策略 $(p^*, 1-p^*)$ 时，纳税
人的纳税、偷税这两个纯策略的预期收益分别为：

$$U_{纳}[(p^*, 1-p^*), H] = 0 \times p^* + 0 \times (1-p^*) \qquad (4-36)$$

$$U_{纳}[(p^*, 1-p^*), D] = -10 \times p^* + 4 \times (1-p^*) \qquad (4-37)$$

纳税人的混合策略能构成纳什均衡，则其两个纯策略在面对调查员的均
衡策略 $(p^*, 1-p^*)$ 时，都必须能取得最大预期收益，否则纳税人就不应
该混合这两个纯策略，因此式（4-36）和式（4-37）的值相等。联立解得
$p^* = 2/7$，$(1-p^*) = 5/7$。

同理，面对纳税人采取的均衡混合策略 $(q^*, 1-q^*)$ 时，调查员的检
查、不检查这两个纯策略的预期收益分别为：

$$U_{调}[E, (q^*, 1-q^*)] = 2 \times q^* + 4 \times (1-q^*) \qquad (4-38)$$

$$U_{调}[N, (q^*, 1-q^*)] = 4 \times q^* + 0 \times (1-q^*) \qquad (4-39)$$

同样地，调查员的两个纯策略在面对纳税人的均衡策略 $(q^*, 1-q^*)$ 时，
都必须能取得最大预期收益，否则调查员就不应该混合这两个纯策略，因此式

（4-38）和式（4-39）的值相等。联立解得 $q^* = 2/3$，$(1 - q^*) = 1/3$。

因此，此博弈的纳什均衡为 $[(2/7, 5/7), (2/3, 1/3)]$。但如何解读这些概率数字则需要进一步探讨。从调查员的角度来看，这和前文的乒乓球博弈及安检抽查的案例类似，可以认为调查员也在进行随机抽查，即抽查 2/7 的纳税人。

但从纳税人的角度来看，并不是每个纳税人在 2/3 的场合纳税、在 1/3 的场合不纳税，而是有些人诚实纳税而有些人偷税。纳税人群体中诚信纳税的比例为 2/3，偷税者的比例为 1/3。同样，也可以进一步将调查员的（2/7，5/7）策略解释为调查员群体中 2/7 在认真调查而 5/7 在偷懒。

以上就是混合策略的第三种解读方式：将混合策略理解为群体参与人中的部分人采取一种纯策略，而另一部分参与人采取另一种纯策略。

在税收检查博弈中，如果政府为了降低偷税者的比例，提高了罚款数额或者刑罚年限，使偷税者被查获时的收益由（-10）变成（-20），如图 4-14 所示。由于此时博弈仍然没有纯策略纳什均衡，从长远的角度看，经过一段时间的博弈与调整后，纳税人和调查员之间又会形成某种均衡的状态。下面讨论此时纳税人纳税意愿的变化，即"加重对逃税的处罚是否能提高纳税意愿"。

		纳税人	
		纳税（H） q	偷税（D） $1-q$
调查员	检查（E） p	2, 0	4, -20
	不检查（N） $1-p$	4, 0	0, 4

图 4-14 税收检查博弈

面对纳税人采取的均衡混合策略 $(q', 1 - q')$ 时，调查员的检查（E）、不检查（N）这两个纯策略的预期收益分别为：

$$U_{调}[E, (q', 1 - q')] = 2 \times q' + 4 \times (1 - q') \qquad (4-40)$$

$$U_{调}[N, (q', 1 - q')] = 4 \times q' + 0 \times (1 - q') \qquad (4-41)$$

观察式（4-40）和式（4-41），会发现其中的各项参数与式（4-38）

和式 (4 – 39) 相同, 联立解得 $q' = 2/3$, $(1 - q') = 1/3$。即新的均衡中纳税人群的两种策略比例并没有发生变化。因为从求解均衡混合策略的原理可以看出, 在此混合策略博弈中, 调查员的收益决定了纳税人的混合策略, 不改变调查员的收益, 当然也就不会改变纳税人的均衡混合策略。

相应地, 可以发现通过加大惩罚力度改变了纳税人的收益后, 实际上影响的是调查员的混合策略。面对调查员采取的均衡混合策略 $(p', 1 - p')$ 时, 纳税人的纳税、偷税这两个纯策略的预期收益分别为:

$$U_{\text{纳}}\big[(p', 1 - p'), \text{H}\big] = 0 \times p' + 0 \times (1 - p') \qquad (4 – 42)$$

$$U_{\text{纳}}\big[(p', 1 - p'), \text{D}\big] = -20 \times p' + 4 \times (1 - p') \qquad (4 – 43)$$

令式 (4 – 42) 和式 (4 – 43) 的值相等, 联立解得 $p' = 1/6$, $(1 - p') = 5/6$。可见调查员抽查的概率下降了, 提高惩罚的改变带来的好处只是减少了调查员的工作量。

依据上述分析的原理还可以推断: 如果提高了成功偷逃税款的收益, 也并不会有更多的纳税人开始逃税, 而只会使调查员提高检查的概率——纳税人的收益决定了调查员的混合策略, 提高偷税的收益, 将导致检查概率的提高。这与现实情况基本相符: 收入较高的人群税额也高, 如果其偷逃税款却没被抓到, 那么得到的收益比低收入群体偷税时相对高一些。但也因此导致高收入群体更容易遭遇税务检查。调查员会更多地检查高收入群体的纳税情况, 这并不是说税务系统认为 "高收入者都不太诚实" 或者 "低收入者天生就很诚信", 而是由混合策略均衡的性质决定的。

从另一个角度来说, 为了真正改变纳税意愿, 就应该调整调查员在各博弈局势中的收益。例如降低审查成本, 给查获偷逃税款现象的调查员奖励, 等等。这个调查员与纳税人的博弈所揭示的法规政策目标与其实施结果之间的意外关系, 常被称为 "激励的悖论", 其原理对于制定各种政策、进行改革是很有启发性的。例如, 西汉武帝时期实施重农抑商的政策, 其中包括 "算缗 (针对商人的财产税)" 和 "告缗 (鼓励告发算缗不实)"。若举报属实, 则没收被举报者的财产, 并给予其戍边的处罚, 同时将没收财产的一半奖励给举报者。这样的制度提高了举报者的积极性, 也降低了商人们逃税的概率。

还有一种改变纳税意愿的办法是: 颁布一条法律法规, 强制执行一个偏离均衡之外的检查率，例如本例中只要检查率高于 2/7，纳税人就会选择纳税的纯策略。这与乒乓球博弈中讨论过的某方偏离均衡策略的情况类似。但这种非纳什均衡的做法则使调查员即税务系统一方无法取得最大预期收益，可能需要较多的额外投入才能维持，且会涉及立法、司法腐败等更多的问题，从效率的角度是非最优的。

也有研究指出，除了偷逃税之外，富人们也在想办法"合法避税"。加州大学伯克利分校的经济学家伊曼纽尔·赛斯（Emmanuel Saez）和加布里埃尔·祖克曼（Gabriel Zucman）曾收集了美国 1950 ~ 2018 年的税收数据并加以比较，结果发现，2018 年，美国 400 个最富有家庭的平均实际税率为 23%，而美国底层 50% 家庭的平均实际税率为 24.2%，前者比后者低了 1 个百分点。赛斯和祖克曼据此将美国税收史描述为"想要向富人征税的人和想要保护富人财富的人之间的斗争"，他们认为，对超级富豪的税收逐步下降，是"历届美国政府所实施的政策的共同结果"，这些政策既降低了最高税率和资本利得税，又允许超级富豪们通过借贷、持股、向海外转移财产等方式避税（Saez and Zucman，2019）。2021 年美国总统拜登在推特上发文，批评耐克和联邦快递等 55 家大公司未缴纳联邦所得税，称"这是错误的，必须改变"。经济学家也普遍认为，近几十年来，美国富人的课税负担已大幅下降，"富人们交的税肯定比过去少，也比他们应该交的少"①。

综合以上乒乓球博弈、约会博弈和税收检查博弈案例可得，混合策略主要具有三种解读方式：第一，混合策略可能是参与人真的以某种概率随机进行决策；第二，混合策略可能是某参与人对于对手行为或偏好的一种信念；第三，混合策略可能是群体参与人中的部分人采取一种纯策略，而另一部分参与人采取另一种纯策略。

4.3.4　基于博弈原理的区域间虚拟水战略分析

下面介绍一个运用前述博弈理论研究社会实际问题的实例，对第 3.5.2

① Kessler G. Biden's favorite stat-that 55 major corporations paid no federal income tax ［EB/OL］. (2021 – 10 – 21）［2021 – 10 – 30］. https：//www. washingtonpost. com/politics/2021/10/21/bidens-favorite-stat-that-55-major-corporations-paid-no-federal-income-tax/.

节中提及的虚拟水战略的实施问题进行进一步的分析。

面对当前全世界范围内水资源的分布禀赋不均、部分区域水资源匮乏的问题，仅靠工程调水、海水脱盐、改进节水技术等"实体水"方面的措施来解决区域缺水的效果是有极限的，尚不能完全解决问题。在此背景下，有研究者提出了实施"虚拟水战略"，配合实体调水来实现区域间水资源的科学配置，减轻缺水地区的水资源压力，保障大尺度的水生态安全（杨志峰等，2015）。

目前已有较多研究对虚拟水战略的理论与实践进行了探索，对诸多国家和地区的产品虚拟水含量和虚拟水贸易现状进行了测算，也设计了虚拟水调度的理想目标模型，但对于如何切实地落实虚拟水战略，改进虚拟水的流动状况，如何在社会生产生活实践中让虚拟水流向缺水地区等问题，仍然少见研究报道。目前除少部分成功实施虚拟水战略的国家/地区外，多数国家/地区尚未实行有效的虚拟水战略，即存在虚拟水战略"叫好不叫座"的现象。在实践中，可观察到多数国家或地区仍然是以经济、政策为导向，而非以虚拟水科学调度、水资源平衡为导向进行产品贸易，导致虚拟水战略改善水资源分配的潜力难以有效发挥出来（支援，2015）。

与用水相关的产业是一个庞大而复杂的系统，虚拟水战略不仅要受到用水技术、生产规模、调度规模等内部条件制约，还受到政府政策、经济效益等外部发展条件的影响。如果缺乏相关理论的指导，虚拟水战略的效果可能会过多地受到经济效益、政策法规等因素的限制，甚至决策者放弃采纳虚拟水战略，导致虚拟水理论拟定的调度策略缺乏现实可操作性，虚拟水的实际流动方向不能流向缺水地区，造成了"缺水地区调出虚拟水，丰水地区反而调入虚拟水"的局面，影响其配置水资源的效果，威胁水资源安全。而博弈论作为研究决策行为以及决策的均衡问题的学科，能够揭示虚拟水调度中的规律与机制，为虚拟水战略的实践提供指导与依据（支援等，2018）。因此，用博弈理论完善在"资源—市场—政府"条件下的虚拟水战略，对进一步丰富和完善虚拟水调度的现实手段、落实水资源的优化配置，以及产业的可持续发展规划都具有重要的指导意义。

下面分析各个国家/地区的发展决策者（包括部分参与虚拟水调度的企业）在"是否实行虚拟水战略"这一问题上的博弈。如果各区域（包括丰水区域和缺水区域）都在贸易中采用虚拟水战略，就能使虚拟水从丰水地区流向缺水地区；但是各区域从自身利益出发，采取的经济发展与贸易模式的策略并不一定符合虚拟水战略期望的结果（即虚拟水从丰水地区流向缺水地区），而这对整个社会总体而言是不利的。

因此，要保证虚拟水战略的落实，需要设法通过某种方式来对虚拟水从丰水地区向缺水地区的调度提供正向的激励，弥补某些区域在虚拟水的输送过程（即产品和服务的跨区域输送过程）中可能产生的经济成本，降低实施虚拟水战略的风险。实施虚拟水战略的激励越大、收益越高、风险越低，从事虚拟水调度的相关产业进行效率改进、开发跨区域市场的可能性就越大，从而使选择虚拟水战略的区域获得的收益上升；若能使虚拟水战略的发展模式与只考虑经济收益的发展与贸易策略相比，预期收益更高，则各区域将会自发地选择虚拟水战略的发展与贸易模式，最终促进虚拟水调度的成熟与完善。而各区域的这种行动策略，又会对其他区域未来的策略产生影响，有利于兼顾经济的发展和建立完善水资源调控体系，最终实现整个社会的福利优化、区域公平与水生态安全。

同时，由于在实施虚拟水战略博弈的过程中，各区域的策略选择对各方都可见且是互相影响的，各区域在决策过程中对其他区域策略的预期判断，也会影响其策略选择；因此研究此博弈问题时，需要建立一种完全信息的博弈模型来分析各方的策略和收益。

此处对模型进行了一些基本的简化假设，具体如下所述。

（1）为便于分析，在此博弈模型中，将虚拟水生产与调度企业与其所在的区域政府、管理决策部门进行合并，合称为"区域"：设有 A、B 两个非包含关系的区域，每个区域都面临"在经济模式中实施虚拟水战略"（策略 V）和"只考虑经济效益、忽略对虚拟水的影响"（策略 N）这两种潜在的可选策略。

（2）在此博弈模型中，重点考虑区域之间围绕贸易与虚拟水输送的博弈，忽略各区域内部政府与企业之间，以及各企业之间的博弈关系。设定博弈参与方（A、B 两个区域）都理性地寻求自身收益最大化。如果仅有某一区域采取虚拟水战略，投资发展以虚拟水为主导条件的贸易模式，而另一区域未采取虚拟水战略予以配合，那么根据水资源禀赋造成的区域水资源压力差异，采取虚拟水战略的区域可能会存在以下三种情况。

①采取虚拟水战略的区域是水资源充裕地区，水资源压力较小，根据虚拟水战略，其会生产高耗水产品并出口到缺水地区，但后者未采取虚拟水战略，无法完全接纳来自前者的产品，导致前者产品滞销，蒙受经济损失和水资源浪费。

②采取虚拟水战略的区域是缺水地区，水资源压力大，根据虚拟水战略减少本地高耗水产品的生产，改从水资源充裕地区进口，但后者未采取虚拟水战略，未生产足够多的产品出口到前者，导致前者的需求无法完全得到满足，蒙受经济损失和社会福利损失。

③采取虚拟水战略的区域是水资源基本自给，既不充裕也不缺乏的地区，水资源压力不大，根据虚拟水战略，应该维持进口产品和出口产品所含的虚拟水含量大致相等，但由于与其贸易的其他区域未采取虚拟水战略，可能使采取虚拟水战略的地区出现出口过剩（类似情况①）、进口不足（类似情况②）；或进口过剩、出口不足，造成经济损失和资源浪费。

综合以上三种情况，本模型可以认为，如果一个区域采取虚拟水战略指导的发展与贸易模式，而其他区域未采取虚拟水战略予以配合，会对该区域造成利益损失。

（3）区域在追求自身收益最大化的过程中，可能会采取某些不正当手段，如地区冲突、权力寻租、投机等；为了维持博弈的正当性与可持续性，此处假设此类不正当行为是被完全禁止的。

本研究设定的完全信息情况下的区域间博弈中，有以下三种可能的情况。

（Ⅰ）若 A、B 两个区域都选择传统的非虚拟水战略的经济模式（策略 N），那么两者的收益分别为 Q_1 和 Q_2。

（Ⅱ）如果两个区域均采取虚拟水战略（策略 V），由于此情况下水资源的配置更加均衡，减小了缺水地区的水资源压力，总体来看对经济发展、生态安全、社会公平的发展是有利的，因此设定二者的收益分别为 Q_1+a 和 Q_2+a。

（Ⅲ）如果区域 A 根据虚拟水战略发展经济，而区域 B 采用传统的非虚拟水战略的经济模式（策略 N），则前者的收益为 Q_1-b，后者的收益维持原有的 Q_2；反之同理，如果区域 A 采取策略 N，而区域 B 采取策略 V，则前者的收益为 Q_1，后者的收益为 Q_2-b。这是因为采取虚拟水战略的区域从非虚拟水战略向虚拟水战略进行经济转型，需要付出一定的成本，例如发展虚拟水战略所需要先期投入的资金以及由于发展虚拟水战略进行产业转型所导致的短期损失等。

A、B 两个区域进行完全信息静态博弈的收益矩阵如图 4 - 15 所示。分析该矩阵可知，如果博弈双方的两个地区都从利己的目的出发，采取不顾资源代价的 N 策略，是无法形成稳定的均衡状态的。对区域 A 而言，若其知晓区域 B 将采取虚拟水战略（V 策略）时，区域 A 的策略 V 和 N 为其带来的收益分别为 $Q_1 + a$ 和 Q_1，区域 A 为了使自身收益最大化，会选择虚拟水战略的发展模式（策略 V）。若知晓区域 B 将采取 N 策略，此时区域 A 的策略 V 和 N 为其带来的收益分别为 $Q_1 - b$ 和 Q_1，区域 A 此时应该选择 N 策略。由上述可知，区域 A 没有严格优势策略，其优势策略依区域 B 的策略改变而变化。对区域 B 同理，其同样没有严格优势策略。

		区域B	
		策略V	策略N
区域A	策略V	$Q_1+a,\ Q_2+a$	$Q_1-b,\ Q_2$
	策略N	$Q_1,\ Q_2-b$	$Q_1,\ Q_2$

图 4 - 15　两个区域关于虚拟水战略的完全信息静态博弈矩阵

通过上述分析可知，此静态博弈存在两个纯策略纳什均衡解（V，V）和（N，N），但若两个区域未经过事先谈判，则难以默契地达成其中之一。A、B 两个区域在缺乏沟通的情况下会选择混合策略，即以一定的概率选择 V 策略或者 N 策略，双方混合策略的均衡为此博弈的最优解。设区域 A 采取 V 策略的概率为 p，采取 N 策略的概率为 $1-p$；区域 B 采取 V 策略的概率为 q，采取 N 策略的概率为 $1-q$。则两个区域在此条件下的均衡条件为：

$$\begin{cases} U_1(V) = (Q_1 + a)q + (Q_1 - b)(1 - q) \\ \qquad U_1(N) = Q_1 q + Q_1(1 - q) \\ \qquad\quad U_1(V) = U_1(N) \end{cases} \tag{4 - 44}$$

$$\begin{cases} U_2(V) = (Q_2 + a)p + (Q_2 - b)(1 - p) \\ \qquad U_2(N) = Q_2 p + Q_2(1 - p) \\ \qquad\quad U_2(V) = U_2(N) \end{cases} \tag{4 - 45}$$

其中，$U_1(V)$、$U_2(V)$ 分别为 A、B 两个区域选择纯策略 V 时的预期收益；$U_1(N)$、$U_2(N)$ 分别为 A、B 两个区域选择纯策略 N 时的预期收益。

联立上述各式，求解此混合策略下的纳什均衡解，用 p^*、q^* 表示 A、B 两个区域的混合策略最优对策，得：

$$\begin{cases} p = \dfrac{b}{a+b} \\ q = \dfrac{b}{a+b} \end{cases} \quad (4-46)$$

$$\begin{cases} p^* = (p, 1-p) \\ q^* = (q, 1-q) \end{cases} \quad (4-47)$$

因此该博弈的混合策略纳什均衡为 (p^*, q^*)。由前文所述混合策略纳什均衡的特征可知，如果区域 A 以 p 的概率选择符合虚拟水战略的发展模式，其最优对策 p^* 与区域 B 的收益有关。同理，如果区域 B 以 q 的概率选择符合虚拟水战略的发展模式，其最优对策 q^* 与区域 A 的收益有关。

在实际博弈中，对区域 A 而言，如果区域 B 选择虚拟水战略 V 的概率小于 q，区域 A 的优势策略是选择非虚拟水战略的纯策略 N；如果区域 B 选择虚拟水战略 V 的概率大于 q，区域 A 的优势策略是选择虚拟水战略的纯策略 V；如果区域 B 选择虚拟水战略 V 的概率等于 q，则区域 A 可以任意选择纯策略 V 或 N。对于区域 B 同理：若区域 A 选择 V 的概率小于 p，则优势策略为纯策略 N；若区域 A 选择 V 的概率大于 p，则优势策略为纯策略 V；若区域 A 选择 V 的概率等于 q，则区域 B 可以任意选择纯策略 V 或 N。在此均衡中，区域 A 和区域 B 都发展符合虚拟水战略的经济模式的概率仅为 $p \times q$，如果没有外部力量的干预，要靠这种博弈来建立虚拟水调度的体系，实现虚拟水从水资源充裕地区向缺水地区的输送，其效率是较低的。这也与现实中的国家和地区采纳虚拟水战略的概率并不高这一情况相符合。

在上述分析的基础上，如果要通过虚拟水战略实现区域间的水资源均衡，为了提高 A、B 两个区域选择虚拟水战略的意愿，上级政府可以通过政策扶持等措施，给予两个区域采取虚拟水战略以正向的激励 c，如图 4-16 所示；或者通过命令惩罚手段，给予非虚拟水战略的发展模式负向的惩罚（$-c$），如图 4-17 所示。

区域B

	策略V	策略N
策略V	$Q_1+a+c,\ Q_2+a+c$	$Q_1-b+c,\ Q_2$
策略N	$Q_1,\ Q_2-b+c$	$Q_1,\ Q_2$

（区域A 对应左侧 策略V、策略N）

图 4 – 16　对采取虚拟水策略的地区加以奖励的收益矩阵

区域B

	策略V	策略N
策略V	$Q_1+a,\ Q_2+a$	$Q_1-b,\ Q_2-c$
策略N	$Q_1-c,\ Q_2-b$	$Q_1-c,\ Q_2-c$

（区域A 对应左侧 策略V、策略N）

图 4 – 17　对未采取虚拟水策略的地区施以惩罚的收益矩阵

在如图 4 – 16 所示情景中，博弈结果将取决于损失 b 和奖励 c 的相对大小。如果 $b \geqslant c$，即外部奖励只能抵消或部分抵消损失，则博弈结果将与图 4 – 15 中的情景相似，虽然提高了两个区域选择虚拟水战略的概率，但概率不能达到 100%。如果 $b < c$，意味着奖励高于失败的损失，采取虚拟水战略的地区即使遭遇失败，总体上仍然有利可图。此时纯策略组合（V，V）将成为博弈的唯一均衡。在现实中，它表现为"政府兜底"制度。然而，这也意味着上级政府将付出高昂的奖励支出，虽然收获了资源、生态、社会福利方面的收益，但从经济角度来看不可持续，可能是低效的。该分析能够解释现实中的情况：当一个区域发展非虚拟水战略的经济模式所获得的收益越大，就越难通过提高外部干预的力度来使其选择虚拟水战略。例如，哈萨克斯坦作为中亚缺水国家，反而大量种植棉花并出口，这种出口经济模式是不符合虚拟水战略的，但由于棉花出口是该国的重要出口创汇产业，因此这一情况在该国难以改变。

对于如图 4 – 17 所示的负激励情景，可以发现其与上述正向激励情景类似。如果 $b \geqslant c$，即上级政府对拒绝虚拟水战略地区施加的惩罚力度等于或低于实施虚拟水战略失败的损失，虽然提高了两个区域选择虚拟水战略的概率，但无法将概率提高到 100%。如果 $b < c$，即惩罚较为严厉，超过了失败的损失，则策略 V 将成为严格优势策略，（V，V）的组合将成为博弈的唯一均衡。

然而，惩罚过于严厉，可能会产生其他不良问题。综上所述，不考虑"奖励"与"惩罚"在心理上可能造成效用的差异的情况下，二者的原理和效果是相同的。

通过构建的区域间完全信息的博弈模型分析显示，基准条件下各区域采取虚拟水战略的概率并不高，要提高虚拟水战略的采用率，需要施加一定的外部干预，所需外部干预的力度与两个区域的经济关系稳固程度大致呈正相关，只有使区域采取虚拟水战略的预期收益高于非虚拟水发展模式的收益，才能落实虚拟水战略，实现水资源的优化配置。

根据上述分析，可以对虚拟水战略的实施提出以下建议。

（1）外部干预能有效提高区域采取虚拟水战略的概率，因此要加大对实行虚拟水战略的扶持干预力度，建立虚拟水调度的法治保障机制。外部干预措施通常需要上级政府和管理部门建立发展低碳经济的法治保障机制，形成具有法律效力的虚拟水战略体制，为其贯彻实施提供条件和保障。同时还可以通过补贴、减免税、低息、无息贷款等经济措施，以及宣传教育等劝导性措施，给予各区域采取虚拟水战略正向的激励。由于目前虚拟水战略的实践还不普及，产业尚未成熟，实行虚拟水战略的预期收益有一定的风险，只有通过多元化、多方位的外部干预，才能有效促进供给侧的虚拟水相关投资和需求侧的虚拟水消费观念的形成，为虚拟水战略的实现提供保障。

（2）当发展非虚拟水战略的经济模式的预期收益过高时，使其转变为符合虚拟水战略模式所需的外部干预力度会过高。非虚拟水战略的发展模式不仅无法改善区域水资源分布不均的不公平局面，也是对水资源的浪费，还可能加剧大尺度的水资源危机。因此，必须限制非虚拟水战略经济模式的发展力度，提高其发展成本。可以对违背虚拟水战略的区域和产业进行处罚，或对缺水区域的高耗水产品输出征收水资源税等措施，给予其负向的激励。

（3）通过科技创新等，提高发展虚拟水战略的收益。由博弈分析可知，A、B 两个区域选择虚拟水战略的概率均与对方区域的收益有关。如果提高发展虚拟水战略的收益（$Q_1 + a$，$Q_2 + a$），能够切实提高各区域发展虚拟水战略的概率。即通过提升实施虚拟水战略区域的效益，带动、吸引尚未采取该战略的区域跟进。提高虚拟水战略收益的方法除了补贴和帮扶之外，还包括提高虚拟水战略相关产业的技术效率水平。目前，中国乃至世界范围内，各区域的水资源利用的技术水平、研发能力参差不齐，部分区域用水、节水技术较弱。因此，需要加强对用水技术及虚拟水研究的长期投资，加强技术资源整合，协调开展基础性和应用性技术的研发，深化产研的交流与合作。通过技术水平的提高，可以降低实施虚拟水战略的成本，提升单位水资源生产效率，从而提高各个区域发展虚拟水战略的预期收益。

第 5 章　进化博弈

进化博弈也称为演化博弈，是现代博弈论最重要的研究领域之一，它的许多模型都有较高的理论和应用价值。本章将介绍自然生物和人类社会两方面的进化理论与模型，并讨论博弈方的有限理性问题。进化博弈分析及其结论对于一次性和短期博弈的情景意义有限，但对长期稳定关系的分析和预测具有重要的意义。进化博弈理论既可以用于解释某些自然界生物进化的现象，也可以用于分析一些社会经济领域的变迁演化问题。

5.1　生物进化博弈

5.1.1　博弈论与进化的联系

除了在社会科学领域之外，博弈论在生物学中也有重要的影响。生物进化博弈是以达尔文的自然选择思想为基础的生物学理论，研究生物种群通过遗传变异和增殖的共同作用，不同性状的个体在种群中的比例变化、稳定及其对生物进化的影响。生物进化博弈把基因看作策略，把增殖成功率当作收益，生物的基因（策略）是天生的，而不是自主选择的。成功的策略使生物种群不断壮大，即带有适合的基因的个体能成功生存、增殖、繁衍壮大，而带有不适合基因的个体会因为缺乏竞争能力而灭绝。

进化论（theory of evolution）最初是由英国生物学家查尔斯·达尔文（Charles Darwin）根据对物种起源的一种猜测而提出的假说。随着进化论的发展，产生了现代综合进化论，而现代生物进化学绝大部分以达尔文的进化论为指导，以薛定谔（Erwin Schrödinger）的《生命是什么》为主体方向，已成为当代生物学的核心思想之一。

关于万物转化和演变的自然观可以追溯到人类文明的早期。例如，中国《易经》中的阴阳、八卦理论，把自然界用天、地、雷、风、水、火、山、泽等基本现象进行分类，并试图用"阴阳交感生万物"来解释物质世界复杂变化的规律。古希腊时期曾出现零星的进化思想，例如哲学家阿那克西曼德（Anaximander）认为，生命最初由海中的泥土产生，原始的水生生物经过蜕变（类似昆虫幼虫的蜕皮）后变为陆地生物。[①]

19 世纪前期，法国博物学家拉马克（Jean-Baptiste Lamarck）提出了"用进废退"和"获得性遗传"的学说，其意思是生物体的器官经常使用就会变得发达，而不经常使用就会逐渐退化。例如，长颈鹿的祖先脖子是较短的，因为要吃高处的树叶，就拼命"长"脖子，于是脖子变长了，并遗传给下一代，如此重复；而在地下穴居的鼹鼠，因为看不到光，眼睛失去用处而退化，也遗传给下一代。拉马克的这种理论在说明进化的原因时，把环境对于生物体的直接作用以及生物获得性状遗传给后代的过程过于简单化，并认为动物的意志和欲望也在进化中发生作用。但拉马克的学说有一致命破绽——经不起遗传学的推敲。现代分子遗传学已非常清楚，生物的性状功能经常使用或不常使用，也不会影响其在染色体中的编码。由于基因在拉马克的学说中不被作为参考因素，较不符合现代的遗传学，因此在现代的科学界中，拉马克的学说普遍不被接受。

而由达尔文自然选择学说对生物进化的解释是：种群是生物进化的基本单位。例如长颈鹿的后代过多，超过环境承受能力（过度繁殖）；它们都要吃树叶而树叶总量有限，不够吃（生存斗争）；种群中产生的变异是不定向的，它们有颈长和颈短的差异（遗传变异）；颈长的能吃到更高处的树叶生存下来并繁衍，将颈长的变异遗传给后代，颈短的却因吃不到树叶而最终灭绝了，无法将颈短的变异遗传下去（适者生存）。

达尔文还用发生在驯化生物身上的人工选择过程来帮助阐述演化过程中

---

① Ltd Chambers W. & R. Chambers's Encyclopædia（Vol. 1）［M］. London：George Newnes，1961：403.

的自然选择机制。其要点如下：一切人类的栽培植物和饲养动物皆起源于野生的物种；生物普遍地存在着能遗传的变异，虽然有少数情况下可以由显著的变异一步到位形成新品种（如安康羊、矮脚狗），但一般而言仅靠一次变异不足以形成新品种，而大多数新品种是由微小变异，特别是延续性变异逐渐积累而成的；人工选择的要素是变异、遗传和选择，其中变异是形成品种的原材料，遗传是传递变异的力量，选择则是保存和积累有利变异的手段。人工选择包括两个方面：一是保存人类需要或对人有利的变异类型；二是淘汰人类不需要或对人类没有利的变异类型。人们往往喜欢一些极端变异的类型，于是经过若干代的人工选择，就从同一种祖先分化出不同的品种，这就是在人工饲养状况下所看到的性状分歧；人工选择可分为无意识的选择和有计划的选择。

例如达尔文曾在《动物和植物在家养下的变异》等著作中引述"中国的百科全书"（经后人研究应指《本草纲目》等书），证明观赏鱼类金鱼是人工选择的产物。现代生物学家经过胚胎发育对比、染色体组型分析等研究表明，金鱼是由野生中国鲫鱼演化而来。金鱼的诸多品种，就是人工选择的结果。金鱼身上绝大多数的变异，对其野外生存能力都是有害的，如短圆的身形、各种花哨的尾型、背鳍缺失，都不利于金鱼的游动，使其在自然环境中难以觅食，且极易被捕食。但在人类的饲养环境下，这些畸形的特征并不会对金鱼的生存造成影响。另一个例子是研究者发现，莫桑比克的非洲象群中至少50%的母象没有象牙。无象牙的基因是一种 X 染色体上携带的显性基因。由于人类为了获取象牙而猎杀大象，使得那些携带无象牙基因的母象能够更安全地繁衍——尽管这种进化能让一部分大象暂时逃过偷猎者的杀戮，但这也使大象失去了象牙的取食、御敌等功能，而且部分大象可能因基因缺陷、发育不完全而死去（Campbell－Staton et al.，2021）。生物学家在研究加拿大盘羊时也观察到类似的现象：由于人类喜欢猎杀那些角长得最大的公羊做装饰，导致这种羊的角进化得明显比以前更小了。

还有某些生物性状一度被认为是人工选择的结果，但又被证明是自然选择的例子。例如对于日本平家蟹（Heikeopsis japonica）的背壳为何长得像人脸形状，英国生物学家朱利安·赫胥黎（生物学家托马斯·赫胥黎之孙）将其解释为由于日本渔民捕到此种蟹后，认为是坛之浦海战（1185 年）中身亡的平家武士的亡灵，所以都重新把它们放归到海中，而不像人脸的个体则被吃掉，因而促进了形似人脸的蟹大量繁衍。美国天文学家、科普作家卡尔·萨根在其《宇宙》一书中也引述了这种观点。但美国水生生物学家乔尔·马丁（Joel Martin）等提出反对意见，认为平家蟹背面的人面花纹的功能是作为肌肉附着的部位，是自然选择形成的，其产生并不需要渔民的怜悯做助力，而且日本平家蟹体型很小，日本渔民几乎不食用它们，不管外形如何都会扔回海中；太平洋地区至少有 17 种人面蟹，且分布广泛，在各国都有相应的命名与传说，例如在中国就被称作"关公蟹"。而化石证据也表明，平家蟹的近缘种早在人类活动开始前就已经出现。①

运用博弈论来分析生物进化的问题，和之前章节中的理性人博弈模型有很大区别。最主要的区别就是，要把生物的基因及其表达，即这些生物们采取的"策略"看成是天生的、从上一代遗传获得的，而不是它们主观选择的。如果持某种基因的生物种群数量壮大了，这并不是说它们有意识地选择了这种策略，而仅能说明带有该基因的生物比带有其他类型基因的同类更有利于生存，能繁衍出更多的后代而已。

另外，生物学尤其是进化生物学，也对博弈论及其他社会科学产生了重大影响。人类社会的制度和格局的变迁、文明的产生和消亡，与生物进化有类似之处。例如，假设市场中的诸多企业并非完全理性的，它们可能并不了解什么样的经营策略能最大化利润，什么策略能尽可能降低成本，它们可能主观地，甚至毫无科学根据地随意选择经营策略。但在竞争激烈的市场环境下，最终只有那些成本较低但利润颇丰，即其经营策略能适应环境的企业才能生存下来。这与生物在竞争中适者生存的原理相似。人类社会历史中国家、阶级、群体的变迁也有与之相近的实例。因此用进化博弈的思想指导分析社会经济问题同样是有意义的。

5.1.2　纯策略进化博弈

根据约翰·梅纳德·史密斯提出的进化博弈理论，动物个体之间常常为

---

① Martin J W. The samurai crab [J]. Terra, 1993, 31 (4): 30 – 34.

了获取各种资源（包括食物、配偶、栖息地等）发生竞争或合作，但竞争或合作不是杂乱无章的，而是按一定行为方式（即策略）进行的。进化稳定策略（evolutionarily stable strategy，ESS）指种群的大部分成员所采取某种策略，这种策略的收益是其他策略比不上的。如果占群体绝大多数的个体选择进化稳定策略，那么少量的采取其他策略的"基因突变"群体就不可能侵入这个群体，或者说，在自然选择压力下，采取非进化稳定策略的突变者将会被淘汰，在进化过程中消失。

假设存在一个高度简化的生物进化模型：在一个社会性的生物种群中（例如狮群、蚁群、蜂群等），每一个个体都带有一种与生俱来的策略（基因），个体之间在种群生活中会进行两两随机的交互行为（配对），交互后具有相对较成功策略的个体能繁殖更多后代（收益较高），具有相对较失败策略的个体繁殖后代的数量则较少（收益较低）。假设上述过程不存在杂合子、基因互换等问题。

此种群中，设每个个体的策略（基因）有两种：其一是合作（C），表示和别的个体一起去觅食、御敌、巡逻等，这要消耗大量的能量，冒着受伤的风险，但对整个种群是有利的；其二是背叛（D），表示在进行上述觅食等行为时偷懒，让其他的个体去承担这些行为，而自己则坐享其成。例如蜂群中的工蜂和雄蜂、狮群中的雌狮和雄狮的行为就与这两种策略类似。

规定两种策略的个体两两配对的结果如图 5-1 所示。两个合作个体配对将是互利的，各能得到较优的收益 2；但一个合作个体与背叛个体交互时，坐享其成的背叛个体将能得到 3 的收益，而合作个体由于负担过大只能得到 0 的收益。而两个背叛个体配对时，则不得不进行合作，将各得到 1 的收益。例如离开狮群流浪的雄狮为了生存，也会组队捕猎。

		个体2	
		C	D
个体1	C	2, 2	0, 3
	D	3, 0	1, 1

图 5-1　某个种群的进化博弈

下面判断此博弈中合作是否是进化稳定策略。假设种群中多数个体是带有合作策略（基因）的，称为原始个体，此时产生了少量突变个体，即不合作策略（基因）的个体。当种群中所有个体按照规则两两配对时，多数合作型的原始个体会两两配对，得到 2 的收益，即各自繁衍出一定数量的后代。但少数合作型个体会与背叛型的突变个体配对，此情况下突变个体收益为 3，原始个体收益为 0，即突变个体繁衍出大量的后代，而原始个体无法繁衍出后代而被淘汰。少数情况下某个突变个体会和另一个突变个体进行配对，但是在早期突变个体数量很少的情况下，这种配对发生的概率很小，而且即使发生，两个突变个体的收益为 1，即虽然繁衍出的后代较少，但不至于灭绝。因此，总体上看，经过多轮的配对后，突变个体的数量变多了，而且其在种群中的比率不断上升。因此称合作的基因作为原始个体会被背叛型的突变个体入侵，故合作不是进化稳定策略。

从定量分析的角度看，假设用 ε 代表种群中少量的突变个体的比例，而种群中其余合作型的个体比例为 $(1 - \varepsilon)$。在配对时，每个合作个体（C）有 $(1 - \varepsilon)$ 的概率与同类 C 个体配对，ε 的概率与突变个体配对（见图 5-2）。因此 C 个体的平均收益可以看作纯策略 C 面对混合策略 $[(1 - \varepsilon)C, \varepsilon D]$ 的预期收益，即：

$$U_C\{C, [(1 - \varepsilon)C, \varepsilon D]\} = 2 \times (1 - \varepsilon) + 0 \times \varepsilon = 2 - 2\varepsilon \quad (5-1)$$

		个体2	
		C $1-\varepsilon$	D ε
个体1	C $1-\varepsilon$	2, 2	0, 3
	D ε	3, 0	1, 1

图 5-2   合作个体为原始个体的博弈

每个突变个体（D）配对时同样有 $(1 - \varepsilon)$ 的概率与 C 个体配对，ε 的概率与同类 D 突变个体配对。D 个体的平均收益可以看作纯策略 D 面对混合策略 $[(1 - \varepsilon)C, \varepsilon D]$ 的预期收益，即：

$$U_D\{D, [(1 - \varepsilon)C, \varepsilon D]\} = 3 \times (1 - \varepsilon) + 1 \times \varepsilon = 3 - 2\varepsilon \quad (5-2)$$

比较式（5-1）和式（5-2）可知，配对中原始个体 C 的平均收益恒小于突变个体 D 的平均收益，因此从种群的角度来看 D 的繁殖速度一直比 C 快，故 C 个体的比例会逐步下降，D 个体的比例会逐步上升，所以 C 不是进化稳定策略。实际上，不断两两配对下去，该种群变为全是 D 个体。

此博弈中 C 策略不是进化稳定的，那么 D 策略是否是进化稳定的呢？可以进行反向试验来验证：种群中的原始个体为背叛型（D），其占比为（$1-\varepsilon$），少量的突变个体（C）的比例为 ε，如图 5-3 所示。此时原始个体 D 配对时的平均收益为：

$$U_{\mathrm{D}}\{\mathrm{D},[\varepsilon\mathrm{C},(1-\varepsilon)\mathrm{D}]\} = 3\times\varepsilon + 1\times(1-\varepsilon) = 1+2\varepsilon \quad (5-3)$$

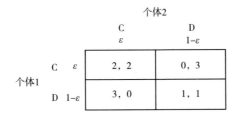

图 5-3　背叛个体为原始个体的博弈

此时突变个体 C 配对时的平均收益为：

$$U_{\mathrm{C}}\{\mathrm{C},[\varepsilon\mathrm{C},(1-\varepsilon)\mathrm{D}]\} = 2\times\varepsilon + 0\times(1-\varepsilon) = 2\varepsilon \quad (5-4)$$

比较式（5-3）和式（5-4）可知，配对中原始个体 D 的平均收益恒大于突变个体 C 的平均收益，因此从种群的角度来看 D 的繁殖速度一直比 C 快，故 C 个体的比例会逐步下降，D 个体的比例会逐步上升，因此这些少量的 C 个体会逐渐被淘汰，即无法成功入侵。所以 D 策略在这个博弈中能够抵抗突变的冲击，是进化稳定策略。

这种情况在一些文艺作品中有类似的描述，例如电影《异形》系列、游戏《生化危机》系列等，最开始整个种群中都是善良的个体，因为某种原因出现了一个可怕的突变个体，并迅速侵蚀原始个体并发展壮大。而电影《E. T. 外星人》中则类似背叛个体为原始个体的情形："成年人们"发现善良的 E. T. 外星人时，只想追捕它，把这个外星人当成千载难逢的珍贵试验品进行研究。

从上述对进化稳定策略的分析可以得出以下结论。

（1）自然选择导致的进化结果并不一定是最优的。

大多数人都倾向于认为，如果一种现象是由进化导致的结果（或如果某种事物是自然产生的），那么道义上它一定是好的、有效率的。在人类社会中也有支持这一观点的论据。例如美国密歇根州立大学等学校的校园设计师们在道路设计问题上采取的方案是：在校园的空地上撒满草种，等草种发芽，整个校园被绿草覆盖时，让学生自由行走，等草地被学生们踩出了许多条道路网络后，让施工人员按照这些踩出来的道路铺设硬质路面。如此铺设道路快速、高效，受到学生欢迎。①

然而在前述生物种群的进化博弈中，自然选择的结果却并非最优的，该模型的进化稳定结果是种群的成员均采取背叛的策略。因此可以得出结论：自然选择的进化稳定结果未必是最有效率的。例如，野生动物学家研究发现，狮狒幼崽的主要死因并非被天敌捕食，而是被成年同类杀死。而在狮群中，一旦狮群的雄性首领被外来雄狮打败并取代其位置，那么新首领会把前任狮王年幼的幼崽给杀死。动物学家们对这类行为的分析是：在单配偶制哺乳动物中，一雄一雌配对产生后代，这类"夫妻型"的动物很少出现杀婴行为；对独居型的哺乳动物而言，一般雌兽单独抚养后代，出现杀婴行为的比率也很低；而在社会性种群中，这种行为就变得常见起来。动物学家们认为这是一种繁育后代的策略——雄性个体通过杀死其他雄性的幼崽，来缩短其生母产后的不孕期，从而增加自己与该雌性产生后代的机会。

当然在现实中，社会性的动物种群中进化产生的也并非全部是背叛个体，可以观察到存在合作案例。例如，狮群在捕猎野牛等大型猎物时确实会合作；蜜蜂等社会性昆虫在外敌生物入侵时确实会合作保护蜂巢。这种模型与现实的出入，部分原因在于此简化模型关注的是种内斗争，而没有考虑种间斗争；此外模型没有考虑繁殖中的基因互换等情况。

（2）如果一个策略是严格劣势策略，那么它就不是进化稳定策略。

从博弈策略的角度观察图5-1的进化博弈矩阵，可以发现，纯策略合作

（C）严格劣于纯策略背叛（D），纯策略个体配对时当然不可能得到比背叛个体更高的预期收益，即其繁衍速率低于背叛个体。

此结论可以在博弈策略角度进一步衍生。如图 5 - 4 中的进化博弈矩阵，若策略 b 为原始个体的策略，策略 a 为突变个体。原始个体与突变个体占比为 $(1 - \varepsilon) : \varepsilon$，则随机配对时原始个体 b 与突变个体 a 各自的平均收益为：

$$U_{\mathrm{b}}\{\mathrm{b}, [\varepsilon\mathrm{a}, (1 - \varepsilon)\mathrm{b}]\} = 2 \times \varepsilon + 1 \times (1 - \varepsilon) = \varepsilon \qquad (5 - 5)$$

$$U_{\mathrm{a}}\{\mathrm{a}, [\varepsilon\mathrm{a}, (1 - \varepsilon)\mathrm{b}]\} = 1 \times \varepsilon + 2 \times (1 - \varepsilon) = 2 - \varepsilon \qquad (5 - 6)$$

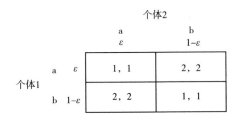

图 5 - 4　某种群的进化博弈矩阵（b 为原始个体时）

由于突变个体的占比很低，即 $(1 - \varepsilon) > \varepsilon$，因此比较式（5 - 5）、式（5 - 6）可知，突变个体 a 的平均收益高于原始个体 b，能够在配对中繁衍壮大。既然 a 这个突变不会在配对过程中灭绝，那么策略 b 就不是进化稳定策略。

然而，在此例中虽然策略 a 作为突变个体能够成功入侵原始个体 b，但 a 也不是进化稳定策略。因为根据矩阵的对称性可以看出，当策略 a 作为原始个体时，反过来又会被策略 b 的突变个体入侵。

因此可以得出结论：如果存在其他严格有利变动（比如这里的突变策略 a 对于原始策略 b），那么这个有利变动的策略作为突变时就会入侵原始策略。

同时观察可知，图 5 - 1 中博弈的纯策略纳什均衡是（D，D），是一个对称纳什均衡（即双方采取同样的策略），而策略 D 已经被证明是进化稳定的；而图 5 - 4 中的纯策略纳什均衡是（a，b）和（b，a），都不是对称纳什均衡。可得出结论：如果策略组合 (s, s) 不是纳什均衡，那么策略 s 就不是进化稳定策略。其逆否命题也成立，即如果 s 是进化稳定策略，那么 (s, s) 一定是纳什均衡。但其否命题则不一定成立，即如果策略组合 (s, s) 是纳什均衡，

策略 s 不一定是进化稳定策略。

例如从图 5-5 中容易看出此博弈有两个对称纳什均衡（a, a）和（b, b）。（a, a）在偏离其时没有严格的收益降低（偏离后收益仍然为 1 不变），而（b, b）在偏离其时会有严格的收益降低（偏离后收益由 2 变为 1）。当该种群的原始个体为 a 而突变个体为 b 时，原始个体与突变个体在随机配对中的平均收益分别为：

$$U_a\{a, [(1-\varepsilon)a, \varepsilon b]\} = 1 \times (1-\varepsilon) + 1 \times \varepsilon = 1 \qquad (5-7)$$

$$U_b\{b, [(1-\varepsilon)a, \varepsilon b]\} = 1 \times (1-\varepsilon) + 2 \times \varepsilon = 1 + \varepsilon \qquad (5-8)$$

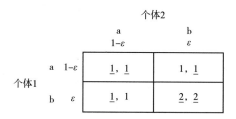

图 5-5　某种群的进化博弈矩阵（a 为原始个体时）

从式（5-7）和式（5-8）可知，突变个体 b 的平均收益高于原始个体 a，能够在配对中繁衍壮大。因此虽然（a, a）是对称纳什均衡，但策略 a 不是进化稳定策略。

此博弈的特点在于：突变个体 b 入侵成功的关键在于，虽然（a, a）和（a, b）或（b, a）局势中，各方的收益均为 1，即当突变个体 b 与原始个体 a 配对时，突变个体的收益并不会比原始个体更高，但是极少数情况下突变个体会配对到另一个突变个体，其收益为 2，即使此情况发生概率较低，但也足够让突变个体的繁殖率高于原始个体，因此相对来说原始个体 a 的比例在下降。因此对于对称纳什均衡，只有其是偏离后收益会下降的严格最佳对策的集合，才一定是进化稳定的。

综上所述，突变个体成功入侵的方式有两种：一是在配对原始个体时取得更高的收益；二是与原始个体配对时取得与之相等的收益，但突变个体自身配对时取得更高的收益。反过来则是，原始个体若要不被突变个体成功入侵并能将其淘汰，则需要使突变个体无法取得不低于原始个体的平均收益。

约翰·梅纳德·史密斯（1972）提出了进化稳定策略的定义：

一个双参与方的对称博弈中，当且仅当存在 $\varepsilon_y \in (0, 1)$，使得：

$$U_s\{s, [(1-\varepsilon)s, \varepsilon s']\} > U_{s'}\{s', [(1-\varepsilon)s, \varepsilon s']\}, \forall s' \neq s, \forall \varepsilon < \varepsilon_y$$

$$(5-9)$$

则纯策略 s 是进化稳定策略。其中，ε_y 是一个与突变策略 s' 有关的常数，称为侵入界限。

而泽尔腾从经济博弈论角度提出的进化稳定策略的定义是：

一个双参与方的对称博弈中，如果满足两个条件：

①(s, s) 是对称纳什均衡，即 $U_s(s, s) \geqslant U_{s'}(s', s)$，$\forall s' \neq s$；

②如果 $U_s(s, s) = U_{s'}(s', s)$，则需要满足 $U_s(s, s') > U_{s'}(s', s')$；

那么纯策略 s 是进化稳定策略。

上述两种进化稳定策略的定义是等价的。在分析进化博弈的时候，参考第二种定义可能会使分析更容易，因为其无须考虑突变个体的比例 ε 等因素。

据此，判断双参与方的对称博弈中某纯策略 s 是否属于进化稳定策略，只需进行三步检验：

（Ⅰ）检验 (s, s) 是否是对称纳什均衡，若是，则进行下一步检验；若否，则 s 不是进化稳定策略。

（Ⅱ）若 (s, s) 是对称纳什均衡，则检验在偏离 s 改选其他策略时是否会有严格的收益下降，若是，则 s 是进化稳定策略；若否，则至少存在一个 s' 满足 $U_s(s, s) = U_{s'}(s', s)$，进行下一步检验。

（Ⅲ）检验对于所有可能的上述 s'，是否满足 $U_s(s, s') > U_{s'}(s', s')$，若是，则 s 是进化稳定策略；若否，则 s 不是进化稳定策略。

例如，用此检验方法判断图 5 - 6 中的种群进化博弈：此博弈中 (a, a) 是对称纳什均衡，但不是"严格优势的"，即某一方偏离到 b 策略形成 (b, a) 或 (a, b) 仍能取得和选 a 策略一方相同的收益，即突变个体和原始个体配对时并不处于劣势。此时检验发现（以个体 1 为例）$U_1(a, b) > U_1(b, b)$，因此 a 策略是进化稳定策略。

在人类社会中，一些制度或社会传统也表现出类似生物的进化现象。例

图 5 – 6　突变个体和原始个体配对时并不处于劣势的进化博弈

如靠左行车还是靠右行车的问题，世界上大多数国家和地区的车是靠右边行驶的，靠右行车的国家和地区有 160 余个，靠左行车的国家和地区有 70 余个。[①] 被英国统治过的国家和地区大都沿用着左侧通行的习惯，如英国、爱尔兰、印度、巴基斯坦、印度尼西亚、泰国、澳大利亚、新西兰等。而日本等国则是本身形成的习惯，而这可能和国家地理有关，比如大多数的大陆国家都是靠右侧通行的，如中国、美国等；而左侧通行的，多为岛国或半岛，如英国、爱尔兰、日本等。靠左或靠右行车还会影响汽车设计，靠右行驶的国家生产的汽车，方向盘位于车身左侧（左舵），为了平衡配重以及方便靠近路边加油，其油箱和加油口一般设计在车身右后方；同理，靠左行驶的国家生产的汽车，方向盘位于汽车右侧（右舵），其油箱和加油口则一般位于车身左后方。

　　一些西方欧洲国家靠左行驶，据说和封建时代骑士的习惯有关。上马时，由于绝大多右撇子身体左侧佩带着剑鞘，要从右侧上马非常困难，并且也更习惯左脚上蹬，右脚再跨上马。而在从左侧上下马的前提下，显然靠左行驶会更为安全，因为这样骑手才可以在路边上下马而不是路中间。而且骑士多用右手挥马鞭或持兵器、物品等，靠左骑行的话，右手侧靠近道路中心，会有更多的施展空间，如果靠右骑行的话，右手挥鞭持物，容易碰到街道两侧的东西。所以右撇子的骑士们自然会靠左行走。罗马帝国的对外扩张，将"靠左通行"的"交通规则"带到了整个欧洲。公元 1300 年，罗马教皇卜尼法斯八世宣布举行基督大庆纪念时宣称"条条大路通罗马"，同时还发布指示，到罗马朝圣的人们需要靠左侧行走。

----

　　① Kincaid P. The rule of the road：An international guide to history and practice ［M］. Santa Barbara：Greenwood，1986：50，86 – 88.

在 17 世纪晚期，在法国和美国的运输车夫们开始通过用数匹马一起拉动的大型马车来运送乘客和货物。这些大型马车的车夫则是坐在马队中的左后方，即马车左侧，这样就可以用右侧的惯用手来鞭策所有的马。当两车会车时，坐在左侧的车夫们为了更准确留出会车空间和方便回头查看两车会车情况，就会自然靠右行驶。

在俄国，1709 年在沙皇彼得大帝时期，丹麦的使者已经注意到了靠右行驶的规矩在俄国被广泛采纳，而直到 1752 年在女沙皇伊丽莎白一世时期，俄国官方才制定了靠右行驶的规章制度。

由于左侧通行是由贵族发展出来的，所以左侧通行在一些国家的历史上代表贵族、权势和霸权，而右侧通行则有一定的"反抗、革命"的意味。在法国大革命前，法国只有贵族才拥有靠左行驶的特权，而平民只能靠右行驶。1789 年法国大革命爆发后，为表示反抗贵族，多数车辆改为靠右行驶。美国也一样，英国殖民北美时，北美殖民地都实施左侧通行；美国独立后，为表示反抗英国，把左侧通行改为右侧通行。1792 年，第一个靠右行车的交通法规在美国实施。后来，随着拿破仑帝国对欧洲的影响力不断扩大，靠右行驶的政策也从法国扩散到了比利时、荷兰、卢森堡、瑞士、德国、波兰及西班牙和意大利的大部分地区。剩余的对抗拿破仑的英国、奥匈帝国和葡萄牙则是依旧靠左行驶。随着 19 世纪交通和道路的发展，各个国家都制定了相应的交通制度。靠右行驶的风气在长时间里已逐渐影响并覆盖到了各个国家，但是英国仍然尽着自己最大的可能避免被这一风气同化。1835 年英国强制实施靠左行驶，而大英帝国的其他附属国家也大多顺应了这一制度。整个欧洲在"靠哪一侧行驶"的问题上持续分裂了超过 100 年，这一分裂也直到第一次世界大战后才结束。葡萄牙包括其殖民地在 20 世纪 20 年代改为靠右行驶，但其中和靠左行驶的国家接壤的地区却没有执行这一改动，因此至今中国澳门特别行政区和莫桑比克仍然是靠左行驶。

北欧国家瑞典原有的习俗是靠左行车，但其周围几个国家如挪威、芬兰都是靠右行驶。而对于一些来往于瑞典和周边国家边境上的司机来说，如果穿行的是没有边境守卫的小路，就必须高度警惕自己位于哪个国家，并判断是该靠左还是靠右行驶，否则容易出事故。1955 年，瑞典政府为了推行靠右行驶而举行了全民投票。尽管 82.9% 的国民在投票中选择了反对，瑞典国会仍在 1963 年通过了一部法律决定变为靠右行驶。最后的转换时刻定在 1967 年 9 月 3 日的早晨 5 点。这一天被称作 Dagen H，"H" 代表的是瑞典语单词 Högertrafik，意为靠右通行。所有的私人机动车在转换前的 4 个小时和转换后的 1 个小时内被禁止行驶，工人们在这 5 小时中突击工作，更换了各种交通标志，政府还出动了军队维持秩序。同时瑞典为了保证交通安全实行了非常低的限速。整个转换过程大约持续了一个月。在瑞典成功转换为靠右行驶后，另一个北欧国家冰岛在 1968 年也进行了转换。[①]

20 世纪 60 年代，英国也考虑过转换为靠右行驶，但国内的保守势力强烈反对，而且耗资数十亿英镑仅仅为了改为靠右行驶的吸引力并不高。最终，英国放弃了转换的打算。目前，欧洲国家中只有英国、爱尔兰、塞浦路斯和马耳他仍然是靠左行驶。

日本则是由于武士的佩刀大多挂在身体左边，右手抽刀，这样，左边破绽会比较大，因此就靠左行走，减少破绽，所以举国左侧通行。二战结束后，日本和美国签订了《旧金山和约》，将冲绳交由美国托管。由于美国的原因，冲绳的车辆一律靠右行。1971 年，美国将冲绳归还给日本。冲绳的右行规则问题就成了日本政府亟待解决的大事。但由于习俗的强大阻力，直到 1978 年，日本政府才彻底将冲绳交通的右行规则问题解决，将分裂了 20 年之久的"左右阵营"重新统一起来。

1945 年以前，中国是左行与右行混合的国家。总的来说，在南方地区，由于受英国的影响，适合左行规则的右舵车更为普及；而在北方地区，适合右行规则的左舵车更多。1934 年蒋介石发起的"新生活运动"规定车辆靠左行驶，例如当时北平市的交通管理就有如此规定，当时被日本占领的东三省也采取左行规则。抗日战争期间，美国通过《租借法案》援助了大量左舵汽车送抵中国，靠右行驶也随之逐渐成为大多数司机的习惯。中华人民共和国成立后，制定的交通法规也都规定右侧通行。

图 5-7 是行车习俗的进化博弈模型示意。左行的最大优点来自人类天生的规避危险的本能——人体在快速向前运动的情况下，如果突然发现前方有

① Rudin-Brown C M, Jamson S L. Behavioural adaptation and road safety：Theory, evidence and action [M]. Boca Raton：CRC Press, 2013：67.

危险，大多会本能地向左倾斜，这样有利于保护位于身体左侧的心脏。在公路上，司机如果发现前方有危险，向左转弯的动作要比向右转弯快捷得多。右行的优点是，方便司机用左手保持对方向盘的控制，同时用右手（多数人的惯用手）来完成换挡、操作仪表或按键等较复杂的动作。此博弈中，假设都靠左行车的收益（2，2）比都靠右（1，1）稍高一些。而若有人靠左行驶，有人靠右行驶，则会发生交通事故，双方收益均为 0。

个体2

	左行	右行
左行	2, 2	0, 0
右行	0, 0	1, 1

个体1

图 5 - 7　行车习俗的进化博弈

可以判断，此博弈中（左行，左行）和（右行，右行）都是对称纳什均衡，且都是"严格优势的"，即某一方若偏离到非均衡策略形成（左行，右行）或（右行，左行）则会使其自身收益从 2 或 1 变为 0。因此靠左行车和靠右行车都是进化稳定策略。在社会中，可以观察到有多种进化稳定的社会传统存在，而不一定有绝对的最优习惯。

类似的例子还包括"二郎腿"的不同姿势，双腿交叉坐姿的"美国版"是将一只脚的脚踝放置在另一条腿的膝盖上，两条腿形成"4"字的形状。一般来说，很多美国男士（甚至一些穿长裤的女士）经常使用这种坐姿；另一些受美式文化影响较大的国家，例如新加坡、日本和菲律宾的年轻人，也喜欢采用这种坐姿。在摆出这种坐姿时，不仅能体现自己的自信和支配地位，同时也能显得放松和年轻、有活力。但对欧洲人来说这是一种不雅的坐姿，欧洲人更习惯把一条腿叠在另一条上，使两条小腿较为并拢。

另一个例子是语言。语言是社会交流的工具，随着社会的发展，很多词语的读音也会出现变化。为了顺应网络化、信息化时代的日益发展与需求，语言文字也要相应地做出适应与调整。例如"确凿（záo）""呆（dāi）板""铁骑（qí）"等，都是尊重大众的习惯而更改的结果。正如《荀子·正名》中所说："名无固宜，约之以命。约定俗成谓之宜，异于约则谓不宜。"

5.1.3　混合策略进化博弈

在研究进化博弈时，有时会发现博弈中并不存在进化稳定的纯策略，下面用一些例子进行说明。在 20 世纪 50 年代，美国上映过一部风靡一时的电影《无因的反叛》。片中主人公吉米与他的同学进行了一场赌赛，两人各自把车开向悬崖，胆子更大（即较晚从车里面跳出来逃生）的一方获胜。每个人可以在坠崖前尽早跳车逃生，但这将使其被众人视为"懦夫"；也可以选择坚持等对方跳车以后才跳——如果两人都这么想，就会出现双双坠崖的局面；但若一个提早逃生而另一个较晚逃生，那么较晚逃生的一方将成为"勇士"。在 2004 年的国产电影《天下无贼》中也有与之相似的情节，盗贼王薄（刘德华饰）和"四眼"（林家栋饰）比胆量，两人并排站在驶向隧道的列车顶上，首先俯身回避的一方就是胆小鬼，但若回避不及时则会撞上山壁。

这个游戏被称为胆小鬼博弈（chicken game）。在美国口语中 chicken 即是"懦夫、胆小鬼"之意，也有人将其直译为"斗鸡博弈"。这类博弈一般构造为：两辆车相对行驶，如果都不避让对方，那么两车相撞，两败俱伤；为了避免伤亡，必须要有至少一方避让，那么先避让的一方，就被嘲笑是胆小鬼，而不退让的一方就成为赢家。或构造为两个人在独木桥上狭路相逢，一般会有两种选择：一是选择后退，让对方先过；二是选择前进，逼对方后退。若两人互不相让，则会双双落水。

2023 年的美国债务上限问题就是一个"胆小鬼博弈"的例子。美国联邦政府因长期财政赤字，需要提高国会为联邦政府设定的举债限额，即债务上限。美国总统拜登（民主党）坚持要求国会"无条件提高债务上限"，而众议院议长麦卡锡（共和党）则主张"先减政府预算，后提债务上限"。拜登与麦卡锡进行了多轮会谈，但两者都不愿让步，并把一直无法达成协议的原因归咎于对方，指责对方若导致美国债务违约，将会导致全球金融市场震荡、摧毁美国经济。有媒体指出，总统与共和党在玩一场高风险的"胆小鬼游戏"，他们都在以美国乃至全球经济为"人质"，想让对方先退缩；若有一方提前做出了让步，另一方就能掌握主动权。①②③

　　图 5-8 为一个胆小鬼博弈的矩阵。如果某参与人选择软弱的回避策略 b，则其能避免伤亡，但此时采取进攻性策略 a 的另一方是胜者；如果双方都采取强硬的进攻性策略 a，则会两败俱伤；假设如果双方都是胆小鬼也会被嘲笑，得到（0，0）的收益。

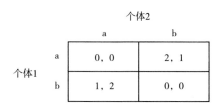

图 5-8　胆小鬼博弈

　　此博弈中不存在纯策略纳什均衡，（a，b）和（b，a）是纳什均衡，但都不是对称的。如果将其描述为类似前文的动物种群的进化博弈，那就是两种基因：好斗的或顺从的。在这个博弈中不存在纯策略进化稳定策略，即一个种群不可能全部是好斗的 a 个体，因为这样会使种群内斗过于严重而消亡；也不可能全是温和软弱的 b 个体，因为这样容易受到外敌的侵略。

　　此时可以考虑分析此博弈是否存在混合策略意义上的进化稳定策略。如图 5-9 所示，由于研究的是一个种群中的任意两个个体，且此矩阵是对称的，所以双方的均衡混合策略一定相同，即都为（p，1-p）。

　　根据求解混合策略纳什均衡的技巧，以个体 1 为例，其纯策略 a、b 与混合策略（p，1-p）配对时的预期收益分别为：

$$U_1[a,(p,1-p)] = 0 \times p + 2 \times (1-p) \tag{5-10}$$

$$U_1[b,(p,1-p)] = 1 \times p + 0 \times (1-p) \tag{5-11}$$

　　①　中国新闻网. 国际识局：美国将触债务"红线"，两党"扯皮"白热化！［EB/OL］.（2023-05-10）［2024-02-20］. https：//www.chinanews.com/gj/2023/05-10/10004595.shtml.

　　②　Ip G. How to play "Debt-ceiling chicken"［EB/OL］.（2023-02-01）［2024-02-20］. https：//www.wsj.com/articles/how-to-play-debt-ceiling-chicken-11675264126.

　　③　Bartholomeusz S. The US will pay a heavy price for its damaging game of chicken［EB/OL］.（2023-05-29）［2024-02-20］. https：//www.smh.com.au/business/the-economy/the-us-will-pay-a-heavy-price-for-its-game-of-chicken-20230529-p5dbzn.html.

		个体2	
		a p	b $1-p$
个体1	a $\quad p$	0, 0	2, 1
	b $\quad 1-p$	1, 2	0, 0

图 5 – 9　胆小鬼博弈的混合策略均衡

　　纳什均衡情况下式（5 – 10）和式（5 – 11）的值应当相等，联立解得 $p = 2/3$，即均衡混合策略为（2/3，1/3）。结合混合策略的几种解读方式，这一结果可以解释为：进化稳定情况下，种群中每只生物个体的基因是混合型的，即每个个体都带有 2/3 的好斗基因和 1/3 的软弱基因。也可以解释为，这是一个生物学中的多态性（polymorphism）种群，其中有 2/3 的好斗个体和 1/3 的软弱个体，这一比例长期稳定存在。

　　在混合策略意义下，进化稳定策略的定义是：

　　一个双参与方的对称博弈中，如果满足两个条件：

　　（1）（p，p）是对称纳什均衡，即 $U_p(p,\ p) \geqslant U_{p'}(p',\ p)$，$\forall p' \neq p$，

　　（2）如果 $U_p(p,p) = U_{p'}(p',p)$，则需要满足 $U_p(p,p') > U_{p'}(p',p')$；

那么混合策略 p 是进化稳定策略。

　　下面讨论前述胆小鬼博弈中（2/3，1/3）的均衡混合策略（以下用 p^* 指代之）种群中出现突变个体时的情况。如果出现纯策略 a 或纯策略 b 的突变个体，根据混合策略均衡的性质，这些突变个体与混合策略 p^* 的原始个体配对的预期收益，与（p^*，p^*）自身配对的预期收益是一样的，都等于 2/3。而此时有：

$$U_{p*}(p^*,a) = 0 \times \frac{2}{3} + 1 \times \frac{1}{3} = \frac{1}{3} > U(a,a) = 0 \qquad (5 – 12)$$

$$U_{p*}(p^*,b) = 2 \times \frac{2}{3} + 0 \times \frac{1}{3} = \frac{4}{3} > U(b,b) = 0 \qquad (5 – 13)$$

　　纯策略 a 和 b 的突变个体虽然和原始个体配对时能获得同样的收益，但突变个体自身配对时会得到低于原始个体与突变个体配对的收益。因此原始策略 p^* 是进化稳定的，纯策略 a 和 b 无法成功入侵。

　　这推广到其他比例的混合策略也类似。即：如果一个 p' 混合策略的突变个体比均衡策略 p^* 更具进攻性（更偏向 a），虽然其与原始个体 p^* 配对时能获得同样的收益，但当突变个体与其自身配对时会得到更偏向（a，a）的结果，即更趋于 0 的收益，最后会导致其无法成功入侵而灭绝；如果一个 p' 混合策略的突变个体比均衡策略 p^* 更软弱（更偏向 b），虽然其与原始个体 p^* 配对时能获得同样的收益，但当它与自身配对时会得到更偏向（b，b）的结果，即更趋于 0 的收益，最后同样会导致其无法成功入侵而灭绝。因此任何 $p' \neq p^*$ 无法入侵，由此证明 p^* 确实是进化稳定策略。

　　混合策略进化稳定在自然界中广泛存在。例如，雄性象海豹存在两种交配策略，其中一种交配策略是具有壮硕的体格，通过击败竞争者来占有一大群的雌象海豹；而另一些雄性象海豹的交配策略是，外表长得和雌性象海豹差不多，偷偷入侵强壮的巨型雄象海豹的领地，然后与其中的雌性交配。而在雌象海豹中也形成了进化稳定，即愿意接受与两种类型的雄象海豹交配。有的生物学家将这种偷偷入侵的策略命名为"偷袭交配"（sneaking）（Cherfas，1977）。与象海豹类似，乌贼、马鹿等动物种群中也被观察到这样的两种交配策略并存。

5.1.4　鹰鸽博弈

　　鹰鸽博弈（hawk-dove game）是一个被生物学家和经济学家广泛研究过的博弈。约翰·梅纳德·史密斯用其来解释自然界中的鹰和鸽子两个物种的进化与共存现象。在这里用其描述物种的竞争或人类社会的思想演化，并不只是鹰与鸽子这两种生物的对抗，而是把"鹰"比喻成进攻性策略，把"鸽"比喻成稳健、被动顺从的策略。

　　例如在政治领域，"鹰派"和"鸽派"也是美国国内存在的两种主要势力。主张用武力解决争端的一派被称为"鹰派"，主张用和平手段解决问题的被称为"鸽派"。"鹰派"代表感性的美国，崇尚依靠强大的武力打击对手。该派主要由美国共和党内的传统强硬派、国会中的右翼势力、重工业和军火工业的财阀、有明显利益追求的军事和情报部门负责人、冷战时期就已存在的保守型智囊库，以及部分具有极端思维倾向的媒体组成。例如美国部分政要在拟定《美国新世纪计划》时就直言不讳："美国的政治领袖地位应该高于联合国。"[①] 当美国在国际社会中处于强势地位时，"鹰派"就能够处于主导内政与外交的领导地位。例如"9·11"事件后，"鹰派"在美国就占据了主导地位。在"鹰派"眼中，美国的真正敌手是将来可能挑战美国地位的地区性大国。"鹰派"常以单边战争手段来解决争端，据不完全统计，从二战结束到 21 世纪初，世界上 153 个地区发生了 240 余次武装冲突，其中超过 80% 是由美国发起的（中国人权研究会，2021）。只有当美国因使用武力而遭到国际、国内两方面的巨大压力，或可能演化为不利于美国的局面时，"鹰派"才会暂时退居二线。

而"鸽派"代表理性的美国，主张和平演变。从美国的国家利益出发，只有"鹰派"为美国夺来的财富惹出了麻烦，"鸽派"才会出面承担安抚者的角色。当美国出现经济危机需要向外部转嫁矛盾时，"鸽派"又会退到幕后。"鹰派"主导的美国与"鸽派"控制的美国构成了一个完整的美国。在国家利益面前，"鹰派"与"鸽派"并不存在你死我活的争斗，他们都是为美国的全球战略服务的。

图 5 - 10 为一个鹰鸽博弈的示意图。该博弈沿用了本章的种群中两两配对的进化博弈基本规则。假设鸽派（H）两两配对时，和平地分享战利品 V，收益为（$V/2$, $V/2$）；鹰派（H）两两配对时，则会发生争斗，争斗的代价（成本）为 C，则各自最终收益为 [（$V-C$）/2,（$V-C$）/2]；鹰派与鸽派配对时，鹰派将夺走所有战利品 V，而鸽派收益为 0。V 和 C 的值均大于 0。

		个体2	
		鹰（H）	鸽（D）
个体1	鹰（H）	$\dfrac{V-C}{2}$, $\dfrac{V-C}{2}$	V, 0
	鸽（D）	0, V	$\dfrac{V}{2}$, $\dfrac{V}{2}$

图 5 · 10　鹰鸽博弈

---

① 鑫泉. 尊重主权与加强联合国的作用 [EB/OL]. （2003 - 08 - 05）[2020 - 05 - 02]. https：//www.gmw.cn/01gmrb/2003 - 08/05/03-B7E3536E489AC94748256D7900001432.htm.

可以看出，此博弈中鸽派肯定不是进化稳定策略，因为（D，D）不是纳什均衡。而鹰派是否属于进化稳定则与 V 和 C 的大小关系有关。

当 $V > C$ 时，（H，H）是对称纳什均衡，且偏离其会造成严格的收益降低，此时 H 是一个进化稳定策略。

当 $V = C$ 时，（H，H）是对称纳什均衡，但偏离其并不会造成严格的收益降低，即 $U_H(H,H) = U_D(D,H) = 0$，但 $U_H(H,D) = V$，$U_D(D,D) = V/2$，满足 $U_H(H,D) > U_D(D,D)$，因此 H 此时仍然是一个进化稳定策略。

这个博弈说明，在自然界中，如果赢得一场争斗的获利不低于其代价，那么在争斗中就会产生进化稳定，在这种情况下该种群的所有生物，在进化稳定的条件下都会偏好争斗。

而当 $V < C$ 时，即争斗的代价过大，可能得不偿失，比如动物可能在争斗中受重伤甚至会丧命，而收益仅仅是一些食物而已，则 H 不再是进化稳定纯策略。

例如《伊索寓言》中的一个故事就是古人观察这一现象的总结：一条猎狗将野兔赶出巢穴，一直追赶它，但最终未能抓住野兔。一个牧羊人见此情景，讥笑猎狗说："你们两个之中，个头小的反而跑得快得多。"猎狗回答道："你不知道我们俩的奔跑是完全不同的！我只是为了一餐饭而跑，而它却是为了性命而跑啊。"

现代生物学家将这一现象命名为活命一餐原理（life-dinner principle）：猎物比捕食者跑得快是因为，猎物跑得快是为了活命，而捕食者跑得快是为了获得食物，因此快跑的进化压力对猎物比对捕食者大得多，所以在捕食者和猎物的协同进化中，猎物总是超前一步适应。又例如有些猎物（如角龙等）为了抵抗捕食者，体型进化得越来越大，而捕食者（如霸王龙等）也随之进化得越来越大。

虽然在 $V < C$ 的条件下，鹰派不再是进化稳定纯策略，但也不会出现种群中只存在鸽派的情况，因为（D，D）仍然不是纳什均衡。所以在这种情况下的进化稳定应该是混合策略均衡（见图 5 - 11）。由于此博弈矩阵是对称的，所有个体的均衡混合策略一定相同，即都为 $p^* = (p, 1-p)$。

根据与第 5.1.3 节中相同的原理求解此博弈的混合策略纳什均衡。以个体 1 为例，其纯策略 H、D 配对时的预期收益分别为：

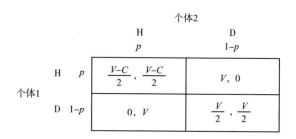

图 5 – 11　鹰鸽博弈的混合策略均衡

$$U_1\big[\mathrm{H},(p,1-p)\big] = \frac{V-C}{2}\times p + V\times(1-p) \qquad (5-14)$$

$$U_1\big[\mathrm{D},(p,1-p)\big] = 0\times p + \frac{V}{2}\times(1-p) \qquad (5-15)$$

纳什均衡情况下式（5 – 14）和式（5 – 15）的值应当相等，联立解得 $p = V/C$，即均衡混合策略为 $[V/C,\ (1-V/C)]$。

根据混合策略均衡的性质，可以进行与第 5.1.3 节中同理的证明，即 $U_{p*}(p^*,p^*) = U_{p'}(p',p^*)$，且 $U_{p*}(p^*,p') > U_{p'}(p',p')$ 对任意 $p'\neq p^*$ 均成立。因此 $[V/C,\ (1-V/C)]$ 是此博弈的进化稳定策略。

在 $V<C$ 的情况下，进化稳定的多态种群中，鹰派个体所占比例为 V/C，因此随着争斗的战利品 V 的提高，种群中会出现更多的鹰派；而随着争斗的代价 C 的提高，种群中会出现更多的鸽派。

而从式（5 – 14）和式（5 – 15）易得出均衡状态下各个体的收益为 $\frac{CV-V^2}{2C}$，该收益的大小与 C 呈正相关。这可以解释为，当争斗的代价 C 增大时，种群中会出现更多的鸽派，争斗的数量会减少，该减少引起的效应有二：对于鹰派个体而言，与鸽派而非鹰派配对的概率上升了；对于鸽派个体而言，与鹰派配对的概率下降了。这两种效应对于鹰派和鸽派都会带来收益增加，从总体上看足以弥补鹰派个体互相争斗付出的代价，甚至有富余的收益。

5.1.5　进化博弈中的动态平衡

图 5 – 12 是另一个不同类型的进化博弈，它被称为生物界中的"石头剪

刀布"。假设某个种群中存在 R、S、P 三种策略，它们两两配对的可能收益为：胜利（1.5）、平手（1）、失败（0）。可以看出，这个博弈中的局势与石头剪刀布游戏高度近似，只是将所有收益都调整为了非负数。

参与人2

	R	S	P
R	1, 1	1.5, 0	0, 1.5
S	0, 1.5	1, 1	1.5, 0
P	1.5, 0	0, 1.5	1, 1

参与人1 对应 R、S、P 行

图 5 – 12 生物界的"石头剪刀布博弈"

此博弈和"石头剪刀布"一样，唯一的纳什均衡策略就是 $p^* = (1/3, 1/3, 1/3)$。但需要检验其是否是进化稳定策略。根据混合策略纳什均衡的性质可知，任何纯策略或混合策略 p' 都满足 $U_{p*}(p^*, p^*) = U_{p'}(p', p^*)$，但是否满足 $U_{p*}(p^*, p') > U_{p'}(p', p')$ 则需进一步检验。以纯策略 R 的入侵为例：

$$U_{p*}(p^*, p^*) = U_R(R, p^*) = \frac{5}{6} \tag{5 – 16}$$

$$U_{p*}(p^*, R) = \frac{5}{6} < U_R(R, R) = 1 \tag{5 – 17}$$

由于式（5 – 17）不满足进化稳定策略的条件，因此这个博弈中既没有进化稳定纯策略，也没有进化稳定混合策略。

这种情况在自然界中被称为动态平衡（dynamic equilibrium）。例如侧斑鬣蜥的雄性有三种颜色——橙喉、黄喉、蓝喉。橙喉的鬣蜥富有攻击性，占有很大的领地和大量的雌性，但难以严密防守；黄喉的鬣蜥则不占领地，而采取偷袭交配策略，与其他雄性鬣蜥领地内的一些雌鬣蜥交配；蓝喉的鬣蜥领地较小，配偶也较少甚至是单配偶，其会严加防守领地，因此黄喉鬣蜥难以偷袭之，但又容易被战斗力更强的橙喉鬣蜥攻占。

橙喉个体增加时，黄喉个体偷袭交配成功机会也增加，因而第二代将有更多黄喉；此时更多橙喉个体的领地将被偷袭，其下一代数量将减少；而黄喉个体数量增加后，蓝喉个体的严防死守策略则会变得更有优势，也更少受橙喉攻击（因为橙喉数量已减少），结果导致蓝喉数量增加；于是橙喉有了更多可攻击并占领的目标，导致其后代数量又会上升……如此循环，三种类型的鬣蜥将达成动态平衡。罗氏沼虾社群中蓝螯型、橙螯型和小型雄性罗氏沼虾的交配策略与之类似。

流苏鹬的雄鸟中也存在类似的求偶策略区别，分为独立型（严守领地）、卫星型（在前者领地附近游走并偷袭交配）、拟雌型（外表长得像雌鸟，繁殖能力强，最受雌鸟欢迎）。观察发现，独立型雄鸟并不排斥卫星型雄鸟进入自己的领地，相反，它们很喜欢通过与前来偷袭的卫星型雄鸟进行较量，从而展示自己的力量，赢取雌鸟的芳心，另外有研究表明，一块领地中存在两只以上的雄鸟时，似乎更容易吸引雌鸟的关注。

5.2　有限理性博弈

5.2.1　有限理性博弈的分析框架

在一般博弈分析中，往往假设博弈参与人为完全理性人，但在现实中，不存在完全理性人。几乎每个人都有通过学习总结经验、吸取教训和改正错误的经历，且不同的人学习和改正错误的速度是存在差异的。完全理性假设包括（追求最大利益的）理性意识、识别判断能力、分析推理能力、记忆能力和准确行为能力（即泽尔腾的"颤抖的手"理论）等多方面的完美性要求，其中任何一方面或多方面不符合条件都属于有限理性。当然有限理性也并不意味着完全不理性。

有限理性意味着博弈参与人不太可能在一开始就找到最优策略，而是必须在博弈过程中学习博弈，通过多次试错寻找较优的策略；有限理性也意味着一般至少有部分博弈参与人不会采用完全理性博弈的均衡策略，这意味着均衡是不断调整和改进的结果，而不是一次性选择的结果，而且即使达到了均衡也可能由于有人犯错而再次偏离之。

因此，在有限理性博弈中，具有真正稳定性和较强预测能力的均衡，必须是能通过参与人的模仿、学习的调整过程而达到的，并具有稳健性质的均衡，即具备能经受错误偏离的干扰，在受到少量干扰后仍能够"恢复"该均衡状态的稳定性。

有限理性博弈的有效分析框架是由有限理性博弈参与人构成的一定规模的特定群体内成员的某种重复博弈。有限理性的参与人有一定的统计分析能力和对不同策略效果的事后判断能力，但没有事先的预见和预测能力。大多数经济分析、决策分析的核心是结果分析，即寻找参与人的最优策略选择；而有限理性博弈分析的核心，则是偏向过程分析，即研究有限理性参与人组成的群体的策略调整过程、变化趋势和稳定性。此处的稳定性，是指一种动态平衡形式的稳定性，即群体成员采用特定策略的总体比例不变，而非某一个具体博弈参与人的策略不变。

有限理性博弈分析的关键是确定博弈参与人学习和调整策略的模式，或者称为机制。由于有限理性参与人的理性层次有很多种，存在理性程度高低的差异，其学习和调整策略的方式和速度也存在较大的差别，因此，必须用不同的机制来解释不同理性程度参与人的学习和调整策略过程。对于理性程度相对较高、有快速学习能力的小群体成员的重复博弈，对应的动态机制一般称为"最优反应动态"（best-response dynamics）。另一种情况是理性程度相对较低、学习速度较慢的成员组成的大群体随机配对的反复博弈，对应的动态机制一般称为"复制动态"（replicate dynamics）。

由于有限理性博弈的分析思路与生物进化博弈相似，通常也把研究有限理性博弈的理论称为"演化博弈论"或"经济学中的进化博弈论"。

5.2.2　最优反应动态

最优反应动态的含义是，参与人能根据对方的上期（轮）博弈策略调整自己的策略。

如图 5-13 所示的协调博弈中，假设若干个参与人要两两配对并选择策略 A 或 B。其收益组合与猎鹿博弈相似。分析可知此博弈的三个纳什均衡为：（A，A），（B，B），（11/61，11/61）。其中，（B，B）为帕累托占优均衡，（A，A）为风险占优均衡。

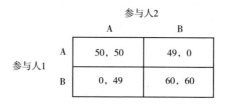

图 5 - 13 一个协调博弈

如果如图 5 - 14 所示的 5 个参与人坐成一个环形，相邻者彼此进行上述的协调博弈，由于每人都有 A、B 两个可选策略，初始策略组合为 $2^5 = 32$ 种，若只从组合特征的角度考虑，则实际上为 8 种策略组合：无 A（5 个 B）、1 个 A、相连的 2 个 A、不相连的 2 个 A、相连的 3 个 A、不相连的 3 个 A、4 个 A、5 个 A。

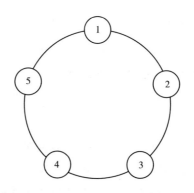

图 5 - 14 环状 5 名参与人的协调博弈

令 $x_i(t)$ 为 t 时期（即第 t 轮博弈中）参与人 i 的邻座二人中采用策略 A 者的数量，则 $x_i(t) \in \{0, 1, 2\}$。参与人 i 的邻座二人中采用策略 B 者的数量为 $[2 - x_i(t)]$。对于任意参与人 i，其选择策略 A 和 B 的预期收益分别为：

$$U_A = x(t) \times 50 + [2 - x(t)] \times 49 \qquad (5 - 18)$$

$$U_A = x(t) \times 0 + [2 - x(t)] \times 60 \qquad (5 - 19)$$

可知，当 $x_i(t) > 22/61$ 时，$U_A > U_B$。即只要有 1 个或以上的邻座人选 A，选 A 收益就高于选 B。因此该博弈中参与人的最优反应动态是：若参与人 i 的 2 个邻座人中，只要有 1 个或以上在 t 时期采用了策略 A，则参与人 i 在 $t + 1$

时期采用策略 A；如果参与人 i 的 2 个邻座人在 t 时期都采用了策略 B，则参与人 i 在 $t+1$ 时期采用策略 B。

按照上述最优反应动态机制，多轮博弈中，不同初始局势的演变情况举例如图 5 – 15 所示。

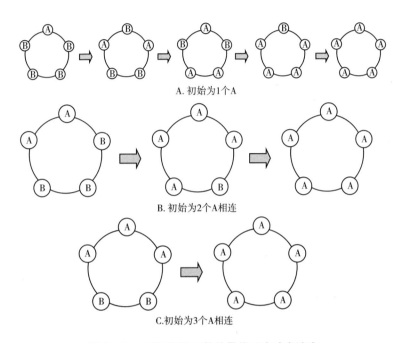

图 5 – 15　不同初始局势的最优反应动态演变

上述情形的中间环节或结果也已经包含了"不相连的 2 个 A""不相连的 3 个 A""4 个 A""5 个 A"等情形。综上可知，32 种初始情况下，只有 1 种情况（5 个 B）可能稳定于 5 个 B，其余 31 种情况最后都将稳定于 5 个 A。而当出现扰动时，即某个或某几个参与人由于犯错，实际选择的策略与其意图不一致，则 5 个 B 的局势扰动后，经过数轮博弈将转化为 5 个 A，而 5 个 A 的局势即使有人犯错，经过数轮博弈后也能够恢复到 5 个 A 的稳定局势。因此该博弈中策略 A 是进化稳定策略。

从上述协调博弈的最优反应动态机制给出的两种稳定状态可以看出，只有当所有的参与人都选择策略 A 的局势下，才同时具有以下两个性质：

（1）能够在参与人的动态策略调整中达到此稳定状态（群体趋向）；

（2）此稳定状态对少量偏离的扰动有稳健性（抗干扰）。

同时具有这两种性质（群体趋向且抗干扰）的稳定状态，即为进化稳定策略。因此在上述协调博弈中，策略 A 是一个进化稳定策略，而策略 B 不是进化稳定策略。

以第 3.4.1 节中介绍的古诺模型为例，假设两寡头企业的最优对策产量函数分别为：

$$q_1^* = 3 - \frac{q_2}{2} \qquad\qquad (5-20)$$

$$q_2^* = 3 - \frac{q_1}{2} \qquad\qquad (5-21)$$

两个完全理性的参与方会直接得出此博弈的纳什均衡为（$q_1^* =2$，$q_2^* =2$）。但若假设这两个参与人都是有限理性的，即都知道自己的最优产量函数（意味着知道自己的利润函数），不知道对方的利润和产量函数，也没有预见能力，则两个企业在第一轮博弈中只能随意设置各自的产量，但它们总会观察对手企业在第 t 轮博弈中的产量，将其代入自己的最优对策函数中求得自己在第（$t+1$）轮博弈中的产量。

不妨设第一轮博弈中企业 1 生产 2.5 单位，企业 2 生产 3 单位，以此推演两个企业的产量调整过程，如表 5-1 所示。企业 1 把 3 这个对手产量代入自己的最优反应函数，而企业 2 也把 2.5 这个对手产量代入自己的最优反应函数，很容易得到两个企业第二期的产量将分别是 1.5 单位和 1.75 单位；然后再把这两个产量分别代入其对手企业的反应函数，不难得到第三期双方的产量为 2.125 单位和 2.25 单位；以此类推，可以得知双方的产量均为 2 时进入稳定状态。

表 5-1　　　　　　　　　　连续型古诺模型中的最优反应动态

博弈轮数	产量	
	企业 1	企业 2
1	2.5	3.0
2	1.5	1.75
3	2.125	2.25
4	1.1875	1.9375
……	……	……
n	2	2

上述动态调整过程趋向收敛于两个企业各生产 2 单位产量（等于完全理性博弈的古诺产量），即唯一的纯策略纳什均衡。由于这个稳定状态也具有对微小扰动的稳健性，因此（$q_1^* = 2$，$q_2^* = 2$）是这个博弈在上述最优反应动态下的进化稳定策略。

5.2.3　复制动态

研究理性层次较低的有限理性参与人组成的大群体成员随机配对的反复博弈时，适合采用复制动态进行分析。

在博弈参与人群体中，选择各种策略参与人的比例的动态变化，是有限理性博弈分析的核心，其关键是动态变化的速度（变化方向可由速度的正负号反映）。

通常情况下，参与人学习模仿某策略的速度取决于两个因素：一是模仿对象的数量（可用相应类型参与人的比例来表示），其关系到观察和模仿的难易程度。模仿对象（采取某种策略的参与人）的数量越多，该策略越容易被模仿。二是模仿对象的成功程度（可用模仿对象的策略收益超过群体平均收益的幅度表示），其关系到判断差异的难易程度和对模仿激励的大小。模仿对象的策略越成功，该策略越容易被模仿。

以图 5 - 16 所示的投资博弈为例，若干个参与人两两配对，如果配对的两人都选择投资（Y），则各得到 1；只要有一方以上选择不投资（N），两人收益均为 0。

		参与人2	
		投资（Y）	不投资（N）
参与人1	投资（Y）	1，1	0，0
	不投资（N）	0，0	0，0

图 5 - 16　投资博弈

假设群体中选择投资（Y）的比例为 x，选择不投资（N）的比例为 $(1 - x)$，则"投资"和"不投资"两种类型参与人各自的预期收益分别为：

$$U_Y = 1 \times x + 0 \times (1 - x) = x \qquad (5 - 22)$$

$$U_N = 0 \times x + 0 \times (1 - x) = 0 \qquad (5 - 23)$$

群体所有参与人的平均收益为：

$$\bar{U} = x \times U_Y + (1 - x) \times U_N = x^2 \qquad (5 - 24)$$

以采用"投资"策略类型参与人的比例 x 为例，其动态变化速度可以用下列动态微分方程表示：

$$\frac{\mathrm{d}x}{\mathrm{d}t} = x(U_Y - \bar{U}) \qquad (5 - 25)$$

即"投资"类型参与人比例随时间 t 的变化率 $\mathrm{d}x/\mathrm{d}t$。

该动态微分方程称为"复制动态"或"复制动态方程"。其意义是，选择"投资"策略类型参与人比例的变化率，与该类型参与人在总人群中的比例（即模仿对象的数量）成正比，与该类型参与人的预期收益超过所有参与人平均预期收益的幅度（即模仿对象的成功程度）也成正比。

把选择"投资"策略的参与人的预期收益［式（5 - 22）］和群体所有参与人的预期收益［式（5 - 24）］代入这个复制动态方程，可以得到：

$$\frac{\mathrm{d}x}{\mathrm{d}t} = x(x - x^2) = x^2(1 - x) \qquad (5 - 26)$$

根据进化稳定策略的定义，满足其条件的必须是 $\mathrm{d}x/\mathrm{d}t = 0$ 的情况，解该方程有 $x = 0$ 和 $x = 1$ 两种情况，如图 5 - 17 所示。

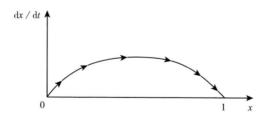

图 5 - 17　投资博弈的复制动态相位图

当 $x = 0$ 时，选择"投资"类型参与人比例的变化率等于 0，即如果初始时刻没有参与人采用"同意"策略，那么采用"同意"策略的参与人就始终不会出现（除非有人在执行时选错）。同理，当 $x = 1$ 时，选择"投资"类型参与人比例的变化率也等于 0，即如果初始时刻 100% 的参与人都采用"投资"策略，那么采用"投资"策略的参与人就始终不会背离该策略。其原理是：对于有限理性博弈方来说，需要存在可以模仿的对象才能进行模仿，当 $x=0$ 时就不存在模仿策略"投资"的榜样，而当 $x=1$ 时就不存在模仿策略"不投资"的榜样，因此这两种情况下如果没有人出现"颤抖的手"的执行能力错误，则所有参与人都不会有意识地改变策略。

当 $x>0$ 时，也就是博弈初始时刻有参与人采用"投资"策略时，如果采用这种策略的预期收益超过平均收益的幅度大于 0，那么上述变化率为正（本例中当 $0<x<1$ 时，符合 $dx/dt>0$），即采用"投资"策略的参与人会逐渐增加；当采用"投资"策略的预期收益超过平均收益的幅度小于 0 时，上述变化率为负，即采用"投资"策略的参与人会减少（本例因 $0 \leqslant x \leqslant 1$，故不可能出现 $dx/dt<0$ 的情况）；当采用"投资"策略的预期收益超过平均收益的幅度为 0 时（本例只在 $x=1$ 时成立），变化率就等于 0，即采用"投资"策略的参与人的比例不会发生变化。因此 $x=1$ 是对应除 $x=0$ 之外的大多数初始状态的稳定状态。

需要注意的是，即使上述学习过程已经停止了，即所有参与人都通过学习找到了最优的策略，但仍然有参与人还会"犯错误"，也就是说，参与人仍然可能偏离上述复制动态收敛到的纳什均衡策略。因此，还要对复制动态收敛到的稳定状态是否对于少量"错误"扰动具有稳定性进行检验。

在图 5-17 中，作为进化稳定策略的点（设其为 x^*），除了本身必须是均衡状态以外，还必须具有这样的性质：如果某些参与人由于偶然的错误偏离了它们，复制动态仍然会使 x 回复到 x^*。在数学上，这相当于要求：

（1）当扰动使 x 变得低于 x^* 时，dx/dt 必须大于 0；

（2）当扰动使 x 变得高于 x^* 时，dx/dt 必须小于 0。

换言之，在这些稳定状态处 dx/dt 的导数（也就是切线的斜率）必须小于 0。这就是微分方程的"稳定性定理"。

可见上述复制动态中的 $x^*=1$，也就是所有参与人都采用"投资"策略的状态，不但是复制动态会收敛到的一个稳定状态，而且具有对少量错误偏离的稳健性。即便出现犯错误的参与人（即选择了"不投资"策略的人），其预期收益远远低于没有犯错误的参与人，也远低于群体平均收益，因此犯错误的参与人会逐步改正错误，最终仍然会趋向于 $x^* = 1$。因此，$x^* = 1$ 是这个博弈在上述复制动态下的一个进化稳定策略。

而上述复制动态中的另一个稳定状态 $x = 0$，也就是所有参与人都采用"不投资"策略不是进化稳定的。因为，虽然当博弈处于 $x = 0$ 时复制动态并不会改变它，但若初始状态不在此处时复制动态不会收敛于它，而且当有少量参与人由于犯错而偏离这个稳定状态时，复制动态会使得结果离它越来越远，不再收敛于它。

用复制动态分析第 5.2.2 节中的协调博弈（见图 5 - 18），设群体中采用 A 策略的参与人比例为 x，采用 B 策略的比例为 $(1 - x)$，可得出其复制动态方程为：

$$f(x) = \frac{dx}{dt} = x(1 - x)(61x - 11) \qquad (5 - 27)$$

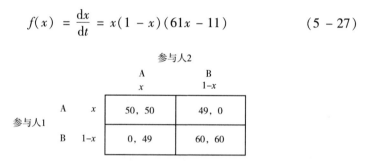

图 5 - 18　复制动态下的协调博弈

复制动态方程的相位图如图 5 - 19 所示。当 $x = 0$、$x = 1$ 或 $x = 11/61$ 时满足 $f(x) = 0$，即为此博弈的三个稳定状态。由函数可知，有 $f'(0) < 0$，$f'(1) < 0$，而 $f'(11/61) > 0$，因此只有 $x^* = 0$ 和 $x^* = 1$ 为进化稳定。这意味着：当初始状态 $x < 11/61$ 时，进化稳定状态为 $x^* = 0$；当初始状态 $x > 11/61$ 时，进化稳定状态为 $x^* = 1$。

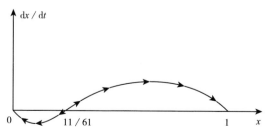

图 5 - 19　该协调博弈的复制动态相位图

　　复制动态下，形成"所有人选 B"的进化稳定的可能性是 11/61，而反观最优反应动态下，形成稳定的"所有人选 B"的可能性只能是"初始状态即为所有人选 B"这一种情况，且其不具备抗扰动能力，即不是进化稳定的。所以，在有限理性程度下，理性程度较高（最优反应动态）的群体不一定能得到比理性程度较低（复制动态）的群体更优的结果。

　　上述复制动态分析可以进一步推广到博弈中各参与方有不同的收益函数的情况。当博弈中的各方参与人具有不同的预期收益函数时，相当于复制动态方程扩展到 n 维空间的情况，其原理依然相同。

　　例如图 5-20 所示的两个群体非对称博弈，可以将其理解为两个实力不同的群体进行博弈，因此其各种局势中的收益也存在差别。设群体 1 中采用策略 a 的群体比例为 x，采用策略 b 的群体比例为 $1-x$；群体 2 中采用策略 c 的群体比例为 y，采用策略 d 的群体比例为 $1-y$。

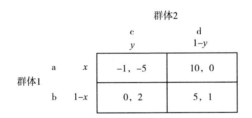

图 5-20　两个群体的进化博弈矩阵

则群体 1 的复制动态方程 $F_1(x)$ 为：

$$\begin{cases} U_{1a} = (-1) \times y + 10 \times (1-y) = 10 - 11y \\ U_{1b} = 0 \times y + 5 \times (1-y) = 5 - 5y \\ \bar{U}_1 = x \times U_{1a} + (1-x) \times U_{1b} = 5 + 5x - 5y - 6xy \end{cases} \tag{5-28}$$

$$F_1(x) = \frac{\mathrm{d}x}{\mathrm{d}t} = x(U_{1a} - \bar{U}_1) = x(1-x)(5-6y) \tag{5-29}$$

　　其复制动态相位图如图 5-21 所示：当 $y = 5/6$ 时，$\forall x^* \in [0, 1]$ 均为稳定状态；当 $y > 5/6$ 时，$x^* = 0$ 为进化稳定；当 $y < 5/6$ 时，$x^* = 1$ 为进化稳定。

　　同理，群体 2 的复制动态方程 $F_2(y)$ 为：

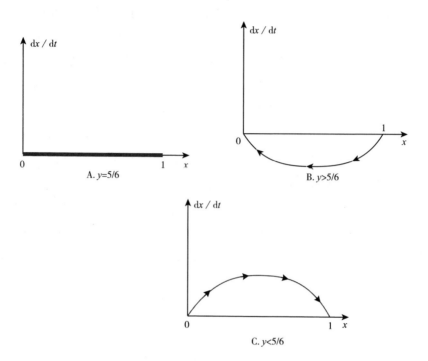

图 5 – 21　群体 1 的复制动态相位图

$$\begin{cases} U_{2c} = (-5) \times x + 2 \times (1 - x) = 2 - 7x \\ U_{2d} = 0 \times x + 1 \times (1 - x) = 1 - x \\ \bar{U}_2 = y \times U_{2c} + (1 - y) \times U_{2d} = 1 - x + y - 6xy \end{cases} \tag{5 - 30}$$

$$F_2(y) = \frac{dy}{dt} = y(U_{2c} - \bar{U}_2) = y(1 - y)(1 - 6x) \tag{5 - 31}$$

其复制动态相位图如图 5 – 22 所示：当 $x = 1/6$ 时，$\forall y^* \in [0, 1]$ 均为稳定状态；当 $x > 1/6$ 时，$y^* = 0$ 为进化稳定；当 $x < 1/6$ 时，$y^* = 1$ 为进化稳定。

综合上述分析，得到两个群体复制动态的关系和稳定性如图 5 – 23 所示。

当初始状态落在 A 区域，进化稳定状态为 $x^* = 0$，$y^* = 1$；

当初始状态落在 D 区域，进化稳定状态为 $x^* = 1$，$y^* = 0$；

当初始状态落在 B、C 区域，为不稳定状态，但可以确定最终大部分进化结果是趋于 D 区域。初始状态落在区域 A 的概率为 1/36，落在区域 D 的概率

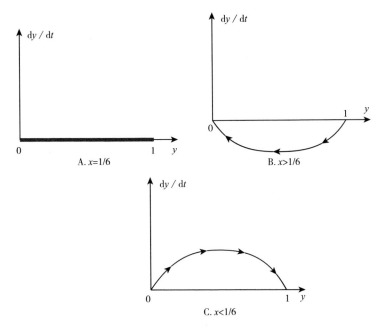

图 5-22　群体 2 的复制动态相位图

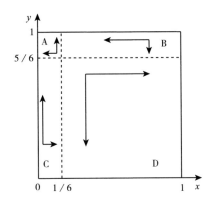

图 5-23　两个群体复制动态的关系和稳定性示意

为 25/36。剩下的 10/36 的可能性中绝大部分也会稳定在 D 区域。

更多参与方即更多维的复制动态的原理与上述分析相同。

用复制动态分析第 4.3.4 节中的虚拟水战略实施问题（见图 5-24），此时由于参与博弈的区域众多，任何区域都可能扮演区域 A 或区域 B，为简化分析设 $Q_1 = Q_2$。可以得出其复制动态方程为：

$$U_V = (Q_1 + a)p + (Q_1 - b)(1 - p) \qquad (5-32)$$

$$U_N = Q_1 p + Q_1(1 - p) \qquad (5-33)$$

$$\bar{U} = U_V p + U_N(1 - p) \qquad (5-34)$$

$$dp/dt = (U_V - \bar{U})p = [(-a - b)p + b](p - 1) = 0 \qquad (5-35)$$

区域B

		策略V p	策略N $1-p$
区域A 策略V p		$Q_1+a,\ Q_2+a$	$Q_1-b,\ Q_2$
策略N $1-p$		$Q_1,\ Q_2-b$	$Q_1,\ Q_2$

图 5–24 多个区域实施虚拟水战略与否的博弈收益矩阵

此复制动态方程的两个解为：

$$\begin{cases} \dfrac{d\left(\frac{dp}{dt}\right)}{dt} = -a < 0 \\ p = 1 \end{cases} \qquad (5-36)$$

$$\begin{cases} \dfrac{d\left(\frac{dp}{dt}\right)}{dt} = a > 0 \\ p = b/(a + b) \end{cases} \qquad (5-37)$$

复制动态方程的图像如图 5–25 所示，可见只有 $p=1$ 是进化稳定。也就是说，即使各地区的管理者和其他相关方是有限理性的，经过反复的博弈和学习，最终可以达到全部选择虚拟水战略（策略 V）、合作共赢的状态。更重要的是，这种虚拟水战略的合作将是稳定的，并且有抵抗干扰的能力。因此，从长远来看，实施虚拟水战略的前景是良好的，因为它有利于资源、生态和社会公平。上级决策者需要保持对虚拟水战略成功实施的信心。在这种演化博弈而非一次博弈的情况下，上级政府不需要投入外部干预的成本，因为达到均衡的成本是通过重复博弈和学习过程实现的。

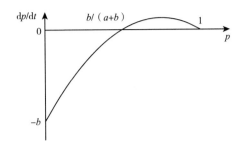

图 5 − 25　实施虚拟水战略与否的博弈复制动态图

第6章 序贯博弈

现实中的许多博弈决策活动，往往是参与人们依次行动，而不是同时行动，而且后行动者能够观察到先行动者的策略选择内容。如商业活动中的讨价还价、拍卖活动中的轮流竞价、资本市场中的收购兼并和反收购兼并都是如此。依次行动的博弈与一次性同时行动的博弈有很大差异，因此这类决策问题构成的博弈与静态博弈有很大的不同。一般称其为动态博弈（dynamic game）。

动态博弈也是博弈中的一个大类。根据博弈参与人是否相互了解收益情况，有完全信息动态博弈和不完全信息动态博弈之分。根据是否所有博弈方都对自己行动前的博弈过程有完全的了解，有完美信息动态博弈和不完美信息动态博弈之分。本章首先讨论动态博弈中的序贯博弈（sequential game）。如无特殊说明，本章中的动态博弈既是完全信息又是完美信息的部分，称为完全且完美信息动态博弈。

6.1 道德风险和承诺策略

6.1.1 道德风险和逆向归纳

序贯博弈是一种较为典型的动态博弈，它是一种参与人的行为有顺序的博弈。现实中有时会遇到"道德风险"问题，就是序贯博弈的体现。例如莎士比亚的名著《哈姆雷特》中，大臣波洛纽斯有一句著名台词："不要借钱给别人，你不仅可能失去本金，也可能失去朋友。"在现实中如何避免"借钱不还"或者"借不到钱"？

又例如，西雅图计算机产品公司开发了一款非常优秀的软件，但是一直默默无闻。后来，一位青年要求买下这个软件进行销售。是应该把该软件的所有权利卖给他（风险小），还是跟他合作分成（风险高）？该公司并不知道这个青年的母亲与 IBM 总裁曾在同一个大型慈善机构共事，于是一股脑打包卖给了他。果然，IBM 不久就从这位青年手中买下了这个软件。这个软件从此名扬天下，这位青年借助这笔"第一桶金"，后来也成了世界上最富有的人之一，而最初开发了这个软件的西雅图计算机产品公司却一直默默无闻。那款软件就是著名的 86 - DOS 系统，而那个青年叫比尔·盖茨。[①]

用一个如下的双人决策游戏对"道德风险"中的原理进行说明。首先，由参与人 1 做出选择，向一个盒子里放 1 元、3 元或不放钱；其次，参与人 2 看完参与人 1 往盒子里放了多少钱之后，参与人 2 可以选择"做相同的投资（即向盒子里放同样数量的钱）"，或者选择把盒子里的钱都取走。

规定最终双方的收益情况如下：

如果都不放钱，那么两人的收益就都是 0；

如果两个人都放了 1 元，那么参与人 1 能拿回 2 元（赚 1 元），参与人 2 能拿回 2.5 元（赚 1.5 元）；

如果两个人都放了 3 元，那么参与人 1 能拿回 6 元（赚 3 元），参与人 2 能拿回 5 元（赚 2 元）；

如果参与人 1 放的钱被参与人 2 取走，则参与人 1 损失所放的金额，参与人 2 的收益为其取走的金额。

在现实中让志愿受试者进行此游戏，会发现多数参与人 1 会选择"往盒子里投资 1 元"，而多数参与人 2 也会选择"向盒子里放同样金额（多数情况下盒子里为 1 元）"。最后双方的收益为（1 元，1.5 元）。

这个游戏实际上是一个简化过的有关借方和贷方的博弈。假设参与人 1 相当于现实中的一家投资银行、风投公司等，而参与人 2 相当于某个项目的创业者，希望能得到投资作为启动资金，如建造厂房、采购生产设备等。而贷方要决定给这个项目注资多少——相当于游戏中参与人 1 面临的抉择。在

---

① Hunter D. The roots of DOS：Tim Paterson［J］. Softalk, 1983（3）：12 - 15.

项目获得注资之后，借方也会面临两个选择：一是按计划进行这个项目，按照计划使用这些投资，获得经营利润后用其中一部分还贷（相当于游戏中参与人2向盒子里放同样金额）；二是携款逃跑或在贷方不知情的情况下把钱都花光（相当于游戏中参与人2把盒子里的钱取走）。

可以看出，这个序贯博弈和前面部分研究过的静态博弈有本质上的不同。这个博弈之所以是序贯博弈，并不是简单地因为"参与人1先行动而参与人2后行动"，而是因为在参与人2行动之前，其已经知道参与人1采取了什么行动，而且参与人1也知道这一点。

除了前面章节介绍的策略式表述外，扩展式表述（extensive form，也叫树形图）也是常用的博弈表示形式，且扩展式表述（树形图）更适合用来表述序贯博弈。

图6-1为上述"盒子里的钱"游戏的树形图。树形图上的端点称为节点（node），其中最末端标注了各参与人收益的点被称作终点（end node），代表了某个参与人要在该节点上做出选择的节点称为决策节点（decision node）。在博弈中某个参与人可能有多个节点，需要做出不止一个决策。各个"树枝"线段称为边（edge），从起点到终点的路线被称为路径（path）。从树形图的起点一直到树形图的终点的每一点的路径中，有最大长度的那一条路径称为博弈的长度。

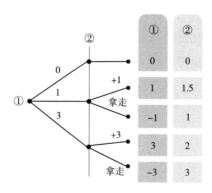

图6-1　"盒子里的钱"游戏的树形图

序贯博弈可以用逆向归纳（backward induction）的方法进行分析——博弈中首先行动的参与人应该站在随后行动的参与人的立场上思考，预测他们会怎么行动。即树形图上级节点的参与人要预测树形图的下级参与人如何行动——通过换位思考，推测下级的参与人会有什么样的动机，最佳对策是什么，然后再根据树形图退回自己的节点，选择自己的最优对策。

以"盒子里的钱"树形图为例，其逆向归纳过程如图 6 - 2 所示（用下划线和粗线条表示优势策略）。

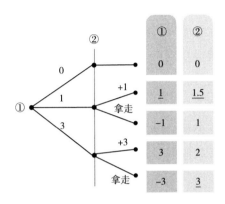

图 6 - 2　"盒子里的钱"的逆向归纳

（1）站在参与人 2 的角度做出判断，参与人 1 投入 0 元的分支参与人 2 没有选择权，无须分析；参与人 1 投入 1 元的分支，参与人 2 选择投入 1 元（收益为 1.5 元）与拿走 1 元（收益为 1 元）相比是优势策略；参与人 1 投入 3 元的分支，参与人 2 选择投入 3 元（收益为 2 元）与拿走 3 元（收益为 3 元）相比是劣势策略。

（2）逆向返回树形图的上一层，站在参与人 1 的角度，可以选择的三个策略分别对应的收益为：0、1、- 3。因此参与人 1 的优势策略为投入 1 元。

不管从贷方还是借方角度看，（1，1.5）这样的收益显然帕累托严格劣于（3，2）的收益。虽然人们希望得到一个更好的结果，但某种动机却阻止了达成更好的结局。这种情况被称为道德风险（moral hazard）。

道德风险是在信息不对称条件下，由于存在不确定或不完全合同，使得负有责任的经济行为主体不承担其行动的全部后果，则会在最大化自身效用的同时，做出不利于他人行动的现象。此概念起源于海上保险，1963 年肯尼斯·阿罗（Kenneth Arrow）将此概念引入经济学中。阿罗指出，道德风险是由于有了保险的保障，而使个体行为发生变化的倾向，是一种客观存在的事后机会主义行为（相对地，逆向选择则是一种事前的行为），是交易的一方由于难以观测或监督另一方的行动而导致的风险（Arrow，1963）。

保险行业中有一个典型的道德风险问题，即参保的人在提高警惕、避免风险方面的积极性普遍有降低的可能性。1996 年诺贝尔经济学奖获奖者詹姆斯·莫里斯（Mirrlees，1999）在解释道德风险时说道："当保险赔偿金数额庞大的时候，就会出现试图故意肇事获取保险赔偿金的人。"这就意味着，当患病的投保人前往医院之前购买医疗保险，或火灾保险投保人由于疏忽而发生火灾时，保险公司就会受到巨大的损失。同理，如果保险公司不对交通肇事实行任何处罚，驾驶员就会容易产生懈怠心理，不顾交通安全。因此保险公司在和投保人签订保险合同时必须考虑到这些问题。现实中保险公司一般会要求签署一定的免赔条款，以此来使投保人也承担一部分损失，但这又可能使遇险概率较低、事故倾向较小的人群犹豫不决，从而降低其投保率，使保险公司保费收入下降。

其他领域也有道德风险的例子，如每当年末，有的政府部门为了要花掉手里剩下的预算，常有"突击花钱"造成浪费的现象。美国《福布斯》杂志援引美国非营利组织 Open The Books 开展的一个分析政府数年开销的项目称，包括军事部门在内的美国各政府部门会在财年结束时故意超支，以免来年被削减预算。为获得更多预算，这些部门会故意采购昂贵的食物等物品。在2018 财年最后一个月（2018 年 9 月），联邦政府在 50 余万份合同上花费了970 亿美元。其中在 2018 年财年的最后 7 天，联邦机构突击花费了 510 亿美元。《福布斯》报道称，这意味着在整个财年合同支出中，有大约 10% 是在最后 7 天里花出去的。

上级预算发得多，下级政府可能花钱大手大脚、造成浪费；上级预算发得少，下级政府可能由于预算不足，无法有效开展工作。解决这类"提高财政预算"与"下级政府部门浪费"之间的矛盾，同样是一种值得研究的道德风险问题。

"盒子里的钱"游戏已经指出了一种解决道德风险问题的办法，就是减小项目的规模。除此之外，与解决"囚徒困境"类似，可以通过立法等额外投入的强制手段在一定程度上约束借贷双方的行为。在法律中有些条款用来限制借方无力清偿时所受的惩罚，例如英国作家查尔斯·狄更斯（1812～1870年）所生活的时代就有一种"债务人监狱"的制度，一个人若无力还债就有可能被监禁于监狱中，直至还清债务，在此期间全家都得作陪入住监狱。1824 年，狄更斯之父就因欠债锒铛入狱，父母带着家里最小的孩子住进伦敦马萨尔席监狱，而 12 岁的狄更斯则由于家境窘迫，在父亲及家人入狱前已经开始到小作坊当童工，因此躲过了牢狱之灾。这段生活使狄更斯广泛接触到英国社会底层的"小人物"的生活，积累了写作素材。可见法律在这类问题上确实能起一定作用，但这类措施过于强硬，有可能会引起一些负面后果。

另一种解决道德风险问题的途径是，贷方可以对于资金使用进行一些硬性的限制，比如规定资金只能用于某些特定事务，并要求借方提供相应的开销凭证，例如现实中常见的"垫付—报销"模式。或者，要求借方预先提供可靠的项目计划书等作为保证，这可以理解为改变行为的顺序——让借方先行动，做出承诺要采取哪些行动、会如何使用这笔资金，之后贷方才决定是否向其提供贷款。现实中很多建设项目、科研项目的招投标等活动就体现了这一原理。但这一做法也有其缺点，例如缺乏灵活性，如果创业者在进行项目之前就在合同里把所有的细节问题都写清楚，会限制创业者的思维。而且要在立项的时候就把所有的支出都列出来，这本身就是既需要耗费成本又难以完全实现的。

例如，2017 年 7 月 12 日的国务院常务会议上，国务院时任总理李克强对与会各部门负责人说："大家翻翻科学史，人类的重大科学发现都不是'计划'出来的！必须给科学家创造更多的空间，释放他们更大的活力！""很多科研工作者都向我反映，希望在经费使用等方面能给他们一些更大空间。""我看了一下我们的相关规定，确实有一些规定得比较细，科研项目实施中人头费多少、耗材多少都给规定'死'了。这种规定究竟符不符合基础科研的规律，值得我们认真研究。"李克强比喻道，长期以来，我们在科研管理中习惯于给科研人员"下计划""定指标"，哪年哪月要达到什么目标。"但是同志们啊，人类历史上的重大科学发现，哪个是'计划'出来的？牛顿发现万有引力定律，连他自己也'计划'不出来啊！"[1] 2018 年 7 月 4 日的国务院常务会议决定，要改革科研管理方式。凡国家科技管理信息系统已有的项目申报材料，不得要求重复提供。减少各类检查、评估、审计，要赋予科研人员

---

[1]　中国政府网. 李克强：人类的重大科学发现都不是"计划"出来的 [EB/OL]. (2017 - 07 - 13) [2017 - 07 - 15]. https://www.gov.cn/premier/2017 - 07/13/content_5210217. htm.

更大的经费使用自主权。2020 年 5 月 17 日，《中共中央　国务院关于新时代推进西部大开发形成新格局的指导意见》正式发布，其中提出"支持扩大科研经费使用自主权"。2021 年 8 月 13 日，国务院办公厅印发《关于改革完善中央财政科研经费管理的若干意见》，提出扩大科研项目经费管理自主权，解决预算编制烦琐、项目申报流程长、经费拨付进度慢、报销难等科研经费申请使用中存在的问题，进一步激励科研人员多出高质量成果（浦谡，2021）。

　　贷方也可以把整笔贷款分阶段发放，每一阶段都只发放一小部分，如果借方前一阶段表现得不错，那贷方下次就发放更大一笔的款项。这相当于把一个单回合的博弈变成了一个重复博弈，在一些历时较长的项目中也有应用。这个办法的问题在于，对于某些项目而言，启动资金也是要达到一定数额，甚至在总资金需求中占据了较大份额。例如开始生产时可能需要建厂房、买机器、雇工人、打广告，等等。启动资金过少，这些行动就难以顺利实施。

　　在博弈中常用的一种解决道德风险问题的做法被称为激励设计（incentive design）。它通过改变博弈的某些设置，使参与人自愿地实现特定的策略选择。例如，改变合同的细节让借方更愿意去认真经营项目并还贷，而不愿意去选择携款逃跑。在"盒子里的钱"游戏中，根据图 6 - 1 给出的博弈收益来看，贷方在（放入 3 元，放入 3 元）的结局中能获得 200% 的回报，即投入 3 收回 6（获得利润 3），而借方只能得到利润 2。即此结局中利润 5 被分成了 3 和 2 两份。但未必一定要这样分配利润。如果通过机制设计，改变该分支的利润分配，由原来的（3，2）变为（1.9，3.1），如图 6 - 3 所示。此时若参与人

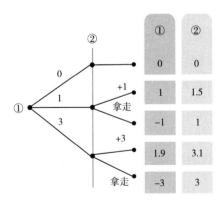

图 6 - 3　"盒子里的钱"的激励设计

2 面对装有 3 元的盒子，对其来说也投入 3 元成为最优对策，继而逆向归纳可知投入 3 元也成为参与人 1 的最优对策。

在商业领域，人们的动机并非天生的，而是由契约双方设计出来的。无论是借贷双方的任何一方，都应该始终要考虑，如何拟订契约才能实现想要达成的效果。在上述例子中，贷方稍微舍弃一部分利润，不要再去追求 100% 的回报，那么反而会得到比发行一笔小额贷款（即原来的双方各投入 1 元的均衡）更高的收益——能得到 1.9 而不是 1 的利润。这就是所谓的"有时大蛋糕的一小块，可能比小蛋糕的一大块还要大"。

摩根士丹利等机构投资蒙牛，就是对赌协议在创业型企业中应用的典型案例。2003 年，摩根士丹利等投资者与蒙牛管理层签署了基于业绩增长的对赌协议。双方约定，2003～2006 年，蒙牛乳业的复合年增长率不低于 50%。若达不到，蒙牛公司管理层将输给摩根士丹利 6000 万～7000 万股的上市公司股份；如果业绩增长达到目标，摩根士丹利等机构就要拿出自己的相应股份奖励给蒙牛管理层。这无疑是对蒙牛乳业努力提升业绩的一种激励。[①]

法律法规的设计中也存在激励设计机制。例如中国 2003 年制定的《中华人民共和国道路交通安全法》第七十六条（二）规定：机动车与非机动车驾驶人、行人之间发生交通事故的，由机动车一方承担责任；但是，有证据证明非机动车驾驶人、行人违反道路交通安全法律、法规，机动车驾驶人已经采取必要处置措施的，减轻机动车一方的责任。交通事故的损失是由非机动车驾驶人、行人故意造成的，机动车一方不承担责任。

此规定的意义在于，机动车作为高速运输工具，对行人、非机动车驾驶人的生命财产安全具有一定的危险性，发生交通事故时，实行"无过错责任"原则，使司机有最大的积极性谨慎行驶。而由于交通事故造成的人身伤害不能完全通过赔偿弥补，行人也会保持一定的警惕性。

考虑到随着道路交通的发展、交通规则的健全以及公民法律意识的提高，并借鉴了一些国家的立法经验，在 2011 年修正的《中华人民共和国道路交通安全法》中，该条对承担责任的方式也作了一定的修改，规定：机动车与非机动车驾驶人、行人之间发生交通事故，非机动车驾驶人、行人没有过错的，

---

① 康乐. 对赌协议五大案例 [J]. 金融世界，2015（7）：68－71.

由机动车一方承担赔偿责任；有证据证明非机动车驾驶人、行人有过错的，根据过错程度适当减轻机动车一方的赔偿责任；机动车一方没有过错的，承担不超过 10% 的赔偿责任。如此规定有利于提高行人注意遵守交通规则的意识，进一步改善道路交通安全情况。

企业管理者（例如首席执行官 CEO）的合同里也通常包含着很多激励条款。一种解释是，把激励条款写进合同是为了使管理者和股东的利益保持一致，使其比只能拿固定工资的情况更有动力。

激励合同有一种特殊的形式——计件工资制。这种制度能提高工人工作的积极性，使效率较高，但工价的制定又是个关键问题。

激励设计在实践运用中也需要注意一些问题。例如在影视娱乐圈中，很多影视明星、制作者都签过对赌协议，这固然能带来一笔巨大的快钱，但若对自身估计不充分，导致面临无法创造合同规定的利润额的风险时，则会尝试选择拍摄"烂片"、制造"热度"等途径完成任务，消耗自己的口碑和人气，陷入恶性循环。这样的"激励"往往是揠苗助长。

在"盒子里的钱"的激励设计案例中，虽然贷方接受了"大蛋糕的一小块的方案"，最终得到的 1.9 元的收益看起来不错，从绝对值来看是比原始均衡的 1 元要高，但从另一个角度看，其回报率仅为 63.33%。而如果贷方能够找 3 个小的投资项目，即进行原始博弈 3 次，这样分散投资后每次能获得 1 元的收益，总计仍可获得 3 元的收益，回报率为 100%。因此面对此类问题需要具体问题具体分析，即投资的真实机会成本是多少。

另一种常用的解决道德风险问题的办法是担保（assurance）。担保是指在借贷、买卖、货物运输、加工承揽等经济活动中，债权人为保障其债权的实现，要求债务人向债权人提供担保的合同。担保方式包括保证、抵押、质押、留置和定金五种。

如图 6-4 所示，如果"盒子里的钱"游戏要求借方（参与人 2）用"房产"担保，若借方选择携款逃跑，其房产就赔偿给贷方（参与人 1），而借方此时最终得到的收益是"1 元减去房产"，或者是"3 元减去房产"。由于房产的价值远大于 1 元或 3 元，在有偿还能力的情况下，借方就会选择偿还贷款即向盒子里投入同样多的钱。因此贷方在第一步也会选择投入 3 元，最后双方收益为（3，2）。这也是现实信贷中常用的手段。

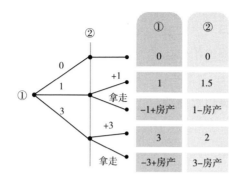

图 6 - 4 加入担保机制的"盒子里的钱"

担保的作用可能会被认为是使得贷方更有安全感了，因为即使借方携款逃跑，贷方至少可以得到房产作为补偿。但担保的真正意义其实并不是在于给贷方提供额外的净收益（因为此时理性的借方不会选择携款逃跑），而是在于，它降低了借方不偿还贷款的收益。通过担保使得借方拖欠贷款时其收益会遭到足够的惩罚，以此来促使其改变行为。这种"惩罚"实际上对借方是有利的，如果没有担保，贷方就不敢选择投入 3 元。通过引入担保降低了树形图某些终点处借方的收益，最后的结果是从原始均衡的（1，1.5）变成了新均衡的（3，2），双方的收益都增加了。因此，有时降低树形图上某些分支的收益，对参与人反而是有利的，因为这样做也改变了其他参与人的行为。

6.1.2　承诺策略

中国历史上，楚汉争霸时期发生的著名战役"井陉之战"中也蕴含了一个序贯博弈。

韩信是西汉开国功臣、军事家、"汉初三杰"之一，中国军事思想"兵权谋"（重视战略）的代表人物，被后人奉为"兵仙""神帅"。汉高帝三年（公元前 204 年）十月，韩信统率汉军，越过太行山，向东挺进，对赵国发起攻击。赵王歇和赵军主帅陈馀闻讯后，集结大军于井陉口（今河北石家庄市井陉县东南）防守。当时陈馀手下的广武君李左车（赵国名将李牧之孙）很有战略头脑，他认为，汉军远道而来，粮草匮乏，士卒饥疲，且井陉口谷窄沟长，车马不能并行，宜守不宜攻，赵军只要严守，就可以万无一失。李左车向陈馀阐述了其中利害，并自请带兵 3 万人，从小路包抄到汉军后方，切断其粮道。然而，陈馀刚愎自用且又迂腐疏阔，拘泥于"义兵不用诈谋奇计"的教条，对李左车的建议不以为然，不严守井陉，坚决主战（即赵军主动放弃了"坚守"的策略）。

井陉之战的局势可以简化为以下的博弈模型：此时韩信的汉军已经集结完毕，轮到赵国军队作决策——可以选择战斗或逃跑。而汉军面对赵军的选择，也要选择迎战还是逃跑，如图 6-5 所示。

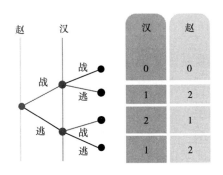

汉	赵
0	0
1	2
2	1
1	2

图 6-5　井陉之战树形图

假设双方收益如下：

双方均选择战斗则两败俱伤，收益是（0，0）；

若赵军战斗而汉军逃跑，那么赵军胜利，收益为 2，而汉军保留了一定有生力量，因此收益为 1；

同理，若赵军逃跑而汉军战斗，那么汉军收益为 2，赵军收益为 1；

若双方均选择逃跑，由于赵军是防守方，形势将对其更有利，因此赵军收益为 2，汉军收益为 1。

用逆向归纳法分析此博弈，不难得出：如果汉军遇到赵军的抵抗，就应该逃跑（1 > 0）；如果赵军逃跑，那么汉军会选择乘胜追击（2 > 1）。赵军知道如果选择抵抗，汉军会逃跑，此时赵军会得到 2；但如果赵军逃跑，汉军会乘胜追击，这样赵军只能得到收益 1。因此赵军经过上述思考后，会选择抵抗，即此博弈的纳什均衡为：赵军战斗而汉军逃跑——这对于汉军指挥官韩信而言，无疑是令人沮丧的。

根据《史记·淮阴侯列传》记载，韩信在此情况下采取了"背水一战"

的破局策略，即命令汉军背靠河流（绵蔓水，今井陉县微水镇的绵河）摆开阵势。此时赵军仍然可以选择抵抗还是逃跑，但是背水列阵的汉军却没有选择逃跑的余地了（见图 6-6）。此时"逃跑"成为赵军的最优对策。

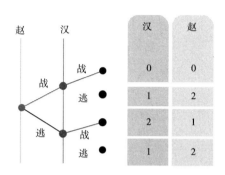

图 6-6　"背水一战"树形图

根据《史记·淮阴侯列传》记载，赵军见汉军摆出只能前进而无退路的绝阵，都大笑不已，并尝试攻击。汉军面临大敌，后无退路，只能拼死奋战。韩信事先派出的汉军轻骑兵乘赵军营寨空虚，抢占了赵军营寨。赵军见此大乱，开始溃逃（即选择了"逃跑"策略），汉军乘势前后夹击，大败赵军。韩信大获全胜，诸将前来祝贺，问道："兵法上说，布阵应是'右倍山陵，前左水泽（右侧和背后有高山作为依托，前方和左侧面向水泽）'，如今将军却背水为阵，还说破赵军之后会餐，当时我们不服，然而取胜了，这是什么战术？"韩信解释道："这其中的原理在兵法上也有记述，只是诸位没留心罢了。兵法上不是说'陷之死地而后生，置之亡地而后存'吗？况且我平素没有得到机会训练诸位将士，这就是所谓的'赶着街市上的百姓去打仗'，在这种形势下如果不把将士们置之死地，使每个人为保全自己而战，就难以取胜；而如果给将士们留有生路，他们就会想要逃跑了，怎么还能用他们取胜呢？"诸将听了都自叹不如。

这是一个经典的承诺策略的案例，韩信通过背水结阵来剔除己方的"逃跑"策略。如果把"是否要背水列阵"看作一个先手承诺的策略选择，则整体博弈树形图如图 6-7 所示，即图 6-5 和图 6-6 的合并。

井陉之战的结局，对楚汉战争的整个进程具有重大的意义。汉军的胜利，使得其在战略全局上渐获优势，即消灭了北方战场上最强劲的敌手，为下一

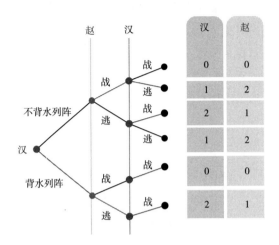

图6-7　井陉之战的整体博弈树形图

步"不战而屈人之兵"、兵不血刃平定燕地创造了声势和前提，并为东进攻击齐国铺平了道路，从而造就了孤立项羽的有利态势。这虽然是一次战役规模的军事行动，但却有着战略性质的地位。井陉之战给后人留下了许多宝贵的启示。其中最为重要的一点是：兵法的运用，贵在灵活创新，切忌死板教条。例如兵法中"右倍山陵，前左水泽"的论述既有防守军阵左翼、注重右翼包抄的可取之处，也有一定笃信"阴阳"的色彩，不可尽信之。在灵活创新、实事求是方面，韩信堪称表率。

井陉之战这个例子再次证明了，在博弈中，特别是序贯博弈中，有时放弃某些选择反而能使当事人受益，其原因在于这样做改变了博弈中其他参与人的行为。

另一个类似的承诺策略的例子是"破釜沉舟"。西楚霸王项羽是中国军事思想"兵形势"（重视战术）的代表人物，以勇武闻名的军事家。秦末大起义中，秦二世二年（公元前208年），秦将章邯带领大军渡过黄河，攻打当时自称赵王的赵歇。赵王歇没有防备秦军的进攻，一战即败，只好撤退到巨鹿（今河北省邢台市）固守。章邯派大将王离和涉间把巨鹿城围困得如铁桶一般，秦军在城外布成了铁壁般的防线，章邯自己则率领主力驻扎在巨鹿南方，准备"围城打援"。赵王派使者向各国诸侯求援。楚怀王（战国时楚怀王熊槐之孙熊心，秦末起义时被项梁拥立为楚怀王）接到赵王求援的书信，任命宋义为上将军、项羽为次将、范增为末将，率军北上救赵。但是宋义却并不想到巨鹿城下和秦军拼命，逗留不前。燕国、齐国派出的援军也是如此。项羽按捺不住，痛斥宋义并杀死了他，代理上将军一职。秦二世三年（公元前207年）十二月，项羽率楚军到达巨鹿县南的黄河（一说为漳水），渡河后命令全军破釜沉舟（把做饭的锅砸破、把渡河的船凿沉），烧掉房屋帐篷，只带够吃三天的口粮，以示不胜则死的决心，楚军以迅雷不及掩耳之势直奔巨鹿，没有退路的楚军士兵个个士气振奋，以一当十，越战越勇。经过九次的激战，楚军最终大破秦军。从此项羽确立了在各路义军中的领导地位，《史记》对其有"羽之神勇，千古无二"的评价。

在西方历史上也有类似的例子。罗马共和国时期，公元前60年，三个军事政治强人克拉苏、庞培与恺撒结成秘密的政治同盟，共同控制罗马政局，史称"前三头同盟"。公元前58年，恺撒赴任山南高卢（阿尔卑斯山以南到卢比孔河流域之间的意大利北部地区）总督，经三年苦战，占领了大部分高卢的领土。恺撒的声望和势力都因此大增，引起了庞培的嫉妒和戒心。公元前53年，克拉苏在对安息的战争中失败阵亡，"三头同盟"只剩下了"二头"，失去平衡，庞培遂与元老院相勾结反对恺撒。公元前49年，元老院作出决议，恺撒在高卢总督任满后，必须交出兵权撤回罗马，如果拒绝，他将被宣布为国家之敌。

而恺撒并不坐以待毙，而是先发制人，以"保卫人民夙有权力"为名，渡过作为意大利本土与山南高卢分界线的卢比孔河，迅速迫近罗马。根据罗马共和国当时的法律，任何在外带兵作战的将领都不得带领军队越过卢比孔河，否则就会被视为叛变。这条法律的目的是确保罗马共和国不会遭到来自内部的攻击。恺撒渡过卢比孔河是历史上一次著名的当机立断、雷霆一击、一往无前的军事行动。庞培和元老贵族措手不及，庞培在布隆迪西乌姆之战中稍作抵抗后，放弃意大利半岛，逃往希腊。恺撒几乎兵不血刃地进入罗马城，要求剩余的元老院议员们选举他为独裁官，集军政大权于一身。"渡过卢比孔河"从此成为欧洲一句成语，形容当机立断、义无反顾地行动，与破釜沉舟相似。

值得注意的是，视死如归的胆量绝非赢得博弈的最关键因素。"减少自己的可选策略"应当能够改变其他人的行为，如果改变不了其他博弈方的行为，则是无意义的。

例如，《奇爱博士》是美国导演斯坦利·库布里克根据英国作家、飞行员彼得·乔治所著小说《红色警戒》改编的一部黑色幽默喜剧片，于1964年在美国上映。影片中提到了一个著名的承诺策略。"核威慑"是核大国倚仗核军备和核战争威胁来实现本国战略目标的一种策略。"威慑"就是以使用武力作为威胁，迫使敌方因面临可能导致无法承受的报复而不敢贸然发动战争的一种手段。苏联和美国都有核武器，但都不敢贸然用核武器攻击对方，因为互相发射核武器，只能同归于尽。可见，这种双方克制的局面是建立在"双方都能用核武器反击并摧毁对方"的基础上。

承诺策略本身没有错，但只有当"减少可选策略"改变了别人的行为时，它对当事人来说才是有利的。在井陉之战中，韩信背水列阵，而不是"悄悄地背水列阵"，为了故意让敌军看到己方背水列阵，让他们知道己方有进无退，转而选择逃跑策略。

《三国志》中记载，建兴六年（公元228年），诸葛亮出兵前往祁山北伐魏国，任命马谡为先锋，统领各军前行。魏明帝曹叡得知蜀汉来攻后，派大将张郃统领各路魏军，在街亭（今甘肃秦安东北）攻击马谡。马谡到达街亭后，违背诸葛亮的作战部署，不在山下据守城邑，仗恃南山的地势将部队驻扎在南山上，而且放弃了水源。王平连续多次劝谏马谡，但马谡不采纳他的意见。张郃的魏军到达后，断绝马谡取水的道路，发动进攻并大败马谡。

同样是自断后路，为什么韩信、项羽能取胜，而马谡失败呢？原因在于，项羽、韩信打的是进攻战，而马谡打的是防守战。进攻方希望战斗时间越短越好，而防守方希望时间越长越好。防守可以用"拖"字诀，进攻则希望速战速决。马谡作为防守方，却采取了进攻方的策略。水源的本质是时间，他失去了水源，就失去了时间。最关键的是，"自断后路"的主要作用是激励士气，短时间内调动战士们的战斗积极性，激发他们的潜力。然而，正所谓"一鼓作气，再而衰，三而竭"，马谡实施这个战术后，不是立刻和魏军开战，而是在等待对方来攻。这种情绪化的士气很快在等待中冷却，取而代之的是对于身处绝境的恐惧，将士们不仅不会更勇敢，反而会更怯懦。

在《三国演义》第七十一回和第七十二回中，魏军大将徐晃也犯了类似的错误。

徐晃、王平领军进攻汉水的蜀将赵云、黄忠。徐晃命令前军渡水列阵。王平劝道:"我们大军渡过汉水出击,如果想要退兵时,该怎么办?"徐晃说:"当年韩信背水列阵,所谓置之死地而后生。"徐晃不听王平的劝告,领兵渡过汉水扎下营寨。

黄忠对赵云说:"徐晃恃勇而来,暂时不要与其交锋,待日暮兵疲,你我分兵两路击之。"赵云同意黄忠的意见,两人各引一军坚守寨栅。徐晃引兵从辰时(7点至9点)搦战,直至申时(15点至17点),蜀兵不动。最后徐晃命令弓弩手上前,朝蜀营中射箭。黄忠对赵云说:"徐晃命令弓弩手射箭是虚张声势,必定是要退兵,可乘时击之。"话音未落,就有兵士报告曹军后队果然开始退后。于是蜀营鼓声大震,黄忠领兵左出,赵云领兵右出。两下夹攻,徐晃大败,军士被逼入汉水,死者无数。徐晃逃回营后,责备王平不出兵相救,欲杀王平。王平一气之下,当夜就投奔了蜀军。

6.2　几种序贯博弈实例

6.2.1　饿狮博弈

"饿狮博弈"是一个典型的序贯博弈问题。设一个狮群中有 A、B、C、D、E 五只狮子,这些狮子有严格的等级制度,强弱从 A 到 E 依次排序,它们发现了一只绵羊(见图 6-8)。假设首领狮子 A 吃掉绵羊后就会因为吃得太饱而打盹儿睡着,这时比 A 稍弱的狮子 B 就可以趁机吃掉狮子 A,但如果这样做 B 也会睡着,然后狮子 C 就可以吃掉狮子 B,以此类推。假设狮子们都是理性的,此时最强的首领狮子 A 是否敢于吃掉绵羊?

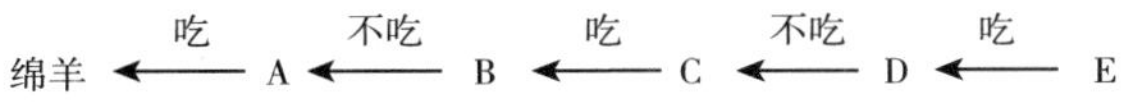

图 6-8　"饿狮博弈"示意

采用逆向归纳分析此博弈,也就是从最弱的狮子 E 开始分析。假设狮子 D 睡着了,由于在狮子 E 的后面已没有其他狮子能对其造成威胁,所以狮子 E 可以放心地吃掉熟睡中的狮子 D。继续前推,既然狮子 D 睡着后会被狮子 E

吃掉，那么狮子 D 必然不敢吃在其前面睡着的狮子 C。再往前推，既然狮子 D 不敢吃掉狮子 C，那么狮子 C 则可以放心去吃睡眠中的狮子 B。依此前推，得出狮子 B 不敢吃掉狮子 A。所以答案是狮子 A 可以吃掉绵羊。

假如增加或减少狮子的总数，博弈的结果会出现变化。如图 6 – 9 所示，在狮子 E 的后面增加了一只狮子 F，总数变成 6 只。用逆向归纳法很容易得出结论，此时狮子 A 不敢吃掉绵羊。

绵羊 ←_{不吃} A ←_吃 B ←_{不吃} C ←_吃 D ←_{不吃} E ←_吃 F

图 6 – 9　狮子数量为偶数的饿狮博弈

对比两次博弈可以发现，狮子 A 敢不敢吃绵羊取决于狮子总数的奇偶性，总数为奇数时，狮子 A 敢吃掉绵羊；总数为偶数时，狮子 A 则不敢吃掉绵羊。因此，总数为奇数和总数为偶数的狮群博弈结果分别形成了一个稳定的纳什均衡。

6.2.2　蜈蚣博弈

蜈蚣博弈是由心理学家罗伯特·罗森塔尔（Robert Rosenthal）于 1981 年提出的。如图 6 – 10 所示，博弈从左到右进行，每个节点的横向的边为合作策略，向下的边为不合作策略。

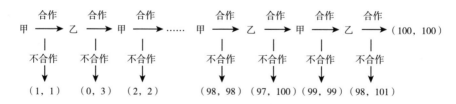

图 6 – 10　蜈蚣博弈

采用逆向归纳分析此博弈，图中右侧最后一步轮到乙选择时，乙选择合作的收益为 100，选择不合作的收益为 101。根据理性人假设，乙将选择不合作，而这时甲的收益为 98。甲换位思考后知道乙在最后一步将选择不合作，因此其在前一步将选择不合作，因为这样甲的收益为 99，高于选择合作能得到的 98。乙也换位思考知道了这一点，所以乙也要抢先甲一步采取不合作策略……如此逆向归纳分析下去，最后的结论是：在第一步甲将选择不合作，此时双方的收益均为 1。

人们从直觉角度往往会认为采取"合作"策略是好的。但从逻辑的角度看，甲一开始应选择"不合作"的策略。人们在博弈中的真实行动可能偏离了运用逆向归纳法做出的理论预测，造成理论与实践二者间的矛盾，这就是蜈蚣博弈的悖论。

可以把一个历史故事中的决策机制进行简化，作为蜈蚣博弈的实例。《三国志》记载，建安十三年（公元 208 年），刘备和孙权结成联盟，对抗更加强大的曹操。抗曹联盟维系的时间越长，对孙、刘两家越有利。但是孙、刘抗曹联盟的维持存在很多隐患，其中有个关键问题，就是兵家必争之地荆州的几个郡的归属。民间有"刘备借荆州"的说法，其实并不是刘备从孙权手中"借"了所有的荆州。赤壁之战后，荆州七郡被曹操、刘备、孙权三个阵营瓜分，曹操占据荆州北部的南阳郡和江夏郡长江以北的部分，孙权占据江夏郡长江以南的部分和大部分的南郡，刘备占据南郡长江以南的部分和荆州南部四个郡（长沙、零陵、桂阳、武陵）。刘备和孙权阵营都可以选择直接撕破脸皮攻占对方手中的荆州领土，这样会让联盟立刻破裂；他们也可以选择搁置争议，让联盟维持下去。建安二十年（公元 215 年），刘备、孙权双方为解决荆州土地归属问题而达成"湘水划界"的协议，划分荆州的江夏郡、长沙郡、桂阳郡属于孙权，划分荆州的南郡、零陵郡、武陵郡属于刘备。

如果刘备在荆州三郡（南郡、零陵郡、武陵郡）经营越久，孙权攻取三郡的成功率就越低。不妨假设如果双方一直保持合作，经过 10 年之后，刘备就会把三郡经营得十分稳固，孙权就永远无法攻取三郡了。

这时博弈方孙权会考虑：荆州是必争之地，在 10 年之后就拿不下三郡，对东吴争霸天下不利，那如果在第 9 年的时候攻取三郡呢？孙、刘两家的联盟维持 9 年也应该足以战胜曹操了。

另一个博弈方刘备也会考虑：若孙权在第 9 年的时候撕破脸皮，自己何不先下手为强，在第 8 年的时候翻脸。8 年的联盟时间足以击败曹操了。

孙权换位思考：若刘备在第 8 年的时候先下手为强，那自己何不在第 7 年时抢先发难。7 年的联盟时间足以解决曹操了……

这样一直逆向归纳下去，直到孙权认为：孙刘联盟要想解除曹操的威胁，最少需要维持4年。至少在4年期满前，刘备应该不敢破坏盟约。因此4年一到，东吴就准备派吕蒙夺取三郡。

而刘备因为是实际控制了三郡的一方，故在此博弈中思想比孙权保守一些，认为孙刘联盟最少需要维持5年甚至更久，等彻底拿下襄樊之后，才能解除曹操的威胁。于是决定在第5年以后再考虑对吴宣战。

由于孙权在此问题上比刘备更激进，加上孙权屡次亲率大军进攻合肥都没有成功，战略上严重缺乏安全感，所以最终先下手为强，在建安二十四年（公元219年）趁关羽北伐曹操时，袭取荆州三郡。孙刘联盟破裂，两败俱伤，让还未大损元气的曹操一方获得了渔翁之利。

实际上孙刘联盟的最优策略是，先联手一起消灭最强的曹操（即维持较长期的合作），再一决雌雄。但是孙权不愿接受这种结果，因为若等长期合作灭掉曹操后，三郡就很难攻占下来了，荆州位于东吴的上游，刘备将对东吴造成较大的威胁，孙权争霸天下的胜算就会下降。由此形成了蜈蚣博弈，最后孙权只能冒险在时机尚未成熟的时候破坏了孙刘联盟，偷袭了荆南三郡。

蜈蚣博弈就是两个合作者之间先下手为强的博弈。先"撕破脸皮"的人看上去占优，但因为合作双方都会急于抢先动手，所以在这种博弈中，会出现互不合作、两败俱伤的结果。

在这个以三国历史作比喻的例子中，刘备和孙权的理性程度是有限的，并且互不知道对方的底线。而理性人参与的完全信息的蜈蚣博弈，从一开始就会崩解，因为双方在第一步就不会选择合作。例如，若刘备一开始就知道孙权第4年会撕破脸皮，而自己的底牌是维持5年，那这个博弈在谈判阶段就难以达成一致，双方从一开始就难以结成联盟（王海，2015）。

6.2.3　海盗分金问题

海盗分金问题是一个曾经刊登在《科学美国人》（*Scientific American*）杂志上的数学问题。5个海盗正在分配100枚金币，规则如下。

5人按抽签的顺序决定为1~5号，依次提出分配方案：首先由1号海盗提出分配方案，然后5人投票表决，超过半数同意则该方案被通过，照此分配金币；若不能通过，1 号将被扔进海里喂鲨鱼，再由 2 号提出新的分配方案……以此类推。假定"每个海盗都是完全理性的。在保全性命的前提下，每个海盗都想最大限度地增加自己获得的金币数量。而在确保自己利益的前提下，他们也很乐意看到同伴喂鲨鱼"。那么 1 号海盗应该怎么做（Stewart，1999）？

不太理解博弈论的人们可能会认为，1 号海盗为了活命，想要增加自己的方案被接受的概率，将不得不把大部分金币分给其他海盗。然而，博弈论给出了与此大相径庭的结果。因为当每一个海盗投票时，他们不仅会考虑当前面临的提案，还会考虑其他的"可能的结果"。此外，海盗们的行动顺序是事先确定的，这样每个海盗都可以准确地预测其他人在各种可能的情况下的行动方式。如果使用逆向归纳分析，这一思维过程就非常清晰。

如果 1~3 号海盗都已经出局喂了鲨鱼，只剩下 4 号和 5 号的话，5 号一定投反对票让 4 号出局，以独吞全部金币。所以，4 号只有支持 3 号的方案才能保命。3 号知道这一点，就会提出"100，0，0"的分配方案，因为他知道 4 号为了保命会投赞成票，再加上自己的一票，他的方案即可通过（见表 6 - 1）。

表 6 - 1　　　　　　　　　　　3 号海盗的分配方案

海盗编号	分到的金币	支持/反对
1 号	0	已出局
2 号	0	已出局
3 号	100	支持
4 号	0	支持
5 号	0	反对

2 号通过换位思考推知 3 号的方案，就会提出"98，0，1，1"的方案，即放弃争取 3 号的支持，而给予 4 号、5 号各 1 枚金币。由于该方案对于 4 号和 5 号来说比在 3 号分配时更为有利，他们将支持 2 号而不希望 2 号出局后由 3 号来分配。这样，2 号将可获得 98 枚金币（见表 6 - 2）。

表 6 - 2　　　　　　　　　　　2 号海盗的分配方案

海盗编号	分到的金币	支持/反对
1 号	0	已出局
2 号	98	支持

续表

海盗编号	分到的金币	支持/反对
3 号	0	反对
4 号	1	支持
5 号	1	支持

同样，2 号的方案也会被 1 号所洞悉，1 号将提出（97，0，1，2，0）或（97，0，1，0，2）的方案，即放弃 2 号，而给 3 号 1 枚金币，同时给 4 号（或 5 号）2 枚金币。由于 1 号的这一方案对于 3 号和 4 号（或 5 号）来说，相比 2 号分配时更优，他们将投 1 号的赞成票，再加上 1 号自己的 1 票，1 号的方案可获通过，即 1 号最终可获得 97 枚金币（见表 6 - 3）。这可谓是 1 号能够获取最大收益的方案。

表 6 - 3　　　　　　　　　　1 号海盗的分配方案

海盗编号	分到的金币	支持/反对
1 号	97	支持
2 号	0	反对
3 号	1	支持
4 号	2 (0)	支持（反对）
5 号	0 (2)	反对（支持）

若将上述博弈中的规则改为"达到半数同意则方案即被通过"，则逆向归纳过程变为：若前面三人已经出局，到了 4 号提出方案的时候肯定是最终方案，因为无论 5 号是否同意都能通过，所以 4 号不必担心自己被投入大海。此时 5 号获得的金币为 0，4 号获得的金币为 100。

3 号知道这一点，就会提出"99，0，1"的分配方案，由于该方案对于 5 号来说比在 4 号分配时更为有利，再加上自己的一票，他的方案即可通过。

2 号推知 3 号的方案，就会提出"99，0，1，0"的方案。由于该方案对于 4 号来说比在 3 号分配时更为有利，4 号会赞成，再加上 2 号自己的一票。这样，2 号将可得到 99 枚金币。

同样，2 号的方案也会被 1 号所洞悉，1 号将提出（98，0，1，0，1）的方案，即放弃 2 号、4 号，而给 3 号、5 号各 1 枚金币。由于 1 号的这一方案对于 3 号和 5 号来说，相比 2 号分配时更优，他们将投 1 号的赞成票，再加上

1 号自己的票，1 号的方案可获通过。

这个博弈模型的启示是：现实中一些组织、团体中的"一把手"，在想要巩固自身权力地位、加强控制力时，经常会抛开"二把手"，而与"小人物"们打得火热，就是因为拉拢"小人物"的代价较低。

1 号海盗乍看上去被投票出局喂鲨鱼的风险最高，但其牢牢地把握住先发优势，结果不但消除了死亡威胁，还收益最大。这与全球化过程中发达国家的先发优势相似。而 5 号海盗看起来最安全，没有死亡的风险，甚至似乎还能坐收渔人之利，但实际上却因不得不看别人脸色行事而只能分得一些残羹冷炙。

上述"海盗分金"的模型中，只要 3 号、4 号或 5 号海盗中有一个人偏离了完全理性人的假设，1 号海盗无论怎么分都有可能失败出局。所以，1 号首先要考虑的就是其他海盗们的理性究竟是否可靠，否则先分者倒霉。此外，如果有某个海盗偏好的首选项不是获取更多的金币，而是看同伙被扔进海里喂鲨鱼，博弈的结果也会发生改变。

6.3　行动次序和优势

6.3.1　斯塔克伯格模型

在现实中，可以听到"先下手为强"或"后发制人"的说法。那么在序贯博弈中，先行者和后行者究竟哪一方更有优势？

有一个小故事，一个师父想考验一下自己的两个弟子甲与乙的智力，他拿出 5 个饼放在桌上，让两个弟子吃。规则是：每人一次最多拿 2 个饼，并且每次拿的饼全部吃完后才能再拿。师父刚一说完，弟子甲便迫不及待地拿了 2 个饼，而弟子乙却从容地拿了 1 个饼吃了起来。当甲还在吃第 2 个饼时，乙已经吃完了手中的 1 个饼，从桌上拿走了剩下的 2 个饼，于是桌上没有饼了。最后乙吃到了 3 个饼，甲只吃了最初拿的 2 个饼。

这也是典型的序贯博弈：行动者行为分先后，后行者观察先行者的行动后再行动。先行者必须考虑自己采取的各种策略会导向什么样的结果，否则不但会丧失先行优势，甚至会给后行者反击的机会。

又例如之前章节提到过的电影《非诚勿扰》中男主人公秦奋（葛优饰演）发明的"分歧终端机"，其原理就是确保两人的"石头、剪刀、布"游戏成为静态博弈，避免"先后手"作弊——如果猜拳游戏变成了序贯博弈，显然后行一方占有优势。

在第 3.4 节介绍的古诺模型中，两个企业同时确定各自的产量 q_1 和 q_2。双方会在换位思考过程中不断将预测的对方产量代入自己的最优对策函数，直至达到纳什均衡。

假定厂家 1 先制定产量，而厂家 2 先观察厂家 1 制定的产量，然后就此作出他们的选择，只博弈一次。这会使得博弈和古诺模型有一定区别。

这种情况就是德国经济学家斯塔克伯格（Heinrich Stackelberg）建立的斯塔克伯格模型。在古诺模型和伯特兰德模型里，两个竞争企业在市场上的地位是平等的，而且它们是同时做出决策，例如企业 1 在作决策时，它并不知道企业 2 的决策；因此，两个企业最终的策略选择是相似的。但现实中还有另一种情况，在有些市场中，竞争企业之间的地位并不是对称的，市场地位的不对称引起了决策次序的不对称——与智猪博弈相似。通常，小企业先观察大企业的行为，再决定自己的对策。斯塔克伯格模型就反映了这种不对称的竞争。

斯塔克伯格模型的条件设定与古诺模型基本一致，即市场中只有两家寡头企业，它们生产某种相同的产品，两家企业的策略为各自的产量 q_1、q_2；假设单位产品的边际成本恒为 c，市场上该产品的单价 p 的函数为：

$$p = a - b(q_1 + q_2) \tag{6-1}$$

其中，a，b 为常数参数。

该博弈中两个企业的收益是各自的利润，即各自的销售额减去各自的成本，根据设定的情况，它们分别为：

$$U_1(q_1, q_2) = pq_1 - cq_1 = aq_1 - bq_1^2 - bq_1q_2 - cq_1 \tag{6-2}$$

$$U_2(q_1, q_2) = pq_2 - cq_2 = aq_2 - bq_2^2 - bq_1q_2 - cq_2 \tag{6-3}$$

在第 3.4.1 节的分析中可知，如果双方是同时决策的，即为古诺模型，纳什均衡下的古诺产量为：

$$q_1^* = q_2^* = \frac{a-c}{3b} \tag{6-4}$$

但在斯塔克伯格模型中，企业 1 必须先行动，并且只能行动 1 次。站在企业 1 的角度，它知道己方的任何选择都会被企业 2 所观察到，并导致企业 2 做出依照规律（最优对策函数）的相应选择，那么企业 1 应该选择怎样的产量？是应该维持古诺均衡产量，还是比古诺产量增加或减少？

由前述分析可知，当企业 2 得知企业 1 的策略 q_1 后，会将其代入自己的最优对策函数求出应对其最优的 q_2。企业 2 的最优对策函数的建立方式与古诺模型中相同：

$$\frac{\partial U_2}{\partial q_2} = a - 2bq_2 - bq_1 - c = 0 \tag{6-5}$$

整理得到企业 2 的最优对策函数：

$$q_2^* = \frac{a-c}{2b} - \frac{q_1}{2} \tag{6-6}$$

由于此博弈是一个策略替代博弈，从图 6-11 可以看出，如果企业 1 生产了比古诺产量更多的 q_1，则企业 2 不得不将产量降到低于古诺产量的水平，这对厂家 1 是有利的——提升自身产量并遏制对手产量，这能让己方在市场中获得较多的销售收入。而且由于企业 2 的最优对策函数曲线的斜率为 $-1/2$，企业 1 增加产量、企业 2 减少产量后，新的总产量一定高于在古诺均衡时的总产量。

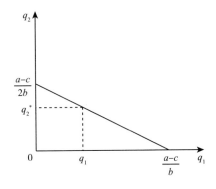

图 6-11　斯塔克伯格模型中企业 2 的最优对策

在斯塔克伯格模型中，先行的领导性企业（企业1）在决定自己的产量的时候，充分了解跟随企业会如何行动，这意味着领导性厂商可以知道跟随厂商（企业2）的最优对策函数。因此，领导性企业自然会预期到自己决定的产量对跟随企业的影响。正是在考虑到这种影响的情况下，领导性企业所决定的最优产量将是一个以跟随企业的最优对策函数为约束的利润最大化产量。在数学上，即是企业1将式（6-6）代入式（6-2），有：

$$U_1(q_1,q_2) = \left[a - bq_1 - b\left(\frac{a-c}{2b} - \frac{q_1}{2}\right) - c\right]q_1 = \frac{(a-c)q_1}{2} - \frac{bq_1^2}{2}$$

$$(6-7)$$

对 q_1 求导，得：

$$\frac{\partial U_1}{\partial q_1} = \frac{a-c}{2} - bq_1 \qquad\qquad (6-8)$$

由于二阶导数小于0，因此一阶导数等于0时为最大利润，令式（6-8）等于0，整理后可得企业1的最优产量：

$$q_1^* = \frac{a-c}{2b} \qquad\qquad (6-9)$$

将企业1的最优产量 q_1^* 代入式（6-6），可得企业2的最优产量为：

$$q_2^* = \frac{a-c}{4b} \qquad\qquad (6-10)$$

可见斯塔克伯格模型中两家企业的总产量为 $\frac{3(a-c)}{4b}$，高于古诺模型中的总产量 $\frac{2(a-c)}{3b}$。而将 q_1^* 和 q_2^* 代入式（6-2）和式（6-3）可算出斯塔克伯格模型中企业1的收益为 $\frac{(a-c)^2}{8b}$，企业2的收益为 $\frac{(a-c)^2}{16b}$，前者高于古诺模型中的收益 $\frac{(a-c)^2}{9b}$，而后者低于之。

斯塔克伯格模型的假定是：主导企业知道跟随企业一定会对它的产量做出反应，因而当它在确定产量时，把跟随企业的反应也考虑进去了。因此这个模型也被称为"主导企业模型"。斯塔克伯格模型是个典型的先行者得利的范例，先行者一定会占优。

在现实中，如果两个企业都想争当先行的主导者以占据先发优势，那么仅凭宣称的产量则难以让对手相信。先行者为了让自己先行的行为变得可信，必须给对方一个有可信度的承诺。例如企业 1 需要赶工建设一个厂房进行生产并让对手知道，即投入一定的沉没成本（sunk cost）来确保自己的先行地位。

6.3.2　间谍与先行者优势

在历史上的一些博弈中，间谍被证明对获取信息具有重要的作用。例如《左传》中记载"使女艾谍浇"，即夏朝君主少康派女艾到过国国君寒浇那里刺探消息，终于灭亡了过国。这可算是中国历史上最早有记载的一场间谍行动。

1757 年，欧洲历史上著名的罗斯巴赫战役在萨克森地区的罗斯巴赫（Rossbach）村庄附近爆发。交战双方是普鲁士国王腓特烈二世（Friedrich II）率领的 2.2 万普军，与法国苏贝斯亲王查尔斯·德·罗汉（Charles de Rohan, Prince of Soubise）率领的 4.2 万法国和奥地利（神圣罗马帝国）联军。这场战斗持续了 90 分钟，最终普军以少胜多。双方在此战中的战损比竟超过了 10∶1，创下了 18 世纪欧洲战争中一项极为罕见的纪录——法奥联军损失了近 7000 人（其中多数是被俘）和全部辎重，而普军一方的伤亡人数仅为约 600 人。[①]这场"一边倒"式的战役，成为腓特烈大帝征战生涯中所获得过的最为彻底的胜利，也当之无愧地被载入欧洲战争的史册。时至今日，这场战役的大比例沙盘模型仍然作为一个典型战例被陈列在美国西点军校的军事博物馆中。

罗斯巴赫战役大大振奋了普鲁士人的民族精神，为腓特烈二世夺取西里西亚打开了道路。普军之所以能以少胜多，其原因一方面是普军充分利用了骑兵突袭和枪炮齐射战术，另一方面是法奥联军不重视侦察和警戒，即信息的获取。

---

① Kohlrausch F. A history of Germany: From the earliest period to the present time [M]. London: Chapman & Hall, 1844: 577-578.

腓特烈大帝不仅是军事家、政治家，还是一名作家和音乐家。此战过后，他表现出了足够的绅士风度，邀请被俘的敌方军官们与自己共同进餐，并在席间多次为菜肴分量的不足而表示道歉。他风趣地解释道："绅士们，我想不到你们来得这样快，来得这样多。"一名法国军官向腓特烈二世询问他赢得战斗的秘诀，国王放下餐刀说："贵国元帅有 20 个厨子却没有 1 个间谍，而我有 1 个厨子和 20 个间谍。"实际上，苏贝斯亲王的法军中有超过 1 万人是厨师、糕点师、理发师、情妇、裁缝、皮匠、马夫、兽医等各种各样的仆役，都为贵族服务。

也有发现敌方间谍后将计就计、迷惑对手的例子，即"反间计"。《三国演义》第四十五回《三江口曹操折兵 群英会蒋干中计》中，赤壁大战前夕，曹操军与孙权军隔江对峙。曹操手下的谋士蒋干因自幼和周瑜同窗读书，便向曹操毛遂自荐，要过江到东吴去做说客，劝降周瑜。周瑜见到老同学蒋干来访，决定利用其施行反间之计。周瑜此前得知曹军的水军指挥官是在荆州归降曹操的蔡瑁、张允，这两人熟悉水战，擅长训练水军，"深得水军之妙"，是东吴破曹的主要障碍，周瑜早已产生了"必设计先除此二人"的想法。周瑜大摆宴席招待蒋干，夜间与蒋干"入帐共寝"，佯装酒醉酣睡，暗中伪造了一封蔡瑁、张允秘密勾结东吴的书信放在帐内桌上，故意让蒋干盗走，还安排了"蔡、张二都督派人来联络"的情节"演戏"给蒋干看，让蒋干对书信的真实性确信无疑。曹操收到蒋干的情报后果真上了当，将蔡瑁、张允处斩。

在商业领域，间谍同样具有重要作用。2001 年，美国《商业周刊》称，美国大型企业每年要花费上百万美元，用于收集同行情报。摩托罗拉（Motorola）公司的情报部门就是 1982 年由中央情报局的一名退役特工组建起来的，在世界各地设置有情报点，窥探竞争对手有无兼并计划或新技术。[①] 美国商用情报顾问公司 Fuld & Company 公司主席富尔德则表示，90% 的美国大型企业会聘请专人从事商业情报工作。[②] 美国《国防》杂志刊文称，美国企业每年因外国商业间谍活动而蒙受的经济损失就超过 2000 亿美元。文章称，刺探美国商业情报的外国商业间谍活动在不断增加，主要来自法国、德国、以

---

① 陈维军. 摩托罗拉的竞争情报策略 [J]. 中国信息导报，2002（8）：44-45.
② 肖莹莹. 美欧大公司获取商业情报不择手段 [EB/OL]. 中国经济网.（2006-09-27）[2016-04-20]. http://intl.ce.cn/gjzh/200609/27/t20060927_8742402.shtml.

色列和韩国等国。

在各国商业间谍中，日本的商业间谍活动较为活跃。20 世纪 50 年代后期，日本已开始建立全球性的情报搜集系统，由政府和民间情报机构组成的情报网遍布世界各地，其职责范畴与西方国家的谍报工作部门具有显著区别——该机构约 90% 的任务是搜集经济技术情报，用于促进经济建设与发展，搜集的政治军事情报只占 10% 左右。日本的一些高等学校甚至专门开设了"商业间谍"课程，为日本的企业培养商业间谍和反间谍人员。

据报道，日本某些企业在创办啤酒制造厂前，了解到丹麦的啤酒酿制技术属于世界顶尖，他们很想窃取丹麦的啤酒配方和技术，但当时丹麦的啤酒厂保密程度很高，相当于军工企业，不允许外人随便参观。有一名日本啤酒商，不惜亲自施展"苦肉计"被丹麦一家啤酒厂的汽车撞伤，取得老板的同情，终于当上了啤酒厂的门卫。他利用看门之便，经过 3 年的观察琢磨，终于探明了丹麦啤酒的配方秘密与生产工艺。3 年后，"看门人"返回日本，开设了一家颇具规模的啤酒厂，推出了一种与丹麦啤酒不相上下的优质啤酒，打入国际市场，从此和丹麦啤酒分庭抗礼（李梅军，2001）。

商业保密是反商业间谍的第一道防线。例如美国国际商业机器公司（IBM）在反间谍保密措施上，制定了严明的制度，例如：员工不得在任何场所谈论公司技术机密；离开公司前要保证桌面地面不留文件资料，也不得将任何文件资料带离公司；设置专人管理涉密设备，等等。IBM 还成立了日常保密工作检查团，检查机要房间和文件橱柜是否上锁，废纸篓里是否有包含机密内容的纸张等。在开发新产品之前，IBM 还会故意发布假情报，将商业间谍引入歧途。微软公司也非常重视新产品在研发过程中的保密工作。微软出品的计算机零件要由美国和世界各地数百家企业生产，只有装配环节在微软本部工厂完成。所以，微软向供货企业定制某种零件时，就不用担心零件的用途遭泄露。而日本的商业情报人员在全球的渗透力很强，在防范商业间谍方面也毫不含糊，许多公司都设有反间谍部门。在接待来宾参观时，企业有规定的路线和项目，不得擅自更改。陪同人员也设置为 2 名，使其互相监督，防止泄密。①

---

① 翟唯佳. 世界商业间谍战 [J]. 侨园，1995（4）：16 - 17.

绍兴黄酒是浙江绍兴的一绝，多年来不少境外企业千方百计想获取绍兴黄酒酿造工艺的"秘方"，精明的绍兴人也曾挫败过商业间谍，如有的国外客商在参观途中，意欲利用其胸前领带浸入原酒酒缸中窃取样本，有的动手偷酒曲，有的把酒坛封口泥当成宝贝想要拿走……1995 年 5 月，江泽民同志在浙江考察国有大中型企业期间，考察了中国绍兴黄酒集团有限公司。江泽民同志嘱咐集团公司领导："中国黄酒，天下一绝，这种酿造技术是前辈留下来的宝贵财富，要好好保护，防止被窃取仿制"①。

那么在斯塔克伯格模型中，如果某企业向对手企业派出了商业间谍，会对博弈造成怎样的影响？

假设企业 1 和企业 2 双方都在考虑在一个新的市场生产多少产品。企业 1 雇了商业间谍混进了企业 2 的领导层会议室。企业 2 的领导者们不知道企业 1 的决策，而企业 1 却对企业 2 的决策了如指掌。假设此时有人告知企业 2 的领导者们，他们的会议室里有间谍（虽然不知道这个间谍是谁），企业 2 的领导者们应该怎么做？

这个问题的核心在于：当企业 1 行动时，他们已经知道企业 2 会怎么做；企业 2 也知道企业 1 一定会得知自身的决策，并针对此选择最佳对策。实际上，此时相当于企业 2 扮演了先行者的角色，而企业 1 扮演了后行者的角色。

所以企业 2 第一时间要做的不是设法找出这个间谍，而是去抢先建造厂房、投入生产，让企业 1 知道这个消息，迫使对方接受其后行者的地位。

现在出现了一个讽刺的局面，即本来企业 1 是想要安插一个间谍在对方那里，也许他们认为这个间谍会起到大用处，但结果这个间谍却给企业 1 带来了太多不好的消息，使他们反而陷入被动。

这场博弈的关键点是：决定一个博弈是静态博弈还是序贯博弈，与信息的抵达时间有关。企业 2 在做出决策前，已经知道企业 1 向己方派出了商业间谍，即企业 2 知道企业 1 会在进行决策行动前先收到企业 2 的决策信息，这就形成了序贯博弈。

序贯博弈中，信息较多的博弈方不一定能获得较多的收益。而在行动顺

---

① 人民网浙江频道. 江泽民考察绍兴酒［N/OL］. (2010 - 12 - 03)［2020 - 11 - 16］. http：//zj. people. com. cn/GB/187016/208612/13390673. html.

序方面，有时先行者有优势，有时后行者有优势，有时两者皆非。

现实中有很多这样的例子。例如购物时（尤其是网上购物），人们往往会先了解别人的评论，以获知商品的优缺点，这就是一种后行者优势。日本企业家松下幸之助创建的松下电器制造所（后更名为松下电器产业株式会社），在创业之初由于资金、设备和人才有限，自主研制新产品的难度很大，于是另辟蹊径，专门分析竞争对手的新产品，并在其基础上作出改良，使之更加完备。长此以往，松下公司形成了其"不抢先战略"，即不先发明新技术，不当技术的先驱者，而做技术的追随者，把工作重点放在产品质量和价格上。录像技术最早是由日本索尼公司发明，该公司的"Betamax"磁带格式的录像机在市场上取得了最初的领先地位。松下公司通过市场调查，获悉消费者最需要的产品是录制时间更长的录像机。于是，松下公司控股的日本胜利股份有限公司就在 Betamax 格式的基础上，设计出一种能满足消费者这种需求的录像系统，即 VHS 录像机，其储存量大且体积小巧，而且价格比 Betamax 低15%。结果，VHS 录像机在市场竞争中后来居上，胜过了索尼公司，占有了日本录像机市场 2/3 的份额。[1]

元末农民起义时（公元 1351 ~ 1367 年），陈友谅、张士诚、徐寿辉、朱元璋等几派反元农民武装中，朱元璋占有的地盘很少，而且各派反元武装之间相互敌视。朱元璋清楚自己的力量比较弱小，难以和元朝政权正面抗衡，因此选择奉行谋士朱升提出的"高筑墙，广积粮，缓称王"的策略，跟在强者的后面，坚守后方，尽量避免与元朝的军队直接对阵。而那些力量强大的反元武装如果不去攻打元朝，那么元朝朝廷也会选择先去讨伐他们，因为他们对元朝的威胁最大。由此可见，陈友谅、张士诚、徐寿辉等势力去攻打元朝是优势策略。但当他们相互之间拼得你死我活的时候，朱元璋却又成了"鹬蚌相争"中的渔翁，占尽了后行的优势。

而两个人分配一块蛋糕时，为了分配公平，可以让一个人把蛋糕切成两块，另一个人先挑选其中的一块，即"你切我挑"，这样既没有先行者优势，也没有后行者优势。公元前 1500 年左右成书的《圣经·创世纪》中记载：亚伯拉罕与侄子罗德分家时，为了公平，亚伯拉罕把迦南地划为左右两块，并

① Philbin T. The 100 greatest inventions of all time [M]. Toronto：Citadel Press，2005：288 - 289.

让罗德先挑选。罗德选择了他认为更加丰饶宜居的约旦河平原地区。

又如在海底采矿活动中，发达国家开发海底矿产的能力强于发展中国家，具有先发优势。为了实现发达国家和发展中国家的公平，防止垄断，《联合国海洋法公约》规定：当一个国家向联合国国际海底管理局申请在公海区域进行采矿活动时，需要提交两个估计商业价值相等的区域的资料，国际海底管理局将在两个区域中选择一个，作为"保留区域"留给发展中国家。因此，发达国家必须公正地分割区域，并如实提交关于两个区域的所有资料，否则，管理局可能把其中商业价值更高的区域划为保留区域。

6.3.3　取物游戏和策梅洛定理

取物游戏（Nim）是博弈论中的经典模型之一。其中一种较简单的形式为：有两堆石子，每堆石子的数量都是有限的，游戏规则是两个人轮流选择一堆石子并从中拿走若干颗（不能不拿），如果轮到某个人行动时，所有的石子堆都已经被拿空了，则判负（因为他此时无法进行任何有效行动）。

想要玩好这个游戏，其技巧可以用逆向归纳进行分析：若游戏进行到临近结束时，一堆剩 2 个石子，一堆剩 1 个石子，状态可写为（2，1）或（1，2），这两者是等价的。此状态可以用图 6 – 12 表示。

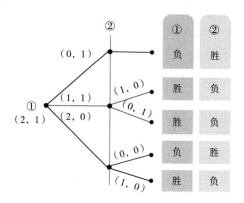

图 6 – 12　（2，1）局面下的取物游戏

此状态下参与人 1 存在必胜策略，即把剩 2 个石子的一堆取走 1 个，使局面变成（1，1）状态，这样参与人 2 无论取走哪一堆的 1 个，参与人 1 取走

剩下的 1 个即可获得胜利。"必胜策略"是指无论参与人 2 如何应对，参与人
1 都能取得胜利。同时可知，若参与人 2 面临（2，0）的局面，则参与人 2 存
在必胜策略，即取走 2 个。

　　若游戏进行到临近结束时，两堆都剩 2 个石子，状态可写为（2，2）。此
状态可以用图 6 - 13 表示。

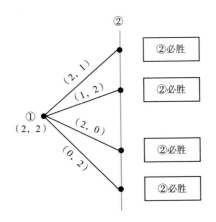

图 6 - 13　（2，2）局面下的取物游戏

　　根据前面的分析，面临（2，1）或（2，0）局面的当事人都有必胜策
略。因此当参与人 1 面临（2，2）局面时，无论其如何行动，都会使参与人 2
面临（2，1）或（2，0）的局面，即此状态下参与人 2 存在必胜策略。

　　其他任何的状态都可以想象为（2，1）和（2，2）这两种状态的推广。
从上述分析可知，此取物游戏的技巧是："当双方都是理性人时，不要让自己
在两堆石子数量相等的时候获得行动权。"这与游戏的初始状态有关，即初始
状态两堆数量不相等，则先手必胜，否则先手必败。

　　取物游戏表明，博弈可以有先行优势，或者有次行优势。而"选择从哪
一步开始"的这个变化，可以将博弈中的先行优势转化成次行优势，甚至是
平局。

　　德国数学家恩斯特·策梅洛（Zermelo，1913）曾提出过关于这类博弈的
策梅洛定理（Zermelo theorem）：二人的有限博弈中，如果双方皆拥有完美信
息，并且运气因素并不牵涉在博弈中，那先行者或后行者之一必有一方存在
必胜/必不败的策略。

"完美信息"意味着，轮到某个参与人进行决策时，他完全清楚这个博弈之前的所有变化。"有限博弈"意味着，博弈不能无限地进行下去，也没有任何方法能使其延伸到一个无限的方向。需要注意的是，策梅洛定理只能判断解（即必胜/必不败策略）的存在性，而不能指出该解具体是什么。

策梅洛定理可以用归纳法证明：

对参与人1而言，长度为1的所有博弈的可能情况为：

其中有分支能指向胜利（有必胜解）；

没有一条分支指向胜利，但是有平局（有必不败解）；

每一条分支都是失败（参与人2有必胜解）。

因此长度为1的博弈必有解。而对于更多步长的博弈，总可以看作是1号参与人走了整个博弈的第1步，然后又走了之后的长度 ≤ n 的子博弈。如图 6-14 所示，长度为2的博弈的各个分支最后一步都是一个长度为1的博弈，因此都有解。如此可将长度为2的博弈逆向归纳化简，化为长度为1的博弈。而已知长度为1的博弈有解，则长度为2的博弈必有解。

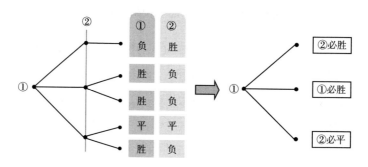

图 6-14　二人长度为 2 的有限博弈的简化

推而广之，对于 n 回合的博弈，都有解；对于 n+1 回合的博弈亦然。证毕。

很多博弈都可以用策梅洛定理证明其有解。例如井字棋，或称为"井字过三关"，英文名为 Tic-Tac-Toe，是一种在 3×3 格子上进行的连珠游戏，规则和五子棋非常类似，由于棋盘一般不画边框，格线呈"井"字形，故而得名。游戏需要的道具非常简单，如图 6-15 所示，两个游戏参与人分别轮流在格子里布下黑白棋子，或用笔画下标记 X 和 O，横、竖、斜任一方向上先连成 3 子者获胜。这种游戏起源于公元前 1 世纪的古罗马，据传是罗马人们在斗兽场观看比赛时，在等待的空闲时间内用来消磨时间的小游戏，也有说法是人们在斗兽场看到角斗失败者被送入狮口或虎口时，被血腥的场面惊吓，而忍不住脚趾重复敲击地面发出的嗒嗒声而得名。

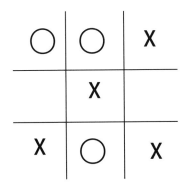

图 6 – 15　井字棋示意

其实井字棋游戏和以下两个游戏的原理是一致的，只是以不同的规则和不同的形式呈现出来。

抢 15 点：现有上面标有数字 1~9 的 9 张扑克牌，甲乙二人轮流从中选出自己想要的牌，谁的手中先有 3 张扑克牌上的数字加起来等于 15 谁就赢。

3 阶幻方：将 1~9 这 9 个数字填入如图 6 – 16 所示的方格中，使得方格中横竖斜方向上的 3 个数字之和均为 15。

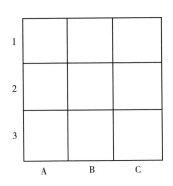

图 6 – 16　3 阶幻方

因为 1~9 这 9 个数字呈首项为 1，且公差为 1 的等差数列，所以最中间的数字 5 是一个"四通八达"的数，能够构成如下等式：

$1 + 5 + 9 = 15$；$2 + 5 + 8 = 15$；$3 + 5 + 7 = 15$；$4 + 5 + 6 = 15$。

因此，在填数字时正中间填5，相当于占据了最有利的位置。再将2、4、6、8按"和为15"的要求填入"角位"；最后将1、3、7、9填入"边位"即可，如图6-17所示。

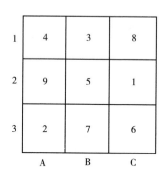

图6-17　3阶幻方的一种答案

由此可以看出，无论是井字棋、扑克牌还是3阶幻方游戏，其本质是利用1~9这个等差数列的一些特殊项的和的性质。井字棋的策略实际上是先选5（中心位置）这个特殊数字，再尽量选2、4、6、8（四角）这四个比较特殊的数字，最后选1、3、7、9（四边）这四个数字。如果两个玩家都做出最优的选择，这个游戏是一定会平局的。

在分析策梅洛定理所涉及的这类序贯博弈的解时，有时可以使用"策略盗取"的分析技巧。例如下述的Chomp（吃子）游戏，在一个 m 行 n 列的石子阵列中，行动的规则是"选择一个石子并拿走它和它右侧、上侧和右上侧所有石子（不能不拿）"。如图6-18所示，若选中黑色的石子，则它和虚线标注的石子都将被移除。两个参与人交替行动，拿到最后一个石子的人则判负。

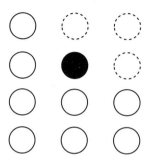

图6-18　吃子游戏

根据策梅洛定理可以判断，无论 m、n 等于多少，此博弈都有解。至于具体的解则需进一步分析。通过逆向归纳法不难得知，当面临图 6 – 19 的几种最简情形时，面临图 6 – 19 – A 和图 6 – 19 – B 的当事人必胜（取走 1 个即可）；而面临图 6 – 19 – C 的当事人必败——无论其如何行动，都会直接失败（取走左下角）或令对手面临图 6 – 19 – A 或图 6 – 19 – B 的情形。进而可推知，面临图 6 – 19 – D 的当事人必胜（取走右上角 1 个，即可令对手面临图 6 – 19 – C 的局面）。

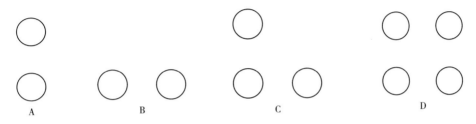

图 6 – 19 吃子游戏的几种最简情形

因此，当 $m = n$ 时，先手一方有必胜策略。先手只需要取走最左下角石子的右上方那个石子，然后在随后的行动中将"L"形石子阵列维持对称即可。

当 $m \neq n$ 时先手一方同样有必胜策略。可以用反证法证明：由于此游戏不存在平局，根据策梅洛定理，必有先手或后手一方有必胜策略。假设后手必胜，即无论先手如何行动，后手都有应对策略，使得博弈树最终走向"后手获胜"。

此时，先手方可以使用"策略盗取"分析：换位思考，将自己"假想成"后手行动。而轮到后手方行动时，无论其如何行动，行动后都将形成右上角有一个矩形缺失的形态。这时，先手方第二次行动时面临的情况，大部分都是后手第一步时可能面临到的局面（后手第一步时可能面临的局面，只比此时先手可能面对的局面多"仅有最右上石子被拿走"这一种）。例如图 6 – 20 中，仅有图 6 – 20 – A 是后手可能面临而先手不可能面临的局面，图 6 – 20 – B、图 6 – 20 – C 及其他情形都是双方均可能面临的局面。而根据假设，后手无论面临什么局面都有必胜策略，也就是说这些局面下必有应对手段，使得决策树走向"轮到在此局面下行动的一方获胜"。那么既然先手方也可能面对这些局面，则在面对这些局面时，先手方也有必胜之法。因此与假设矛盾，即后手方必胜的假设是不成立的。因此先手必胜，证毕。

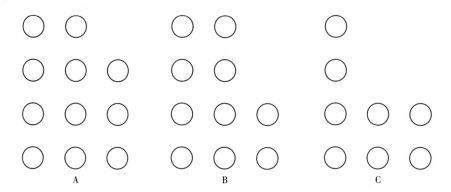

图 6 – 20　吃子游戏的几种可能情形

在上述分析中，先手方通过换位思考，其效果相当于把自己变成了后手。这类解决博弈问题的思维方法，称为"策略盗取"。

而先手必胜策略的关键，显然是图 6 – 20 – A 中这种后手可能面临而先手不可能面临的局面。因此若 $m \neq n$ 时，先手只需要取走右上角第一个石子，然后在随后的行动中设法避免后手方将阵列取成"右上缺一个（$m \neq n$）"或对称"L"形即可。

国际象棋等棋类游戏，从博弈分类看，也属于双人有限完美信息序贯博弈——这些棋类都有判定胜、负及和棋的规则，不会无限进行下去，因此根据策梅洛定理有解。理论上，可用逆向归纳法找到解，但是，如果真的试图绘制其博弈树形图，以现有的技术是很难实现的。例如，国际象棋规则是白棋先行，第一步就有 20 种开局下法，而后手方黑棋对应也有 20 种开局下法。这样前两阶段博弈树就已经有了 400 个分支了。而每个分支连接的节点又延伸出更多的分支，估计总的可行下法约有 10^{120} 种。而中国象棋双方开局也各有约 30 种下法。围棋更是每回合有约 250 种可能，一盘棋可以长达 150 回合。因此，对于类似于这些棋类对弈的博弈，直接采用逆向归纳法去求博弈的均衡解在实践中难度很大，即便是计算机技术和大数据十分发达的当下也是如此。

但计算机技术仍然可以基于博弈原理开发棋类算法。1996 年，为纪念电子计算机诞生 50 周年，IBM 开发的计算机程序"深蓝"在美国费城与俄罗斯国际象棋特级大师加里·卡斯帕罗夫进行了 6 局的世纪大战，"深蓝"赢得首局，但最终以 2 比 4 失利。1997 年 5 月，"深蓝"的改进版"更深的蓝"卷土重来，与卡斯帕罗夫进行了较量并获得胜利（2 胜 1 负 3 和）。卡斯帕罗夫称，"深蓝"的胜利应归功于其设计者团队，"机器的胜利一如既往是人类的胜利，这是人类被其创造物超越时一个常常被忽视的事实"。①

2006 年 8 月，从事互联网技术领域的浪潮公司举办了"浪潮杯"首届中国象棋人机大战，超级电脑浪潮天梭先是以两回合 10 盘棋共 3 胜 2 负 5 和的成绩击败了五位中国象棋大师组成的人类方一队，又以 5 胜 5 和的比分击败了从 6 万多人的网络海选中脱颖而出的 25 名网络高手组成的人类方二队。随后，当时的中国象棋第一人、特级大师许银川单独约战浪潮天梭，双方最终两战皆和，打成平手。②

2016 年 3 月，谷歌旗下的 DeepMind 团队发布的人工智能（AI）"Google AlphaGo"在围棋对弈中，以 4∶1 的总比分战胜了曾 18 次获得世界冠军的韩国棋手李世石，代表着人工智能达到了新高度。2017 年，AlphaGo 又以 3∶0 的总比分战胜当时排名世界第一的中国棋手柯洁。2017 年 10 月 18 日，DeepMind 公布了 AlphaGo 的最新升级版本 AlphaGo Zero。据 DeepMind 团队称，"和 AlphaGo 相比，AlphaGo Zero 最大的特点在于，它能实现真正的自我学习。AlphaGo Zero 并没有采用专家样本进行训练，而是通过自己和自己博弈的方式产生出训练样本，通过产生的样本进行训练；用更新前的网络和更新后的网络比赛，根据比赛的胜率来进行评估，运用深度学习中的'蒙特卡洛树搜索（monte carlo search tree）'评估不同的可能下子策略，并从中选出最优解。它经过 3 天的训练后，就以 100∶0 的战绩完胜了前代 AlphaGo"。③

但无论是深蓝、浪潮天梭还是 AlphaGo，它们强大的算法背后，都不是直接采用对各个可能的博弈树全局展开后再进行逆向归纳分析。它们的共同点是：在软硬件允许的计算深度范围内，将博弈树分析推演到若干步后，虽然此时博弈树尚未完全揭示，但通过某种价值判断（棋子效能分值判断、基于历史记录的大量棋局的机器学习判断等），对当前尚未结束的棋局进行局势评估，并对博弈树形图进行"剪枝"，将复杂的树形图简化到计算机可以分析处

① Hsu F. H. Behind Deep Blue: Building the computer that defeated the world chess champion [M]. Princeton: Princeton University Press, 2004: 105 – 116.
② 王炳晨. 浪潮天梭再掀 2006 人机大战新高潮 [J]. 微电脑世界, 2006 (10): 195.
③ 陈铭禹. AlphaGo 与 AlphaZero 原理和未来应用研究 [J]. 通讯世界, 2019, 26 (12): 22 – 23.

理的程度，从而进行策略选择。

因此，人们认为现有的博弈 AI 的主要缺陷在于，它们对现实世界中的互动行为的建模还不够准确。2020 年 12 月，DeepMind 团队在《自然》杂志上发表论文介绍了其新成果 MuZero，声称为这一问题提供了解决方案（Schrittwieser et al.，2020）。MuZero 可以做到：在下棋或玩游戏前完全不知道游戏规则，完全通过其自身的试验和摸索来构建内部模型，形成自己对游戏规则的理解，进而做出决策，就像是国际象棋题材电视剧《后翼弃兵》（The Queen's Gambit）里的主人公贝丝·哈蒙，最初并不懂国际象棋规则，通过观察一位老者下棋后，自行理解了规则。换言之，AI 会自己"动脑子"了。显然，与无法"触类旁通"的 AlphaGo 相比，掌握了"思维方式"的 MuZero 的应用范围更加广泛，DeepMind 团队将此描述为："'知道雨伞可以遮雨'，比'能对雨滴进行建模'更有用。"MuZero 已经能做到精通国际象棋、围棋、将棋，还在数十款雅达利游戏公司出品的电脑游戏上取得了全面超越过去的 AI 算法和人类的表现。据估计，MuZero 的强化学习思路将可以应用于机器人技术、物流、工业控制、化学合成、个性化医疗、金融等领域。

6.3.4　二人决斗博弈

序贯博弈中，除了先行/后行顺序会对结果产生影响，还存在其他因素的影响。

在西方历史资料和文艺作品中，能看到"决斗"这种现象。西方的决斗源于欧洲中世纪的骑士制度，发端于 15 世纪末的西班牙，之后广泛盛行于西方上流社会。在相当长的时期内，决斗用的剑被视为欧洲贵族服饰的标准配饰之一。18 世纪英国作家塞缪尔·约翰逊（Samuel Johnson）如此解释决斗盛行的原因："在一个高度文明的社会中，一次侮辱会被认为是严重的伤害，因而必须受到憎恨，或者甚至必须为此进行一次决斗。因为人们公认，忍受这种侮辱而不进行决斗的成员必须被逐出他们的社群。"[1] 随着武器和荣誉概念

---

① Allen D W, Reed C. The duel of honor: Screening for unobservable social capital [J]. American Law and Economics Association, 2006, 8 (1): 81 –115.

的变迁，决斗的规则也在不断变化。1777 年，爱尔兰的一个委员会率先制定了"决斗法"，并在欧美被广泛使用。

例如法国作家大仲马所著以法国波旁王朝为时代背景的《三个火枪手》中，主人公们就经历过许多场决斗；而在他的以七月王朝时期为背景的《基督山伯爵》中，基督山伯爵和阿尔贝子爵也曾相约决斗，但最终取消。在俄国伟大作家列夫·托尔斯泰的《战争与和平》中，一个重要情节是：主要人物之一皮埃尔的妻子和军官多洛霍夫之间存在暧昧关系，为此，皮埃尔和多洛霍夫进行了一场决斗，结果皮埃尔开枪打伤了多洛霍夫。

在俄国诗人、作家普希金创作的长篇诗体小说《叶甫盖尼·奥涅金》中，贵族青年奥涅金对贵族社会感到不满，但又不能积极行动起来反对这种社会，因而患上了忧郁症，感到一切都庸俗无聊，他故意向好友连斯基的未婚妻奥尔伽献殷勤，引起连斯基的愤怒并要求与他决斗，在决斗中奥涅金打死了自己的朋友连斯基。而作者普希金本人一生中也经历过许多次决斗（其中一部分由于双方和解而最终取消）。1837 年，因为宪兵队长丹特士疯狂追求普希金的妻子娜塔丽娅·冈察洛娃，普希金与丹特士在 2 月 8 日决斗，普希金在决斗中受了重伤，于两天后的 2 月 10 日（俄历 1 月 29 日）不治身亡，年仅 38 岁。普希金的英年早逝令俄国文学界感叹："俄罗斯诗歌的太阳落下了！"[1]

亚历山大·汉密尔顿（Alexander Hamilton）是美国的开国元勋、美国宪法的起草人之一，也是美国政党制度的创建者之一，曾在独立战争中屡立战功，并成为乔治·华盛顿最信任的左膀右臂。汉密尔顿曾出任美国的第一任财政部部长，在美国金融、财政和工业发展史上占有重要地位。他创建的金融体系，被誉为"美国繁荣富强的神奇密码"。1804 年，汉密尔顿与一位政敌，时任美国副总统艾伦·伯尔由于政治意见分歧，约定决斗，并在决斗中丧生。[2]

法国数学家埃瓦里斯特·伽罗瓦（Évariste Galois）是现代数学中的分支学科群论的创立者。他的整套理论被后人称为伽罗瓦理论，是当代代数与数论的基本支柱之一。这位天才数学家 21 岁时（1832 年）在一场决斗中结束

---

① Binyon T J. Pushkin: A biography [M]. Knopf Doubleday Publishing Group, 2007: 593 – 594.

② Fleming T. Duel: Alexander Hamilton, Aaron Burr and the future of America [M]. New York: Basic Books, 1999: 328.

了自己年轻的生命。而他在决斗前一夜匆忙写下的书稿，却足以使后来的数学家们研究上几百年。①

1842 年，亚伯拉罕·林肯在伊利诺伊州当律师时，和州审计员詹姆斯·希尔兹（James Shields）发生了矛盾。希尔兹提出决斗，林肯作为接受挑战的一方，按习俗享有选择决斗条件的权利。林肯选择了双方使用骑士用的大砍刀进行决斗。林肯身高 193 厘米，而希尔兹身高 175 厘米，因此人们认为林肯在这场决斗中优势很大。决斗在密苏里州布拉迪岛（Bloody Island）进行，最终双方化干戈为玉帛——据说林肯一刀劈下了一人高的树枝，希尔兹便表示自己其实并不是那么生气。②

关于决斗这个话题，作家马克·吐温曾经这样写道："我对决斗深恶痛绝。如果谁要跟我决斗，我会温和大度地拉着他的手，把他带到僻静的地方，然后杀了他。"③ 马克·吐温痛恨决斗，可能与他的决斗经历有关。据说 1864 年马克·吐温供职于一家名为《土地实业》（Territorial Enterprise）的报社时，与另一位编辑詹姆斯·莱尔德（James Laird）爆发了激烈的争吵。最终争吵激化到要用决斗解决的地步。决斗之前，吐温曾与助手进行射击练习。显然，吐温早知道自己的枪法非常差劲。他在自传中称自己"连谷仓大门都打不中"。但有人告诉莱尔德"克莱门斯（吐温的原名）在 30 码外打中了一只鸟的头"；莱尔德不仅信以为真，还取消了迫在眼前的决斗。④

现在假设有这样一场双人决斗，其规则是：反恐精英（CS）游戏中，两人站在相隔较远的场地两端，每个人拿一支装有一发子弹的枪，他们需要轮流选择，要么向对手开枪（击中了就赢了），要么往前走一步，拉近两人之间的距离（两人前进的步子应该是固定大小）。对手开枪时不允许躲闪。如果一方射偏而没击中对方，则后续轮到其回合时就只能选择往前走一步。若双方

---

① Bruno L C, Baker L W. Math and mathematicians: The history of math discoveries around the world [M]. Detroit: UXL, 1999: 174.

② White R C A. Lincoln: A biography [M]. New York: Random House, 2009: 714.

③ Burkeman O. This column will change your life: The wit and wisdom of Mark Twain [EB/OL]. (2010 - 10 - 16) [2023 - 02 - 10]. https://www.theguardian.com/lifeandstyle/2010/oct/16/change-your-life-happiness-twain-laugh.

④ Clifton G. An artifact of Mark Twain's "Duel that Never Was" [EB/OL]. (2010 - 10 - 16) [2023 - 02 - 10]. https://www.washingtontimes.com/news/2014/dec/23/an-artifact-of-mark-twains-duel-that-never-was/.

都射偏，则判平局。

这场决斗的关键在于"什么时候选择开枪"。此决斗的规则未必与历史上的真实决斗相符合，但类似的博弈在现实中许多领域有所体现。例如，16～19 世纪，欧洲各国陆军广泛采用线列步兵战术。当时军队装备的枪支存在诸多缺点：精度差，百米开外打中人的概率极低；装弹慢；故障率高，在一场战斗中，随着射击次数的增加，哑火的枪支会越来越多。因此，两军对战时指挥官往往要求士兵尽可能比对方后开枪，把敌人放近了打，在头几轮射击中尽可能击中更多的敌人。

又如，自行车比赛中，在赛段临近最后阶段时，选手们需要决定何时开始冲刺。根据空气动力学，由于领骑者能够排开空气，在其身后产生低气压区域，处在低压区域中的跟随选手能节省一定的体力（低压区效应，也叫弹弓效应），而超出赛车群冲刺时，如果冲刺得太早，最终将会过快耗尽体力，容易被后续选手赶超。但如果冲刺得太晚，又可能因为没有充分发挥自身的冲刺能力而输掉比赛。因此如何判断冲刺时机是一个重要问题。在长跑比赛中也存在类似情况。

另一个例子是：两家公司都致力于研发一种同类型的新产品，要把新产品推向市场。但市场只能容纳一种新产品，两家公司中只有一家能够存活下来。但何时将新产品投入市场则是两家公司需要考虑的问题。如果过早地将开发还不完善的产品投入市场，可能会因为其不够成熟而招致消费者的恶评，在竞争中失败；但如果等完全开发成熟再投入市场，可能对手公司已经抢先进入并占领了市场。

上述的这些博弈都有一个共同点，其策略决策不是简单的"应该怎么做"的问题，而是包含了"什么时候做"的问题。

可以用图 6-21 来表示前文所述的双人决斗博弈，图中的横轴表示两个决斗者之间的距离 d（单位为步），纵轴代表击中对手的概率 P，用 $P_i(d)$ 表示参与人 i 在双方距离 d 时击中对手的概率。随着距离接近，双方命中率逐渐上升，当双方距离为 0 时，击中对方的可能性是 100%。设较细的曲线为参与人 1 的命中率，较粗的曲线为参与人 2 的命中率，参与人 1 的命中率比参与人 2 高——此模型中暂不考虑两曲线相交，即"某一人更擅长近距离射击，而另一人更擅长远距离射击"的情况。同时，假设此博弈是完全信息博弈，即每人都知道在任意的 d 点击中对手的概率，而且也知道对手在任意 d 点击中自己的概率。

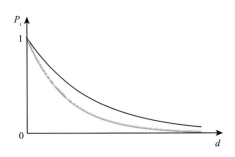

图 6 - 21　决斗博弈的双方命中率

此博弈的最优对策可以从如下角度进行分析。

（1）如果参与人 i 在 d 点已得知对手（设为参与人 j）下轮会选择往前走一步而非开枪，则参与人 i 在本轮选择往前靠近一步是最优对策。因为已知对手下轮不会开枪的前提下，拉近距离有利于提高自身的命中率，下次轮到参与人 i 时，其仍然掌握选择是否开枪的主动权。

（2）如果参与人 i 在 d 点时知道对手（参与人 j）会在下一轮的（$d-1$）点开枪，则参与人 i 本轮是否要开枪取决于双方命中率间的对比。需要对比的是"本轮开枪赢得游戏的概率"和"本轮不开枪而赢得游戏的概率"，即本轮击中对手的概率和对手在下一轮的失误率，也即"参与人 i 在 d 点的命中率"和"参与人 j 在（$d-1$）点的失误率"对比。只有满足：

$$P_i(d) \geq 1 - P_j(d-1) \qquad (6-11)$$

参与人 i 在 d 点才应该开枪。

将式（6-11）变形可得：

$$P_i(d) + P_j(d-1) \geq 1 \qquad (6-12)$$

即上述条件也可表述为，如果参与人 i 在 d 点知道对方下一轮会开枪，且参与人 i 在 d 点的命中率加上对方下一轮的命中率大于 100%，参与人 i 在 d 点才应该开枪。

由于横轴 d 表示两人间的距离步数，随着横轴从右到左，两人间的距离越来越近。如图 6 - 22 所示，如果在一点 d^* 处满足 $P_i(d^*) + P_j(d^* - 1) = 1$，则任何 d^* 点左边的点都满足 $P_i(d^*) + P_j(d^* - 1) > 1$。因此"参与人 i 知道对方下一轮会开枪"的前提下，第一次射击应该发生在 d^* 处。而在双方距离大于 d^* 时，有 $P_i(d^*) + P_j(d^* - 1) < 1$，无论对手下一轮是否开枪，参与人 i 都不应该开枪。

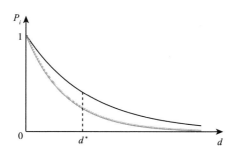

图 6 - 22 决斗博弈中的关键点

由上述分析可知，分析的关键转化为：在 d^* 点处，如果参与人 i 认为参与人 j 下一轮不会开枪，那么本轮参与人 i 应该选择前进；如果参与人 i 认为参与人 j 下一轮将要开枪，那么本轮参与人 i 应该开枪。那么参与人 i 要如何判断参与人 j 下一轮会选择什么策略？

此时可以进行逆向归纳分析：游戏的最终情况可能是，两人都没有开枪，而由于双方都一直选择前进，导致他们之间的距离变为 0。若此时轮到参与人 j，其最优对策显然是开枪射击（命中率100%）。那么倒推 1 轮，在双方距离为 1 步时（设 $d^* \gg 1$ 步），参与人 i 也应该开枪……如此逆推回到 d^* 点，可知参与人 j 下一轮会开枪，因此参与人 i 在 d^* 点处应该开枪。

至此，已经证明第一次开枪射击应该发生在 d^* 点，如果某一方犯了错，走过了 d^* 点而忘记开枪，则当其意识到错误时就应该立刻开枪、亡羊补牢。而不论是射击技术相对较好的参与人 i 还是射击技术相对较差的参与人 j，都不应该在 d^* 点之前就开枪射击，因为"不在 d^* 点之前射击"是最优对策。

6.3.5 三人决斗博弈的讨论

下面讨论一个三人决斗的博弈，例如经典的西部片《黄金三镖客》（*The*

Good，*the Bad and the Ugly*）中的三人决斗。假设彼此互为仇敌的甲、乙、丙三个镖客准备决斗。甲枪法最好，十发八中；乙枪法次之，十发六中；丙枪法最差，十发四中。如果三人同时开枪，并且每人只开一枪，第一轮枪战后，谁活下来的机会大一些？

各个镖客的策略分析如下：镖客甲应该优先瞄准镖客乙开枪。因为乙对甲的威胁要比丙对甲的威胁更大，甲应该首先争取击中乙，这是甲的优势策略。

同理，镖客乙的优势策略是第一次射击瞄准甲。乙一旦击中了甲，下一轮乙和丙进行对决，乙胜利的概率会比丙大得多。

镖客丙的优势策略也是先瞄准甲射击。乙的枪法毕竟比甲差一些，丙先争取击中甲，再与乙进行对决，这样丙的存活概率还是要比在最后独自面对甲高一些。

计算以下三个镖客在上述情况下的存活概率：

甲：被乙丙合射，两人都打偏，$(1-60\%) \times (1-40\%) = 24\%$；

乙：被甲射，甲打偏，$1-80\% = 20\%$；

丙：100%（无人射击丙）。

通过概率分析，可以发现枪法最差的镖客丙存活的概率反而最高，枪法好于丙的甲和乙的存活概率反而远低于实力不济的丙。但是，上面的例子隐含一个假定，那就是甲、乙、丙三人都清楚地了解其他人射击的命中率。但现实生活中，因为信息不对称，比如镖客甲可以伪装自己，扮猪吃虎，让镖客乙和丙认为甲的枪法最差，在这种情况下，最终的幸存者往往是甲。所以，人们在历史事件或现实案例中都能观察到，那些城府很深的人往往能成为最后的胜利者。

如果假定甲、乙、丙三人互相不了解对手的枪法水平，在这种情况下，三人都以50%的概率随机选择一个对手开枪，例如对于甲而言，甲只被乙射击、甲只被丙射击、甲被乙丙同时射击、甲不被乙丙射击的概率各为25%。此时按贝叶斯定理（Bayes' theorem）计算三人存活率：

甲的存活率：（被乙射×乙射偏）+（被丙射×丙射偏）+（被乙丙射×乙丙射偏）+ 轮空 $= (25\% \times 40\%) + (25\% \times 60\%) + (25\% \times 40\% \times 60\%) + 25\% = 56\%$；

乙的存活率：（被甲射×甲射偏）+（被丙射×丙射偏）+（被甲丙射×甲

丙射偏）+ 轮空 =（25% ×20%）+（25% ×60%）+（25% ×20% ×60%）+ 25% =48%；

丙的存活率：（被甲射 × 甲射偏）+（被乙射 × 乙射偏）+（被甲乙射 × 甲乙射偏）+ 轮空 =（25% ×20%）+（25% ×40%）+（25% ×20% ×40%）+ 25% =42%。

可见在三个镖客互相不知道对手命中率的情况下，这时命中率最高的镖客甲存活的概率最大，枪法最差的丙存活的可能性最小，此时硬实力成了决定存活率的因素。

回到甲、乙、丙三人都知道其他人命中率的情形，进行第二轮枪战的分析。在第一轮枪战后，镖客丙有可能面对甲，也可能面对乙，甚至同时面对甲与乙二人，也可能第一轮中甲、乙皆中枪死亡。尽管第一轮结束后，丙有可能直接获胜（即甲乙双亡），但是若第二轮开始，丙似乎就处于了劣势，因为不论镖客甲或乙存活，他们的射击命中率都比丙要更高，丙与其对决胜算较低。

有人根据上述定性分析认为，能力不行的镖客丙虽然可以通过玩些小花样，暂时在第一轮枪战中保全自己，但是如果甲、乙在第一轮枪战中没有双双阵亡的话，在第二轮枪战结束后，丙的幸存概率就一定比甲或乙低。但真的如此吗？

仍然用概率的观点计算一下经历两轮枪战后，甲、乙、丙各自的存活的概率：

第一轮：甲射乙，乙射甲，丙射甲。上面已经计算过，甲的存活率为 24% ，乙的存活率为 20% ，丙的存活率为 100% 。

第二轮有 4 种可能的初始情况：

情况 1：甲活乙死（发生概率 24% ×80% =19.2%），此时甲射击丙，丙射击甲——甲的存活率为 60% ，丙的存活率为 20% 。

情况 2：乙活甲死（发生概率 20% ×76% =15.2%），此时乙射击丙，丙射击乙——乙的存活率为 60% ，丙的存活率为 40% 。

情况 3：甲乙皆活（发生概率 24% ×20% =4.8%），即三人皆存活，则重复第一轮的情况。

情况 4：甲乙皆死（发生概率 76% ×80% =60.8%），则无须进行第二轮，直接结束。

两轮枪战后，三人各自的总存活率为：

甲：（19.2%×60%）+（4.8%×24%）=12.67%；

乙：（15.2%×60%）+（4.8%×20%）=10.08%；

丙：（19.2%×20%）+（15.2%×40%）+（4.8%×100%）+（60.8%×100%）=75.52%。

通过对两轮枪战的详细概率计算，可以发现枪法最差的镖客丙存活的概率仍然最高，枪法较好的甲和乙的存活概率仍远低于丙。对于这样的例子，不免使人发出"强者未必能笑到最后"的感慨！

接下来讨论另一种情况：改变游戏规则，假定甲、乙、丙不是同时开枪射击，而是他们轮流开一枪。

先假定开枪的顺序是甲、乙、丙。此时甲的优势策略是朝乙开枪。甲若一枪击中了乙（80%的概率），随后就轮到丙开枪，丙有40%的概率开枪击中甲。假若乙躲过了甲的第一轮射击，轮到乙开枪时，乙应该瞄准枪法最好的甲开枪，即使乙这一枪击中了甲（60%的概率），随后仍然是轮到丙开枪。可见无论是甲或者乙先开枪，丙都有在下一轮先开枪的优势。

在这种情景中，可以发现丙虽然实力不强，但其在机会上占据有利的地位。丙不会被甲乙两人设为第一次射击的目标，并且他可能极有机会在最后阶段的一对一决斗中占据先开枪的地位。

如果是丙先开枪，丙可以选择向甲开枪，即使丙无法击中甲，甲的优势策略仍然是向乙开枪。但是，如果丙击中了甲，下一轮就将是乙开枪射击丙了。因此，开枪射击甲并非镖客丙的优势策略。丙的优势策略是：故意打偏一枪，只要丙不击中甲或者乙，在下一轮射击中他就仍然处于有利的形势。

通过这个例子，可以说明参与人们在博弈中能否获胜，不单纯取决于他们的实力高低，更重要的是取决于博弈的各个参与人的实力对比所形成的关系。在这种轮流开枪射击的情景中，乙和丙实际上是一种事实上的联盟关系——先把甲淘汰出局，乙丙二人的生存概率都上升了。

不难看出，在乙和丙的这个事实性的联盟中，乙丙两人对这个联盟的"忠诚度"存在差异。任何一个联盟的成员都会时刻权衡利弊，一旦背叛的收益大于忠诚的收益，联盟就会破裂。在乙和丙的这个事实性联盟中，乙是更加忠于联盟的——乙始终会向甲射击。这并不是由于乙的道德品质比丙更好，而是由利益关系赋予了其动机。只要甲没有出局，乙的枪口就一定会瞄准甲，因为甲会把对其威胁最大的乙作为优先打击目标。但对于丙则不然，丙不瞄准甲而是故意射偏，显然违背了联盟关系，丙这样做的结果，将使乙处于更危险的境地。合作才能对抗强敌，只有乙丙合作，才能把甲先淘汰掉。如果乙丙不和，乙或丙任一人单独面对甲都不占优，就会有较大的概率被甲先后解决。

例如赤壁之战中，曹操势力最强，孙权次之，刘备最弱。为了抵抗强大的曹操，孙刘两家只有联合起来，取胜的概率才比较大。孙权的地位就相当于上面例子中的镖客乙，是孙刘联盟中最卖力的成员。在赤壁之战中，孙权阵营出力最多，刘备阵营实际上的贡献比较有限。《三国演义》小说对赤壁之战中诸葛亮的贡献进行了夸张，安排了"草船借箭""借东风"等艺术情节，实际上当时孙刘联军的统帅是周瑜，赤壁之战破曹，周瑜的功劳是大于诸葛亮的。

《宋史》《金史》《元史》等记载，蒙金战争时期（1211～1234 年），蒙古军事实力最强，金朝次之，南宋军力最弱。蒙古与南宋商议，双方合作夹击金朝。本来南宋应该和金国结盟，帮助金国抵御蒙古的入侵才是上策，或者至少保持中立。但是，当时的南宋采取了和蒙古结盟的政策。1231 年，拖雷率蒙古军从凤翔南下进入陕南，胁迫宋军协助其顺汉水东进，过天险饶凤关后，北渡汉水，进入河南歼灭了金军有生力量。1233 年，蒙古军队与南宋军队合围蔡州，1234 年，金朝末代皇帝完颜承麟在城破后死于乱军之中，金朝至此灭亡。1279 年，南宋也被蒙古所灭。如果南宋统治者的战略眼光长远一些，能够不计前嫌，与世仇金朝结盟对抗最强大的敌人蒙古，宋和金都不至于那么快就先后灭亡了。

竞争中，没有永远的敌人和朋友。要想使自身的利益最大化，就要随时准备同自己以前的对手进行合作，以对付更危险的敌人。

6.4　威胁和可信度

6.4.1　动态博弈中的策略

在研究静态博弈时，一般不需要把策略的定义当成一个复杂的问题——

在静态博弈中，"策略是什么"是非常明显的；但如果博弈是有先后顺序的，随着博弈的进行，信息是逐渐地出现的，对策略的定义就需要更加严谨。

在动态博弈中，完美信息博弈可以定义为：在树形图的任意一个节点上（或者说每个节点上），被轮到的参与人，都知道自己处在这个博弈的哪个节点的博弈。这也意味着，参与人知道如何到达该节点。

完美信息动态博弈中的纯策略可以定义为：在一个完全信息博弈中，参与人 i 的纯策略是一套完整的行动计划，这个纯策略确定了参与人 i 将要在其每个决策节点上采取的行动。

例如，如图 6 – 23 所示的序贯博弈中，参与人 2 只有一个决策节点，不难得出其纯策略是 L 或 R。但参与人 1 有两个决策节点（虽然其可能不需要进行第二次决策），因此按照策略的定义，其纯策略有 4 个，分别是：Uu、Ud、Du、Dd。

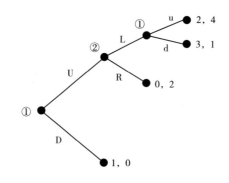

图 6 – 23　一个双人序贯博弈

如果参与人 1 在第一轮选择 D，其就将失去第二次选 u 或者 d 的机会。Du、Dd 这样的策略表述看起来似乎有些多余。但是，策略必须提供当事参与人在每个节点上的行动信息，无论该策略是否能让当事参与人到达其中的某些节点。这样的表述方式看似是多余的，实则能提供博弈中逆向归纳分析的信息。

逆向归纳分析此博弈可知：如果进行到第三轮，参与人 1 会选择 d，因为 3 > 2；而参与人 2 逆向归纳得知这一点后，会知道如果选 L，下一轮参与人 1 将会选择 d，自己就会得到 1，但如果参与人 2 选择 R 就会得到 2，所以参与人 2 会选择 R；参与人 1 逆向归纳后可知，如果自己选择了 U，那么参与人 2

就会选择 R，参与人 1 将会得到 0，如果参与人 1 选择 D 会得到 1，所以参与人 1 最终会选择 D。

因此，此博弈的纳什均衡为（Dd，R），虽然其表现为"参与人 1 选择 D，博弈直接结束"，但只有将双方在后续节点中预备进行的行动以策略的形式表述出来，才能展现上述逆向归纳的过程。该均衡中的 d 和 R 这些看起来多余的策略表述，实际上是逆向归纳的一部分，在博弈分析中需要用它们来帮助理解参与人的思考过程。

6.4.2 市场阻入博弈

假设市场里有一个在位的垄断者和一个将要选择进入这个市场还是保持观望的潜在进入者（见图 6 - 24）。进入者首先行动，如果选择不进入该市场，那么进入者收益为 0，而在位者继续获得它的垄断利润 3。如果进入者选择了进入市场，那么在位者可以做以下两种选择：采用各种低价策略、大量的宣传等攻击手段，尝试将对手赶出市场，这种情况下，进入者会有亏损（-1），而在位者的损失相对小些（0）。在位者也可以选择容忍对手进入，双方直接分享这个市场，都会获得利润 1。

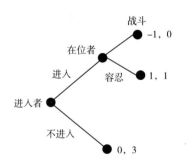

图 6 - 24　市场阻入博弈

可以把此序贯博弈写成如图 6 - 25 所示的矩阵：（进入，战斗）对应收益（-1，0）；（进入，容忍）对应收益（1，1）；而只要进入者选择不进入，无论在位者准备做何选择，博弈都已经结束了，收益都是（0，3）。

从该矩阵分析此博弈的均衡，进入者的最优对策是：如果在位者选择战斗，那么参与人的最优对策就是观望；如果在位者选择容忍，那么参与人的

图 6-25 市场阻入博弈的矩阵

最佳对策就是进入市场。而在位者的最优对策是：如果进入者选择进入，那么最优对策就是容忍，但如果参与者不进入市场，则战斗和容忍都是最优对策。所以一个纯策略纳什均衡是（进入，容忍），另一个纯策略纳什均衡是（不进入，战斗）。当然由于进入者并没有选择进入，因此战斗并没有发生，实际上就是"观望"和"你敢进入我就反击"。

但（不进入，战斗）这个"均衡"无法通过逆向归纳得出。逆向归纳分析可知，从在位者的角度来看，如果轮到其行动，应该选择容忍（0<1），而推知这一点的进入者应该进入市场（1>0）。

此处出现了一个看上去有些矛盾的情况，即似乎在博弈里发现了某些"纳什均衡"，但是其无法得到逆向归纳的支持。这种"均衡"看起来甚至不太符合逻辑原理：如果进入者真的因为害怕被在位者打压而没有进入，在位者声称将会战斗的策略就是一种非可信的威胁（incredible threat），因为若进入者真的进入，理性的在位者实际上并不会攻击。

因此，静态博弈的纳什均衡不能简单地应用到动态博弈中，需要引入更强的理性概念。这种动态博弈中的"不合理纳什均衡"，可以用子博弈精炼纳什均衡的概念将其剔除。该内容将在后面详细介绍。

在现实中，人们有时会通过先期投入一定成本的方式，来建立可信度更高的威胁。1994年，美国传媒大亨鲁伯特·默多克旗下的《纽约邮报》和其主要对手《纽约每日新闻报》两份报纸的价格都是40美分，但默多克认为报纸的零售价应该涨到50美分更合适，这样运营成本低一些。于是《纽约邮报》率先采取了行动，涨价到50美分。而《纽约每日新闻报》仍然把价格停留在40美分上，结果涨价的《纽约邮报》失去了一些订户以及由此带来的广告收入。当时默多克认为这种情况不会持续太久，但一段时间过后《纽约每日新闻报》却一直按兵不动，默多克颇为恼火，认为需要显示一下自己的力量，告诉《纽约每日新闻报》：有更多消费者选择《纽约每日新闻报》的主要原因并不是因为它的内容比《纽约邮报》强，而是因为其 40 美分的价格比《纽约邮报》低一些而已；如果《纽约每日新闻报》不把价格也涨上来，《纽约邮报》有能力发动一场价格战作为报复。

当然，最可信的证明就是真的发动一场价格战，但那也会对《纽约邮报》自身造成损失，导致两败俱伤的局面。因此默多克的目标是既要让《纽约每日新闻报》认识到自己的威胁的可信性，又不投入真正战斗的成本。于是默多克设计了一种让对手乖乖提价的战术，进行了一次"敲山震虎""打草惊蛇"的力量显示。《纽约邮报》在纽约市的五个区之一的斯塔滕岛（Staten Island）区域内把价格降到了 25 美分，该区的《纽约邮报》销量立竿见影地上升了，而《纽约每日新闻报》也认识到了默多克此举的用意。鉴于这次斯塔滕岛的例子和在此之前发生在伦敦的前车之鉴——默多克的《时代》和康拉德·布莱克的《每日电讯报》之间的价格战的可怕后果（1993 年 9 月《时代》从定价 45 美分降到了 30 美分，迫使《每日电讯报》也降价，结果《每日电讯报》的利润大幅下降），《纽约每日新闻报》放弃了投机心理，采取了明智的策略，也将价格上涨到 50 美分。它既不敢也不愿激怒默多克，而且对它而言涨价从长远来看也并不吃亏。涨价后，两家报纸的利润都要比它们定价在 25 美分甚至是 40 美分的时候更高。①②③

从这个故事中也得出了这样的道理：信誉不是凭空得来的，人们需要在必要的时间和地点去投入成本进行证明。默多克在斯塔滕岛用财力表明了自己的立场（考虑到价格战升级的危险，他甚至还准备投入更多的资源来冒险），也向对手证明了自己具有"说到做到"的能力。当企业经营者要使合作伙伴或客户相信其言行的时候，常使用的策略也是投入一定成本充分地展示自己，使对方感觉到只有自己是其"不二之选"。这种展示是任何"虚张声势"的企业不可能或者不愿意去做的，因此能成功地改变合作伙伴或客户的认知。

———————————

① Glaberson W. A cut in price by the post could signal tabloid war [N]. The New York Times, 1994 – 10 – 28 (B3).

② Tugend A. Rupert Murdoch's price war [J]. American Journalism Review, 1995, 17 (1)：15.

③ 余海勇. 践墨随敌——博弈在商场 [J]. 经营管理者, 2005 (5)：30 – 31.

6.4.3　连锁店博弈

前文已经得出，在单个市场的市场阻入博弈中，进入者应该进入市场。若加入一些条件，1 个在位者经营了一家连锁企业，垄断了 10 个不同的市场，假如它们有顺序性，10 个进入者准备依次决定是否进入这些市场，博弈局势则值得进一步分析。

很多人会认为，在位的垄断者会对第一个尝试进入者发起攻击，从而威慑后续的观望者，即"杀鸡儆猴"。但逆向归纳可知，对于最后一个（第 10 个）市场，在位者不会发起进攻，因为没有后续的进入者，就没有建立威慑的动机了。因此第 10 个市场的进入者可以安全地进入，而在位者选择容忍是最优对策。因此可以继续逆向归纳，因为不可能去威慑第 10 个进入者，所以第 9 个进入者就成了最后一个，在位者对其也没有建立威慑的动机……如此逆向归纳下去，所有的进入者都应该进入市场。

逆向归纳法可以得出，通过建立"人若犯我我必犯人"的声誉来吓退其他进入者是行不通的。但是在现实中这种做法却是有效的。假设有一定的概率（例如 1%）在位者是"非理性"的，或者其即使在价格战中会遭遇经济亏损，却可以得到心理上的收益，足以弥补经济损失；那么此时如果位于前列的几个进入者受到了在位者的攻击，后续的进入者就会认为在位者非理性的概率较高，他们就都不进入了。以此推论，即使垄断者是理性的，他也应该有时候表现得非理性，以"杀鸡儆猴"吓退进入者们。而进入者们也会明白，即使在位者是理性的，也会攻击他们，所以他们不应该进入。在此情况下，进入者们并不完全是因为认为"在位者有概率是非理性的"才不进入，他们不进入的原因还包括，他们知道即使在位者是理性的，也会依据上述理由发起攻击用以吓退后来者。

例如 20 世纪 70 年代，美国通用食品公司和宝洁公司竞争十分激烈。当时两家公司都生产速溶咖啡。通用食品公司的麦斯威尔咖啡（Maxwell House）占据东部 43% 的市场，宝洁公司的福爵咖啡（Folgers）则在西部市场领先。1971 年，宝洁公司首先打破平静，它在俄亥俄州大幅度增加投放广告，试图扩大宝洁在东部的市场。面对竞争对手的侵略，通用食品马上做出反应，也立即增加了在俄亥俄州的广告份额并且大幅度降价销售。一段时间内，麦斯威尔咖啡甚至以低于成本的价格销售。通用食品公司在俄亥俄州地区的利润率从降价前的30%降到降价后的 – 30%。宝洁公司在通用食品的打击下利润也下降了许多。最终，宝洁公司承受不住打击，放弃了在该地区扩大市场的努力，率先退出了这场战争。在宝洁公司退出市场后，通用食品公司也降低了在俄亥俄州的广告投入并提升价格，利润也慢慢恢复到降价前的水平。

后来宝洁公司以其人之道，还治其人之身，在两家公司共同占领市场的俄亥俄州东部城市扬斯敦增加投放广告并降低价格，试图将通用食品公司挤出该市场。谁知通用根本不惧怕宝洁的挑战，随即在堪萨斯州降价。几个回合的较量下来，通用食品公司向宝洁以及其他企业传递了这样的信息：谁要跟我争夺市场，我就和谁同归于尽。于是在以后的岁月里，几乎没有公司试图与粗暴的通用食品公司争夺市场。[1]

在前述连锁店博弈中，似乎可以得出这样的推断：在位者不管是真的非理性还是假装的，都会攻击位于前列的进入者。但是，进行逆向归纳分析可知，第10个市场进入者仍然可以认为，垄断者有概率是正常的（例如前文设定的99%的概率为理性），因此还是可能进入。以此类推，在知道在位者非理性的概率不大的情况下，所有进入者还是都该进入市场。这就是莱茵哈德·泽尔腾提出的连锁店悖论。其基本思路是：理性的在位者有时也会去假装非理性而试图吓退别人，但从逻辑的角度看，那样做对其并没什么好处。

在第5.1.4节分析的"胆小鬼博弈"中，假定参与博弈的某一方是鲁莽、不顾后果的人，另一方是谨慎的人，那么冒险选择"不退让"策略的鲁莽者很可能是博弈的胜出者。如果这种胆小鬼博弈进行多次，则冒险选择"不退让"策略的一方就更有信心在将来采取这种策略，因为其很可能已经树立起一种"粗暴鲁莽"的声誉，使得对手在未来的对局中害怕、退让，从而使自身获得好处。

泽尔腾指出，经验显示，受过数学训练的人会认识到逆向归纳观点的逻辑正确性，但在现实中他们却会拒绝把它作为实际行为的指导。[2] 似乎可以推

① Bolton P, Brodley J F, Riordan M H. Predatory pricing: Strategic theory and legal policy [J]. Georgetown Law Review, 2000, 88: 2239 – 2330.

② Selten R. The chain store paradox [J]. Theory and Decision, 1978, 9 (2): 127 – 159.

测，即使在所有博弈方都知道"所有博弈方都十分透彻地理解了逆向归纳观点"的情况下，在位者还是会采取阻止策略，并且其他博弈方对在位者的预期也是如此。归纳理论的逻辑必然性并不能推翻貌似有理的阻止理论这一事实，因而可以称其为一个悖论。

另一个例子是关于绑架人质的。《后汉书·李陈庞陈桥列传》中记载："玄少子十岁，独游门次，卒有三人持杖劫执之，入舍登楼，就玄求货，玄不与。有顷，司隶校尉阳球率河南尹、洛阳令围守玄家。球等恐并杀其子，未欲迫之。玄瞋目呼曰：'奸人无状，玄岂以一子之命而纵国贼乎！'促令兵进。于是攻之，玄子亦死。玄乃诣阙谢罪，乞下天下：'凡有劫质，皆并杀之，不得赎以财宝，开张奸路。'诏书下其章。初自安帝以后，法禁稍散，京师劫质，不避豪贵，自是遂绝。"（桥玄是东汉末年的一位名士，曾担任过太尉、司徒、太中大夫等职。曾有三个劫匪劫持了桥玄的小儿子，到桥玄家里索要财物，桥玄不给。司隶校尉阳球、河南尹、洛阳令等人带士兵赶来，但担心伤害桥玄的儿子，不敢上前。桥玄怒瞪双目，喊道："奸人没有王法，我桥玄难道因一个儿子的性命而放掉国贼吗？"催促士兵前进。士兵上前进攻，杀死了强盗，但桥玄的儿子也被劫匪杀死了。桥玄于是到朝廷面见汉灵帝谢罪，请求皇帝向天下下令："凡是有劫持人质的，一律格杀，不得用财物赎回人质，使罪犯有利可图"。朝廷于是颁发了诏令。原本自汉安帝以后，法禁渐渐松弛，京城地区的匪徒劫持人质十分猖獗，甚至不避权贵之家，而从此之后，就再没有劫持人质的事情发生了。）这个例子中，桥玄就是让朝廷建立"绝不向绑架犯妥协"的声誉（即便有时以牺牲人质为代价），以阻止潜在的绑架者们实施犯罪。

除了像上述例子中人们建立"强硬、绝不让步"的声誉外，人们也会建立更加积极的声誉。例如医生、会计师等职业都需要建立诚实可靠的声誉。其中一个反面教材就是原国际五大会计师事务所之一的安达信会计师事务所，由于卷入"安然事件"，参与安然公司虚构利润、隐藏债务等活动，不得不于2002年放弃其在全美的审计业务，退出其从事了89年的审计行业。①

---

① 陈瑞华.安然和安达信事件［J］.中国律师，2020（4）：87－89.

6.5　不完美信息和子博弈精炼

动态博弈的基本特征是各个博弈参与人的行动不是同时，而是有先后次序的。既然各个博弈参与人不在同一个时刻行动，那么在多数情况下，后行动的博弈参与人在自己行为之前都可以观察到先于自己行为的其他参与人的行为，也即后行动的博弈参与人具有关于其行动前的阶段博弈进程的充分信息。这种完全了解自己行为之前博弈进程的参与人称为"有完美信息（perfect information）的博弈参与人"。如果一个动态博弈中的所有参与人都是有完美信息的，则这类博弈称为"完美信息的动态博弈"（dynamic games with perfect information）。

但是，由于信息传递不畅或博弈参与方可能会故意隐藏信息等原因，动态博弈中也可能存在这样的情况：一部分后行动的博弈参与人无法了解在自己之前行动的部分或全部参与人的策略行为。如果各博弈参与人都只有一次行动选择的机会，且所有后行动的博弈参与人都无法看到自己行动之前的所有其他博弈参与人的选择，那么可以将这种博弈当作静态博弈来处理，因为此时各参与人在信息方面是平等的，与所有参与人同时做出选择的静态博弈在本质上是相同的。但是，有些动态博弈无法当作静态博弈来处理，例如，后行动的博弈参与人中，只有其中一部分参与人无法看到自己行动之前的博弈过程；或者各个博弈参与人对博弈进程信息的掌握存在差别；又或者有的参与人有多于一次的行动选择机会，但却无法观察到前面的某些博弈过程，等等。这些动态博弈即是没有关于博弈过程完美信息的动态博弈，称之为"不完美信息的动态博弈"（dynamic games with imperfect information），相应的博弈参与人则称为"有不完美信息的博弈参与人"。本部分所讨论的不完美信息动态博弈中，各博弈参与人对博弈结束时每个参与人的收益是完全清楚的，因此称参与人是有"完全信息"（complete information）的，这类博弈称之为"完全但不完美信息动态博弈"（dynamic games with complete but imperfect information），或简称"不完美信息动态博弈"。从另一个角度来看，即是用扩展式同时表述序贯博弈和静态博弈。

6.5.1　信息集

不完美信息动态博弈的基本特征之一是博弈方之间在信息方面的不对称性。图6 - 26是一个完美信息的动态博弈，这个博弈的机制是：参与人1逆向归纳可知，如果参与人1选U或M策略，则参与人2会选择d或u策略，则参与人1只能获得0的收益；而参与人1选择D时，参与人2会选择α策略，参与人1可获得1的收益。因此博弈的结果只会是（D，α）。

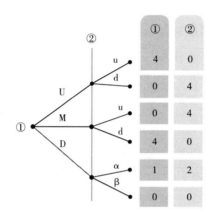

图6 - 26　一个双人序贯博弈

此博弈中参与人1不会选U和M，是因为其行为是能够被参与人2观察到的，不管是哪种情况，参与人2都会选择对自己最有利的对策，而使得相应情况下的参与人1收益很低。

在此动态博弈的树形图中，可以在参与人2能够观察到的节点之间用一个椭圆或者虚线将它们"遮盖"起来，如图6 - 27 - A和图6 - 27 - B所示。这样的虚线/椭圆表示这些节点是一个集合，称为信息集合，或简称为信息集。在信息集中，当事参与人无法判断自己处于哪一个节点。例如此时参与人选择了U或M策略，则轮到参与人2选择时，其无法判断自身是处于上侧还是中侧的节点。参与人1也知道参与人2无法观察到自己选择了U还是M，此时参与人1就可以在U和M策略之间以（50%，50%）的概率随机选择，而参与人2的最优对策也是以（50%，50%）的概率随机选择u或者d，则参与人 1 有 50% 的概率获得 4 的收益，50% 的概率获得 0 的收益，总体预期收益是 2，高于其选择 D 的收益。因此"加入信息集"这个变化改变了整个博弈——博弈中信息的变化不仅影响了博弈本身，也影响了博弈的结果。

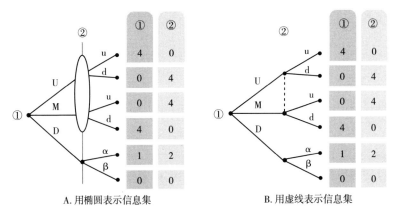

A. 用椭圆表示信息集　　　　　　　　　B. 用虚线表示信息集

图 6 – 27　信息集的表示方式

设定信息集需要遵守如下一些规则。

规则 1：信息集不应该能使当事参与人通过观察可选策略的数量来判断出自身所处的节点。例如图 6 – 28 – A 中，参与人 2 能通过观察可选策略的数量来判断自身所处的节点（3 个则在上侧，2 个则在下侧），因此这个信息集是无意义的。

规则 2：信息集不应该能使当事参与人通过记住其之前的行动来判断其所处的节点。例如图 6 – 28 – B 中，参与人 1 可以通过其第一次的选择来判断第二次轮到自己时在哪个节点（第一轮选 U 则在上侧，第一轮选 D 则在下侧），因此这个信息集是无意义的。这种情况是建立在一个假设之上的：假定参与人有完美的记忆能力，能够永远记住之前的轮次发生了什么，尤其是博弈的参与者是组织、国家等群体时，由于档案制度等机制的存在，通常具有完美的记忆能力。

至此，完美信息博弈可定义为：博弈树上所有的信息集都只包含一个节点的博弈。这里只讨论完全且完美信息的博弈，也就是说每个参与人对博弈的历史阶段都有完美记忆（perfect recall）。完美信息博弈可理解为：树形图上的所有信息集都是单元素集合。而不完美信息博弈则可定义为：博弈树上至少有一个信息集不只包含一个节点的博弈。

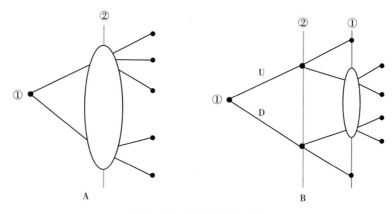

图 6-28 无意义的信息集

通过使用信息集，就能够使用树形图表达更多更复杂的信息。观察图 6-29 中的博弈，可以发现，从参与人 2 的角度看，虽然无法分辨自身处于信息集中的哪个节点，但不管其是在上面还是下面的节点，最优对策都是 A。实际上，这就是第 2.1.1 节中的金钱游戏囚徒困境的扩展式表述——虽然它是一个静态的博弈。

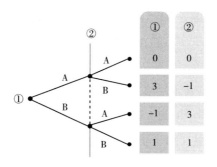

图 6-29 金钱游戏的树形图

这个博弈里，行动顺序并不重要，参与人 1 先行动还是参与人 2 先行动没有关系，因为后行者在决策时无法得知先行者的选择。如图 6-30 所示，它本质上是与图 6-29 等价的，因此同一个矩阵表述的博弈可能转化为不同的扩展式表述，而它们都是等价的。决定一个博弈是静态还是动态，起关键作用的是信息——如果先行方行动时不知道后行方的行动信息，后行方行动时也不知道先行方的行动信息，那么即使双方在行动的绝对时间顺序上存在差异，这个博弈的本质也依然是同步决策的静态博弈。

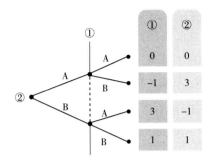

图 6 - 30　金钱游戏的另一种树形图

在不完美信息动态博弈中，纯策略可以定义为：参与人 i 的纯策略是一套完整的行动计划，这个纯策略确定了参与人 i 将要在其每个信息集中采取的行动。

博弈的结果等同于博弈的均衡解，但博弈的均衡跟均衡解不同，例如在如图 6 - 31 所示的两阶段完全信息博弈中，博弈的均衡解（结果）是（A，R），但博弈的均衡却是 [A，（若对手选 A，则选 R；若对手选 B，则选 L）]。因为纳什均衡是定义在参与人的策略之上，因此博弈的均衡策略要包含完整的行动计划这一点很重要。参与人 1 的最优对策是 A，而参与人 2 的最优对策是"参与人 1 选 A 时选 R，参与人 1 选 B 时选 L"。

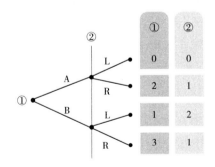

图 6 - 31　一个两阶段完全信息动态博弈

参与人"知道什么"和"什么时候知道"是关于信息集相关概念的重点。例如，1815 年，拿破仑在被流放到厄尔巴岛 11 个月后逃回法国，东山再起，各地法国居民多数都热烈地欢迎拿破仑而反对波旁王朝，甚至连波旁王室的军队也纷纷拱手而降。拿破仑一路顺利进军，占领了巴黎，推翻了刚复辟的波旁王朝，再度称帝，即"百日王朝"。据说在拿破仑向巴黎进军的过程中，当时巴黎的报纸《总汇通报》（Le Moniteur Universel）对这一系列事件的报道口吻发生了如下变化（Horne，2004）：

"食人魔从他的巢穴出发了。"

"来自科西嘉的食人者在戈尔夫瑞昂（Golfe-Juan）登陆。"

"吃人的老虎抵达了加普（Gap）。"

"怪兽正在格勒诺布尔（Grenoble）休整"。

"暴君已经占领了里昂（Lyon）。"

"篡位者已距离首都60法里（约等于240公里）。"

"波拿巴已经前进了一大步，但绝无可能进入巴黎。"

"拿破仑将在明天抵达我们的城墙前。"

"皇帝明天将抵达枫丹白露（Fontainebleau）。"

"尊贵的皇帝陛下，昨天晚上在他忠实的臣民的伴随下抵达了杜伊勒里宫（当时的法国王宫）。"

6.5.2　子博弈精炼纳什均衡

在第6.4节中已经发现，纳什均衡这个概念运用在动态博弈中会产生一些不可信的"均衡"，所以需要改进均衡的定义，使得纳什均衡能适用于动态博弈和静态博弈、完美信息和非完美信息的不同条件。

首先引入子博弈（sub-game）的概念，子博弈是博弈的一部分，它满足以下三个条件：

（1）子博弈必须从博弈树的单个节点开始；

（2）子博弈必须包含该起始节点的所有后续节点；

（3）子博弈不能破坏任何信息集，即不能将某一个信息集的一些节点划定到子博弈中而将另一些节点排除在子博弈之外。

例如，图6-32中的阴影区域不能成为一个子博弈，因为阴影部分的边界破坏了信息集，没有将该信息集的所有节点都包括进去。而虚线围成的区域也不能成为一个子博弈，因为它不是从单个节点开始的。

根据集合论的原理，一个博弈也可以是自身的一个子博弈，但不是真子博弈。

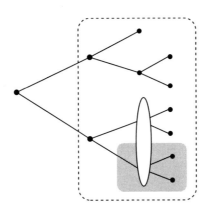

图 6 - 32　不符合规则的"子博弈"

　　将纳什均衡应用到动态博弈和逆向归纳指导下的行为，需要排除那些无法使参与人在子博弈中达成纳什均衡的"纳什均衡"。如果策略组合 $s^* = (s_1^*, \cdots, s_i^*, \cdots, s_n^*)$ 能在任意一个子博弈中达成纳什均衡，那它就是一个子博弈精炼均衡（sub-game perfect equilibrium），也叫子博弈完美均衡。

　　子博弈精炼均衡的一个重要特点是它可以排除"不可信的纳什均衡"。如图 6 - 33 所示，在第 6.4.2 节介绍的市场阻入博弈中，只有一个真子博弈，即虚线框出的部分。如图 6 - 34 - A 所示，该博弈矩阵看上去有（进入，容忍）和（不进入，战斗）两个纳什均衡，但分析子博弈的矩阵（见图 6 - 34 - B）可以发现，子博弈的纳什均衡是（容忍），因此只有（进入，容忍）的局势满足子博弈精炼均衡，因而（不进入，战斗）是一个不可信的威胁——虽然人们在实践中有时会这样做，但这是不符合理性人假设的。

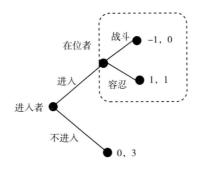

图 6 - 33　市场阻入博弈的真子博弈

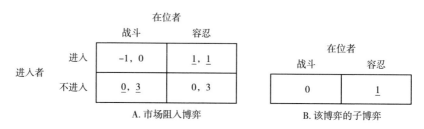

图6-34 市场阻入博弈的矩阵及其子博弈的矩阵

在现实世界中，有很多博弈都是非完美信息的。例如，大多数纸牌游戏是不完美信息博弈。在桥牌里，玩家并不知道伙伴手中的牌，也并不知道坐在左右两位对手手里的牌。玩家在作决策时，必须对其他三位手中的牌做一个估计，而没有确切的信息。"斗地主"等扑克游戏的情况也与之类似。

另一个例子是2014年中央电视台春节联欢晚会上播出的小品《扶不扶》中，青年郝建（沈腾饰演）好心扶起摔倒在地的老太太却被误会是肇事者，最终在交警的帮助下证明了自己的清白。其剧情来自现实中的社会问题：老人摔倒扶不扶？路遇疾患救不救？这些本不该是问题，但众多由此引发的纠纷，让很多人望而却步。好心人伸出援手却遭遇"冤枉""诬告""碰瓷"，或有肇事者冒充"好心救助者"，以及此类案例中双方各执一词、舆论频频反转的"罗生门"，让"帮不帮""扶不扶"成为拷问社会道德的难题。

假设故事中的倒地老人在未有人搀扶时便已经做出决定是否"冤枉"潜在的救助者，而可能实施救助行为的路人并不知道老人是否会"冤枉"自己，即参与人在决策时不知道对方的策略，同时也并不知道对方能够获得的收益集合。假定当事人双方最终解决方法由司法系统决定，当事人将面临司法系统正确处理和错误处理两种结果。由此构成一个"倒地老人—路人—司法系统"的三方动态博弈。

从路人的角度看，目前社会中出现路人"不敢扶"跌倒的老人现象是对司法系统（政府）处理事件能力的不信任导致的，路人这种冷眼旁观的行为不一定是社会道德沦丧、风气败坏的问题。不是路人不想扶，而是"扶不起"，一旦被老人"冤枉"，路人难以承担司法系统判决不公的风险——正如《扶不扶》小品剧情中，一位被冤枉的救助者不得不卖掉自己的奔驰汽车来支付"赔偿金"。

　　鉴于这种情况，现实生活中"袖手旁观"的行为，是个人基于政府未能有效履行管理者职能的条件下，进行理性选择使自身收益最大化的结果，但是不利于弘扬见义勇为的传统美德，于国于民都不可取。因此应当采取适当的举措来降低路人做好事时承担的风险，降低人们对此的担忧和恐惧。例如2011 年，中国好人网在华南师范大学的支持下设立了"搀扶老人风险基金"，中国好人网创办人表示，设立该基金的目的是为见义勇为搀扶老人却被冤枉的救助者们提供免费的法律援助，必要时还会提供经济帮助。北京大学一位副校长也发表类似言论，号召北大学生勇敢搀扶老人，北大法律系将为被冤枉者提供法律援助，在网络上引起热议。2020 年，最高人民法院、最高人民检察院、公安部联合印发了《关于依法办理"碰瓷"违法犯罪案件的指导意见》，明确了对"碰瓷"违法犯罪行为的法律适用、公检法部门间的分工配合，以及定罪量刑等问题（徐日丹，2020）。2021 年 1 月 1 日起正式实施的《中华人民共和国民法典》第一百八十四条规定，因自愿实施紧急救助行为造成受助人损害的，救助人不承担民事责任。这一条款对见义勇为救助行为予以肯定，被俗称为"好人条款"，可谓是给了善意救助人一颗"定心丸"。

　　从跌倒的老人的角度看，如果老年人的生活有保障，政府和社会能够在当老年人身体出问题的时候给予他们物质上甚至精神上的支持和鼓励，保证他们能够享有充足的社会福利，他们在摔倒的时候"冤枉"救助者的概率也会降低。

　　以下是另一个包含子博弈的模型。图 6 - 35 是一个三人的约会博弈：参与人 1 是介绍人，其先选择是否要安排一对男女去约会，如果介绍人选择不安排约会，博弈结束，所有参与人的收益均为 0；如果介绍人选择安排约会，则参与人 2 和 3 会进入一个子博弈中，这个子博弈的设定与前文第 3.3.3 节和第 4.3.2 节介绍的约会博弈相同。如果约会成功，介绍人会对结果很满意而获得收益 1；但是如果约会的两人错开导致约会失败，则介绍人对此感到挫折，收益为（ - 1）。

　　根据前面第 3.3.3 节和第 4.3.2 节中的分析，此子博弈中有两个纯策略纳什均衡（购物，购物）和（电影，电影），当参与人 1 预见到这两人将达成此两种均衡之一时，其选择安排约会将会得到收益 1，不安排将会得到 0，此时参与人 1 的优势策略是安排约会，即此博弈的纯策略子博弈精炼均衡是（安

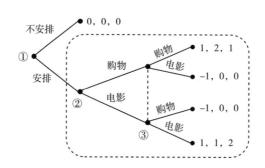

图 6 – 35　包含介绍人的约会博弈树形图

排，购物，购物）和（安排，电影，电影）。

在子博弈中，还有一个混合策略纳什均衡是 [（2/3 购物，1/3 电影），（1/3 购物，2/3 电影）]，此时两人约会成功的概率为 4/9，约会失败的概率为 5/9，若参与人 1 选择安排两人去约会，其预期收益为：$1 \times 4/9 + (-1) \times 5/9 = (-1/9)$，此时参与人 1 的优势策略是不安排约会，即此博弈的混合策略子博弈精炼均衡是 [不安排，（2/3 购物，1/3 电影），（1/3 购物，2/3 电影）]。

在这个例子里，子博弈精炼均衡同样是通过先分析子博弈得到的：先分析得出子博弈的均衡，再分析博弈树前一节点的最优对策，最后得出的均衡就是整个博弈的子博弈精炼纳什均衡。这种分析思路和逆向归纳是一致的——子博弈精炼均衡的作用就是剔除那些不符合逆向归纳法的"纳什均衡"。如果符合逆向归纳法，那么这样的纳什均衡就是子博弈精炼均衡。

在写出策略的时候，某些策略中的行动似乎是多余的，例如 [不安排，（2/3 购物，1/3 电影），（1/3 购物，2/3 电影）] 这个均衡中，实际上参与人 1 选择不安排的策略后，博弈就直接结束了，参与人 2 和参与人 3 没有行动的机会。但在分析中还是要写出这些看似"多余"的行动，因为它们有助于判断"其他参与人会如何预测当事人在下一节点的行动"——正因为参与人 1 预测参与人 2 和参与人 3 会选择如此的混合策略，才会选择不安排约会。而且有时候在参与人决定终止博弈前，也会先换位考虑一下对手对自身的行为做何判断。可见，把有关策略的细节都列出，能够提供足够的信息，使得分析更简单有效。

6.6　序贯博弈分析的讨论

逆向归纳法和子博弈精炼均衡可以有效地分析多种序贯博弈，但在分析有些博弈问题时也会遇到困难。下面对此进行讨论。

6.6.1　逆向归纳法的问题

逆向归纳法主要适用于分析设定条件明确的博弈问题。首先，它要求博弈的行动次序、规则和收益情况等都非常清楚，并且各理性参与人都对其有充分的了解且信任对方也是理性的，知晓对方也已经了解了上述信息。但现实中的博弈问题未必具备这些条件，此时逆向归纳法并不一定适用。其次，博弈树上若有多条路径收益相同，也会导致逆向归纳法遭遇选择困难，这其实也是多重纳什均衡导致的分析预测困难。此外，在第 6.3.3 节中已经提到，逆向归纳法分析路径过多、计算量过大的序贯博弈，如中国象棋和围棋，也是较为困难的。

博弈参与人的"有限理性"和犯错误可能性还给逆向归纳法带来了新的问题：对于理性的参与人来说，如果其他参与人在博弈中出现失误，在博弈中途偏离了子博弈精炼纳什均衡的路径时，应该如何选择后续的行动？例如，如图 6 – 36 所示，逆向归纳分析可知，此博弈的子博弈精炼均衡为（Du，L），相应的路径为参与人 1 在第一轮选择时选 D，博弈结束。但若参与人 1 由于某种原因，在第一轮选择时选取了 U，则轮到参与人 2 选择。此时按照子博弈精炼均衡的策略指导，参与人 2 应该选择 L，进入第三轮选择。因为若参与人 1 是理性的，其在第三阶段将会选择 U，这样参与人 2 的收益为 3，比参与人 2 第二阶段选择 R 的收益 2 更高。但参与人 2 观察到参与人 1 在第一轮选择 U 而不是 D 后，难免对其理性程度产生怀疑。这种问题给参与人 2 的分析和决策造成了困难，即参与人必须确定参与人 1 在第一轮"犯错误"的性质——有可能是参与人 1 理性程度较低，那么其在后续轮次中也可能继续犯错误；也可能是参与人 1 偶然犯了错误，其在后续轮次中再次犯错误的可能性不大；还有可能是参与人 1 故意犯错误，借此想要向参与人 2 传递某种信号，等等。"犯错误"行为的性质不同，有效的对策也不同。这些关于理性及其判断的分析，对博弈的进程和结果有重要的影响。

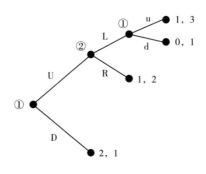

图 6 – 36　一个双人序贯博弈

6.6.2　颤抖手精炼均衡

泽尔腾提出"颤抖手精炼均衡"（trembling hand perfect equilibrium），该概念指出，类似于现实中手发生颤抖时就不能准确拿住想要的东西，在博弈时也要考虑到参与人可能会发生失误而影响博弈结果。颤抖手均衡中，即使某些参与人有较小概率采取某些偏离纳什均衡的行动，但另一些参与人将继续优化其应变策略，最终会发现其他参与人还是维持既定的纳什均衡策略。

颤抖手精炼均衡的定义为：

如果有限策略博弈的一个纳什均衡 $\alpha = (\alpha_1, \cdots, \alpha_i, \cdots, \alpha_n)$ 满足：对每个参与人 i，都存在一个严格混合策略（即参与人的每一个可选纯策略都赋予严格正概率）序列 $\{\alpha_i^m\}$，使得：

（1）$\lim\limits_{m \to +\infty} \alpha_i^m = \alpha_i$；

（2）对于任意正整数 m，$(\alpha_1^m, \cdots, \alpha_i^m, \cdots, \alpha_n^m)$ $\{\alpha_i^m\}$ 都是纳什均衡；

则 $\alpha = (\alpha_1, \cdots, \alpha_i, \cdots, \alpha_n)$ 称为一个"颤抖手精炼均衡"（Selten，1975）。

以图 6 – 37 中的双人博弈为例，该博弈的纳什均衡为（A，b）和（B，a），其中（B，a）对参与人 1 较有利，（A，b）对参与人 2 较有利。在不考虑参与人犯错误的情况下，这两个纳什均衡都是稳定的，都是该博弈可能的结果。

但如果考虑参与人可能出现的偏差，则均衡的稳定性就会发生变化。对于均衡（B，a），由于参与人 1 的策略 A 和 B 应对参与人 2 的策略 a 收益相等，如果参与人 1 考虑到参与人 2 有选择 b 的可能性，则其最优对策是 A 而非 B。而参与人 2 考虑到参与人 1 的这种想法，就会选择策略 b。此时（B，a）不再具有稳定性。而对于均衡（A，b），参与人 1 无须担心参与人 2 是否有可能偏离 b（这样反而会使参与人 1 收益增加）；而对于参与人 2，假设参与人 1 偏离 A 改选 B 的概率为 p，只要满足：

$$0 \times (1-p) + 1 \times p \leq 2 \times (1-p) + 0 \times p \qquad (6-13)$$

计算可得，只要 $p \leq 2/3$，参与人 2 就不应该主动偏离 b。因此，均衡（A，b）具有稳定性，能够抵抗概率较小的偶然偏差，即是此博弈的颤抖手精炼均衡。

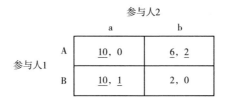

图 6 - 37　一个双人博弈的矩阵

　　把上述博弈中的收益进行调整（见图 6 - 38），则其颤抖手精炼均衡也会发生变化。此时该博弈具有两个颤抖手精炼均衡（A，b）和（B，a）。计算可知此博弈的混合策略均衡为 [(1/3, 2/3)，(4/5, 1/5)]，此时在纯策略均衡（B，a）下，参与人 1 虽然会考虑参与人 2 犯错误偏离 a 而选 b 的可能性，但只要这种可能性不超过 1/5，那么参与人 1 坚持选择 A 就是其最优策略。

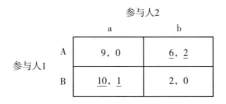

图 6 - 38　调整后的双人博弈矩阵

对比上述两个博弈可知，颤抖手精炼均衡必须是一个纳什均衡，且不能含有任何弱劣势策略。含有弱劣势策略的纳什均衡难以抵抗各种非理性的扰动，缺乏在有限理性条件下的稳定性。

如图 6 - 39 所示的博弈，其有两个子博弈精炼均衡（Uu，Ll）和（Du，Ll），但只有（Du，Ll）是颤抖手精炼均衡，因为若参与人 1 对参与人 2 的理性程度有怀疑，认为轮到其选择时有可能犯错而偏离 L 或 l，参与人 1 就不可能在第一轮选择时坚持 U 策略，因此（Uu，Ll）的子博弈精炼均衡是不稳定的。

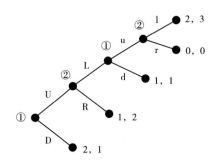

图 6 - 39　一个双人博弈树形图

而若对此博弈稍作调整，如图 6 - 40 所示，则（Uu，Ll）成为此博弈唯一的子博弈精炼均衡，同时也是颤抖手精炼均衡。只要每个参与人偏离该路径的概率比较小，各参与人就会坚持选择此均衡。

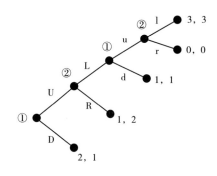

图 6 - 40　调整后的双人博弈树形图

根据颤抖手精炼均衡的思想分析图 6 - 36 中的博弈，可知（Du，L）是该博弈唯一的子博弈精炼均衡，也是唯一的颤抖手精炼均衡。如果参与人 1

在第一轮中误选择了 U 而不是 D，根据颤抖手精炼均衡的原理，参与人 2 在第二轮仍然会坚持选 L。在第二轮和第三轮的子博弈中，（u，L）既是子博弈精炼均衡，也是颤抖手精炼均衡。即使一个参与人在前一轮偶然地发生了错误，也不会导致另一人产生疑虑而偏离均衡。

根据上述分析可以看出，颤抖手精炼均衡是对子博弈精炼均衡的进一步精炼。颤抖手精炼均衡的稳定性更强，预测也更加可靠。然而，颤抖手精炼均衡本身不能解决博弈参与人犯错误的问题，因此也不能保证它的预测一定与博弈的真实结果相吻合。

6.6.3　前向归纳法

"前向归纳法"（forwards induction）是另一种分析博弈参与人犯错误并精炼均衡的方法（Kohlberg and Mertens，1986；van Damme，1989）。

以图 6 – 41 中的博弈为例，此博弈与第 6.5.2 节中的三人约会博弈类似，分析可知此博弈第二阶段的子博弈（虚线包围部分）中有纯策略纳什均衡（d，a）、（u，b）和混合策略均衡 ［（3/4u，1/4d），（3/4a，1/4b）］。容易得出，此博弈的子博弈精炼均衡是（Ud，a）、（Du，b）和 ［U（3/4u，1/4d），（3/4a，1/4b）］，且（Ud，a）和（Du，b）都是颤抖手精炼均衡。

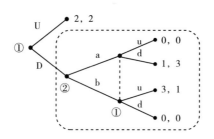

图 6 – 41　一个双人博弈树形图

但（Ud，a）是否真有稳定性仍然值得讨论，因为存在参与人 1 在第一轮选择中故意选择了 D 的可能性。如果参与人 1 和参与人 2 都是理性的，而参与人 2 又观察到参与人 1 在第一轮选择了 D 而非 U，则会认为参与人 1 如此做的理由是其准备在第二轮的子博弈中选 u。若参与人 2 如此思考后，其在第二轮的子博弈中的最优策略只能是 b。如果参与人 1 相信参与人 2 的分析推理能力，就可以预知参与人 2 的选择，则参与人 1 可以预测自己第一轮选 D 后，在子博弈中一定可以实现（u，b），比在第一轮直接选 U 收益更高。因此高度理性的参与人 1 在第一轮会选 D。这与前述章节中的"承诺策略"相类似。按照这样的分析，颤抖手精炼均衡（Ud，a）未必是稳定的，此博弈真正具有稳定性的均衡是另一个颤抖手精炼均衡（Du，b）。

这个例子证明了颤抖手精炼均衡确实不能完全解决序贯博弈均衡的精炼问题。而前向归纳法就是根据博弈参与人在前面阶段的行为，包括偏离特定均衡路径的"犯错误"行为，推断他们的思路，为分析后面阶段的博弈提供依据。这种分析包含了一定的不完全信息博弈的思想。前向归纳法揭示了博弈参与人故意地偏离子博弈精炼均衡和颤抖手精炼均衡的可能性。

第 7 章　重复博弈

本章讨论重复博弈（repeated game）。第 6 章介绍的序贯博弈是一种较为典型的动态博弈，而重复博弈则可视为一种特殊的动态博弈形式。重复博弈是指基本博弈重复进行而构成的博弈过程。虽然重复博弈从形式上看是重复进行多个轮次基本博弈，但博弈方的行为和博弈结果却不一定是基本博弈的简单重复。因为博弈方存在"博弈会重复进行"的意识，会影响其对收益的判断，进而影响其在重复博弈过程中不同阶段的决策行为。因此在研究重复博弈时，不能将其当作基本博弈的简单叠加来对待，而必须把整个重复博弈过程作为整体进行研究。事实上这也正是需要讨论重复博弈问题的根本原因。

通常研究的重复博弈大多数是以静态博弈为基础的多轮次重复，但重复博弈自身又是一个动态过程，属于动态博弈的范畴，因此重复博弈与静态博弈和动态博弈二者都有关联。

7.1　消耗战博弈

7.1.1　消耗战博弈简介

以下是一个重复博弈的小游戏：假设在一个双参与人的多轮博弈中，每一轮每个参与人都可以选择战斗（fight）或者退出（quit），双方同时给出选择，如果至少有一方选择"退出"，则博弈立即结束；如果双方都选择"战斗"，则继续进行下一轮。规定收益为：如果一方战斗，另一方退出，则战斗方获得奖励 v，退出方获得 0；如果双方都选择战斗，那么每人各付出代价 c；

如果双方都选择退出，那么每人获得 0。

在现实中让志愿受试者进行这个博弈，假设 $v = 100$ 元，$c = 75$ 元，实验中会发现有参与人在早期就双双选择退出；也有可能一方退出但是另一方战斗，这种情况也会很快就结束博弈；但是也有可能双方都持续攻击，并长久地持续下去。

分析此博弈的收益可知，一旦进入第二轮博弈，双方其实已经在耗损作为奖励的 100 元。第一轮就获胜固然很好（净收益 100 元），在第二轮获胜也还不错（净收益 25 元），但是如果前两轮没有获胜，而且就此继续博弈下去，那么双方就都每轮亏损 75 元，越输越多。

出现这种情况的原因有：一方面，某些参与人与金钱相比更加注重的是获胜的荣誉感或尊严，或是想建立起一种敢于攻击的形象，以在日后更多的博弈中占据有利地位；另一方面，有的参与人会认为，即便在上一轮损失了 75 元，但这些损失已经变成了沉没成本，是无法收回的，因此即使博弈进行了若干轮，但每一轮都如第一轮那样，即攻击都是一个看上去较优的选择。

这个博弈的关键特征是：在多阶段的战斗中，即使每一轮参与人只损失一小点，但多轮积累下来就会损失很多，事实上在这种情况下，即便是获胜者，其失去的也可能比得到的还要多，即著名的"皮洛士式胜利"，即以高昂代价取得胜利的结果——皮洛士（Pyrrhus）是古希腊伊庇鲁斯国王，曾率兵至意大利与罗马人交战，付出惨重代价，损失大量有生力量后取得了赫拉克利亚战役和阿斯库路姆战役的胜利，有人向他表示祝贺，他却非常伤感地说："如果再来一次这样的胜利，就没有人可以和我一起回国了！"因此人们以"皮洛士式的胜利"来比喻以惨重的代价而取得的得不偿失的惨胜。

现实中也常常会发生这种情况，即"消耗战"。战斗中敌对双方都不愿意放弃，最后得失相当或得不偿失。例如，第一次世界大战中，德国和协约国军队在西部战线为了争夺法国和比利时北边的一小片土地，从 1914 年战斗到 1918 年，其间爆发马恩河战役、凡尔登战役、索姆河战役等著名战役，伤亡数百万人。

而在美国南北战争时期（1861～1865 年），形势是北方实力大大超过南方。北方 23 个州有 2234 万人口，南方 7 个州只有 910 万人，而且其中有 380 多万人是黑奴。北方有发达的工业，年产值 15 亿美元，有 130 万工人、22000

英里的铁路网和丰富的粮食,可以生产几乎全部的战争物资;而南方工业薄弱,年产值 1550 万美元,工人仅 11 万人,铁路也只有 9000 英里,战争物资全面依赖进口。多数人认为,南方如果不能速战速决,则面临必败的局面。但双方仍然进行了 4 年的战争,北方军总死亡人数 36 万人,27.5 万人受伤;南方军死亡人数 29 万人,13.7 万人受伤。①

在美军参与越战的 8 年中,美国累计向越南派兵上百万人次。在越南如同绞肉机的丛林中,5.8 万余美军死亡,参与过越战的美军有近 20 万人患上了明显的精神疾病。在整场战争中,美军消耗了 800 万吨弹药——这个数字是美军在二战期间消耗弹药数量的 3 倍。根据 1970 年的币值,美军一共消耗了 2000 多亿美元。这笔巨资大约相当于 21 世纪初的 3 万亿美元之巨。②③

虽然各国的军事战略学家和指挥人员都力图在新的大战中避免消耗战,但是战争的历史证明了,在势均力敌的对手之间所爆发的争斗中,只要其中一方在装备技术方面不出现足以影响到战争过程的变化,那么以大量参战和大量损失为代表的消耗战就不可避免。

在商业领域也有类似现象,例如英国的天空电视台(Sky Television)和英国卫星广播公司(British Satellite Broadcasting Company)为了夺得其国内卫星广播市场的主导权,进行了数年的竞争。在这场争夺战后,两家公司都遭受了巨大的损失。统计发现,这场争夺战的赢家即使能够独占市场,其所得到的未来预期利润总额,还是远远不及在这场争斗中所损失的数额。最后,天空电视台和英国卫星广播公司于 1990 年合并成立了英国天空广播公司(British Sky Broadcasting)。④

又如在中国市场,靠生产方便面起家的 TY 企业公司和 KSF 控股有限公司这两家"老对手"也一贯保持"针尖对麦芒"的竞争状态,事实证明,最后留下的局势可谓即便赢了市场,也输了盈利。两家企业的方便面业务均处于

① Blair W A. Finding the ending of America's civil war [J]. The American Historical Review, 2015, 120 (5): 1753-1766.
② 刘金质. 冷战史 (中) [M]. 北京: 世界知识出版社, 2003: 658.
③ 王帆. 卷入越战: 美国的决策错误及其原因 [J]. 战略决策研究, 2019, 10 (6): 24-43, 105-106.
④ Chippindale P, Franks S. Dished! Rise and fall of British Satellite Broadcasting [M]. New York: Simon & Schuster, 1992: 336-347.

长期低迷态势。

而在互联网 O2O（online to offline，指将线下的商务机会与互联网结合）领域，大多数企业的主要业务发展模式也是通过"烧钱"（即投入大量补贴）来占领市场。例如"美团外卖"和"饿了么"等平台就曾靠"烧"了上百亿元来争夺市场份额。据称，美团外卖每月的补贴额曾达到近 2 亿元人民币（关健，2015）。

有研究者将这种消耗战比喻为"全支付拍卖"（all pay auction），不论最后谁获胜，所有的竞拍人都要支付他们在竞拍中所喊出的费用或者代价，但只有竞拍出价最高的那个人才能赢走"拍品"。这并不是现实中的拍卖，只是经济学为了解释某些类似拍卖、投标的现象而提出的一种理论模型。

例如科技研发领域，虽然所有企业都需要投入研发资金，但只有最先研究出成果，并能把成果市场化的企业才能赢得竞争，而其他企业的投入则可能"打水漂"。而在政治领域则有"献金竞赛"，西方民主理论认为，政治献金是政客们离不开的"润滑剂"，即使清廉的政治人物也必须直接或间接利用政治献金来选举，而只要民主有保证，政治献金就不会变成官商勾结或利益输送。然而，在每次选举中，各种政治献金丑闻总是层出不穷，不得不让人质疑政治献金是在帮助富人操控选举。很多大公司的利益可能受到政府政策的影响，因而这些公司或其中的个人可能会给总统候选人、议员候选人捐款来获取某种亲密关系，从而希望其胜选后能得到关照。某个候选人会接受所有人的捐款，但各个捐款方的利益可能存在冲突，若候选人当选后只会照顾付出最多捐款的一方，则会演变成"献金竞赛"——虽然捐款人们都付出了费用，但是最后只有出价最高的人获利。20 世纪 70 年代的"水门事件"给美国政治制度造成了巨大的打击，对此美国政府曾对政治献金做出严格的限制，规定了政治献金的金额上限，一定程度上遏制了献金竞赛规模过大。不过，这样的限制已经成为"老黄历"。2014 年 4 月，美国联邦最高法院决定，取消个人对联邦候选人及政党参与竞选活动最高捐款总额的上限。这意味着，美国的有钱人们从此可以毫无节制地向自己支持的政客捐款。舆论质疑，此举将让美国政治彻底被金钱操纵，不过联邦最高法院却认为这只是有钱人在行使"言论自由"（温宪，2014）。

7.1.2 消耗战博弈的分析

在消耗战博弈中，即使进行如下假设：参与人都是理性的，获胜的收益并不高，参与人不需要关注尊严、荣誉或声望等问题……但消耗战博弈仍然有可能演变成双方长期的战斗。分析如下。

为简化分析，以 2 轮的消耗战博弈为例。根据前文的设定，可画出树形图如图 7 - 1 所示。用 F 和 Q 分别代表参与人 1 的战斗或逃跑策略，f 和 q 分别代表参与人 2 的战斗或逃跑策略，以下标 1 和 2 代表第一轮或第二轮的行为。设定如果第二轮双方继续战斗，由于没有胜利方，此局面下双方收益为 $(-2c, -2c)$。

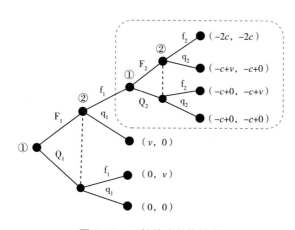

图 7 - 1 二轮的消耗战博弈

分析此树形图可知，其子博弈为虚线圈出的部分，即第二轮博弈。子博弈的收益矩阵如图 7 - 2 - A 所示，由于第二轮博弈中的各项收益都包含了从第一轮"承袭"的 $(-c)$，为了简化表述，可以将其"提取"出来，如图 7 - 2 - B 所示。

先讨论 $v > c$ 的情况，由图 7 - 2 - B 可知子博弈的纯策略纳什均衡为 (F_2, q_2) 和 (Q_2, f_2)，即一方选择战斗而另一方选择退出。由此可将子博弈进行精简，则树形图变为图 7 - 3。参与人们在子博弈中的收益可称为延续收益（continuation payoff）。

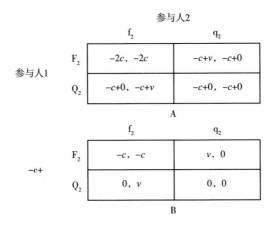

图 7-2 第二轮的博弈矩阵

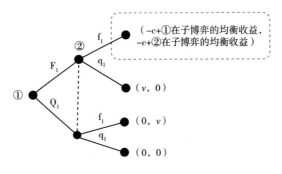

图 7-3 将子博弈精简后的树形图

分析此树形图可知，根据第二轮具体达成哪一个均衡，第一轮的收益矩阵会有如图 7-4 所示的两种情况。可以得出，纯策略子博弈精炼纳什均衡为 $[(F_1, F_2), (q_1, q_2)]$ 和 $[(Q_1, Q_2), (f_1, f_2)]$。每一个均衡中都有一个持续的战斗者和一个持续的退出者：战斗者在两轮中总是战斗，而退出者在两轮中总是退出。可以解释为：如果某参与人知道其对手在第二轮会选择退出，那么从第一轮开始就应该选择战斗，这是最优对策，而对手退出者经过换位思考也能得出第一轮直接退出是其最优对策；反之，如果某参与人知道其对手在第二轮会选择战斗，那么第一轮开始就应该选择退出，这是其最优对策，而对手攻击者经过换位思考也能得出第一轮坚持战斗是其最优对策。

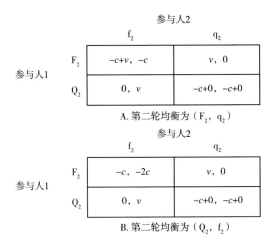

图 7 - 4 第一轮的博弈矩阵

上述分析似乎表明理性的参与人并不会双双选择攻击。然而,实际上双方并不能确定对方会选择战斗还是退出,因此需要分析双方采用混合策略的情形。由于子博弈的收益矩阵是对称的,双方会采用相同的混合策略。设选择战斗的概率为 p,选择退出的概率为 $(1-p)$,根据图 7 - 2 利用第 4 章中求解混合策略纳什均衡的方法有:

$$U_1(F_2) = -c \times p + v \times (1-p) \qquad (7-1)$$

$$U_1(Q_2) = 0 \times p + 0 \times (1-p) \qquad (7-2)$$

解得 $p = v/(v+c)$,$(1-p) = c/(v+c)$。将其代回式(7 - 1)和式(7 - 2)可得混合策略均衡下子博弈中双方的预期收益为 0〔此处已经将第一轮造成的 $(-c)$ "提取" 出去〕。将此第二轮的预期收益(延续收益)逆推回第一轮,会发现由于第二轮的延续收益为 0,第一轮博弈的各局势的收益将与第二轮 "提取"($-c$)后完全相同(见图 7 - 5)。因此第一轮参与人们选择战斗的概率仍然是 $p = v/(v+c)$,与第二轮相同。而且由于式(7 - 1)和式(7 - 2)中并不涉及 v 和 c 的相对大小问题,因此即使 $v < c$ 时,子博弈的延续收益仍然为 0,参与人们每一轮仍然会以 $p = v/(v+c)$ 的概率选择战斗。

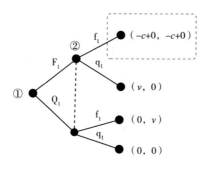

图 7 - 5 第一轮的博弈矩阵

将此分析方式推广到更多轮数的博弈，分析结果也是一样的，在混合策略的纳什均衡下，每一个子博弈的预期收益为 0，则这个博弈的每一轮参与人们都会以 p 概率选择战斗，因此存在形成长期消耗战的可能性。选择战斗的概率 p 与获胜的收益 v 成正比，与战斗的代价 c 成反比。值得注意的是，由于每一轮双方选择战斗的概率为 p，而形成连续战斗需要每一轮双方都选择战斗，因此越多轮数的战斗发生概率越低。

从上述分析过程可知，研究这类重复博弈时，如果把分析分解成若干步，把总体博弈变成若干个阶段的单次博弈，同时也把总收益分成每个阶段的收益，会使分析更加简洁明了。

7.2 有限次重复博弈

7.2.1 有限次重复博弈引论

在单次博弈（one-shot game）中，参与人们只进行一次博弈，这种假设在有些场合是合理的。例如，在车站和旅游点等人群流动较大的地方，商家和旅客之间的博弈就是典型的单次博弈：很多商品和服务不仅价格高质量差，而且还存在假货。因为商家和顾客之间基本上只博弈一次，顾客基本不太可能再次光临。

但是在有些场合利用单次博弈进行描述就显得不那么合理了，如处在社区中的商店和居民之间的博弈：这些商店会提供更好的商品和服务，并拥有较好的信誉，否则就没有回头客了。在这类博弈中，一种基础博弈多次重复，参与人们需要考虑到长远利益，因此可能会达到比单次博弈更为理想的结局。

《史记·循吏列传》记载：公仪休者，鲁博士也。以高弟为鲁相。……客有遗相鱼者，相不受。客曰："闻君嗜鱼，遗君鱼，何故不受也?"相曰："以嗜鱼，故不受也。今为相，能自给鱼；今受鱼而免，谁复给我鱼者? 吾故不受也。"（鲁穆公时，鲁国的博士公仪休由于才学优异，当上了国相。公仪休非常喜欢吃鱼，有人就送鱼给他，他拒而不收。问其原因，公仪休说："正因为我喜欢吃鱼，所以才不能收人家的鱼。我现在做宰相，买得起鱼，自己可以买来吃。如果我收了人家的鱼，而被免去宰相之职，那我还能再吃得到鱼吗? 因此，我不能收人家送的鱼。"）对于公仪休来说，他所面临的就是在一次性博弈和重复博弈之间进行选择。他可以选择收受贿赂，从而结束这个一次性博弈，也可以选择拒绝，从而把一次性博弈变成重复性博弈。

重复博弈的出现可能会使博弈参与人由背叛、欺骗转向合作。影响重复博弈均衡结果的因素主要有重复次数与信息不对称程度。本节主要介绍重复博弈的次数对重复博弈均衡的影响。

在重复博弈中，一种同样的博弈局势重复进行多次或者无限多次，其中每次进行的博弈称为单次博弈。单次博弈可以是静态博弈，也可以是动态博弈，可以是完全信息博弈，也可以是不完全信息博弈。重复博弈有以下特征：各个阶段博弈之间没有实质联系，也就是说，博弈彼此独立，某一阶段的博弈结果不会改变其他阶段的博弈局势；所有参与人拥有完美的记忆，能够观测并记忆各个参与人在以往各阶段中实际采取的行动。

虽然重复博弈形式上是单次博弈的简单重复，但是博弈参与人的行为和博弈结果却不一定是单次博弈的简单重复。因为一种局势多次重复，参与人需要考虑到长远利益，会使其对利益的判断发生变化，从而使其在重复博弈过程不同阶段的行为选择受到影响。例如，如果参与人相信当前的相互作用会影响未来的情况，那么就可能会采取单次博弈情况下不会采取的方式进行运作。尤其是当一个参与人相信"善有善报"，就有充分的理由在较前的博弈轮次中做好事。同样地，如果参与人相信"恶有恶报"，就不太可能去做坏事。即互惠的前景通过奖励或者惩罚使重复博弈与单次博弈相互区分。有研究者认为，重复博弈会改变社会中的一些两难问题（王文举，2010）。在这里"良好行为"的标准不仅是参与人选择合作的行为，还需要满足在没有其他额外投入（如第 2.1.1 节中所提及的法律、协议）时人们也能自发地维持合作。因为日常生活中的大部分互动可能根本不需要契约或不是契约形式的，而很多互动关系又具有重复性，所以分析这种博弈对现实具有指导意义。

例如人际交往关系中，人们的友谊通常不是契约性的——朋友之间的关系并没有写成白纸黑字的契约、合同，而可能反映为"我为人人，人人为我"的朴素观念。

国家与国家之间的互动通常也不是契约性的。虽然国与国之间会订立条约，但也可以撕毁条约。因此大部分国与国之间，如果它们的合作真的能够持久，是因为各国都认识到合作比背叛能带来更多的收益。例如 17 世纪法国宰相、红衣主教阿尔芒·黎塞留首开了"民族国家利益至上"的现代外交之先河，被西方誉为"现代外交学之父"。他的外交政策挑拨邻国各诸侯内部互相争斗不休，使法国从中谋利。在大仲马的小说《三个火枪手》中，红衣主教黎塞留还被作家设定为主人公达达尼昂和三个火枪手的敌人。但即便是憎恨黎塞留的人，却也不得不承认法国后来的强盛很大程度上是他的功劳。他的外交政策分化瓦解了德意志诸邦，使法国冲破了哈布斯堡王朝的包围，压倒西班牙成为欧洲大陆新的霸主，保持了接近两百年的陆上优势。无独有偶，19 世纪英国首相帕麦斯顿的一句名言"我们没有永久的盟友和永久的敌人，我们只有经常的、永久的利益"，成为英国外交的立国之本。① 而德意志帝国首任宰相俾斯麦也坚信，"一个大国唯一健全的基础，这一点正是它大大地有别于小国的，就是国家利己主义，而不是浪漫主义"。②③

即使是在商业的契约关系中，甚至是在被认为喜欢进行诉讼的西方国家，也不能完全依靠法律和契约来实现日常的商业关系。所以，在某种意义上人们需要某种方法形成一种能使合作的"良好行为"持续下去的模式。

---

① Yetkin M. No eternal allies, no perpetual enemies [EB/OL]. (2018 - 02 - 28) [2021 - 11 - 15]. https://www.hurriyetdailynews.com/opinion/murat-yetkin/no-eternal-allies-no-perpetual-enemies-128008.
② 奥托·冯·俾斯麦. 思考与回忆——俾斯麦回忆录 [M]. 北京：东方出版社，2007：50，110.
③ 罗月娥，孔凡立. 俾斯麦外交政策的特点及其局限性 [J]. 大庆师范学院学报，2011，31 (2)：120 - 122.

重复博弈思想的重点在于，在一个正在进行的重复博弈中，对于未来轮次的奖励和惩罚的承诺，可能会为当前轮次的"良好行为"提供激励。明确的未来会为现在的行动提供激励，但如果博弈到达最后的阶段，在一定程度上就相当于没有了未来，而通过逆向归纳就会发现人们在前面的博弈轮次中也失去了选择合作行为的动机。

例如官员、企业 CEO、球队经理或即将退休的员工，原本工作对他们有含蓄的激励作用——"今天好好工作，明天就能继续工作"。但在连任失败的情况下，削弱了他们合作的动力以及为其他人提供合作激励的能力，所以这些人在连任失败的影响下在工作的最后阶段可能会表现出不合作，这被称为"连任失败效应"或"跛鸭效应"（lame duck effect）。在政治领域，"跛脚鸭"是指一些任期将满的政府官员或议会议员，其政治影响力下降，所提出的政策、议案或任命获得通过、被执行的可能性较小。而由于其他人认为"跛脚鸭"即将卸任，没有前途，倾向于不与其合作，会进一步强化此效应。不过，由于很多"跛脚鸭"离任后无须在未来为自己的工作负责，这会使他们有更大的自由在最后的任期内提出不受欢迎的政策或任命。①

要激励这些即将退休的博弈者"站好最后一班岗"，可以采取的一种方法是在最后阶段提高激励水平，从原来的含蓄激励转变为显著的激励条款。例如规定最后阶段的工作表现与退休金挂钩，或加强离任者与继任者的协商合作等。

7.2.2　三价博弈

"三价博弈"是一个双参与人的博弈问题，它既可以作为单次静态博弈研究，也可作为多轮的重复博弈研究。如图 7-6 所示的博弈中，两家企业以相同的成本生产同质产品，假设两个厂商需要同时决定各自的价格，它们对产品的定价有高（H）、中（M）、低（L）三种可能。

容易得出，此博弈的两个纯策略纳什均衡为（M，M）和（L，L），对应

---

① The New York Times. President Obama's farewell address：Full video and text ［EB/OL］.（2017-01-10）［2019-12-18］. https：//www. nytimes. com/2017/01/10/us/politics/obama-farewell-address-speech. html.

企业2

	H	M	L
H	5, 5	0, 6	0, 2
M	6, 0	3, 3	0, 2
L	2, 0	2, 0	1, 1

（企业1 标注于左侧）

图 7 - 6　三价博弈

的双方收益分别是（3，3）和（1，1）。但这个博弈中双方整体利益最大且也符合双方个体利益（仅次于对方高价、己方中价中的收益6）的策略组合（H，H）并不是纳什均衡，因此单次博弈的结果是总体上非最优的。设 H 策略（高价格）对两个企业而言是"合作的良好行为"，相当于两个企业共谋将价格定在高位，则 M 策略相当于私自降价的"背叛"行为，那么在进行数次重复博弈时——以进行两次为例，显然第二次博弈相当于一个单次博弈，仍然是不可能达成（H，H）合作的，那么双方能否至少在第一次博弈中达成合作？

可以肯定的是，重复两轮这个基础博弈，使得博弈的预期结果出现了多种可能性，两次重复博弈的纯策略组合有81种（9×9）之多，加上带混合策略的组合，可能结果的数量就更多。这些结果中的子博弈精炼纳什均衡，有两阶段都采用基础博弈的同一个纯策略纳什均衡的，也有轮流采用不同的纯策略纳什均衡的，也有两次都采用混合策略纳什均衡的，或者是纯策略均衡和混合策略均衡轮流采用。但最重要的是，在两次重复中确实存在第一阶段采用（H，H）的子博弈精炼纳什均衡，其双方的策略是这样的：

企业1：第一轮选H；若第一轮的结果为（H，H），则第二轮选M，若第一轮博弈的结果为（H，H）之外的其他任何策略组合，则第二轮选L。

企业2的策略与企业1相同。

首先，验证上述这种行动模式是否符合策略的定义。以纯策略的角度，在这个两轮的博弈中，每一个参与人有10个信息集：在博弈的第一轮有1个信息集（需要在三种纯策略中选一），第二轮有9个信息集（第一轮有9种可能的组合，根据这些组合判断第2轮的策略）。此策略告知了使用该策略的参与人在第一个信息集要怎么做，也告知了使用该策略的参与人在第二轮的9

个信息集又要怎么做。因此其确实是一种策略，推广到混合策略角度也成立。

其次，验证这样的策略组合是否属于子博弈精炼纳什均衡。根据博弈第一轮的不同情况，第二轮会形成 9 个子博弈，即第一轮结果为（H，H）的子博弈、第一轮结果为（H，M）的子博弈、第一轮结果为（H，L）的子博弈……诸如此类。但实际上并没有必要分析所有的子博弈。已知在第二轮这个相当于一次性的博弈中的纳什均衡是（M，M）和（L，L），所以在所有的 9 个子博弈中，除了第一轮（H，H）之后会在子博弈中引发（M，M）的均衡，其他情况下的 8 个子博弈均衡都是（L，L）。

在整个博弈中，如果一方（假设为企业 1）使用上述策略，且对方（假设为企业 2）知道其采用了这种策略并采用同样的策略进行"合作"，则两轮的结果分别是（H，H）和（M，M）。双方总收益均为：

$$U(H,H) + U(M,M) = 5 + 3 = 8 \qquad\qquad (7-3)$$

如果企业 2 第一轮选择背叛（M），则其知道企业 1 根据其策略第二阶段会选 L，那么企业 2 第二轮选择 L 是最优对策。于是企业 2 两轮的总收益为：

$$U_2(H,M) + U_2(L,L) = 6 + 1 = 7 \qquad\qquad (7-4)$$

可见企业 2 虽然在第一轮中通过背叛得到了较高的收益，但由于第二轮收益很低，总收益反而不如在第一轮选择合作。因此，这种策略可以看作一种"奖惩机制"，若企业 2 在第一轮中选择合作（H），则企业 1 会在第二轮选择 M 作为对其上轮合作的奖励，若企业 2 在第一轮中选择背叛（M），则企业 1 会在第二轮选择 L 作为对其在上轮中背叛的惩罚。因此第一轮偏离（H，H）是得不偿失的。这就证明了上述策略组合确实是这个两次重复博弈的子博弈精炼均衡。

上述重复博弈中所采用的"先试探地合作，如果对方不合作，则己方采取惩罚措施"的策略，称为触发策略（trigger strategy）或称扳机策略、冷酷策略（grim strategy），是一种著名的重复博弈策略。它是重复博弈中实现合作和提高均衡效率的关键机制。

一种在重复博弈分析中更简明的表述方法是：明确地写出当前轮次的"背叛的诱惑"（即选择背叛与合作的收益之差）与未来轮次的"回报"（即合作的奖励和背叛的惩罚之差）之间的对比。例如此博弈中企业 2 的诱惑与回报可写为：

背叛的诱惑：

$$U_2(H,M) - U_2(A,H) = 6 - 5 = 1 \qquad (7-5)$$

未来的回报：

$$U_2(M,M) - U_2(L,L) = 3 - 1 = 2 \qquad (7-6)$$

只要背叛的诱惑≤未来的回报，企业 2 就没有背叛的动机。

因此，如果一个有限次重复的阶段博弈，有不止一个纳什均衡，且至少一个均衡可以当作奖励，而另一个均衡可以当作惩罚，则可利用这两个均衡之间的收益差，通过预测不同策略造成的结果来为行动提供激励，以在子博弈中达成持续的理想均衡。其中激励可视为奖励或者惩罚。

这样的触发策略可能存在如下问题，例如，在上述重复两轮的三价博弈中，如果第一轮的结果确实是（H，H），也就是在子博弈精炼纳什均衡路径上，那么第二轮的（M，M）具有自动实施和一致预测的性质。但假设企业 1 在第一轮选 H，企业 2 却选了 M。在第二轮，根据策略的指导，应该出现的结果是（L，L）而两人各得到收益 1。但若在第一轮结束后、第二轮开始前，企业 2 找到企业 1，进行了如第 3.3.2 节的协调博弈中的劝说："如果我们选择了（L，L）的均衡，双方都会受到损失，不如我们改为选（M，M）的均衡，这对我们双方都更有利。"企业 1 会考虑："我方在上一轮的确收益为 0，但是那已经是'过去式'了，我方现在应该对比的是接下来的第二轮中两个均衡的收益。均衡（M，M）中的收益 3 确实比均衡（L，L）中的收益 1 更好。而且我方也已经不会再担心被对方背叛了，因为如果企业 2 相信我方选 M，那么企业 2 的最优对策也是选 M。"这就造成了该策略中的惩罚机制的可靠性问题。

这种参与人的讨论包含了博弈各阶段间的某种交流。假设在这种情况下在各个阶段参与人们可以相互交流，又假设的确存在某些人具备说服别人的能力，就会在第一轮失去合作的激励而导致背叛——在第一轮中，参与人们之所以愿意去合作，是因为背叛的诱惑要小于未来的奖励收益与惩罚收益的差，但如果参与人们在第二轮总能得到奖励，那么在第一轮则一定会选择背叛。所以在这里的问题是"重新谈判"。

有时重新谈判并不是一个严重的问题。比如企业 1 可能对企业 2 很记仇，认为："因为对方在第一轮的背叛让我方很生气，所以我方拒绝和对方进行重新谈判。"但真正的问题是，该策略中为了惩罚企业 2，企业 1 相当于也惩罚了自己，因而在对方已经背叛的前提下，放弃惩罚对企业 1 自身也是有利的。

例如现实中，政府或者银行可能会为负债的企业提供担保，主要目的是不让其轻易破产、甩掉债务，希望其能重新盈利还贷，回到好的均衡状态，这是一种事后效率的选择。但是，从事前效率的角度来说，这为一些企业做出不良借贷的行为提供了激励，其可能会产生"反正有政府、银行'兜底'"的心态。

实际上，触发策略中惩罚机制的可信性是一个很复杂的问题，会受到参与人相互预期等很多复杂因素的影响。例如，如果未偏离的一方并不想惩罚偏离的一方，而偏离的一方却因为害怕惩罚而选择 L，结果是，心慈手软的未偏离一方再次受到重大损失。这种可能性的存在无疑会使惩罚机制的实施可能性显著增加。此外，还可以考虑策略的制定者和执行者相互分离，执行者会严格执行决策者指令的情况等，甚至可以把重复博弈的策略理解成给博弈机器设定的自动化程序。

7.2.3　两市场重复博弈

上述重复博弈中的触发策略，只是在存在多个纯策略纳什均衡的重复博弈中的有效策略之一，在有些情况下可能存在其他更有效的策略。

例如，如图 7 - 7 所示，两个企业 1 和 2 同时发现了两个可以进入发展的市场机会 A 和 B，但它们各自只能选择一个市场进入。其中 A 市场规模较大但开发程度较低，单独一家企业不足以充分地开发该市场，因此一家企业独自进入 A 市场的收益为 1，而两家企业共同进入就能充分发掘该市场的潜力，双方的收益都为 3；B 市场规模较小但开发程度较高，一家企业独自进入 B 市场的收益为 4，但如果两家企业都进入这个较小的市场进行竞争，则都无利可图，收益均为 0。

该博弈如果是一次性的，有两个纯策略纳什均衡（A，B）和（B，A），收益分别是（1，4）和（4，1）。还有一个混合策略纳什均衡，即企业 1 和企

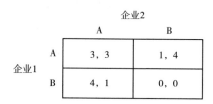

图 7 - 7　两市场博弈

业 2 都以 50% 的概率在 A、B 之间随机选择，双方预期收益都为 2。因为两个纯策略均衡中双方利益是不对称的，如果两个企业之间是严格不合作的，即不能相互协商并达成任何有约束力的协议，而且双方都是既希望自己独占 B 市场的高利润，又想回避在 B 市场争斗而两败俱伤的风险，那么只能采取混合策略。因此在这个博弈的一次性博弈中，不仅总体收益最优的结果（A，A）无法实现，而且要实现次优的均衡（A，B）或（B，A）也有难度。

如果两个企业进行两次重复博弈，此博弈不具备采用三价格博弈中策略的条件，即用一个均衡当作奖励，另一个均衡当作惩罚，因此无法在博弈的各阶段全部或部分实现（A，A）的结果，但可以实现对单次博弈结果的帕累托改进。两次重复博弈中存在多个子博弈精炼均衡。例如连续两阶段都采用同一个纯策略的纳什均衡，即连续两轮的（A，B）或连续两轮的（B，A）都是子博弈精炼纳什均衡。双方连续两轮采用（50% A，50% B）的混合策略均衡，也是子博弈精炼纳什均衡。双方在其中一轮博弈采用纯策略均衡，另一轮采用混合策略均衡，也是一种子博弈精炼纳什均衡。还有一种策略被称为"轮换策略"：两个企业进行轮换，轮流进入两个市场，企业 1 第 1 轮选择 A、第二轮选择 B，企业 2 则反之，即第一轮为（A，B）、第二轮为（B，A）；或第一轮为（B，A）、第二轮为（A，B），这同样是一个子博弈精炼纳什均衡。

上述这些子博弈精炼纳什均衡中，两博弈方的策略都是无条件的，第一轮博弈的结果并不影响第二轮博弈的策略选择，这与触发策略有明显的区别。各个子博弈精炼纳什均衡中，双方的收益有显著的差别：若连续两次采用同一个纯策略纳什均衡，则双方每轮平均收益分别是（1，4）和（4，1）。若两轮采用混合策略纳什均衡，则双方每轮平均预期收益为 2。一轮博弈采用纯策略均衡，另一轮采用混合策略均衡的情况下，双方每轮平均收益分别为（1.5，3）和（3，1.5）。若采用轮换策略，则双方每轮平均收益都为2.5。第一类均衡总收益较高，但双方收益差别很大；而混合策略均衡的平均期望收益较低。相较之下，双方如果能达成某种默契，采用轮换策略，能够在效率和公平性方面都取得较好的效果。

图7-8展示了不同子博弈精炼纳什均衡的效率差异。可以看出，两次重复博弈与单次博弈相比，博弈结果出现了更多的可能性，在平均收益和公平性方面都存在改进。但两次重复博弈能够实现的均衡结果与该博弈潜在的最优结果即（A，A）还有差距。

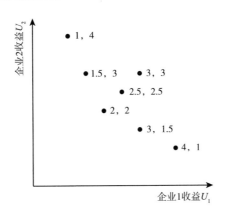

图7-8　两市场博弈下单次和两次重复博弈的每轮平均收益

如果进行3次或更多次的重复博弈，则双方有条件使用触发策略，可使博弈结果进一步改善。例如3次博弈中，企业1和企业2可以分别采用如下的触发策略。

企业1：第一轮选A，如果第一轮结果是（A，A）则第二轮选A，如果第一轮结果是（A，B）则第二轮选B；第三轮无条件选B。

企业2：第一轮选A，第二轮无条件选B；如果第一轮结果是（A，A）则第三轮选A；如果第一轮结果是（B，A）则第三轮选B。

根据上述策略，双方3次重复博弈的均衡路径是（A，A）→（A，B）→（B，A）。其中第二、第三轮的策略组合本身就是原博弈的纳什均衡之一，因此双方均不会有意愿独自偏离之。第一轮的策略组合（A，A）并不是原博弈的纳什均衡，在这一轮如果某一方单独偏离它而选B，就能使自己的收益增加；但如果企业 1 第一轮偏离，就会引起企业 2 第三轮的惩罚，从而获得更低的总收益，因此企业 1 不会偏离；而企业 2 若在第一轮偏离，则会引起企业 1 在第二轮的报复，结果也是得不偿失的，所以企业 2 也不会偏离。因此，虽然（A，A）不是单次博弈的纳什均衡，但作为 3 次重复博弈中第一轮博弈的策略组合是具有稳定性的，双方的上述策略确实是该 3 次重复博弈的子博弈精炼纳什均衡。此外，上述触发策略中的惩罚机制也有很强的可行性，因为该机制在惩罚偏离者时能够使惩罚者获利。

上述 3 次重复博弈还存在其他的子博弈精炼纳什均衡，例如重复原始的单次博弈的均衡。但（A，A）→（A，B）→（B，A）的均衡路径中，双方每轮的平均收益为 2.67，大于其他的子博弈精炼纳什均衡的每轮平均期望收益。因此从总体效率的角度，该子博弈精炼均衡优于其他的子博弈精炼均衡。

若进一步增加两市场博弈的重复次数，例如重复 101 次，此时若双方都采用触发策略"第一轮选 A，从第二轮开始，如果上一轮的是（A，A）则继续选 A，如果出现其他任何结果，则持续选 B 到第 99 轮，最后两轮的策略与上述 3 次重复博弈后两轮的策略相同"，可以发现双方的上述触发策略也构成一个子博弈精炼纳什均衡，双方的每阶段平均收益是（99 × 3 + 1 + 4）/101 = 2.99，已经非常接近于原单次博弈效率最高的策略组合（A，A）的收益（3，3）。如果重复博弈的次数进一步增加，则均衡收益趋近最优结果（3，3）的程度还能进一步提高。

通过对有限次重复博弈的实例分析可以看出，当原单次博弈有多个纯策略纳什均衡时，有限次重复博弈有许多效率差异很大的子博弈精炼纳什均衡，并且可以通过设计特定的包含奖惩机制的策略来实现效率较高的均衡，充分发掘单次博弈中无法实现的潜在利益。提高效率和发掘潜在利益的可能性和程度，则主要与运用特定策略的条件、策略的奖惩机制及重复博弈的次数有关。对此，著名的大众定理（folk theorem）指出，如果参与人有足够的耐心，那么满足任何个人理性的可行的收益组合，都可以由一种均衡实现。

为了说明这一定理，用 g_i 表示参与人 i 在单次博弈中最低的均衡收益，用 g 表示各参与人的 g_i 构成的收益向量。将博弈中"不管其他参与人的行为如何，参与人 i 只要自己采取某种特定的策略，最低限度能保证获得的收益"称为"个体理性收益"或"保留收益"。将博弈中纯策略组合的收益用向量 v

表示，$v = (v_1, \cdots, v_l)$，如果 v 是凸组合（即加权平均，权数非负且总和为 1），称为可行收益向量。

大众定理可表述为：I 人参与的完全信息静态博弈 G 中，若有均衡收益向量优于 g，那么在该博弈的多次重复中，对于所有不小于个体理性收益的可行收益向量 v，至少存在一个子博弈精炼纳什均衡的极限的平均收益将其实现。

大众定理也称佚名定理、无名氏定理、俗定理，其之所以得名，是由于在有人正式将其证明并发表之前，"重复博弈促进合作"的思想就早已有很多人提出，在博弈理论界众所周知并认为是显然成立的，以致难以追溯到其原创者。

在上述两市场博弈的重复博弈中，两个参与人各自最低的均衡收益 g_i 组成的向量为（1，1），所有可实现收益构成如图 7－9 所示由（0，0）、（1，4）、（3，3）和（4，1）四点的连线围成的图形中的各个点的坐标。大众定理应用到该博弈中意味着，图 7－9 中由虚线围成的部分，即（1，1）、（1，4）、（3，3）和（4，1）四点的连线围成的图形中各点的坐标对应的博弈双方的收益，都可以在该博弈的多次重复博弈中由子博弈精炼纳什均衡实现或趋近之。

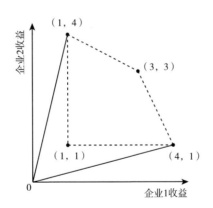

图 7－9　两市场博弈的大众定理

大众定理的这种结论对于加深人们对重复博弈意义的理解，帮助人们在重复博弈中更好地把握机会，设计和运用高效率的策略，建立相互的默契和信任，从而争取实现更好的博弈结果，都有相当重要的意义。

7.3　无限次重复博弈

7.3.1　无限次重复博弈引论

在无限次重复博弈中，情况与有限次重复博弈不一样。即使是像囚徒困境那样没有多个纳什均衡来构成奖励和惩罚，合作行为也仍然可能会出现。

经过前文分析已知，在正在进行的重复博弈中，对于未来的奖励的承诺和惩罚的威胁，可能会为当前轮次的"良好行为"提供激励。但也并非任何情况都能维持合作。例如，在如图 7 – 10 所示的囚徒困境式博弈中，如果希望通过一定轮数的重复博弈可以形成持续的合作，就会发现，即使重复这个博弈成百上千次，理性参与人也无法形成持续合作的均衡。因为分析会在博弈的最后阶段"崩盘"：在最后一轮中（见图 7 – 10 – A），双方背叛是唯一纯策略纳什均衡，收益为（0，0），因而逆向归纳将此收益（延续收益）代入上一轮后可知（见图 7 – 10 – B），每一轮的收益矩阵是相同的（次轮的延续收益为 0），因而双方背叛都是唯一纯策略纳什均衡。其中的关键在于，博弈的最后一轮无法提供对未来的激励、承诺或惩罚，所以导致所有之前轮次的合作都失去可能性。

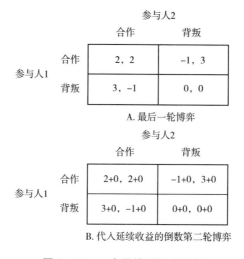

图 7 – 10　一个囚徒困境式博弈

虽然在这样的重复博弈中的一个可选策略是，无论别人怎么做，自己都选择合作。如果两人都选择了"不顾一切地合作"这样的策略，很显然这会促成合作，但是这并不能称为一个均衡——理性参与人面对这样的策略时，会有充分的动机选择背叛，即"不顾一切地合作"策略并不能创造足够的动机使之成为一个均衡。

只有在特殊情况下，"一直选择合作"会成为优势策略。例如，在一个漫天风雪的夜晚，两人在山路上赶路，发现道路被一个雪堆堵塞。如果两人一起动手铲雪，则他们都可以尽快回家。如果只有一个人铲雪，两个人也同样可以回家，而且那个袖手旁观的背叛者还可以省下力气。但如果两人都选择背叛，那么两人都无法回家，有冻僵的危险。

这种博弈叫作"雪堆博弈"，它与囚徒困境不同的是，合作更容易出现。即便对手选择了背叛时，参与人的最优对策仍然是合作，而不是背叛，因为两人都背叛的结果是极为严重的。在日常生活中，这种情况比较普遍，例如夫妻二人都不想做饭，但谁也不做饭就都会挨饿，所以最终某一方还是要不情愿地去做饭，等等。

7.3.2　无限次重复博弈中的触发策略

下面介绍触发策略在无限次重复博弈中的应用情景。

稍微改变图 7 - 10 的囚徒困境重复博弈的规则：进行了第一轮之后，每次在进行下轮博弈之前，掷两枚硬币。如果两枚硬币朝上的都是数字那一面，博弈结束；如果掷硬币是除此之外的任何结果，博弈继续下一轮。即每一次"进行下一轮博弈"的概率 δ 均为 3/4。

在此规则下，该博弈与固定轮数的博弈有了显著区别——由于无法确定博弈何时会结束，即没有了明确的最后一轮，那么参与人便无法确定在什么时候选择背叛来赢得最后一轮的更高收益。

此时考虑这样的"行为指导"：第一轮选合作，如果之前轮次中没有任何一方选背叛，则一直选合作，如果之前轮次中有人选择背叛，则其后一直选背叛。

这样的行为指导符合策略的定义——只要参与人有完美的记忆，在当事参与人的每一个信息集中其都能得到行动的指导，因此这确实是一个标准的策略。这就是触发策略。

假设参与人 1 采用了此触发策略，则依照第 7.2.2 节中的方法分析参与人 2 合作与背叛的动机。

此博弈中参与人 2 的诱惑与回报可写为：背叛的诱惑为，某一轮中选择背叛的收益比合作更多，不失一般性，设为第一轮，即：

$$U_2(合作,背叛) - U_2(合作,合作) = 3 - 2 = 1 \qquad (7-7)$$

未来的回报为，未来参与人 1 一直选合作（视为奖励）的总收益和未来参与人 1 一直选择背叛（视为惩罚，此时参与人 2 最优对策为背叛）的收益之差。由于第二轮博弈发生的概率为 δ，第三轮博弈发生的概率为 δ^2……以此类推。

第 n 轮的奖励与惩罚的差值为：

$$\delta^{n-1} \times [U_2(合作,合作) - U_2(背叛,背叛)] = \delta^{n-1} \times (2-0) = 2\delta^{n-1}$$
$$(7-8)$$

则根据等比数列求和公式可以得到，当 n→∞ 时，第 2 轮至第 n 轮的奖励与惩罚的差值之和为：

$$\frac{2\delta(1-\delta^{n-1})}{1-\delta} \approx \frac{2\delta}{1-\delta} \qquad (7-9)$$

只要背叛的诱惑≤未来的回报，即 $1 \leqslant \frac{2\delta}{1-\delta}$，参与人 2 就没有背叛的动机。解得 $\delta \geqslant 1/3$，而前文设定了 $\delta = 3/4$，因此这个重复博弈中，参与人 2 也会采用同样的合作策略，即触发策略能形成稳定合作的子博弈精炼均衡。在这里，δ 可以理解为参与人对未来博弈持续下去的信念，或贴现因子。

通过对上述博弈的分析可知，囚徒困境式博弈的潜在合作利益在单次博弈和有限次重复博弈中无法实现，但在无限次重复博弈中是可能的。美国罗切斯特大学的詹姆斯·弗里德曼把大众定理推广到无限次重复博弈的子博弈精炼纳什均衡（Friedman，1971）：

I 人参与的完全信息静态博弈 G 的无限次重复博弈 $G(\infty)$ 中，一个纳什均衡收益向量为 $e=(e_1, \cdots, e_I)$，对于任何满足对任意 i 有 $v_i > e_i$ 的可行收益

向量 v，存在一个贴现因子 $\delta^* < 1$，使得对于所有的 $\delta \geqslant \delta^*$，存在一个特定的子博弈精炼纳什均衡的各方平均收益符合收益向量 v。

以上述囚徒困境式博弈的重复博弈为例，纳什均衡的收益向量为 $(0, 0)$，所有可实现收益构成图 7-11 中由 $(0, 0)$、$(-1, 3)$、$(2, 2)$ 和 $(3, -1)$ 四点的连线围成的图形中的各个点的坐标。大众定理应用到该博弈中意味着，图 7-11 中由虚线围成的图形中各点的坐标对应的博弈双方的收益，在贴现因子足够大的情况下，都可以在该博弈的无限次重复博弈中由子博弈精炼纳什均衡实现。

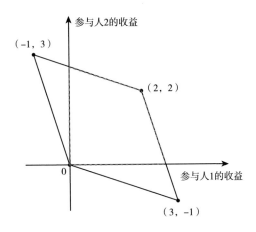

图 7-11　囚徒困境式无限次博弈的大众定理

《说苑卷六·复恩》《韩诗外传·卷七》和《东周列国志》中都记载了一个"摘缨会"的故事。楚庄王有一次宴请群臣，直喝到天都黑了，就点上蜡烛接着喝，这时蜡烛突然灭了，楚庄王的一个宠妃正在大臣席上敬酒，有个大臣喝醉了，就趁一片漆黑的时机拉住这位美人的衣服，美人一伸手把这个人的帽缨扯下来了。美人摸黑跑到楚庄王身边告状："刚才蜡烛灭后，有人调戏我，我把他的帽缨弄下来了，你赶紧命人点灯，一看就知道是谁了。"楚庄王说："是我让他们喝酒的，醉后失礼是人之常情，怎么能因此折辱大臣呢？"随即命令群臣："大家都把帽缨扯下来，一醉方休。"大臣们都把帽缨扯掉，然后点灯接着喝酒，尽欢而散。三年以后，晋国与楚国交战，有一位大臣（《东周列国志》中记载此人名叫唐狡）奋勇争先，五场战斗都冲杀在最前面，击败了晋军。楚庄王感到奇怪，问这位大臣说："我的德行不够高，从来没有重视过你，你这次为什么奋不顾死呢？"这位大臣回答："我罪当死，上次宴会上调戏美人的就是我，大王您宽宏大量不治我的罪，我因此一定要为您肝脑涂地，冲锋陷阵。"

这个故事中包含了一个重复博弈。在这里，楚庄王与自己手下的群臣是一个长期利益关系，如果他处罚了酒后失礼之人，虽然也能得到一定的收益——震慑住自己的手下，但是从长远看这不是最好的选择。故事中楚庄王采取了不予追究的做法，却因此而赢得了这位大臣的死心塌地，并在日后的战场上为其奋勇作战。不光如此，其他大臣也会有感于楚庄王的爱才之心，从而更加地拥护他。

公元200年，曹操在官渡之战中击败了袁绍，战后清理战利品时，在袁绍的军营中发现了一些己方官员与袁绍私下联络的书信。如果换作一般人，一定要彻底清查一下这些吃里爬外的家伙，谁知曹操下令将这些书信全部烧掉，还说了一句设身处地的话："袁绍强盛时，我都自身难保，何况其他人呢！"对于此事《三国志》记载："公收绍书中，得许下及军中人书，皆焚之"；《三国演义》中也有类似描述："操获全胜，将所得金宝缎匹，给赏军士。于图书中检出书信一束，皆许都及军中诸人与绍暗通之书。左右曰：'可逐一点对姓名，收而杀之。'操曰：'当绍之强，孤亦不能自保，况他人乎？'遂命尽焚之，更不再问。"曹操心里很清楚，倘若认真追究起来，可能牵扯甚广，将会引起己方内部更大的混乱，最终将会削弱自己的力量。不如干脆好人做到底，毁灭了证据，让手下众人放心，同时正好收买人心，让曾有异心的人感恩戴德，更让那些本就忠心的人被曹操的宽宏大量和设身处地所感动，更有动力为曹操效力。

在生物界中也有类似的例子，各种各样的博弈会反反复复地发生，虽然每个生物在博弈开始时可能具有不同的策略（基因），但选择合作往往会带来更多的利益。通过自然选择，合作可以成为流传下来的最优策略。例如生活在非洲的长尾黑颚猴，发现捕食者时会大声尖叫示警，以此来告知周围的同伴有敌人靠近。但是，这只高声示警的猴子也等于把捕食者的注意力都吸引到它自己身上，使自己处于危险的境地。如果猴子一生只会遇到一次危险情况，这就相当于单次发生的囚徒困境，选择沉默可能对自己是有好处的。但事实上，在猴子整个一生中，这种情况会反复发生，就像重复的囚徒困境一样，那么发出警告就会成为最优策略，平均来说每只猴子会因此获得更多的好处。

　　但是这种触发策略面临着这样一个问题：如果双方存在误解，或者由于一方在执行选择时发生失误，即便这个错误是无意的，结果也将是双方均采取不合作的策略。也就是说，这种策略不给对方一个改正错误或解释错误的机会。所以也有人称其为"恐怖的扳机扣策略"。

　　例如电影《奇爱博士》中，精神不太正常的瑞皮将军认为"苏联人在自来水中下毒谋害他"，于是下令攻击苏联。而苏联按照触发策略展开核报复，导致核武器在全世界各处爆炸。

　　在爱情题材的文艺作品中，也不乏男女角色喜欢采取这种"恐怖扣扳机"策略，不给对方解释的机会，从而营造戏剧冲突。例如文学名著《傲慢与偏见》中就存在类似的触发策略：英俊的富家子弟达西一出现在龙蟠村，立刻引起众人的兴趣。但因他的神情傲慢，使得聪慧美丽的伊丽莎白对他有了偏见，两人因重重误会险些错失良缘。

7.3.3　单期惩罚策略

　　前面已经提到，触发策略的一个弊端是，如果一方偏离了合作，则双方再也没有改正的机会，只能一直背叛下去。为改善这种情况，假设仍然在如图 7-10 所示的博弈中，可以考虑如下的策略：第一轮选合作，其后如果在上一轮中双方都选择合作或都选择背叛，则下一轮中选择合作，如果上一轮中是（合作，背叛）或（背叛，合作），则在下一轮中选择背叛。

　　观察此策略可以发现，对于采用此策略的参与人而言，如果对方一直合作，则可以长期维持合作，而若某轮博弈中对方偏离了合作、选择了背叛，则此策略会在下一轮选择背叛惩罚对方一次，而对手知晓此策略的情况下，其在下一轮的最优对策也是背叛，按照此策略，参与人在第三轮又会继续选择合作……即对手出现错误时，只惩罚其一次，它"不记仇"。因此这个策略被称为"单期惩罚"（one period punishment）、"礼尚往来"或"一报还一报"（tit for tat）。

　　下面检验此单期惩罚策略是否能形成纳什均衡。设参与人 1 采用此策略，依照第 7.2.2 节中的方法分析参与人 2 合作与背叛的动机。

参与人 2 的诱惑与回报可写为：

背叛的诱惑为：某一轮中选择背叛的收益比合作更多，不失一般性，设为第一轮，即：

$$U_2(合作,背叛) - U_2(合作,合作) = 3 - 2 = 1 \qquad (7-10)$$

未来的回报为：未来参与人 1 一直选合作（视为奖励）的总收益和第二轮参与人 1 选择背叛（视为惩罚，此时参与人 2 最优对策为背叛）其后又选择合作的总收益之差。可以发现，由于从第三轮开始惩罚已经结束，所以分析合作的奖励与背叛的惩罚之差只需要分析第二轮即可，即：

$$U_2(合作,合作) \times \delta - U_2(背叛,背叛) \times \delta = 2 \times \delta - 0 \times \delta = 2\delta$$

$$(7-11)$$

只要背叛的诱惑≤未来的回报，即 $1 \leqslant 2\delta$，参与人 2 就没有背叛的动机。解得 $\delta \geqslant 1/2$，而前文设定了 $\delta = 3/4$，因此这个重复博弈中，单期惩罚策略也能形成稳定合作的子博弈精炼均衡。同时可以发现，单期惩罚策略要形成稳定的均衡，所需的 δ 最小值要高于触发策略。即如果希望进行一个较为温和的单期惩罚，而非触发策略那样严厉的惩罚，那么就必须要让未来博弈持续的概率更高一些才能形成稳定合作。

在这样的重复博弈中，参与人总是在权衡不同的动机：是追求眼下的短期利益，还是耐心等待寄希望于未来能获得更大的收益？实际上奖励与惩罚的本质区别并不像想象中那么大。"明天会给予更多的好处，所以不要贪图短期利益"和"若敢背叛，未来就要被惩罚"实际上是类似的。

单期惩罚的策略在现实中也能找到实例。"以德报怨"是人们熟悉的一句话，出自《论语·宪问》，通常人们将它理解为为人处世的准则："孔子教导人们，别人欺负你了，要用爱心去感化他，用胸怀去包容他"。这样的道德情操确实很伟大，但事实上这种解读曲解了孔子的原意。"以德报怨"的原句为："或曰：'以德报怨，何如？'子曰：'何以报德？以直报怨，以德报德'"。即，一个学生问孔子：别人仇怨地对待我，我用道德和教养感化他，好不好？孔子说：你以德报怨，那何以报德？别人以德来待你的时候，你才需要以德来回报别人。可是现在别人待你以仇怨，你就应该"以直（公平、正义）报怨"。可见，孔子是反对"以德报怨"的，是一些后人对其进行了断章取义的曲解。

在生物界中，也存在着"单期惩罚"的策略。例如，两条刺鱼巡游领地时，侦察到了附近的入侵者，它们就会采用"礼尚往来"的策略：如果一条鱼决定刺向入侵者，那么另一条鱼也会采取类似的勇敢行动；如果一条鱼后撤并希望其同伴去冒这个险，那么另一条鱼也会后撤。

美国科学院院士罗伯特·艾克斯罗德（Robert Axelrod）曾进行了一个实验，邀请了多位学者来参加一场博弈竞赛。艾克斯罗德设计了一个囚徒困境式的博弈矩阵，与前文图 7 - 10 中的例子类似，而博弈重复的次数是随机决定的。艾克斯罗德要求每个参加者设计一种追求得分（收益）最多的策略，并写成计算机程序，然后用单循环赛的方式让所有的参赛程序两两博弈，以得出哪一种策略的得分（收益）最高。

第一轮比赛征集到了 14 个策略，再加上艾克斯罗德自己的一个随机策略（即每次以 50% 的概率选取合作或不合作），运行了 300 次后，结果得分最高的策略是美国数学心理学家阿纳托尔·拉波波特（Anatol Rapoport）设计的"一报还一报"，即单期惩罚。后来艾克斯罗德又进行了一次这个实验，这次征集到了 62 个策略，加上艾克斯罗德自己的随机程序，又让这些策略进行了一次竞赛。结果，获得最高收益的策略仍然是"一报还一报"。

可以用上述重复博弈原理分析第 4.3.4 节中的虚拟水战略实施问题。对于如图 7 - 12 所示的博弈而言，采取虚拟水战略（策略 V）是"良好行为"。若参与博弈的区域数量不太多，则可认为其理性程度较高。由于（V，V）的策略组合是帕累托占优的纳什均衡，任何偏离策略 V 的选择都会给决策者带来损失。此时，只要双方具有一定的共识基础，满足每一轮博弈发生的概率 $\delta > 0$，即便 δ 的绝对值并不大，也可以在重复博弈中维持（V，V）合作。重复博弈的机制可以减少各个博弈方对于"对方错误选择策略 N"的风险的担忧，即使某一方在某轮博弈中误选择了不符合虚拟水战略的策略 N，参与者也会意识到错误并立即纠正。因此，对于理性的参与者，（V，V）的均衡是稳定的，并且具有稳健性。实质上，这个博弈相当于三价博弈的无限次重复版本——（V，V）均衡可以看作奖励，而（N，N）均衡可以看作惩罚。换言之，理性的参与者一旦知道他们将进行这个长期的重复博弈，就可以建立一个稳定的合作关系。

		区域B 策略V	区域B 策略N
区域A	策略V	Q_1+a，Q_2+a	Q_1-b，Q_2
	策略N	Q_1，Q_2-b	Q_1，Q_2

图 7－12　两区域关于虚拟水战略的博弈矩阵

对于一些政治经济形势变化较快的国家/地区，博弈形势不够稳定，更符合单轮博弈的特性，在这种情况下，如第 4.3.4 节中所分析的那样，实施虚拟水战略需要较多的外部干预。而对于政治经济形势较稳定的国家/地区，围绕虚拟水战略进行重复博弈能够提高各参与方选择虚拟水战略的概率，也能为各区域带来更优的帕累托改进，提高其社会、生态收益，并且不必投入额外的干预成本。因此，上级政府等管理者可以着力于“牵线搭桥”，促进各方建立长期的贸易合作关系，推进虚拟水调度市场的规范化，既有利于落实虚拟水战略，又节约了干预的成本。

7.3.4　工资问题

工资问题是一个重复博弈模型，它和前面介绍的几个博弈的例子相似，展示了重复博弈具有一定的促进合作和提高效率的功能。

假设一家企业的老板打算在某个新兴市场建立分机构。由于当地是新兴市场，所以司法体制不够健全，在当地想要执行合同或者对某人进行追责，实施起来是比较困难的。该老板可以雇用一名当地员工为自己工作，当地的基本工资水平设为 1 个单位，而老板付给此员工的工资为 w。显然 w 应该至少不低于 1，否则员工就会辞职去找别的工作。

老板与员工将进行如图 7－13 所示的序贯博弈。如果老板不投资建立分机构就无法经营，收益为 0，此时该员工可以找一份其他工作，获得基本工资即 1 单位的收益。如果老板选择投资建分机构，设投资额固定为 1，并且可以把工资定为 w，则此时员工面临选择：可以选择诚实工作，也可以选择欺骗，把老板的投资卷走。如果员工选择诚实工作，那么能够为企业创造 4 单位的收入，此时老板的收益为 4 减去投资的成本 1 和支付的工资 w，即 $3-w$，而员工的收益为工资 w。如果员工选择欺骗，把老板的 1 单位投资卷走，那么老板损失投资 1，员工除了获得骗取的投资 1 之外，逃走后还能在该市场从事其他工作，获得基本工资 1——由于司法体制不健全，老板难以有效地对其进行追偿或惩罚。

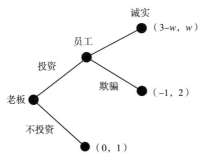

图 7 - 13　工资问题

假设这是个"一锤子买卖"，双方只互动 1 次。此时逆向归纳可知，如果老板开出的工资 w 低于 2，那么员工会选择欺骗。因此老板若想要使投资成功，需要做的就是让工资 w 足够高，使得员工诚实的动机大于背叛的动机，即需要满足 $w \geq 2$。即（投资，诚实）这个纳什均衡下的工资 $w^* = 2$。可见，虽然此市场的基本工资是 1，但老板需要设定工资等于 2，即一个 100% 的工资溢价，才能让员工诚实工作。

有研究发现，一些发达国家的公司在一些海外新兴市场开拓业务时，尽管这些新兴市场的平均工资很低，但是这些公司在做外包时实际支付的工资并不低廉，甚至大大超出了市场平均工资水平。这也是"外企工资高"的原因之一。

而如果假设双方需要开展长期互动，即进行重复博弈，设每轮博弈发生的概率为 δ，此时可以重新分析老板需要开出的工资 w'。

对员工而言，"背叛的诱惑"为欺骗的收益和诚实工作的收益之差：

$$U_{员工}（投资，诚实）- U_{员工}（投资，欺骗）= 2 - w' \qquad (7-12)$$

不失一般性，设员工在第一轮选择欺骗，则以后博弈的轮次中不会被老板雇佣，只能获得平均工资 1，将此视为惩罚；而一直诚实则可被一直雇佣，将此视为奖励。则未来的回报为考虑了概率 δ 后的奖励与惩罚之差：

$$(w' - 1)\delta + (w' - 1)\delta^2 + \cdots + (w' - 1)\delta^{n-1} \approx \frac{\delta(w' - 1)}{1 - \delta}$$

只要背叛的诱惑 ≤ 未来的回报，即 $2 - w' \leqslant \dfrac{\delta(w' - 1)}{1 - \delta}$，员工就没有背叛的动机。解得 $w' \geqslant 2 - \delta$。

可以发现，如果 $\delta = 0$，则纳什均衡下的工资 $w'^* = 2$，即前文一次性博弈的结果。如果 $\delta = 50\%$，则 $w'^* = 1.5$，此时老板只需支付 50% 的工资溢价。而如果 $\delta = 1$，则 $w'^* = 1$，即当博弈关系会一直稳固地持续下去时，老板就只需支付基本水平的工资。

工资问题再次证明，为了在重复博弈中的"当前"轮次获得良好行为，必须要在"未来"提供一定的激励。如果双方对未来的加权，或者说对关系持续的可能性预期较低，那么所需的激励就比较高。而若关系持续的可能性提高，即 δ 变大，所需的激励就会下降，例如本例中一旦外资企业在新市场站稳了脚跟后，工资也会随之降低。

类似的例子是，1698 年，英国东印度公司在加尔各答设立了贸易总部，并训练印度兵，由欧洲军官指挥，对英国占领印度起到了极其重要的作用，可以说，如果离开了这支印度兵部队，英国就难以完成其对印度的征服。而到 1850 年，东印度公司已经控制了印度次大陆的绝大部分，认为自己已经"站稳了脚跟"，就开始取消印度兵原有的一些权利——减少他们的薪水，并规定职务升级不能超过中士；英国士兵可以住在舒适的房子里，印度兵却只能住简陋的帐篷，等等。这也是引发 1857 年印度起义的原因之一。[①]

激励原理在生活中的情感问题上也有体现。如果人们要进行"异地恋"，就往往需要对对方做出更多的激励或补偿，来使关系不至于破裂。而德国洪堡大学的一项研究调查了 971 对异地恋和 278 对本地恋情侣，结论是：异地恋确实更加不容易维持，异地恋的平均长度是 2.9 年，而本地恋的长度是 7.3 年。[②]

---

① 苏方永. 英属东印度公司的印度兵与 1857 年印度反英斗争 [J]. 西部学刊，2024（8）：131 - 135.

② Chalabi M. Are long - distance relationships doomed? ［EB/OL］. （2015 - 05 - 28）［2016 - 01 - 03］. https：//fivethirtyeight. com/features/are-long-distance-relationships-doomed/.

　　当然，重复博弈的这种促进合作和提高效率的功能，最终要靠现实的经济社会实践活动中的决策者们来落到实处。因此现实中的决策者是否具有足够的能力和相互理解的程度，对于其能否发现和达成高效率的子博弈精炼纳什均衡有很大影响。在现实经济和社会活动中，不难发现很多长期关系比短期关系更容易达成合作且效率更高的例子。这实际上也印证了对重复博弈的理论分析具备可靠性，而且在很大程度上能与社会经济中的现实情况相印证。

第 8 章　不完全信息博弈

　　不完全信息博弈也称为"贝叶斯博弈"，因为其与英国数学家托马斯·贝叶斯（Thomas Bayes）提出的贝叶斯定理紧密相关。其中"不完全信息"是指博弈中至少有一个参与方对其他参与方的特征、策略空间或收益空间等信息并没有准确的认识。这种特征、策略空间及收益空间等信息的不完全和博弈进程信息的不完全（不完美信息）是有差异的，因此不完全信息博弈与不完美信息博弈是不同类型的博弈，其表示和分析方法也不同。但不完全信息与不完美信息之间又存在很强的内在联系，并可以通过一定的方式统一起来，因此研究不完全信息博弈时也可以使用和不完美信息博弈相同的方法。

　　值得说明的一点是，不完全信息不等于完全没有信息，实际上不完全信息博弈的参与方至少必须拥有关于其他参与方收益分布的可能集合和分布概率的知识，否则博弈方的决策选择就会完全失去依据，博弈分析也就没有了意义。

8.1　不完全信息博弈的纳什均衡

8.1.1　海萨尼转换和贝叶斯纳什均衡

　　现实社会经济活动中的许多博弈关系都有不完全信息的特征，因此研究不完全信息博弈既是完善博弈理论本身的需要，也有重要的现实意义。

　　在 1967 年以前，博弈论研究者们认为不完全信息博弈是无法分析的，因为有的参与人不知道自己在与何种类型的对手博弈。海萨尼于 1967 年提出了一种处理不完全信息博弈的方法，将不完全信息博弈转换为完全但不完美信息博弈进行分析，被称为"海萨尼转换"（Harsanyi transformation）。

海萨尼（1967）指出，参与人对其他参与人的特征"不完全了解"不等于一无所知，参与人对其他参与人特征的估计，可以用数学上的"概率分布"来表示。在这里，"不完全信息"是指不知道某一参与人的真实类型，但是知道每一种类型出现的概率。

此处需要引入"共同知识"的概念。共有知识（mutual knowledge）是指每个人都知道某一知识，但不确定别人是否知道；共同知识（common knowledge）是指每个人都知道，且知道别人也知道的知识，还可以无限"递归"，如两人博弈中参与人甲知道某信息 x，参与人乙知道"甲知道 x'"，甲知道"乙知道'甲知道 x''"……

一个参与人所拥有的所有个人信息（private information，即所有不是共同知识的信息）称为其类型。此处用 θ_i 表示参与人 i 的一个特定类型，用 Θ_i 表示参与人 i 的可能类型集合（$\theta_i \in \Theta_i$）。

根据海萨尼公理（Harsanyi doctrine），假定各参与人类型的分布函数 $p(\theta_1, \cdots, \theta_n)$ 是共同知识。

海萨尼转换的具体步骤是：

（1）设置一个虚拟的参与人"自然"（nature），自然首先行动，决定各参与人的类型，赋予各参与人其类型向量 θ_i；

（2）"自然"将各个参与人 i 的类型对 i 本人进行告知，但不向其告知别的参与人的类型，即对于拥有多种可能类型的参与人，只有该参与人自己知道其具体的类型；

（3）参与人按照规则选择行动，每一参与人 i 从策略空间 $S_i(\theta_i)$ 中选择行动方案 s_i；

（4）各方得到收益 $U_i(s_i, s_{-i}; \theta_i)$。

不完全信息博弈中的纳什均衡称为"贝叶斯纳什均衡"，即在给定各个参与人类型的概率分布的情况下，每个参与人的策略使自己的预期收益达到最大化，没有任何参与人有动机改变自己的策略。

在完全但不完美信息的动态博弈中，因为存在包含多个节点的信息集，一些重要的选择及其后续阶段不构成子博弈，因此子博弈精炼无法完全排除不可信的威胁。根据子博弈精炼纳什均衡的思想，精炼贝叶斯均衡必须满足以下要求。

（1）在各个信息集中，轮到其选择的参与人必须具有一个关于博弈达到该信息集中每个节点可能性的"判断"（belief）。对多节点信息集，"判断"就是博弈达到该信息集中各个节点可能性的概率分布，对单一节点（单元素信息集），"判断"可理解为达到该节点的概率为100%。

（2）给定各参与人的"判断"，其策略必须满足"序列理性"（sequentially rational）要求，即在每个信息集中，如果给定轮到其选择的参与人的"判断"和其他博弈方的"随后的策略"，该参与人的行为及后续阶段的"随后的策略"，必须使自己的收益或预期收益最大。这里所谓的"随后的策略"是指相应的参与人在达到给定的信息集以后的阶段中，对所有可能的情况如何行动的完整计划。

（3）对于处在均衡路径上的信息集，"判断"由贝叶斯法则和各参与人的均衡策略决定。

（4）对于不在均衡路径上的信息集，"判断"由贝叶斯法则和各参与人在此处可能的均衡策略决定。

当一个策略组合及相应的"判断"满足上面四个要求时，称其为"精炼贝叶斯均衡"。可见，精炼贝叶斯均衡不仅包括参与人的策略，还包括其"判断"（范如国，2011）。

8.1.2　不完全信息的市场阻入博弈

下面探讨海萨尼转换求解贝叶斯纳什均衡的实例。

在第6.4.2节介绍的市场阻入博弈中，如果进入者不完全了解垄断（在位）企业的成本类型，也不知道一旦进入，在位者决定容忍还是斗争；由于高成本垄断企业进行价格战对其自身造成的亏损更严重一些，则假设高成本在位者和低成本在位者面对进入者的市场阻入博弈树形图如图8-1所示。

在此例中，进入者似乎是在与两个不同的在位者分别进行博弈——若在位者是高成本的，则进入者应该进入市场［第6.4.2节中已经证明（进入，容忍）是唯一纯策略子博弈精炼均衡］；若在位者是低成本的，则进入者不应

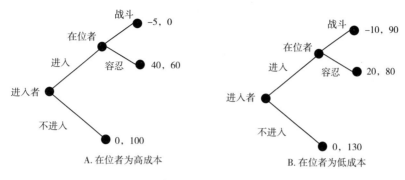

图 8-1　市场阻入博弈的两种树形图

该进入市场。在传统的不完全信息博弈中，进入者并不知道在位者究竟是高成本还是低成本的。但在海萨尼转换的背景下，若假设有 $\Theta_{在位者} = $ {高成本，低成本}，且"在位者为高成本的概率为 p 是共同知识"，则此问题有解。

假设在位者高成本的概率 $p = 0.3$，低成本的概率 $(1-p) = 0.7$，且为共同知识。p 是共同知识意味着：进入者知道在位者是高成本的概率为 p，在位者知道"进入者认为在位者是高成本的概率是 p"，进入者知道"在位者知道'进入者认为在位者是高成本的概率是 p'"……如此无限递归。

经过海萨尼转换后，此博弈就变成了一个兼具序贯博弈和同时博弈成分的动态博弈，如图 8-2 所示。

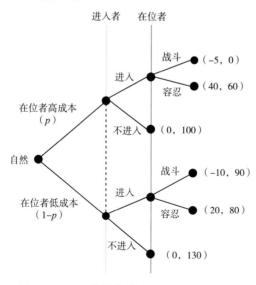

图 8-2　不完全信息的市场阻入博弈树形图

分析此博弈可知，当在位者是高成本时，进入者进入后在位者会选择容忍，此情况发生的概率为 p；当在位者是低成本时，进入者进入后在位者会选择战斗，此情况发生的概率为 $(1-p)$。

因此进入者选择"进入"的预期收益为：

$$\text{在位者高成本时进入者的收益} \times 0.3 + \text{在位者低成本时进入者的收益} \times 0.7 = 40 \times 0.3 + (-10) \times 0.7 = 5 \tag{8-1}$$

进入者不进入的预期收益为 0。

可见，此博弈的贝叶斯纳什均衡为：进入者选择进入，高成本在位者选择容忍，低成本在位者选择战斗。

8.1.3　不完全信息的古诺模型

在第 3.4.1 节介绍的古诺模型中，在完全信息博弈情况下，假设有两家企业生产某种相同的产品，两家企业的策略为各自的产量 q_1、q_2；设两家企业单位产品的边际成本分别为 c_1、c_2，市场上该产品的单价 p 的函数为：

$$p = a - b(q_1 + q_2) \tag{8-2}$$

a，b 为常数参数。

该博弈中两家企业的收益是各自的利润，即各自的销售减去各自的成本，根据设定的情况，它们分别为：

$$U_1(q_1, q_2) = pq_1 - c_1 q_1 \tag{8-3}$$
$$U_2(q_1, q_2) = pq_2 - c_2 q_2 \tag{8-4}$$

在第 3.4.1 节的分析中可知，双方的最优对策函数分别为：

$$q_1^* = \frac{a - c_1}{2b} - \frac{q_2}{2} \tag{8-5}$$

$$q_2^* = \frac{a - c_2}{2b} - \frac{q_1}{2} \tag{8-6}$$

求解可得纳什均衡下的古诺产量为：

$$q_1^* = \frac{a - 2c_1 + c_2}{3b} \qquad (8-7)$$

$$q_2^* = \frac{a - 2c_2 + c_1}{3b} \qquad (8-8)$$

但若在不完全信息博弈情况下，例如企业 1 不知道企业 2 的成本是高成本 c_2^H 还是低成本 c_2^L，则需要用海萨尼转换求解其均衡。

假设共有知识：企业 2 为高成本 c_2^H 的概率为 θ，为低成本 c_2^H 的概率为 $(1-\theta)$。

企业 2 边际成本为 c_2^H 时，其收益函数为：

$$U_2^H = [a - b(q_1 + q_2^H) - c_2^H]q_2^H \qquad (8-9)$$

企业 2 边际成本为 c_2^L 时，其收益函数为：

$$U_2^L = [a - b(q_1 + q_2^L) - c_2^L]q_2^L \qquad (8-10)$$

对于企业 1，其收益函数需要考虑企业 2 为高成本和低成本的概率：

$$
\begin{aligned}
U_1 &= (p - c_1)q_1 = (a - bq_1 - bq_2 - c_1)q_1 \\
&= \theta[(a - bq_1 - bq_2^H - c_1)q_1] + (1-\theta)[(a - bq_1 - bq_2^L - c_1)q_1]
\end{aligned}
$$
$$(8-11)$$

设企业 1 的最优产量为 q_1^*，企业 2 边际成本为 c_2^H 时，最优产量为 q_2^{H*}，企业 2 边际成本为 c_2^L 时，最优产量为 q_2^{L*}。分别对式（8-9）~式（8-11）求偏导数并令其等于 0（二阶导数均小于 0），可求得 q_1^*、q_2^{H*}、q_2^{L*} 为：

$$q_1^* = \frac{a - 2c_1 + \theta c_2^H + (1-\theta)c_2^L}{3b} \qquad (8-12)$$

$$q_2^{H*} = \frac{a - 2c_2^H + c_1}{3b} + \frac{(1-\theta)(c_2^H - c_2^L)}{6b} \qquad (8-13)$$

$$q_2^{L*} = \frac{a - 2c_2^L + c_1}{3b} + \frac{\theta(c_2^H - c_2^L)}{6b} \qquad (8-14)$$

观察式（8-13）和式（8-14）会发现，虽然企业 2 明确知道自己的类型（例如是高成本），但它的决策中仍然要考虑另一种类型（例如是低成本）的情况。这是因为企业 2 知道，企业 1 要考虑企业 2 的两种成本可能性，因此企业 2 决策时也要把"企业 1 对企业 2 的两种信念"包含在自己的决策中，即：

$$q_2^{H*}(q_1^*, c_2^H) = q_2^{H*}\{q_1^*[c_1, q_2^{H*}(c_2^H), q_2^{L*}(c_2^L)], c_2^H\} \qquad (8-15)$$

为了方便比较大小，设 $a = 2$，$b = 1$，$c_1 = 1$，$c_2^H = 5/4$，$c_2^L = 3/4$，$\theta = 1/2$，可计算出此不完全信息古诺博弈的均衡产量为：

$$\begin{cases} q_1^* = \dfrac{1}{3} \\[2mm] q_2^{H*} = \dfrac{5}{24} \\[2mm] q_2^{L*} = \dfrac{11}{24} \end{cases} \qquad (8-16)$$

而将同样的参数代入完全信息博弈下的古诺博弈，即式（8-7）和式（8-8），则其均衡产量为（此处用符号 ** 表示完全信息博弈的情况）：

$$\begin{cases} q_1^{H**} = \dfrac{5}{12} \\[2mm] q_2^{H**} = \dfrac{1}{6} \end{cases} \qquad (8-17)$$

$$\begin{cases} q_1^{**} = \dfrac{1}{4} \\[2mm] q_2^{L**} = \dfrac{1}{2} \end{cases} \qquad (8-18)$$

比较式（8-16）~式（8-18）可以发现，当企业 1 不知道企业 2 的具体类型时，只能生产预期的最优产量 q_1^*，该产量会高于完全信息下"对手为低成本"时的产量 q_1^{L**}，低于完全信息下"对手为高成本"时的产量 q_1^{H**}，进而使得 $q_2^{H*} > q_2^{H**}$、$q_2^{L*} < q_2^{L**}$。其原理可用图 8-3 表示。

8.1.4 不完全信息下公共产品的提供

《三个和尚》是根据中国民间谚语改编，1981 年由上海美术电影制片厂制作的动画短片。故事中蕴含了一个不完全信息下公共产品的提供问题。在

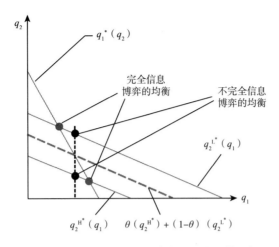

图 8-3　不完全信息古诺博弈的最优对策函数

片中，庙里只有一个和尚的时候，他只能去山下的河里挑水，但毫无怨言，觉得这是天经地义的。后来庙里有两个和尚的时候，为了表示公平，他们便二人共同去山下抬水。后来庙里变成三个和尚时，由于人多了，反而变得相互推诿，相互扯皮，各自都在寻找不挑水的理由，劳动力虽然变多了，却反而没有水喝了。

先从最简单的两个参与人（$i = 1, 2$）的情况开始分析。如图 8-4 所示，设两人同时决定是否提供某种公共产品，每个参与人面临两个策略：提供或不提供。如果至少有一个人提供，则每人得到 1 单位的收益；如果没有人提供，每人的收益为 0。参与人 i 提供公共产品的成本是 c_i。假定公共产品的好处是共同知识，但每个人选择"提供"的成本只有自己知道（即提供成本 c_i 是参与人 i 的类型）。

		参与人2	
		提供	不提供
参与人1	提供	$1-c_1,\ 1-c_2$	$1-c_1,\ 1$
	不提供	$1,\ 1-c_2$	$0,\ 0$

图 8-4　不完全信息下公共产品的提供博弈

假定 $c_i (i = 1, 2)$ 的定义域为 $[a, b]$，其中 $0 < a < 1 < b$，也就是说，选择提供公共产品可能收益大于成本，也可能成本大于收益，取决于 c_i 到底是

多少。又假定 c_i 具有相同的、独立的定义在 $[a, b]$ 上的分布函数 $p_i = P(c_i)$，即选择"提供"的概率，该分布函数是共同知识。

该博弈的纯策略 $s_i(c_i)$ 可以看作从 $[a, b]$ 到 $\{0, 1\}$ 的一个函数，其中 0 表示不提供，1 表示提供。参与人 i 的收益函数为：

$$U_i(s_i, s_{-i}, c_i) = \max(s_1, s_2) - s_i c_i \qquad (8-19)$$

如图 8-5 所示，令 p_j 为均衡状态下参与人 j 提供的概率。此博弈中参与人 i 的最优对策至少应当满足：只有当参与人 i 预期参与人 j 不提供时，参与人 i 才会考虑提供。

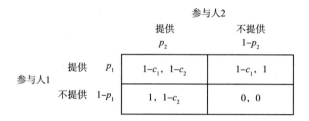

图 8-5　提供公共产品的概率示意

参与人 2 提供的概率是 p_2，不提供的概率是 $(1-p_2)$，此时参与人 1 选择提供的预期收益是：

$$U_{1\text{提供}} = (1-c_1)p_2 + (1-c_1)(1-p_2) = 1-c_1 \qquad (8-20)$$

参与人 1 选择不提供的预期收益是：

$$U_{1\text{不提供}} = 1 \times p_2 + 0 \times (1-p_2) = p_2 \qquad (8-21)$$

因此，只有当 $1-c_1 \geqslant p_2$ 也即 $c_1 \leqslant 1-p_2$ 时，参与人 1 才会提供。

由于已经设定了 $c_i \in [a, b]$，因此可推出，存在一个临界点 m_i，当 $c_i \leqslant m_i \leqslant b$ 时，参与人 i 才会提供。因为 p_1、p_2 分别是参与人 1 和参与人 2 提供的概率，而提供的条件是 $c_1 \leqslant 1-p_2$ 或 $c_2 \leqslant 1-p_1$，所以均衡分割点 m_1 必须满足：$m_1 = 1 - P(m_2)$。同理 m_2 必须满足：$m_2 = 1 - P(m_1)$。

比如，若 $P(c_i)$ 是定义在 $[0, 2]$ 上的均匀分布 $P(c_i) = 1 - c_i/2$，那么可以求出 $m_1 = m_2 = 2/3$。于是当二人选择"提供"的成本落在区间 $[0, 2/3]$ 时，二人会选择提供公共产品；若否，则选择"不提供"。

　　将上述分析推广到 n 个参与人的情况。2 人博弈时，参与人 j 提供的概率是 p_j，不提供的概率是 $1-p_j$，前面已经证明此时参与人 i 提供的预期收益是 $(1-c_i)$，不提供的预期收益是 p_j，参与人 i 提供与不提供的无差别偏好的临界点是 $1-c_i=p_j$。对于 n 个参与人的情况，所有人都不提供的概率是 $(1-p_j)^{n-1}$，则至少有一个人提供的概率是 $1-(1-p_j)^{n-1}$。此时参与人 i 提供的预期收益是 $(1-c_i)$，参与人 i 不提供的预期收益是 $1\times[1-(1-p_j)^{n-1}]+0\times(1-p_j)^{n-1}=1-(1-p_j)^{n-1}$，因此，无差别偏好的临界点满足 $1-c_i=1-(1-p_j)^{n-1}$，即：

$$c_i=(1-p_j)^{n-1} \tag{8-22}$$

　　由于 $0\leqslant p_j\leqslant 1$，即 $(1-p_j)\leqslant 1$，可见对于每个确定的 c_i，n 增加，p_j 减小。即博弈方人数越多，每个人提供公共产品的概率就越低。

　　这一结论类似于美国经济学家和社会学家曼瑟尔·奥尔森（Mancur Olson, Jr.）的"集体行动理论"。奥尔森（Olson, 1965）提出，即便一个集团中的所有个体都是有理性的、寻求自我利益的，且这些个体在实现了某个集团目标以后都能获利，也不能由此就推出他们会采取行动以实现那一集团目标。实际上，除非一个集团中人数很少，或者存在强制力或其他一些特殊手段，使所有个体按照集体的共同利益行事，否则有理性的、寻求自我利益的个体不会采取行动以实现他们共同的或集团的利益。个体们更愿意联合提供私人产品，而不是公共产品。

　　现实社会中的"搭便车"效应也与此类似。它是指，在一个利益集团内，某个成员为了该集团的利益付出努力，集团内的所有人都有可能从此行为中获利，但其成本则由这个付出努力的成员独自承担，即存在正的外部性。由于利益集团的利益是由组成集团的每个成员的需求和动机决定的，因此每个集团成员只有联手努力才能获得共同利益。如果利益集团内每个成员都共同努力，则个人成本就会相当小。如果有人没有为集团的利益付出努力，而是坐享其成、不劳而获，即"搭便车"，那么这种行为就会抑制其他集团成员为本利益集团付出努力的动力；群体内的责任扩散鼓励了个体的懒散。

　　例如，很多创业者在创业初期管理团队的时候，为了更好地激发团队的合作精神，或为了增强团队的集体荣誉感、构建企业文化，会订立一些制度，以把所有员工的利益"捆绑"在一起。比如，为了提高销售额，规定如果公司销售总额上涨一定幅度，那么每个员工将得到若干绩效奖励；如果销售额下降一定幅度，则每个员工将会被扣减薪酬。如果该公司的每个员工都足够努力，具有足够的责任感，那么这是一个完美的规则。但是假如有少数员工产生了"搭便车"心理，认为自己可以不用努力，只要享受其他同事的努力就可以了，这种员工的存在将会引起更多人的效仿，那么这个"捆绑"计划就极可能无法达成其目的。

要解决这样的问题，在管理实践中需要通过一系列措施，设法减少利益团体成员的数量，把工作任务分解得更加细致、分配得更加明确，并把个人的奖惩和团体的奖惩结合起来，在培养集体荣誉感的同时，也要针对每个员工个体实施奖惩，以激发个体的积极性。

8.2　委托 – 代理与激励理论

非对称信息博弈是指博弈参与人掌握的信息不对称，即某些参与人拥有另一些参与人所不具备的信息。非对称信息博弈关注给定的信息结构下，博弈的均衡结果和最优契约安排，又被称为机制设计理论，也是信息经济学的重要内容。

8.2.1　委托 – 代理理论

在非对称信息博弈中，通常将拥有更多信息（信息优势）的参与人称为"代理人"，拥有更少信息的参与人称为"委托人"。委托人的收益函数是共同知识，而代理人的收益函数只有其自己掌握，委托人和其他代理人均不知道。因此非对称信息博弈理论也称为委托 – 代理理论。从广义角度而言，信息不对称的契约双方都普遍存在委托 – 代理关系。

在对称信息条件下，代理人的行为是可以被观测到的，委托人可以根据观测到的代理人行为对其进行奖励或惩罚。此时可以达到帕累托最优风险分担和帕累托最优努力水平。而在非对称信息条件下，委托人不能观测到代理人的行为，只能观测到相关变量。这些变量由代理人的行动和其他外生的随机因素共同决定。因此，委托人不能使用强制合同来迫使代理人选择委托人希望的行动。委托人与代理人之间通过讨价还价和相互让步，最后达成双方可接受的合同，以及在这个合同约束下的行动。这可以看作此博弈的纳什均衡。纳什均衡构成委托－代理博弈中最基本的均衡形式，委托人与代理人之间达成的合同称为均衡合同。

达成委托－代理均衡合同的两个条件，可概括为参与约束（或个人理性约束）和激励相容约束。

参与约束是指，一个有理性的代理人有兴趣参与此约束。即在具有自然干涉的情况下，代理人履行合同责任后所获得的收益不能低于某个预定收益额。或表述为，（如果参与该约束）代理人在该机制下得到的预期收益，必须不小于其在不接受该机制时得到的最大预期收益。

激励相容约束是指，代理人以行动效用最大化原则选择具体的操作行动。即给定委托人不知道代理人类型的情况下，代理人在所设计的机制下必须有积极性选择委托人希望其选择的行动。

激励相容约束条件说明代理人以行动效用最大化原则选择具体的操作行动。委托人了解代理人的决策方式，因此会有意识地激励代理人进行合适的行为，在代理人获得预期收益最大化的同时，也保证了委托人的预期收益最大化。只有同时满足参与约束和激励相容约束两个条件，委托代理双方才能达成均衡合同。因此双方在既定的规则之下达到了帕累托最优，并消除了由私人信息所带来的欺诈行为。

8.2.2　逆向选择和"柠檬"市场

美国加州大学伯克利分校教授、2001 年诺贝尔经济学奖得主之一乔治·阿克尔洛夫于 1970 年提出了"旧车市场模型"，创立了逆向选择理论，阐释了非对称信息可能引发逆向选择问题和无效率交易现象。

假设某市场中的卖方持有优质或劣质商品（类型），但其投入市场时都以优质商品的价格出售。根据交易效率的差异，可以将市场交易的均衡分为四种不同的类型。

（1）市场完全失败的均衡。如果存在潜在的贸易利益，但市场上所有的卖方（无论其持有的是优质还是劣质商品）都退出了市场，市场交易无法实现，任何市场行为都不可能发生。

（2）市场完全成功的均衡。如果只有优质的卖方将商品在市场出售，劣质商品的卖方退出市场，而消费者买入市场上所有商品，此时市场上的商品都是货真价实的，能实现最大的贸易利益。

（3）市场部分成功的均衡。如果所有的卖方（无论其持有的是优质还是劣质商品）都将商品投入市场，消费者也不加甄别地买进所有商品。此情况下能实现潜在的贸易利益，但消费者购买价格虚高的劣质商品时会蒙受损失，即存在部分"不良交易"，效率未能最大化。

（4）市场接近失败的均衡。如果买卖双方都采取混合策略：所有的持有优质商品的卖方都进入市场，而持有劣质商品的卖方一部分进入市场而另一部分退出，消费者以一定的概率随机采取购买行为。这种市场均衡的总体效率低于市场完全成功的均衡和市场部分成功的均衡，但高于市场完全失败的均衡。从表面上看，此均衡中只有部分而非全部的劣质商品进入市场，似乎优于市场部分成功的均衡，但很容易使市场变成完全失败的均衡（谢识予，2017）。

在上述四类市场交易均衡中，如果拥有完美信息的参与人中的所有个体（如所有的卖方）采用同样的策略，称为"合并均衡"或"混同均衡"（pooling equilibrium）。例如，市场完全失败的均衡中所有卖方都选择退出市场，市场部分成功的均衡中所有卖方都选择将商品全部出售。由于不同类型的完美信息参与人的策略都相同，因此其策略也就不会给不完美信息的参与人（买方）提供任何有价值的信息，不完美信息的参与人也就不用修正其关于完美信息参与人的先验概率（判断）。

如果一些市场均衡中，不同类型的完美信息参与人采取了不同的纯策略，即没有任何类型选择与其他类型相同的行为，这种市场均衡称为"分离均衡"（separating equilibrium）。如市场完全成功的均衡中，优质商品的卖方进入市场，而劣质商品的卖方退出市场，这时卖方的行为完全反映其商品的质量，这种均衡能把不同类型的卖方完全区分开来，因此能给不完美信息的参与人（买方）的"判断"提供充分的信息。

如果一些市场均衡中，一部分完美信息参与人选择某一特定的交易纯策略，而另一部分不同商品类型的完美信息参与人随机地选择不同的交易策略，这种市场均衡称为部分合并均衡（partially pooling equilibrium）或"准分离均衡"（semi-separating equilibrium）。例如，在市场接近失败的均衡中，所有的持有优质商品的卖方都进入市场，而持有劣质商品的卖方随机地进入或退出市场。在这种均衡中，完美信息参与人的行为会给不完美信息参与人提供一定信息，但这些信息又不足以让后者对前者的情况做出确定的"判断"，只能得到一个概率分布"判断"。

阿克尔洛夫指出，在非对称信息情况下，低质量商品将把高质量商品逐出市场，即"劣币驱逐良币"现象。例如消费者们之所以更加愿意购买全新的汽车而非二手车，其原因不仅是有的消费者更加偏好全新的汽车，也是由于存在信息不对称。二手车市场是一个"柠檬"市场（"柠檬"一词在美国俚语中表示"次品"），其中的逆向选择问题来自买卖双方对于所售卖的二手汽车质量信息的不对称。在二手车市场中，卖家总是更加清楚自己出售的旧汽车的真实质量，而买家则一般难以知道这些信息，但卖家往往不会将自己的旧车存在的质量问题如实地告知买家，而买家也很清楚这一点。买家只知道市场上二手车的平均质量，因而只愿意根据这个平均质量支付价格。买家这种行动则会使卖家出现自选择：如果卖家出售的汽车确实是高于平均质量的优质二手车，就不愿意出售而会选择退出市场；如果卖家所售的是低于平均质量的劣质二手车，其价值低于平均价格，卖家就会非常愿意将其按平均价格出售给买家。而买家进一步考虑此情况后，就会判断"愿意成交的车全是劣质的"。所以，除非买家想要买的就是一辆劣质车，否则其也会退出市场；即便买家想要购买劣质车时，也只会开出劣质车的价格，而非平均价格。于是，这个博弈的均衡将是：要么二手旧车市场由于缺少买家，建立不起来；要么优质二手车退出市场，而劣质二手车充斥着市场，虽然能够成交，但价格很低（Akerlof, 1970）。

可以看出，在上述分析中，质量好的优质二手车不断被质量差的劣质车逐出市场。"柠檬"市场就是这样形成的。买方在对卖方出售商品的动机存有怀疑的情况下，试图通过降低出价来弥补自己信息上的不足，这就是信息价值的体现。

　　类似地，近年来在新能源汽车动力电池回收行业中也存在这种现象。电池回收企业（买方）向电动车企业（卖方）收购废旧动力电池。品质较高的旧电池，可以处理后进行梯次利用，即使用于其他要求相对较低的领域，例如电动汽车电池修复后可供电动自行车使用。而品质较低的报废电池，只能经过拆解、破碎、冶炼等处理后作为再生资源，且要求回收企业具备一定的冶炼、循环能力。因此，高品质、可供梯次利用的旧电池与报废电池的价格存在巨大的差距。由于缺乏相关标准，导致废旧电池信息不透明、不对称，而回收企业在购买废旧电池时，对其品质缺乏有效检测手段，多数情况下难以获得准确信息，只能凭经验判断，买下废旧电池后才能将其运回工厂检测真实价值。正规电池回收企业由于生产安全、环保等限制，其经营成本较高，为了避免亏损，在收购废旧电池时就表现得比较谨慎，甚至宁愿退出市场。最终结果是，很大一部分废旧汽车电池被经营成本较低的小回收作坊购得。但很多小作坊的安全与环保水平较低，在回收处理过程中发生爆炸事故和环境污染的风险高，这从社会、资源、环境的角度来看显然是低效率的（周菊和刘晓林，2021）。

　　2021～2022 年的计算机配件市场上，出现显卡价格接连下跌的现象，也与"柠檬"市场有关。一些个人计算机用户下载某些软件并运行特定算法，与远程服务器通信后，可以获得相应的比特币、以太币等虚拟货币，这种行为被称为"挖矿"。"挖矿"多借助显卡的算力进行，需要使用很多显卡长时间超负荷运行，这些显卡被称为"矿卡"。"矿卡"长期处于高负荷运转中，严重影响其使用寿命，难以得到生产厂家的保修。受国际相关政策和环境变化的影响，以及区块链平台以太坊停止"挖矿"服务，虚拟货币价值下跌，很多"挖矿者"纷纷退出该行业并开始甩卖手上的"矿卡"，甚至有商家将"矿卡"翻新后冒充全新显卡出售。而在信息不对称情况下，众多买家无法对"矿卡"和正常一二手显卡进行区分，因此选择了持币观望、暂不购入显卡的策略，就此形成"柠檬"市场。

　　"逆向选择"这一术语最初是在对保险市场的研究中提出的，和"道德风险"术语的产生相类似。事前的信息不对称会造成逆向选择问题，事后的信息不对称会造成道德风险问题。在保险市场中，逆向选择源于保险公司事前对投保人的具体情况不够了解，即不知道投保人的风险程度，因此保险水平难以达到完全信息下的最优水平；而道德风险源于保险公司难以观察到投保人在投保后的行为，从而导致其无法确认投保人是否采取了足够的必要防范措施，或缺少应对事后信息不对称的预案。在现实世界的保险市场中，上述逆向选择和道德风险往往是同时存在的，保险公司既缺乏投保人的风险程度的事前信息，也难以观察到投保人的事后防范措施。

罗斯柴尔德和斯蒂格利茨（Rothschild and Stiglitz，1976）研究了保险市场中的逆向选择。他们证明了在对称信息下，完全保险是最优的（假定保险公司是风险中性的）；如果保险公司有关投保者风险程度的信息是非对称的，则帕累托最优保险合同是不可能达到的。和二手车市场类似，高风险类型的投保者会把低风险类型的投保者从保险市场中驱逐出去。但这并不是说低风险的投保者一定会退出保险市场，而是说在非对称信息下，低风险类型的投保者只能被部分地保险——与对称信息下的完全保险不同。

例如，在购买健康保险时，通常就存在不对称信息，投保人一般对自己的健康状况更加了解，即比保险公司拥有更多的信息。由于不健康/亚健康的人群可能对保险的需求更大，因此不健康/亚健康的人群在购买健康保险的总人数中的比例会上升。这会造成保险公司赔付增加，迫使其提高健康保险的价格，从而使得那些比较健康的人由于知道自己的低风险，其权衡收益后可能做出不投保的选择。这进一步提高了投保人群中的不健康/亚健康人群的比例，而这又会进一步迫使保险公司提高健康保险价格。这一循环过程一直持续下去，直到几乎所有想买保险的人都是不健康的人，健康保险变得无利可图。

斯蒂格利茨和韦斯（Stiglitz and Weiss，1981）还研究发现，在银行或信用卡公司提供信用卡服务时，同样存在信息不对称的问题，因为借款人对自己信用状况拥有更多的信息。"柠檬"问题再次出现：如果银行或信用卡公司不能区分信用状况好和信用状况差的借款人，而是制定统一的利率，那么信用状况差的借款人对贷款的需求要大于信用状况好的借款人，信用状况差的借款人在借贷的总人数中的比例会上升。这会造成银行或信用卡公司难以收回贷款的概率增加，将迫使利率上升，从而又进一步提高了信用较差的借款人的比例……如此循环下去，直到几乎所有想贷款的人都是信用状况较差的。

识别市场中是否存在"柠檬"问题的一种办法是，将市场中正在交易的产品和那些与之类似但很少被转卖的产品进行比较。如果存在一个柠檬市场，那么根据前面的分析，由于二手货的买方拥有的信息有限，会通过降低出价来弥补自己信息上的不足，因而柠檬市场中正在交易的产品质量应当比那些很少被转卖的类似产品的质量差。

例如，有学者研究在美国职业棒球大联盟的球员交易中，是否存在一个柠檬市场。根据球员交易合同规则，当球员首轮签约 5 年之后，能够与原来效力的球队（母队）续签新合同，或成为自由球员，与其他的球队签订合同。母队作为潜在买主和优先买主，对自己球员的能力拥有比其他球队更多的信息，因为它们可以比较球员伤病的记录。如果球员生活有规律、比较节制，能严格遵守球队制定的训练计划，可以预测他们受伤的可能性较低，并且即便受伤，他们伤愈后继续上场比赛的可能性也较高。球员可能还有其他一些他们母队知道的不适合与其续签合同的身体问题。因此，如果球员交易中存在"柠檬"市场，则可以推测，由于上述原因，较多的被母队"踢出来"成为自由人的球员，其健康状况会比跟母队续约的球员差一些，即转会期结束后，应当观察到自由球员会比续约球员有更高的"坐板凳"（替补而不上场）率。

而事实也确实如此。研究者统计了较多球员在转会期签订了合同以后的表现，发现了两个现象：首先，在签订了合同以后，自由球员和续约球员的"坐板凳率"都提高了，因为球员们在转会期前的一段时间会更好地表现自己，隐瞒一些问题，以博取一个更高的身价。其次，与母队续约和不续约的球员的"坐板凳率"存在显著区别，不续约的球员平均"坐板凳率"更高（Lehn，1984；Enz et al.，2012）。这些现象意味着，球员交易中确实存在一个柠檬市场，而其原因是球员的母队比与其竞争的其他球队更了解自己球员存在的问题，因此更可能把"坐板凳率"较低的球员留下来，把"坐板凳率"较高的球员交易出去。

非对称信息会导致逆向选择，从而使得帕累托最优的交易无法实现，在极端的情况下，市场交易甚至根本无法存在。显然，如果拥有私人信息的一方（如旧车市场上的卖方）有办法将其私人信息传递给没有信息的一方（如旧车市场上的买方），或者后者有办法使前者披露其私人信息，交易的帕累托改进就可以实现。在现实生活中，这样的方法确实存在。比如，在旧车市场中，出售优质二手车的卖家有底气向买家提供一定时期的退换货或保修等服务。因为对卖家来说，所售车的质量越好，退换货或保修的预期成本越低，所以优质车的卖家提供退换货或保修的积极性显然高于劣质车的卖家，而买家就可以将退换货或保修等服务视为优质二手车的信号，从而愿意支付较高的价格，这就是一种信号传递。而在保险市场中，保险公司可以提供不同的保险合同供投保人选择，不同风险程度的投保人会选择适合自己的最优合同，这就是一种信息甄别。信号传递和信息甄别的差异在于，在信号传递中，有私人信息的一方先行动；而在信息甄别中，缺少私人信息的一方先行动。

而随着信息技术的发展，上述非对称信息的情况能够得到一定程度的改善。例如银行和信用卡公司已经在一定程度上能够利用电子化、联网的信用记录来识别借款人的信用状况，而这种电子化的信用记录往往是各个银行或信用卡公司之间共享的。这种信用记录有助于消除或者显著削弱信息不对称和柠檬问题，如果没有信用记录的帮助，信息不对称可能会使信贷市场无法正常运作——在贷方缺乏信息的情况下，即使是信用状况确实良好的借款人，其借款时所需付出的担保代价也会变得非常高昂。

非对称信息在其他市场中也存在，例如：零售商店对其保修、退换货的保障力度比顾客了解得更多；房屋修理工、管道工和电工对其技术水平比客户了解得更多；饭店对其原材料的新鲜程度、卫生状况等比顾客了解得更多。而上述这些情况一般是顾客方难以核实的。在这些例子中，"柠檬"市场很有可能会出现。因此，高质量产品和服务的销售者特别想让消费者相信他们的质量确实是高的，这主要是由声誉来实现的。例如，某顾客长期在一家特定的零售店购物，是因为该商店在保修、退换货等产品售后服务方面声誉很好；某客户总是雇用一个固定的电器修理工，是因为其干活的声誉很好，等等。这些都体现了声誉的价值。但是，有的商业行为难以形成声誉，比如一家快餐店位于人流量较大的公共场所或旅游区，它可能无法和每一位顾客都构成长期稳定交易关系。那么此时解决"柠檬"问题的一个办法是标准化，比如各类大型餐饮连锁店，其每个分店的产品质量是基本统一的，就会成为经常旅游出差、重视卫生程度的旅客们的较优选择。

8.2.3　激励机制设计

"激励机制设计"即设计一套博弈的规则，令不同类型的参与人做出不同的选择。例如《圣经·列王纪》中记载了一个故事：所罗门王是古以色列联合王国第三任君主，以智慧著称。一次，两个女人为争夺一个婴儿争执不休，闹到所罗门王殿前，她们都说婴儿是自己所生的孩子，请所罗门王作主。所罗门王稍加思考后做出裁决——将婴儿一刀砍为两半，两位妇人各得一半。这时，其中一位妇人立即说婴儿不是自己的，要求所罗门王将婴儿判给对方，千万不要将婴儿砍成两半。听罢这位妇人的诉求，所罗门王立刻做出最终判决——婴儿的真正生母是这位请求不杀婴儿的妇人，将孩子判给她。

这个故事中，所罗门王采取的这种断案方法就是一种"机制设计"。虽然所罗门王无法直接看出两位妇人中谁是婴儿真正的母亲，但他判断真正的母亲是宁愿失去孩子的监护权也不会让孩子被砍成两半的，假的母亲则不然。因此可以利用这一点进行信息甄别。其中的逻辑就是：参与人的类型可能是隐藏的，无法直接靠观察得出，但他们所作出的不同策略选择，却是可以被观察到的。观察者可以通过观察不同参与人的策略选择，进而反推出表面上无法直接观察到的参与人的真实类型。

设计激励机制的目标就是"让人说真话"。由于委托人和代理人之间信息分布的非对称性，代理人可以利用两种方式获得对委托人的博弈优势地位：一方面，利用委托人难以观察到的私人信息而获得信息优势（事前），即"不说真话"；另一方面，代理人可能利用委托人难以观察到的私人行动而获得信息优势（事后），即"偷懒"。因此，委托人设计激励机制的目标就是让代理人"说真话"，和"不偷懒"。现今，许多古代的激励机制思想已经被改造为多种形式的鼓励他人"说真话"或"不偷懒"的机制。

委托人选择（设计）机制，而不是使用一个给定的机制，这是机制设计的一个基本特征。委托人拥有一个价值标准或一项社会福利目标，这些标准或目标可以是最小个人成本或社会约束下的最大预期收益，也可以是某种意义上的最优资源配置或个人的理性配置集合。"激励"的作用就是委托人使代理人在选择"是否遵从委托人的标准或目标"时，从自身效用最大化出发，自愿地或不得不选择与委托人标准或目标相一致的行动。通俗地讲，激励机制的核心就是"我怎样使某人为我做某事"。

在非对称信息条件下，信息激励机制的设计思路大体如下：委托人设计一套信息激励机制，使代理人在决策时不仅需要考虑原有的信息，而且需要考虑由激励机制发出的新信息。这种新信息能够使代理人不会因为隐瞒私人信息或显示虚假/错误信息，或隐瞒私人行动而获利，甚至会使采取上述做法的代理人有所损失，从而保证代理人无论是否隐瞒信息或采取信息欺骗行为，代理人所获得的收益都是一样的。因此代理人没有必要隐瞒私人信息或采取信息欺骗行为，最终也保证了委托人的利益，即达到委托人与代理人之间的激励相容。激励相容的信息机制虽然不能完全解决非对称信息产生的各种市场失灵问题，但有可能使社会资源达到帕累托次优状态，即一部分人获利、一部分人受损，但整个社会获利程度大于受损程度的资源配置状态（谢康和肖静华，2019）。

8.3　信号博弈

在许多博弈关系中，某些参与人比其他参与人拥有更多某些相关变量的信息。为了获得更有利的博弈结果，信息优势方试图通过某些策略将特定信息传递给其他参与人，这一类博弈可以称为信号博弈（signaling game）或信号传递博弈，是一类具有信息传递机制的不完全信息动态博弈的总称，也是信息经济学的重要研究内容。

8.3.1　信息披露机制

在第 8.1.3 节介绍的不完全信息古诺模型中，两家企业生产某种相同的产品，两家企业的策略为各自的产量 q_1、q_2；假设两家企业单位产品的边际成本分别为 c_1、c_2，市场上该产品的单价 p 的函数为：

$$p = a - b(q_1 + q_2) \tag{8-23}$$

a, b 为常数参数。

该博弈中两家企业的收益是各自的利润，即各自的销售减去各自的成本，根据设定的情况，它们分别为：

$$U_1(q_1, q_2) = pq_1 - c_1 q_1 \qquad (8-24)$$

$$U_2(q_1, q_2) = pq_2 - c_2 q_2 \qquad (8-25)$$

若假设企业 1 的成本 c_1 是公开信息，但企业 1 却不知道企业 2 的成本是高成本 c_2^H 还是低成本 c_2^L，或者与 c_1 相等，即企业 2 的成本有三种可能：

$$c_2 = \left\{ \begin{array}{c} c_2^H > c_1 \\ c_1 \\ c_2^L < c_1 \end{array} \right\} \qquad (8-26)$$

设此时企业 2 可以选择是否要将自己的类型（即成本）告知企业 1。并假设企业 1 会相信企业 2 的告知，例如企业 2 可以找一家公正的第三方机构对其成本的真实性进行调查和担保，并且这些行为不需要额外的开支。那么企业 2 是否应该告知对手自己的成本？

在第 3.4.1 节和第 8.1.2 节的分析中可知，如果企业 2 的成本比企业 1 更低，那么让企业 1 知道自己的成本对企业 2 是有利的，因为在古诺模型这样的策略替代博弈中，成本较高的一方将生产较少的产量，而成本较低的一方将占据优势，如图 8-6 所示。

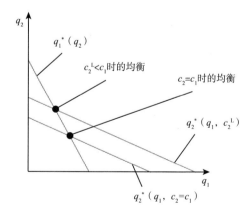

图 8-6　企业 2 的成本比企业 1 低或相等的古诺模型

同时根据上述分析也可知，如果企业 2 的成本与企业 1 相等但却不去公布，企业 1 会认为企业 2 要么成本适中，要么成本更高（因为低成本的企业 2 一定会公布）。此时会形成一个不完全信息博弈，而这是对"与企业 1 成本相等的企业 2"不利的，因为对手可能会错误地认为其成本更高，从而将"企业 2 为高成本"的信念代入其对策函数来作出自身的产量决策，即对方会挤压企业 2 的市场份额，如图 8 - 7 所示。因此如果企业 2 的成本与企业 1 相等，也应该公布成本，以确保对手不会误认为其是高成本的。

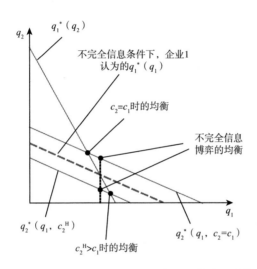

图 8 - 7　企业 2 的成本比企业 1 高或相等的古诺模型

至此，既然三种情况的其中两种都需要主动曝光其成本，那么剩下的高成本的企业 2 也无法隐瞒了——虽然作为高成本企业，隐瞒成本能使其在不完全信息古诺博弈中占有一定优势，即其是想要隐瞒成本的，但由于低成本和中等成本类型的企业 2 会主动公布自己的成本，使自己与不公布成本的企业区别开来，这样高成本的企业也就无所遁形了。

以上就是信息披露（informational unraveling）的过程。其中可以得出一个重要结论：通常"信息不充足"或者"缺乏信息来源"这些情况本身也在传递着一些信息。例如此古诺模型中，如果企业 2 成本高，就想隐瞒这个信息，但是事实上无法隐瞒。

"没有信息本身也是一种信息"这个结论似乎显而易见，然而当人们处理信息的时候，往往很自然地只考虑拥有的信息，却会忽视考虑"未拥有的信息"。

例如，据媒体报道，2012 年 2 月 14 日晚在河南省许昌市发生一起杀人案。警方正是通过"案发时受害人家里养的狗没有吠叫"这一线索，推断出是熟人作案，缩小了嫌疑人的范围，最终将凶手缉拿归案。一般"狗吠叫了"这样的显著信息会被注意到，而"狗没有叫"这样的信息却容易被忽视。

我国民间也有"王之涣审狗"的故事。唐代诗人王之涣在文安郡文安县当县尉时，侦破过一起凶杀案：有户人家，户主常年在外经商，家中只有姑嫂两人。一天晚间，小姑被一名男子闯入家中杀害。嫂子和犯人曾经厮打，但未能看清犯人的面目。王之涣根据家里有狗，但是案发时狗并未吠叫，判断是熟人作案；并通过嫂子的证词确定凶手背上有厮打时留下的抓痕。于是王之涣假意当众"审问渎职不吠的狗"，吸引受害人的邻里街坊都前来看热闹，又命令到场青壮年男子脱掉上衣，从而找出了凶手。

人们经常能在美国影视剧中听到这样的台词："你有权保持沉默，但你所说的一切将作为呈堂证供。"这与刑事诉讼中的犯罪嫌疑人保持沉默的权利有关，其中也蕴含了信号博弈的原理。1912 年英国首次制定的《法官规则》明确规定，警方在讯问犯罪嫌疑人之前，必须先告知其享有沉默权。其告知语为两句话："你有权保持沉默，你可以不说任何话。"如果警方讯问被拘禁的嫌疑人之前未履行告知义务，由此取得的供述将有可能被法庭以"取证手段不合法"的理由排除于证据之外。尽管英国的《法官规则》并非议会颁布的法律，但由于它是由王座法庭的法官们集体制定的，作为指导法庭审判程序的指南，其对于警察的执法行为具有实际上的约束力，限制了警方在审判前对犯罪嫌疑人进行刑讯逼供等"积极审讯"。由于《法官规则》的上述规定，使"明示沉默权"在英国正式确立。

而美国的沉默权制度源于其宪法第五修正案所确立的反对自我归罪原则。该条法律规定："任何人……不得被强迫在任何刑事诉讼中作为反对自己的证人。"由于美国司法制度把被告人也视为一种证人，由此推演出犯罪嫌疑人、被告人在被讯问时，有保持沉默和拒绝回答的权利。1966 年，美国联邦最高法院通过对一起案件（嫌疑人的姓氏为米兰达）的再审，确立了著名的米兰达警告（Miranda warning），又称米兰达权利（Miranda rights）。它要求警方拘捕犯罪嫌疑人后，在对其进行讯问前，必须先告知其几句话："你有权保持沉默。如果你开口说话，那么你所说的一切都将可能被用作法庭上对你不利的证据。你有权在接受警察询问之前委托一位律师，并可要求在讯问的过程中有律师全程陪同。如果你请不起律师，可以免费为你提供一位律师。在讯问的过程中，你可以随时要求行使这些权利。"如果警察在讯问前未履行上述告知义务而直接讯问嫌疑人，所取得的供词将会被法庭认为"程序违法"而不予采纳。从此，美国联邦最高法院通过这一判例，将原来的"默示沉默权"正式升级为"明示沉默权"。

但英国著名法学家边沁（Jeremy Bentham）和美国著名法学家庞德（Roscoe Pound）等众多司法界人士都反对过沉默权，他们认为，沉默权只会保护有罪的人，而对无罪的人没有什么价值。从博弈的角度看，"不承认也不否认"也是一种态度（信息），而无辜者更可能为自己的无辜辩解，而非保持沉默。这实际上是司法中"不放过一个坏人"和"不冤枉一个好人"孰为优先的问题。

招聘活动中人们的简历也与信息披露有关。有的求职者习惯把所有事迹都写在简历上，比如一位 40 岁的求职者仍然把"自己获得过小学演讲比赛优胜"填在简历中。有人可能会觉得，写简历的时候如此事无巨细地罗列光荣事迹是件很难为情的事。但根据信息披露理论，在信息、档案制度建设较完善的国家（地区），简历是一种可以被核查的信息，如果在简历中造假，被查出后就会受到严厉的处罚，所以人们通常不会在简历里造假。在此前提下，招聘方在审查简历时，如果发现应聘者在"社会服务与奖励"这一项中什么内容都没有填写，就会对于该应聘者的能力和品行产生怀疑。所以那些没有做出重大成绩的人们也需要列出一些较小的成绩——这些微小的成绩也足以将其与那些更糟糕的竞争者区分开来。

另一个信息披露的例子是，美国近年来有数百所大学和一些收费昂贵、选拔性不高的文理学院实施了名为"考试可选"（test-optional）的招生新政，取消了本科申请人必须提交"美国高考"（SAT 或 ACT 等标准化考试）成绩的要求。学生申请学校时，可以自愿提交标准化考试成绩来凸显自己的优势，也可以不提交这类成绩而用其他材料证明自己的能力，比如获奖记录、才艺、课外活动、作文、推荐信等。有的学校甚至采取了"排除考试"（test-blind）政策，即明确要求学生不需要提交标准化考试成绩。2018 年，美国芝加哥大学也宣布，采取考试可选政策，成为第一所加入此列的顶尖研究型大学。值得注意的是，芝加哥大学的考试可选新政中，一方面取消了申请人提供标准化考试成绩的硬性要求，另一方面又增加了一项新的申请材料要求——申请者需要录制 2 分钟的视频。这种"看脸"的操作，其深意是否和种族问题存在关联则不得而知。考试可选新政之下，考官的主观判断将名正言顺地变得更重要，录取将变得更加深不可测。标准考试的分数将难以被作为歧视问题的有力依据，申请者若要起诉学校招生中存在歧视或偏向，取证将非常困难。同时，"不再要求提交 SAT 或 ACT 成绩"，不等于大学就真的无法得知考生的成绩——大学可以直接向考试机构购买所有学生的成绩数据，作为内部参考。①

如果了解了美国私立名校招生是一种双向自由选择的市场机制，就会明白"考试可选"政策的高明所在。在招生"市场"中，各个大学之间为了取得在学生们心目中的优势地位而激烈竞争，这些大学主要靠两个关键数据在市场中发出信号，一是在美国大学排名中的位置，二是招生录取率，也就是录取人数与申请人数之比（越低越好）。大学不要求提供标准化考试成绩之后，有可能鼓励原来那些由于分数显然太低而放弃申请的学生勇于尝试，有助于大幅增加申请人数，这既不会影响最终录取的生源质量，还能刷新出更低的录取率。同时，作为招生领域变革的引领者，其大学排名有望进一步提升，可谓是一举多得，名利双收。

需要注意的是，这类不完全信息博弈中的信息披露机制能够奏效，需要满足一定的前提：首先，信息应该是可以被核实的；其次，博弈中的信息接收方需要知道信息类型的存在。

下面讨论博弈中一些信息难以核实的情况。

在博弈论中存在一种言语博弈叫作"空口声明"（cheep talk），它是一种口头表态，发布者说出某些话语无需某些成本，也无须承担某些责任，它不是"威胁"也不是"承诺"，但说话者说出它是有目的的。听者要分析他话中的含义，即要分析"空口声明"是真还是假。

---

① Anderson N. A shake-up in elite admissions：U－Chicago drops SAT/ACT testing requirement［EB/OL］. (2018－06－14)［2018－07－02］. https：//www. washingtonpost. com/local/education/a-shake-up-in-elite-admissions-u-chicago-drops-satact-testing-requirement/2018/06/13/442a5e14-6efd-11e8-bd50-b80389a4e569_story. html.

显然，这类博弈模型主要研究在有私人信息、信息不对称的情况下，人们通过口头或书面的声明传递信息的问题。在这类博弈中，博弈方的口头或书面声明几乎不需要成本，也没有强制约束力。因此，就产生了声明博弈中信息的可信性问题，即博弈方的声誉，也可以将其称为声誉博弈（reputian game）。

声明对事物的发展及相关各方利益的影响，是通过影响声明的接受方的行为来实现的，其对各方利益的影响属于一种间接影响，而不是由声明本身产生的直接影响。因此，一个声明在实践中究竟是否能产生影响，能够产生什么样的影响，影响程度如何，取决于声明的接收者是否相信这些声明，如何理解这些声明，以及采取怎样的行为反应等。

由于发出声明几乎没有什么成本也没有任何约束，因此只要对声明者自己有利，声明者可以发布任何声明，声明内容的真实性显然是缺乏保证的。但是一个声明发出后，声明的接收方又不可能视而不见，必须对其进行分析，然后采取自己的应对行为——置之不理，或是采取相应的应对措施。

因此，接收者是否应该相信声明者的声明，在什么情况下可以相信，并采取什么样的行为，声明究竟能否有效地传递信息，对这些问题的研究是非常有价值的。

一般来说，当声明者和声明接收者利益一致或至少没有什么冲突时，声明的内容更容易使接收者相信。例如，在公共汽车上，某位乘客说："前面堵车了"，这一声明一般会让其他乘客相信，因为这时声明者自己也会因堵车而无法前行；顾客在饭店声明自己的某种口味，如"不要加辣"，饭店的厨师也会相信，因为顾客对口味的偏好和厨师的利益没有冲突；医生对病人说不得过量服药，病人一般也会相信，因为这对病人有好处。

在上述例子中，声明的信息得到了很好的传递。但当双方利益不一致时，声明就不一定能让对方相信。例如一个雇员声称自己"素质很高、能力很强"往往是难以轻易令雇主信服的，因为高素质的雇员意味着雇主必须付给其高工资，而这是雇主所不愿意的；某学校校长声称"明年不收学费"也难以轻易使学生相信，因为如果该声明为真，学校的收入就会减少，这种"损己利人"的行为容易使人怀疑。声明如果不能让接收方相信，信息就不能有效传递。

在商品广告满天飞的年代，一般消费者对生产者、经营者的宣传，总存在着一定程度的不信任心理。松下公司的一项调查显示，在 1000 个收看电视广告的消费者中，真正购买该产品的不到 1%；而在 100 个参观"满意用户"（到对产品给予好评的用户家里参观）后感觉满意的人中，竟有 82 人购买了该种产品。因此借助消费者的"口碑"，让用户为产品做宣传，让"买瓜者夸瓜"，对于潜在消费者的说服力将会比仅靠商家自身的宣传强得多。对"满意用户"的参观，既宣传了企业的产品，又加强了和消费者之间的感情交流，有助于消除消费者的不信任心理。

8.3.2　劳动力市场的信号博弈

《韩非子·内储说上》中记载了一个故事："齐宣王使人吹竽，必三百人。南郭处士请为王吹竽，宣王说之，廪食以数百人。宣王死，湣王立。好一一听之，处士逃。"齐宣王就是只依据"宣称自己会吹竽（一种乐器）"的声明就相信了南郭处士具有吹竽的本领，使其能够混入合奏团"滥竽充数"——由于齐宣王喜好排场，需要组建几百人的乐团，因此其中有少量南郭处士这样的人是其可以接受的；而齐湣王要求乐师们独奏，就相当于加入了信息核查机制，将南郭处士这样的发布虚假信息者识别了出来。

但在有些情况下，用人单位不能或不愿通过"试用"这类方法检验求职者的真实能力水平，则如何区分优秀的求职者和较差的求职者就成了一个问题。优秀的求职者希望被认可从而获得更高的薪酬，较差的求职者不希望被识别出来，他们希望自己能够"滥竽充数"。然而问题在于，仅靠求职者自身的声明，是难以核实其真实类型的。

在用人单位面试中，人事管理者们可能会问这样的问题："你是否愿意来本单位工作？"实际上这个问题本身并不能获得什么有用的信息，因为任何想要被雇用的求职者都应该回答"是"。在实际的面试中，成功的求职者往往会侃侃而谈，提供更多的额外信息来展示自己，但这已经超出了此问题本身的范围。

耶鲁大学的本杰明·波拉克（Benjamin Polak）教授将此称为："在面试时你很难说服你的雇主相信你是一个优秀的雇员——即使你站在桌子上单腿

站立跳舞。""自夸是个很好的雇员"不是一个成功的信息，因为较差的雇员也可以这么做。"在桌子上跳舞"同样不是一个成功的信息，因为这对于优秀雇员和较差的雇员都是一样丢脸的，他们都不愿意这么做。

对此，美国哈佛大学、斯坦福大学教授，2001 年度诺贝尔经济学奖获得者之一迈克尔·斯宾塞（1973）提出过这样一个模型。假设劳动力市场中存在两种雇员，优秀雇员和较差雇员。优秀雇员的效率为 50，较差雇员的效率为 30。设人力资源市场中，优秀雇员数量占 10%，而较差雇员占 90%。为了简化分析，假设雇主采取终身雇佣制：雇主如果认为一个求职者是优秀雇员，向其一次性支付 50 的薪水，如果认为此人是较差雇员则向其支付 30 的薪水。如果雇主无法对某个雇员做出准确评价，那就认为此人是"一般雇员"。可见，雇主对于无法识别类型的"一般雇员"，应该认为其有 10% 的概率是优秀的、90% 的概率是较差的，因此应该向其支付的薪水为 50 × 10% + 30 × 90% = 32。优秀的雇员显然不希望自己被认为是一般雇员，但较差的雇员会很乐意"滥竽充数"。

雇员的生产能力是私人信息，雇主如果不能对雇员的能力类型加以有效区分，就有可能发生逆向选择的现象，即部分高素质劳动者由于不能得到合理的工资而退出该市场，从而使得劳动力市场的平均生产率更低。因此雇主需要设法将优秀雇员和较差雇员区分开来。

在现实中，雇员在进入市场之前会接受一定程度的教育，教育不仅有利于自身获得专业知识与技能，更重要的是教育程度侧面表达出了个人的素质及生产能力。这里，教育就起到了信号传递的作用。

假设雇主用"是否持有硕士学位"这个教育水平的信号来区别雇员。为了让这个信号能够成功区分不同雇员，需要满足以下条件之一：

（1）只有优秀的雇员能够获得硕士学位，而较差的雇员无法获得硕士学位；

（2）较差的雇员虽然也能够获得硕士学位，但所付出的成本对于较差的雇员来说太高，所以其不愿意这么做。也就是让发出这个教育信号的成本差异化。

假设获取硕士学位的学制是 3 年，每年的学习成本对于优秀的雇员来说是 5，而对于较差的雇员来说是 10。这里成本的差异体现为学习过程中付出的精力，因为优秀的雇员学习知识所耗费的精力相对较低——这也是为什么教育主管部门和用人单位不认可没有教育资质的"野鸡大学"颁发的文凭的原因。在"野鸡大学"获得文凭往往过于容易，无法体现差异化的学习成本。

下面证明在此模型中"以学位取人"的判断是否可靠，即"雇主通过硕士学位来区分雇员的好与差，优秀雇员都选择读取硕士学位，较差雇员都不选择读取硕士学位"是否属于一个纳什均衡。为此需要证明两点：

（1）每一类雇员都没有模仿另一类雇员的策略的动机；

（2）雇主的判断（根据硕士学位区分雇员优劣）和雇员均衡行为是一致的（雇主不会出现识别错误）。

加入学位识别机制后，雇主不再需要支付一般雇员水平的工资，而是向有硕士学位的雇员（一律视为优秀雇员）支付 50 的工资，向没有硕士学位的雇员（一律视为较差雇员）支付 30 的工资。

对于优秀的雇员而言，其选择读取硕士学位，需要付出 $5 \times 3 = 15$ 的成本，得到 50 的工资，最终收益为 $50 - 15 = 35$；若其改变策略，选择不读取硕士学位，则会被雇主视为较差雇员，只能得到 30 的工资，因此优秀雇员没有选择"不读取硕士学位"策略的动机。

对于较差的雇员而言，其选择不读取硕士学位，会得到 30 的工资；若其改变策略，选择读取硕士学位，需要付出 $10 \times 3 = 30$ 的成本，虽然能"冒充"优秀雇员而得到 50 的工资，但最终收益为 $50 - 30 = 20$，反而低于不去读取学位的情况，因此较差雇员也没有选择"读取硕士学位"策略的动机。

因此，这种"以学位取人"的局面确实是一种分离均衡。不同类型的参与人可以被区别开来：拥有信息的一方会选择主动发布信息，使自己能够被信息的接收方从不同类型的参与人中分离出来，这样对其才有利可图。既然"好"的类型可以被区别开来，那么即使"差"的类型不想被区分开来，但最终还是会被区分开。

从不完全信息博弈的角度分析，这种教育信号传递是雇员（代理人）在逆向选择状况下表达自己类型的一种有效手段：在"自然"确定雇员的类型之后，雇主选择一个可以被观察到的信号（教育水平），基于信号的劳动契约建立起了工资水平与教育信号之间的关联。

在这个教育信号分离模型中，分离均衡之所以成为可能，就是因为优秀的雇员接受教育、提升学历的成本较低，而较差的雇员学习成本较高。信号想要成功达到目的，必须能够把两种雇员区别开来，让不同类型的雇员自己选择相互区别，即自主选择是否读取硕士学位——"优秀的雇员会选择读学位，而较差的雇员没有动力读学位"被称为自选择现象，而这种各类型的参与人为了使自己的预期收益最大化，导致没有动力去模仿其他类型的参与人策略的情况，被称为激励相容（incentive compatibility）。即：在已知雇主不知道员工类型的情况下，通过这种机制设计，使员工有积极性按照雇主希望的方式行动。

假如进行学制改革，读取硕士学位的时间缩短为 1 年，则较差雇员读取学位只需要付出 $10 \times 1 = 10$ 的成本，"冒充"优秀雇员的最终收益为 $50 - 10 = 40$，其就会有动力改变策略，去模仿优秀雇员读取学位，此时所有雇员都有了学位，使信号分离失效。因此需要引入足够的成本差异，让不同雇员做出不同的选择。例如，此例中硕士的学制至少应该为 2 年，才能让较差的雇员因为无利可图而不去读取学位；如果坚持要将硕士学制定为 1 年，就需要将其课程强度、难度加大，即每年的学习成本更高，至少不低于 20。因此"学海无涯苦作舟"这句话在此博弈中具有了另一种角度的解读——教育在某种程度上确实需要是"痛苦"的。

要想用一个成功的信号把不同类型的参与人区分开来，就需要不同类型的参与人之间存在足够大的成本差距。成功的信号不一定与成本/收益的绝对值有关，而是通过成本/收益之间的相对差异区别不同参与人的类型。例如，如果大学扩招降低了本科生的教育标准，让获得学士学位变得很容易，优秀雇员就会选择继续深造，去取得硕士学位、博士学位……总之，如果某种信号的成本差别消失，优秀雇员们会想办法寻找其他信号来体现成本差别，最后会造成"学位通胀"等现象。

以下是一些与教育信号"通胀"有关的例子。

2012 年 10 月，哈尔滨市城管局招聘 457 个工勤技能岗位，吸引了 1 万余名报名者，最终报名成功的 7186 人中，持有本科学历者有 2954 人，占 41.11%；29 人持有统招硕士研究生学历。① 2013 年上海市青浦区城管大队共

---

① 易丽丽. "事业编制"的诱惑究竟有多大 [J]. 人才资源开发, 2013 (8)：9 - 11.

计划招收城管队员 60 名，吸引了数百人报名参加，共有 180 人通过笔试进入了面试环节，其中包括 2 名博士、119 名硕士，这些高学历面试者分别来自复旦大学、上海交通大学等国内高校，还包括一名曾留学英国的海归。① 2015 年 4 月，四川大学保卫部（处）公开招聘管理岗位工作人员 2 名，其中学历要求一栏标明，要求博士学位（公安、消防专业要求硕士学位及以上），引发了网络热议。② 2018 年武汉洪山区城市管理委员会公厕管理站招聘"厕所管理员"两名，要求大学本科以上文凭。③ 2018 年杭州市余杭区招聘的街道办事处等岗位人员，均是来自北京大学和清华大学的硕士或博士毕业生。④ 2022 年国家公务员考试报名中，西藏自治区邮政局一职位招录 1 人，报名者则有近 5000 人，成为报名人数最多、竞争最激烈的职位；工作人员表示，可能是因为该职位比较艰苦，因而没有设置专业、基层工作经验等条件限制，导致多人报考。⑤

而据《印度斯坦时报》报道，2017 年孟买警署面向社会招聘 1137 个保安职位，月薪仅 2500 元且没有正式编制，但是依旧吸引了不少高学历人才——招聘才发出不久，就收到了 20 万份申请，其中不乏硕士和博士。除了保安，政府清洁工也是印度求职者们青睐的好工作。2019 年 2 月，4600 名工程毕业生和商科硕士竞争该邦议会的 14 个清洁工的岗位，像这样"疯抢"清洁工岗位的事情已不是第一次发生。2019 年 11 月，在泰米尔纳德邦哥印拜陀市有3500 名大学毕业生竞争政府发布的 549 个清洁工岗位，竞争者中还有部分工程师和工商管理专业硕士生。

教育信号博弈模型也有其局限性。它是一个比较悲观的教育模型。首先，模型中没有学习的概念——雇员们上学前的生产效率就是 50 和 30，学完之后

---

① 李想. 谁造成了博士硕士对城管职位的哄抢 [EB/OL]. （2013 - 05 - 10）[2016 - 04 - 15]. http：//cpc. people. com. cn/pinglun/n/2013/0510/c241220 - 21441253. html.

② 张舒. 四川大学保卫处招聘要求博士学位引热议 [EB/OL]. （2015 - 04 - 21）[2016 - 04 - 16]. http：//www. xinhuanet. com/politics/2015 - 04/21/c_127713786. htm.

③ 高路. 钱江晚报：换个思维看本科学历的公厕管理员 [EB/OL]. （2018 - 03 - 06）[2024 - 04 - 16]. http：//opinion. people. com. cn/n1/2018/0306/c1003 - 29850062. html.

④ 谢晓刚. 去街道办工作 清北硕博"低就"了吗 [EB/OL]. （2020 - 08 - 25）[2020 - 08 - 30]. http：//hn. people. com. cn/n2/2020/0825/c195196 - 34248631. html.

⑤ 时代周报. 5000 人抢 1 个编制，西藏邮政局：本来以为没人报名 [EB/OL]. （2021 - 10 - 19）[2022 - 01 - 05]. https：//www. cqcb. com/headline/2021 - 10 - 19/4532868_pc. html.

还是 50 和 30，对于提高生产效率毫无帮助，不免催生"教育无用"的观点。其次，模型中教育失去了社会用途，仅仅成为区别优秀与差劲的工具。教育并没有改变雇员的生产力，但优秀雇员接受教育是要消耗资源的。而最后的均衡中，由于不再有一般雇员的工资水平，优秀雇员的待遇变得比一般雇员的水平更高了，但是较差雇员的待遇则变低了，而雇主所支付的总工资没有变化，即只进行了资源的重新分配。可以说是教育加剧了不平等。因此，如果教育催生或强化了社会中的两极分化，社会不应该仅仅只着眼于对教育部门的反思或改进，还需要思考其根源是否是社会的用人制度出了问题。

劳动力市场中的信号传递博弈不只限于"招聘—求职"阶段。即便应聘者找到了工作，在工作了几年之后，雇员仍然比雇主更了解自己，或者说雇员拥有的关于自身能力的信息多于雇主。在信息不对称的情况下，雇主需要一种信号来识别工作更出色的员工，以决定晋升和加薪。员工通常能够通过"更加努力地工作"和"加班"发送信号，以显示自己更加聪明和拥有更加出色的生产能力。由于快速的技术变化，使得雇主很难评估员工的能力和生产率，因此，雇主越来越多地依赖员工的工作时间来作为评判标准。通常更加出色、更具生产性的员工能够从工作中获得更大的满足，从而发送该信号的成本更低。因此"加班"是一个成功的信号——它能够传递信息。雇主依靠该信息来决定晋升和加薪。而随着很多企业越来越不愿意提供终身职位，晋升竞争加剧，员工面临越来越大的努力工作的压力。在此背景下，如果一名员工每周工作 50 小时甚至更多，那么其无疑正在发送一个高强度的信号。不过，有的行业加班，确实是出于企业业务本身的需要，而不是为了传递信号。例如 IT 业、金融业等行业中，为了公司的快速发展而长时间工作加班，仿佛已经成为这一领域的一种生活方式。

例如，2022 年《纽约邮报》报道，富豪埃隆·马斯克收购社交媒体平台推特后，开始对公司进行全面改革、整顿和裁员。推特的一些员工为了避免被裁员，开始实行每周工作 7 天、每天工作 12 个小时的轮班工作制，以争取在马斯克规定的截止日期前完成工作。有人认为，这种局面是马斯克的团队有意为之，借此考验哪些员工在工作中最努力（Barrabi，2022）。

8.3.3 空城计与信号传递

在不完全信息博弈中，人们通过对各种可能情况形成一个主观判断（信念），并计算各种策略在这种主观判断下的预期收益，对这些预期收益进行比较从而作出决策。

《三十六计》中的第三十二计"空城计"，指在敌众我寡的情况下，缺乏兵备而故意示意人以不设兵备，造成敌方错觉，从而惊退敌军之事。后泛指掩饰自己力量空虚、迷惑对方的策略。

传说三国时诸葛亮北伐魏国，派先锋马谡防守街亭，马谡被司马懿、张郃等击败。司马懿乘胜追击，率兵直逼诸葛亮所在的西城，诸葛亮兵力不足难以迎敌，但沉着镇定，大开城门，自己在城楼上焚香弹琴，高声唱曲。司马懿见状，怀疑诸葛亮设有埋伏，撤兵退走。事实上，这只是西晋人郭冲在《条诸葛亮五事》注解里编出的故事（收录于《金宋文·卷十七》《金晋文·卷七十五》）。罗贯中据此渲染成《三国演义》第九十五回"马谡拒谏失街亭武侯弹琴退仲达"。

用不完全信息博弈的观点分析此故事中的原理：假设在各种情景下，司马懿单方面的收益矩阵如图 8-8 所示，其中 p 为有埋伏的概率。由于是不完全信息博弈，司马懿并不知道诸葛亮的收益。

		进攻	撤退
有埋伏	p	-2	0
无埋伏	$1-p$	1	-1

图 8-8 空城计中司马懿的收益示例

分析此矩阵可知司马懿进攻和撤退的预期收益：

$$U_{进攻} = (-2) \times p + 1 \times (1-p) = 1 - 3p \tag{8-27}$$

$$U_{撤退} = 0 \times p + (-1) \times (1-p) = -1 + p \tag{8-28}$$

可知当 $p > 1/2$ 时，司马懿的优势策略是撤退。因此，诸葛亮通过制造假象，增强司马懿对有埋伏的信念（p 增加）。只要司马懿认为有埋伏的可能性过半，就会选择撤退，诸葛亮制造假象就退敌成功了。

虽然诸葛亮空城计的故事是虚构的，但历史上确实有类似的疑兵退敌的例子。例如《左传·庄公二十八年》中记载：公元前 666 年，楚国的令尹公子元率兵攻打郑国。郑国力量较弱，无法抵挡楚军的进犯，楚军逼近郑国国都。郑国上卿叔詹认为："郑国和齐国订有盟约，如今郑国有难，齐国会出兵相助。但是一味固守待援，恐怕也难守住。公子元伐郑，实际上是想邀功图名讨好文夫人（楚文王王后、公子元之嫂）。他一定急于求成，又非常害怕失败。我有一计，可退楚军。"郑国按叔詹的计策，在城内做了安排。令店铺照常开门，百姓往来如常，不准露一丝慌乱之色。大开城门，放下吊桥，摆出完全不设防的样子。楚军到达郑国都城下，见此情景，怀疑城中有了埋伏，不敢贸然进攻。这时，齐国接到郑国的求援信，已联合鲁、宋两国发兵救郑。公子元闻报，知道三国兵到，楚军定不能胜；又害怕撤退时郑国军队会出城追击，于是下令全军连夜撤走。

李广是西汉时期的名将，机智勇敢，被誉为"飞将军"。《史记·李将军列传》记载：李广有一次带领一百名骑兵追击匈奴，准备返回时，远处出现几千名匈奴骑兵。匈奴骑兵看到李广的部队，以为是诱敌之兵，都很吃惊，摆好了作战阵势。李广的百名骑兵也都大为惊恐，想拨转马头飞奔逃跑。李广说："我们距离大部队几十里，照现在这样的情况，我们这一百骑只要一逃跑，匈奴就要来追击射杀，我们会立刻被杀光的。现在我们停留不走，匈奴一定以为我们是大军派来诱敌的，必定不敢攻击我们。"李广向骑兵下令："前进！"骑兵向前进发，到了离匈奴阵地还有大约二里的地方，李广停下来下令道："全体下马，解下马鞍！"骑兵们说："敌人那么多，并且又离得近，如果有了紧急情况，怎么办？"李广说："那些敌人原以为我们会逃跑，现在我们都解下马鞍表示不走，这样就能使他们更坚定地相信我们是诱敌之兵。"于是匈奴骑兵始终不敢来攻击李广的部队。有一名骑白马的匈奴将领出阵来监督他的士兵，李广立即上马和十几名骑兵一起出击，射死了那骑白马的匈奴将领，之后又回到自己的骑兵队里，解下马鞍，让士兵们都解开战马，随意躺卧。这时正值日暮黄昏，匈奴军队始终觉得奇怪，不敢进攻。到了半夜，匈奴兵以为汉军有伏兵在附近，想趁夜偷袭他们，于是就主动撤离了。李广等人得以平安撤退。

在解放战争中也有过类似的实例。1948年10月，中共中央进驻河北石家庄平山县西柏坡。驻守在北平（现北京）的国民党将领傅作义探知情报以后，准备出动近十万大军突袭中共首脑机关。当时解放战争主要战场在东北和西北，而西柏坡党中央周围卫戍部队仅一万多人，形势十分危急。傅作义偷袭西柏坡的计划很快被中共华北局城市工作部获悉，向中央报告了傅作义偷袭西柏坡的计划。毛泽东表现得非常镇静，他决定演一出"空城计"，挫败敌人的阴谋。1948年10月25日至31日，毛泽东亲自组织和撰写了几篇新闻稿，交付新华电台向全国广播。这几篇新闻稿把傅作义进犯石家庄的种种计划予以揭露，将敌军各部队番号、将领以及作战计划予以公布，号召解放军和民兵在3天内，做好充分准备，诱敌深入，聚而歼之，不让敌人有一兵一卒逃回老巢，等等。这些新闻稿由新华电台广播后，傅作义见中共方面对他们的计划已经了如指掌，还做了准备、有了歼灭部署，他害怕遭到埋伏，只好偷偷将刚拉出来的部队撤回了北平。此后中共中央一直驻在西柏坡，直到进北京（新华通讯社史编写组，2010）。

在信息不对称时，可以将计就计，掌握的正确信息越多，在博弈中获胜的可能性就越大。例如以下两个笑话故事中就有"将计就计"的原理。

一个古董商发现一个人用珍贵的古董茶碟做猫食碗，认为其"不识货"，是个"捡漏"的机会，于是假装对这只猫很感兴趣，要从主人手里买下，主人一开始不愿意卖猫，古董商出了很高的价格才答应。成交之后，古董商假装不在意地说："这个碟子它已经用惯了，就一块送给我吧。"猫主人不干了，说："你知道靠这个碟子，我已经卖了多少只猫了？"

有一个卖草帽的人，有一天叫卖归来，在一棵大树旁打起了瞌睡，等他醒来的时候，发现身边的草帽都不见了，抬头一看，树上有很多猴子，模仿人的样子把草帽戴在头上。他想到猴子喜欢模仿人的动作，就拿下自己头上戴着的草帽扔在地上，猴子也学他，纷纷将帽子扔在地上。于是卖草帽的人捡起所有的草帽回家去了，并将这个故事告诉了他的子孙。很多年后，他的孙子继承了卖草帽的家业，有一天，他也在大树旁睡着了，而草帽也同样被猴子拿走了，他想起爷爷的办法，拿下自己的草帽扔在地上。可是猴子非但没有照他的动作做，还把扔在地下的那一个草帽也捡走了，猴王笑道："还跟我玩这个，你以为就你有爷爷吗？"

8.3.4　信息甄别机制

如教育模型所展示的，在信号博弈中，处于信息弱势的一方会设计出一些信息甄别的机制，来迫使信息优势方显示出他们的真实类型。一个信号甄别机制之所以能够发挥作用，是因为甄别机制能对不同类型的人提供选择不同行动的激励，诱发了个人的自选择行为，使其为了个人利益而实现自动分类。

元代剧作家李潜夫创作的杂剧《包待制智勘灰阑记》就包含了一例信息甄别的机制设计。马员外家妻妾马氏和张氏二人争夺一个孩子，都说自己是其生母。包公审案时，命人用石灰于庭中画一个阑（即圈），将孩子放在其中，宣布谁将孩子拽出来圈外即为生母。张氏不忍用力拉扯，马氏则将孩子用力拽出。包公据此判定张氏为孩子生母。剧中包公就是设计了机制，甄别出了参与人的不同类型：生母心怀真情真爱，要伤害孩子的心理成本非常高，因此宁可自己蒙受冤屈也不愿意用力拉扯孩子；而冒牌母亲的目的是争夺孩子和家产的所有权，用力拉扯的心理成本就非常低。德国剧作家贝托尔特·布莱希特 1948 年将该剧改编为《高加索灰阑记》（The Caucasian chalk circle）：高加索某地区的总督在暴乱中被杀，总督夫人仓皇出逃时将亲生儿子米歇尔遗弃；善良的女佣格鲁雪冒着生命危险，历经艰辛抚养米歇尔。暴乱平息后，总督夫人为了继承遗产索要孩子，法官阿兹达克采用灰阑断案。贪婪自私的总督夫人不顾孩子死活使劲拉扯，而女佣则不忍心孩子被拉伤。法官最终将孩子判归养母格鲁雪，故事的逻辑得到了进一步升华。①

"钻石恒久远，一颗永流传"是一句经典的广告词。美国《心理牙线》（Mental Floss）杂志 2015 年曾刊文《为什么订婚要用钻石戒指》。戴比尔斯（De Beers）是全球最大的钻石开采公司。20 世纪初期，由于经济低迷，消费者更偏好价格较低的金属或人造宝石等饰品，导致钻石珠宝的需求和价格长期处于缓慢下降态势。为了开拓新市场以大幅提高收入，戴比尔斯求助于纽

---

① Squiers A. An introduction to the social and political philosophy of Bertolt Brecht：Revolution and aesthetics ［M］. Amsterdam：Rodopi，2014：190.

约广告公司，于是纽约广告公司将钻石包装成一种新兴的时尚趋势进行宣传营销，鼓励顶尖时装设计师们在设计中广泛加入钻石要素，并聘请好莱坞的大牌明星们进行钻石代言。1947 年，纽约广告公司的从业者们创作出了"钻石恒久远"的广告词，赋予了钻石作为爱情象征的属性，强调坚硬的钻石代表永恒、牢不可破的爱情。这一系列的宣传和营销，有效地提高了钻石订婚戒指、结婚戒指的销量，巩固了戴比尔斯公司在钻石市场的垄断地位。钻石也不再只是一块美丽而坚硬的碳元素单质，消费者们开始相信它是爱情和社会地位的一种标志。

但《南华早报》报道称，天然钻石的开采，大多都沾染着非洲劳动人民的血汗和泪水。南非一直是世界钻石生产的领导者，全国 7 个大型钻石矿，都由戴比尔斯联合矿业公司控制。南非钻石采掘业长期饱受批评：钻石开采的工作环境十分恶劣，矿井温度过高、通风条件差，硅尘侵袭矿工肺部；安全条件差、事故死亡率高（Lhatoo，2018）。而中国 1965 年就设计制造六面顶压机用于人造金刚石生产（其他国家多数使用两面顶压机），迄今已成为全世界最大的超硬材料生产大国，截至 2018 年底，中国的人造金刚石产量已占世界总产量的 90% 以上，并已经挺进高端人造钻石珠宝领域。①

既然人造钻石的价格远低于天然钻石，那么为什么仍然有很多人在爱情、婚姻中需要一个昂贵的"有证书的（天然）钻戒"呢？其中固然有珠宝企业营销的原因，也不失为一种信息甄别机制：恋爱中的一方无法确认另一方是否是"真爱"——口头的爱总是很廉价，于是提出要一个昂贵的钻戒。这是一种筛选策略，面对这样的要求，"真爱"的人会选择买钻戒，而"非真爱"的人就会有动力不买钻戒，从而使得对方可以成功甄别出来。因此钻石在这里的一部分意义是作为一个"高成本的信号"。

飞机、轮船、火车等设立头等舱和经济舱，宾馆设置豪华间、标准间等的原理也是一种信息甄别的机制设计。以飞机舱位为例，不同的顾客所愿意支付的价格实际上是不一样的。有的旅客财富数量多一些，或比较愿意花钱消费，就愿意支付较高的价格。相反，财富数量较少或比较节俭的旅客，就只愿支付较低的价格。但是，如果直接询问各种旅客"购买同一种档次的机

---

① 夏先清，杨子佩. 河南成全球最大人造钻石生产基地［N］. 经济日报，2021－11－10（8）.

票时，愿意支付较高还是较低的价格"，得到的答案一般都会是较低的价格。因为即使是对于有钱人而言，只要其是理性的，也会希望用较低的价格购买同样的服务。因此当飞机、轮船、火车等的舱位条件和价格完全一样时，具有不同支付意愿的旅客们买票时愿意支付的价格是相同的（即标定的票面价格），不会有人愿意支付比别人更高的价格去买相同舱位的票。

支付能力是旅客的类型，选择的舱位等级是他们的决策行动。旅客的支付能力难以被直接观察，但其选择购买何种舱位的票却是能够直接观察到的，因此航空公司可以据此识别出能够且愿意支付更高价格的顾客，从而赚取更多利润。

例如，有两位旅客小王和小张准备购票乘飞机。小王的最高支付能力为2000 元，小张的最高支付能力为 2500 元。经济舱的服务成本为 1800 元。经济舱带给小王和小张的消费满足感（效用）为 2000 元。如果没有头等舱，航空公司能够制定的最高票价是 2000 元，因为票价一旦高于其效用 2000 元，两位乘客买票就会得不偿失，就不会买票了。此时利润为 $2 \times (2000 - 1800) = 400$（元）。

但如果航空公司设立一种头等舱，能带给旅客 2800 元的效用。设头等舱的服务成本为 2200 元。此时，航空公司就可以将头等舱票价定为 2500 元，经济舱票价仍定为 2000 元。这种情况下，小王仍然以 2000 元购买经济舱机票（小王的支付能力只有 2000 元，所以小王只能买经济舱）。而小张如果购买经济舱机票，则其净效用（消费者剩余）为 $2000 - 2000 = 0$，但当小张购买头等机舱票时的消费者剩余为 $2800 - 2500 = 300$（元），所以小张就会选择买头等舱机票。此时，航空公司的利润为 $(2000 - 1800) + (2500 - 2200) = 500$（元），优于不设头等舱时的利润 400 元。可见，航空公司通过机制设计提高了利润。

头等舱的价格显著高于其他等级的舱位，不仅是因为头等舱的服务比其他舱位更好、成本更高，还因为选择坐头等舱的旅客的支付能力和意愿比选择其他舱位的旅客的支付能力和意愿要高。如果航空公司不对舱位做出这样的区分，即使是支付能力强的有钱旅客，也不会愿意享受同样的舱位而比别人支付更高的价格。

8.3.5　其他信号博弈举例

由于不完全信息博弈进行过程中，先前阶段博弈方的行为常常具有反映、传递信息的作用，因此信号传递是不完全信息博弈的最主要研究内容之一。

《史记·商君列传》中记载了"立木为信"的故事。秦孝公任用卫鞅（即商鞅，卫国人，姓公孙氏，当时还未赐予其在商於的封邑，故称为卫鞅或公孙鞅）为左庶长，准备变更秦国的法度。新法准备就绪后，尚未公布，卫鞅担心秦国百姓不相信自己，不遵守新法令，就在秦国都城市场的南门竖起一根三丈长的木头，并宣布百姓中有能把木头搬到北门者，就奖赏其十金。百姓觉得这件事很奇怪，没人敢行动。卫鞅又提高奖励，宣布"能把木头搬到北门的人赏五十金"。有一个人把木头搬到了北门，卫鞅当即奖给了此人五十金，借此表明令出必行，绝不欺骗。随后卫鞅就颁布了新法。

这个故事中，商鞅花费了五十金的成本，传递了"自己言而有信"的信号。在百姓心中树立起了威信，确保了新法的顺利实施。

《史记·商君列传》还记载了后续的故事。新法在秦国施行了一年后，秦国很多百姓都到国都反映新法很不方便，人数以千计。正巧此时秦国太子触犯了新法。卫鞅说："新法不能顺利推行，是因为上层的人带头触犯它。"于是依新法处罚太子。由于不能对国君的继承人处以肉刑，就处罚了监督太子行为、传授知识的两位老师。此后秦国人就都遵守新法了。

这个故事中，商鞅同样是采用处罚太子老师的方式，传递自己严格执法的决心，使得秦国人不敢以身试法。新法使秦国渐渐强盛，最终统一了中国。

《三国演义》中，刘备及其部下经常宣称"备乃中山靖王之后""汉景帝阁下玄孙""本汉室宗亲""汉左将军、宜城亭侯、领豫州牧、皇叔刘备"。有人会认为，刘备这样做只是为了满足个人的虚荣心，让自己看起来更有面子。实际上，在当时正统思想深入人心的背景下，刘备集团的这种做法是在向世人发出一个信号：刘备代表汉室正统。意味着刘备带领部下征战天下，不是为了个人的荣华富贵，而是为了维护皇权正统、为了实现社会稳定、为了守护百姓安宁。

一些武侠剧中有这样的情节：两位武林人士起了争执，他们可以通过打斗来解决问题，但大打出手双方难免都会有所损伤，于是两人约定，通过其他方式来比较武功高下，武功更高者胜。这类情节中，武功较高的一方通常会展示"掌劈金铁""石上刻字""踏雪无痕"等技巧，而另一方见之，自认为无法做到，明白自己武功比不过对方，于是甘愿认输。

这也是一种信号传递博弈：其中一方确实武功较高，但这个强者仅靠宣称自己武功更高，另一方不一定会相信，除非强者亲自与之交手并被打败。虽然双方大打出手可以决出胜负，但对双方都会有损失，打个头破血流对谁都不是好事。虽然武功较高的强者可以对外宣称自己武功较高，对方不是他的对手，但即使事实并非如此也可以这样宣称。所以，双方利益有冲突时，仅凭口头宣称这样的信号是难以令对方信服的，需要展示一种武功更低者难以模仿的技巧，即一个具有区分作用的信号。

这也能用来解释为何一些低成本的垄断企业长期在低价格水平上经营。根据第 6.4.2 节中市场阻入博弈的原理，一个低成本垄断企业（在位者）在某个行业进行经营，当一家较高生产成本的企业（进入者）进入此行业与之进行竞争时，在位者为了继续维持其垄断经营，可以通过降价竞争的手段将进入者赶出这个行业。由于在位者拥有更低的生产成本，因此它能够将所售产品的价格降到比进入者的生产成本还要低的水平上，此时进入者要么维持高价格经营导致顾客流失，要么同样也降价由于价格低于成本而遭受亏损，无论哪种情形下进入者都会亏损，最后不得不退出该行业。但是，这种"价格战"行为尽管可以击退进入者，但毕竟需要进行一段时间的降价经营，对在位者自身也会带来一定的损失。在位者为了避免这种损失，可以向外声称自己是低成本的，警示别的企业不要进入该市场与它竞争、自讨苦吃。但仅凭口头声称的可信度是较低的，因为即使在位者不是低成本的企业，也可以如此声称。因此在位者需要发送一个信号，向外界传递"它真的是低成本企业"的信息。就像武侠剧中武功高强者展示绝技一样，垄断的在位者可以将经营价格长期维持在一个较低的水平上。如果这个价格足够低，高成本企业无法模仿，行业内其他企业就会据此推断出在位者确实是低成本的，不应该进入市场与之竞争。当然此价格也不应该过于低，低价经营造成的损失，应该比与进入者进行"价格战"造成的预期损失少一些。这样，在位者就得以保持长期的垄断地位。

　　通常认为，商业广告的功能是向消费者提供必要的购货信息或者是为了引导消费。但是生活中也有这样的现象：一些新产品上市时，消费者对其还不熟悉，企业会在商业广告中加入一些当红明星展示此新产品的内容，利用观众的"追星"心理打开市场。这类广告通常是一位大明星在电视上表演一番，配上产品的形象展示，广告中除了展示一下商标外，往往没有多少对产品性能的说明，也没有对产品价格或售货地点的介绍。实际上，这是大型企业通过请当红明星代言广告，以清除潜在的市场模仿者的策略。大型企业通过高价聘请明星向公众传递"自己是实力雄厚的大企业，生产的是正牌优质产品"的信号。

　　例如，假设企业甲开发出一种很有市场潜力的产品，而企业乙准备生产此产品的劣质模仿品。两家企业都会向消费者宣称其产品是优质的，但随着时间的推移，企业乙生产的劣质模仿品终究会被消费者识破。假设最终企业甲的预期收益为3亿元，企业乙的预期收入为1亿元。此时，若企业甲花费1亿元请一位当红明星代言广告，而这种高昂的费用是企业乙无力模仿的。这样消费者会在一开始就识别出企业甲生产的是优质正品，企业乙生产的是模仿品，则企业乙一开始就没有市场，甚至放弃模仿企业甲的计划。企业甲就可以占据整个市场，并获得比两家企业竞争情况下更高的预期收益。可见，"明星代言"这个信号的主要价值就在于其所请来的知名明星有着众所周知的较高出场价格——这是实力弱小的企业难以模仿的，而这些明星在广告节目中表演了什么内容，广告是否介绍了产品性能、价格等信息都并不重要。

　　在金融领域，一些资金实力雄厚的大型公司通常也会向银行贷款。更加令人感到奇怪的是，某些大型公司在向银行贷款的同时，自身又会向其他公司发放贷款。有人可能会认为这样做"多此一举"。实际上这些公司也是在发出一个信号，宣示它们是资产雄厚的公司：增加负债一般会提高公司破产的风险，但是，在同样的负债比例下，资本实力雄厚的公司的破产风险，比实力不足的公司要低一些。每个公司都会对公众宣称自己的资产雄厚，但公众一般不会仅凭口头宣传就相信它们。因此，真正资产雄厚的公司故意通过向银行借钱、提高负债比例，来提高自己破产的风险，这种行为是其他实际上资产不足的公司难以模仿的。当然，这种负债比例的增加要恰到好处——既要使那些实力较弱的公司难以模仿，又要处在自身能够承受的范围内。通过此信号，公众就能识别出真正较优的公司，从而购买其股票，导致该公司股票价格上涨；而该公司会因其股价上涨而获得资本增值，反而降低了其破产的可能性。

传递信号时，也要注意信号接收者方面的因素。例如《史记·孙子吴起列传》中记载：吴起是战国初期军事家、政治家，兵家代表人物之一。齐国攻打鲁国时，鲁国人想让吴起担任将军迎击齐国，但是吴起的妻子是齐国人，所以鲁国人对吴起的可信度抱有怀疑。吴起为了使人消除对自己的怀疑，就把妻子杀了，以表明自己不会心向齐国。于是鲁国任命吴起做了大将。吴起带领鲁国军队攻打齐国，大败齐军。但有的鲁国人也据此认为："吴起不惜杀妻以求官职，为人非常残忍。"鲁穆公因此猜疑吴起，疏远了他。可见即使是同一个行为，也可以传递不同的信息："杀妻求将"可能意味着"忠心"或"残忍"。

有时，参与人们也会面临难以从别人那里得到有用信息的困境，著名组织行为学者、美国密歇根大学教授卡尔·韦克（Karl Weick）为这一问题提供了一种解决之法：

"把一些蜜蜂和一些苍蝇装进一个玻璃瓶中，然后将瓶子平放，让瓶底朝向窗户，瓶口背朝窗户。蜜蜂们不停地在瓶底寻找出口，而苍蝇们则在不到两分钟内全部从瓶口逃出。为什么呢？因为蜜蜂喜欢光亮，于是它们坚定地认为，出口一定在有光亮的地方，于是它们不停地重复这一合乎逻辑的行为。而苍蝇呢？它们到处乱飞，探索有可能出现的任何机会，于是它们成功了。实验、试错、冒险、即兴发挥、迂回前进、混乱、随机应变，所有这些都有助于应对变化，要善于打破固定的思维模式，要有足够的探索未知领域的学习能力。"[1]

8.4　虚拟水战略中的补贴策略信号博弈

本节用非对称信息理论分析第 4.3.4 节中的"虚拟水战略"实施中存在

---

[1]　Baghurst T. The bees and the flies [EB/OL]. (2022-08-25) [2023-06-10]. https://fsu-coach. fsu. edu/blog/bees-and-flies.

的另一种博弈问题：政府与企业、产业之间围绕虚拟水调度的补贴问题。财政补贴是资源管理中常见的激励型政策工具之一，政府可以利用颁布和调整补贴政策法规，激励虚拟水的科学调度，企业可以调整生产经营策略，进行虚拟水调度后，要求政府给予补贴，另外，补贴也会影响到处于虚拟水产业中的商品价格和市场需求等因素，随着企业获得补贴的增加，企业利润也可能会随之上升，因此补贴手段是调控虚拟水调度的重要方法之一。但是，如果缺乏科学的虚拟水调度补贴策略，会减弱补贴的激励效应，削弱企业调度虚拟水的积极性，影响虚拟水手段调节水资源均衡的效果；而目前对于虚拟水调度的补贴博弈问题研究尚不多见。为此，使用信号博弈原理对虚拟水调度的补贴问题进行分析，并根据博弈的均衡及其形成条件，为虚拟水调度提供管理与调控建议。

8.4.1　问题分析及方法建立

在政府与虚拟水调度企业围绕补贴手段的博弈中，主要参与者是政府和虚拟水的调度企业（包括部分虚拟水的生产企业）。政府采取给予企业补贴的手段，为虚拟水从丰水地区向缺水地区的调度提供正向的激励，弥补企业在这种虚拟水的运输过程（表现为产品和服务的跨区域输送过程）中可能发生的损失，降低企业的风险，最终促进虚拟水调度的成熟与发展。政府和企业双方的根本目标通常都是追求自身利益、价值的最大化。从事虚拟水调度的企业、产业通过虚拟水产品的生产、运输和销售获得收益，同时得到来自政府的补贴，若政府给予的补贴额度上升，虚拟水企业获得的补贴收益也随之上升，相当于虚拟水企业的一部分内部成本外部化，政府帮助其承担了一部分技术改进、产品运输、市场开发等方面的风险；因此补贴力度越大，虚拟水调度产业进行用水效率技术改进、在缺水地区开发市场的可能性就越大，从而使企业从虚拟水调度中获得的收益上升，有望达到其利润最大化；而企业进行虚拟水调度的规模越大，越有利于解决缺水问题，也有助于实现政府的社会效益。政府和虚拟水企业的行动策略，又会给对方未来的策略产生影响。在现实中，一些虚拟水调度的相关企业和政府之间存在关于虚拟水调度情势的信息不对称，可能会产生逆向选择，即虚拟水的生产和调度企业了解自身的用水水平和虚拟水调度区域的市场情况，而政府可能对这些情况缺乏了解，若政府无法区别不同企业、不同市场的虚拟水生产与调度水平，在政府与企业的博弈中会出现这样的均衡：政府以无差别的补贴幅度来给予企业补贴，不区分其虚拟水调度规模的大小和市场的缺水程度，此时难以有效激励高技术水平、高用水效率的企业将虚拟水大规模调往缺水程度较高的地区，进而不利于虚拟水的科学调度，也不利于建立与完善平衡水资源禀赋的调控体系。

另外，由于在政府和虚拟水生产调度企业的博弈中，政企双方的决策机制存在反馈作用，如果其中某方调整了策略选择，对方的策略也发生变化。因此研究此博弈问题时，需要建立一个动态的信号传递模型（支援等，2017）。

虚拟水调度过程中的博弈涉及政府、虚拟水生产及调度企业、消费者等主体，属于一种多参与人的非合作动态博弈。此处进行了一些基本的简化假设，具体如下：

（1）为了分析方便，在此博弈模型中，将虚拟水生产企业、虚拟水调度企业进行合并，合为虚拟水企业。

（2）在此博弈模型中，重点考虑政府与虚拟水企业之间的博弈，忽略各级政府之间的差异，以及不同虚拟水企业之间的差异。设定博弈的各参与方（政府和企业）均是完全理性的，都根据博弈原理理性地谋取自身收益（效用）的最大化。

（3）政府与虚拟水企业的博弈是一个多阶段的博弈。政府给予补贴的前提是：虚拟水企业已经生产虚拟水产品，并将其输送到缺水地区销售，且政府所给予的补贴存在差异。

（4）由于当前世界各国家和地区总体上通过虚拟水调度缓解缺水问题的规模还比较小，成熟程度还比较低（WWAP，2023），因此设定政府制定补贴额度的依据是根据虚拟水调度的进展程度来决定的。在虚拟水调度的初期，待调入地区的缺水问题较严重，政府根据虚拟水企业的虚拟水调度规模大小来决定其获得补贴的额度。当虚拟水调入目标地区达到一定的规模，该地区的缺水程度恢复到合适水平时，政府可以削减补贴力度，企业的虚拟水调入规模越大，该地区水资源丰沛程度越高，虚拟水调度需求越小，企业获得的补贴就会越少。此处主要分析虚拟水调度水平较低、缺水程度较严重、虚拟水调度需求迫切时期的博弈。

（5）为了维持博弈的正当性与可持续性，禁止权力寻租等不正当行为。

设定的补贴政策下的政府—企业信号博弈的基本概念如下：

用 1 表示信号发出方（即虚拟水企业），2 表示信号接收方（即政府）。在虚拟水企业与政府之间的博弈中，虚拟水企业的策略集合 S_1 为：

$$S_1 = \{(H,h_1),(H,l_1),(L,h_1),(L,l_1)\} \qquad (8-29)$$

其中，假设企业进行虚拟水调度的规模分为虚拟水调度规模大（H）和调度规模小（L）两种情况。当企业的虚拟水调度规模大时，可以申请高补贴（用 h_1 表示企业的申请行为）且申请补贴这一行为的成本为 0；如果企业的虚拟水调度规模小而欺骗政府、申请高补贴，则需要付出伪装成本 c（沉没成本）。企业的虚拟水调度规模小时也可以申请低补贴（l_1 表示企业的申请行为）且申请补贴这一行为的成本为 0。

政府在给予企业补贴之前，会先对其虚拟水调度规模的大小做出核查，核查中企业欺骗行为暴露的概率为 δ（风险）；若核查中发现了企业的欺骗行为，则企业会产生损失 s，但如果政府未经审查即拒绝给予补贴时，不会产生此损失；相当于若政府决定不发放补贴时，跳过核查这一步骤。

政府的策略集合 S_2 为：

$$S_2 = \{(Y,h_2),(Y,l_2),(N,h_2),(N,l_2)\} \qquad (8-30)$$

其中，Y 表示决定发放补贴，N 表示拒绝发放补贴；h_2 为发放高额补贴，l_2 为发放低额补贴。发放高补贴支付的额度为 L_H，发放低补贴支付的额度为 L_L，拒绝发放补贴支付的额度为 0。

此处用 $U_{11} \sim U_{92}$ 表示各种情况下企业和政府的收益，以虚拟水企业获得的补贴来表征其收益，以虚拟水调度获得的资金、资源、社会、生态等方面的效益来表征政府的收益。虚拟水调度规模大带来的资金、资源、社会生态等效益为 W_H，调度规模小时的效益为 W_L，且满足：

$$W_H > L_H > W_L > L_L > 0 \qquad (8-31)$$

为了对分析做一定简化，本模型假设"大规模调度虚拟水并给予高补贴"

的政府最终收益大于"小规模调度虚拟水并给予低补贴"(考虑到虚拟水调度带来的社会公平、水生态安全等效益,此假设是合理的),即:

$$W_{\mathrm{H}} - L_{\mathrm{H}} > W_{\mathrm{L}} - L_{\mathrm{L}} > 0 \qquad (8-32)$$

由于政府的目标通常是保障社会公平、实现社会总福利的优化,因此其与市场中的其他主体有所区别,并考虑到目前水资源禀赋不均的形势,本模型认为政府会避免挫伤企业进行虚拟水调度的积极性,假设企业已进行了虚拟水调度(规模大/小均包含在内)而政府拒绝给予补贴时,政府会产生额外损失 J;如果企业已进行了大规模虚拟水调度而政府给予低补贴时,政府会产生额外损失 k,且:

$$J > L_{\mathrm{H}} \qquad (8-33)$$

$$k > L_{\mathrm{H}} - L_{\mathrm{L}} \qquad (8-34)$$

根据上述设定的模型条件,可以建立如图 8-9 所示的信号传递博弈树:

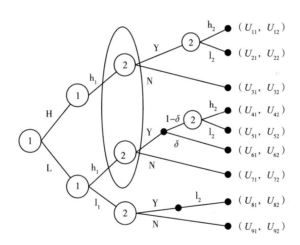

图 8-9　虚拟水企业与政府的信号传递博弈树

在图 8-9 中,参与人 1(虚拟水企业)的类型,即大规模还是小规模调度虚拟水,是无法被参与人 2(政府)观察到的;但政府可以观察到企业申请了高补贴还是低补贴。该模型中虚拟水企业与政府博弈双方的收益如表 8-1 所示。

表 8 – 1　　　　　　　　虚拟水企业与政府不同博弈结果下的收益

各博弈结果下的收益	具体收益值	
	虚拟水企业	政府
(U_{11}, U_{12})	L_H	$W_H - L_H$
(U_{21}, U_{22})	L_L	$W_H - L_L - k$
(U_{31}, U_{32})	0	$W_H - J$
(U_{41}, U_{42})	$L_H - c$	$W_L - L_H$
(U_{51}, U_{52})	$L_L - c$	$W_L - L_L$
(U_{61}, U_{62})	$-c - s$	W_L
(U_{71}, U_{72})	$-c$	$W_L - J$
(U_{81}, U_{82})	L_L	$W_L - L_L$
(U_{91}, U_{92})	0	$W_L - J$

设政府为风险中性的博弈方，虚拟水企业调度虚拟水规模大的概率为 P_H、调度虚拟水规模小的概率为 P_L，且满足：

$$P_H = 1 - P_L \tag{8 - 35}$$

根据上述模型设定，政府若选择为申请高补贴的虚拟水企业发放高补贴，申请低补贴的企业则为其发放低补贴，则有：

$$U_1 = P(H|h)(W_H - L_H) + P(L|h)[W_L - (1 - \delta)L_H] + P(L|l)(W_L - L_L) \tag{8 - 36}$$

$$P(L|h) + P(L|l) = 1 \tag{8 - 37}$$

其中，U_1 为政府选择给予虚拟水企业高补贴的预期收益。$P(H|h)$ 为企业申请高补贴时虚拟水调度规模大的条件概率，$P(L|h)$ 为企业申请高补贴时虚拟水调度规模小的条件概率，$P(L|l)$ 为企业申请低补贴时虚拟水调度规模小的条件概率。

政府若选择给予虚拟水企业低补贴，其预期收益为：

$$U_2 = P(H|h)(W_H - L_L - k) + P(L|h)[W_L - (1 - \delta)L_L] + P(L|l)(W_L - L_L) \tag{8 - 38}$$

其中，U_2 为政府选择给予虚拟水企业低补贴的预期收益。

政府若选择拒绝给予虚拟水企业补贴，其预期收益为：

$$U_3 = P(\text{H} \mid \text{h})(W_\text{H} - J) + P(\text{L} \mid \text{h})(W_\text{L} - J) + P(\text{L} \mid \text{l})(W_\text{L} - J)$$

$$(8 - 39)$$

其中，U_3 为政府选择拒绝给予虚拟水企业补贴的预期收益。

8.4.2　博弈的均衡及分析

上述研究建立的博弈模型中，虚拟水企业和政府围绕补贴的博弈均衡，主要取决于以下因素之间的关系：不同虚拟水企业的虚拟水调度规模大小、要求补贴的高低、企业伪装欺骗所需成本、欺骗被查出的概率、风险成本、政府收益、额外损失。在不同条件下各因素的差异，造成了虚拟水企业和政府的博弈会形成以下几种不同类型的均衡，达到的效率也有区别。

8.4.2.1　市场完全成功的分离均衡

若 $L_\text{H} - \delta L_\text{H} - \delta s - c < L_\text{L}$，此模型将会达成一个分离均衡，虚拟水企业和政府双方的策略组合及政府方相应的判断为：

（1）虚拟水企业的虚拟水调度规模大时，会申请高额补贴；虚拟水调度规模小时，会申请低额补贴；

（2）政府按照申请给予补贴：要求高补贴的企业给予高额补贴，要求低补贴的企业给予低额补贴；

（3）此时政府的判断是：$P(\text{H} \mid \text{h}) \to 1$；$P(\text{L} \mid \text{h}) \to 0$；$P(\text{L} \mid \text{l}) \to 1$。

在此情况下，虚拟水调度规模小的企业要求高额补贴（欺骗）的预期收益比该企业只申请低补贴（诚信）的收益要低，因此企业申请补贴额度的高低能完全反映其虚拟水调度规模的大小，调度规模大的企业申请高额补贴，调度规模小的企业诚信地只申请低额补贴，且政府的判断也与这一情况相一致，政府会按照企业申请的补贴高低给予其相应的补贴。

此情形下的贝叶斯均衡可以用逆向归纳法推导证明。从政府的角度看，若虚拟水企业申请高额补贴，而政府只发给其低额补贴，此时政府方的收益为 $W_\text{H} - L_\text{l} - k$；若虚拟水企业申报高额补贴，且政府发放高额补贴，政府的收益为 $W_\text{H} - L_\text{H}$；若虚拟水企业申报低额补贴，且政府发放低额补贴，政府收益

为 $W_L - L_L$。政府选择拒绝给予虚拟水企业补贴的收益为 $U_3 = W_H + W_L - 2J$。根据式（8-31）～式（8-34），政府同意发放补贴的预期收益大于拒绝发放补贴的收益，同意发放与申请额度相符的补贴是优势策略。从企业的角度看，如果虚拟水调度规模大，会申请高补贴，收益为 L_H；如果虚拟水调度规模较小，由于 $L_H - \delta L_H - \delta s - c < L_L$，申报高补贴的预期收益比申报低补贴的收益要低，因而申报低额补贴为优势策略。即虚拟水企业方使自身预期收益最大的策略是：虚拟水调度规模大时选择申请高补贴，调度规模小时申请低补贴。此时政企双方在均衡路径上的上述信息集处的判断，都符合贝叶斯法则和各自的均衡策略。由此证明此情形符合精炼贝叶斯均衡。

根据市场和均衡类型判断，该均衡属于市场完全成功类型的分离均衡，效率最高。虚拟水企业申请补贴的行为能够真实地代表企业在虚拟水调度规模上的大小区别，政府不需要核查企业是否伪装就能给予企业适当的虚拟水调度补贴，避免了增加相应的监管支出，从而达到一种良性循环。

8.4.2.2 市场部分成功的合并均衡

当 $L_H - \delta L_H - \delta s - c > L_L$，且 $P(H \mid h)$ 足够大、$P(L \mid h)$ 足够小，企业虚拟水调度规模较小时，其申请高额补贴的预期收益要大于申请低额补贴，并且政府认为多数虚拟水企业的调度规模是较大的，此时形成一个如下的市场部分成功的精炼贝叶斯均衡：

（1）虚拟水企业无论其虚拟水调度规模大或小，都会要求高额补贴；

（2）政府按照企业的申请给予补贴：给予申报高补贴的企业高补贴，给予申报低补贴的企业低补贴；

（3）此时政府的判断是：$P(H \mid h) \gg P(L \mid h)$。

在此情形下，虚拟水调度规模小的企业申请高补贴的预期收益比其诚信申请低补贴的收益要高，因此企业无论实际调度虚拟水规模如何都会向政府申请高补贴，即事实上 $P(L \mid l) = 0$，而政府的判断是申请高补贴的企业中虚拟水调度规模大的企业所占比例较高，所以政府会容忍部分企业"浑水摸鱼"，按照企业申报的补贴高低给予其相应的补贴（实际为给所有企业发放高额补贴）。

此情形的精炼贝叶斯均衡证明与前一情形同理。根据市场和均衡类型判断,该均衡属于市场部分成功的合并均衡,总体上效率较高,但企业申报的补贴高低不能反映其虚拟水调度规模的大小。在这样的市场中,虽然有少数企业会存在骗取高额补贴的现象,但大多数情况下虚拟水调度的效果较好,企业和政府双方都能获得较高的收益。

8.4.2.3　市场完全失败的合并均衡

当 $L_H - \delta L_H - \delta s - c > L_L$,且 $P(H|h)$ 足够小、$P(L|h)$ 足够大,若伪装的风险和成本小到趋近于 0,即 $L_L - \delta L_L - \delta s - c \approx L_L$,所有虚拟水企业都会选择申请高补贴,此时企业所申报的补贴额度高低,将完全不能传递其调度虚拟水规模的信息。此情况下,形成一个如下的市场完全失败的精炼贝叶斯均衡:

(1) 虚拟水企业无论其虚拟水调度规模大或小,都会申请高补贴;

(2) 政府给予所有虚拟水企业低补贴;

(3) 此时政府的判断是: $P(H|h) \ll P(L|h)$。

在此情形下,从政府的角度看,由于此时 $P(L|h)$ 足够大,可认为 $U_2 > U_1$ 且 $U_2 > U_3$,政府将给予所有虚拟水企业低补贴。此时补贴机制近似于失去意义,市场效率较低,是近乎完全失败的。

8.4.2.4　市场接近失败的混合策略均衡

根据市场接近失败类型均衡的基本特征,该类型的精炼贝叶斯均衡必须满足以下条件:

(1) $L_H - \delta L_H - \delta s - c > L_L$,即调度规模小的企业申请高补贴的预期收益比其诚实申请低补贴的收益要高,因为这样其才会有申请高补贴的动机;

(2) $U_2 > U_1$,即政府给予所有虚拟水企业高补贴,其预期收益低于给予所有虚拟水企业低补贴。这种情况下,如果政企双方采用纯策略,所有企业都申请高补贴,政府给予所有企业低补贴,市场完全失败,只有采用混合策略才能避免这样的结果。即大规模调度虚拟水的企业都申请高补贴,小规模调度虚拟水的企业以一定概率随机选择申请高补贴或低补贴,而政府也以一定的概率随机选择给予申请高补贴的企业高或低补贴。如果此局势形成一个均衡,就是市场接近失败类型的均衡。

为了简化说明，将模型中的参数设为具体数值。设 $W_H = 8000$，$W_L = 3000$，$L_H = 5500$，$L_L = 1000$，$\delta = 0.1$，$c = 1000$，$s = 2000$，$J = 5500$，$k = 4600$，并设企业虚拟水调度规模大或小的概率为 $P_H = P_L = 0.5$。此时有：

$$L_H - \delta L_H - \delta s - c = 3750 > L_L = 1000 \qquad (8-40)$$

因此小规模调度虚拟水的企业有申请高补贴的动机。如果企业都选择申请高补贴，政府给予所有虚拟水企业高补贴时，政府的预期收益为 $U_1 = 2300 < U_2 = 2500$，因此，政府给予所有企业高补贴不是最优策略，纯策略背景下结果必然是市场完全失败。

如果在混合策略背景下，该博弈有可能避免市场完全失败的结果。例如下述策略和判断就构成一个市场接近失败而非完全失败的完美贝叶斯均衡。

（1）虚拟水企业的虚拟水调度规模大时，会申请高额补贴；虚拟水调度规模小时，企业以（2/81，79/81）的概率随机申请高额或低额补贴。

（2）政府以（26/81，55/81）的概率随机选择给予企业高额或低额补贴。

（3）政府的判断是：$P(H \mid h) = 81/83$；$P(L \mid h) = 2/83$。

首先，检查政府的判断是否符合企业策略和贝叶斯法则。已设 $P_H = P_L = 0.5$，根据企业的策略可知 $P(h \mid H) = 1$，$P(h \mid L) = 2/81$。根据贝叶斯法则，企业选择申请高补贴的情况下，其虚拟水调度规模为大的概率为：

$$P(H \mid h) = \frac{P_H \times P(h \mid H)}{P_H \times P(h \mid H) + P_L \times P(h \mid L)} = \frac{0.5 \times 1}{0.5 \times 1 + 0.5 \times \dfrac{2}{81}} = \frac{81}{83}$$

$$(8-41)$$

这与政府方的判断完全一致。

其次，检查双方的策略是否序列理性。给定企业的策略和自身的判断，政府以（26/81，55/81）的概率随机选择给予申请高补贴的企业高额或低额补贴的预期收益为：

$$U_1 = 0.5 \times 2500 + 0.5\left\{\frac{2}{81}[3000 - (1-0.1)\times 5500] + \frac{79}{81}\times 2000\right\}$$

$$= 0.5 \times 2400 + 0.5\left\{\frac{2}{81}[3000 - (1-0.1)\times 1000] + \frac{79}{81}\times 2000\right\} = U_2$$

$$(8-42)$$

混合策略下选择给予企业高额或低额补贴对政府的预期收益相同，因此政府选择混合策略可以通过序列理性要求的检验。

本例中，在政府以（26/81，55/81）的概率随机给予企业高额或低额补贴的策略下，虚拟水调度规模大的企业的策略只有申请高补贴一种，满足贝叶斯精炼性的要求。而虚拟水调度规模小的企业在（2/81，79/81）的混合策略下，预期收益为：

$$U_{\text{Lh1}} = (1 - 0.1)\left(\frac{26}{81} \times 4500 + \frac{26}{81} \times 0\right) + 0.1 \times (-1000 - 2000)$$

$$= 1000 = U_{\text{Ll1}} \qquad\qquad (8-43)$$

其申请高、低补贴的预期收益相同，因此其混合策略也可以通过序列理性检验。

根据以上分析可以得出，政企双方上述策略组合和政府的判断构成完美贝叶斯均衡。这种市场接近失败类型的均衡不尽如人意：部分企业存在骗取补贴的行为，而政府随机发放补贴的策略打击了一些大规模调度虚拟水的企业的积极性。但是这至少避免了市场完全失败的更劣的均衡。

8.4.3　管理启示与讨论

通过构建的企业和政府的信号博弈模型分析显示，市场完全成功的分离均衡是博弈的最优结果。而实现该均衡的关键是：企业欺骗所产生的伪装成本和风险成本的大小，与博弈实现的市场均衡的效率大致呈正相关，可以认为伪装成本和风险成本对此政企博弈的均衡有显著的影响，因此只有控制伪装成本和风险成本，将其提高到使企业欺骗的预期收益低于诚实申请补贴的收益时，补贴机制才能实现资源的最优配置。

根据上述分析，对虚拟水调度补贴政策的制定提出以下建议。

（1）虚拟水企业伪装成本的大小，可以认为与企业伪装欺骗的难度高低相关，而伪装欺骗的难度通常又与信息公开的程度相关：信息公开度高，伪装难度一般较高，伪装成本高；信息公开度低，伪装难度一般较低，伪装成本相对较低。因此要求企业在进行虚拟水调度、申请补贴的流程中，需要提供明确、详细、公开透明的调度方案和进程报告，政府需要制定公开透明、强度合理的补贴和惩罚政策与规范，减少模糊空间；同时，可以聘请具有行业相关知识，即具有企业较完全信息的专业第三方，参与政府制定标准以及对企业检查的过程，以解决政府对企业不够了解、信息不完全的问题。此外，还可以利用不同的虚拟水企业之间信息相对完全，且企业之间存在市场竞争性的性质，促进企业之间自发地互相监督。

（2）政府应当合理调整对虚拟水产业的补贴，中国目前的虚拟水调度实践还比较少，距离产业成熟还有相当的距离，企业进行虚拟水调度面临的困难较多，政府对其在政策管理和资金方面予以扶持（例如补贴）。但是要实现长期的可持续发展，虚拟水调度最终应该能够实现收支平衡甚至盈利。因此随着未来虚拟水调度产业的完善成熟，政府可以逐步下调资金的投入力度，而加强对虚拟水调度的技术支持，依靠市场和比较优势来实现虚拟水调度的发展。

（3）政府可以实行扶持手段的多元化，合理使用多种手段刺激虚拟水从丰水地区向缺水地区调度。建议政府对进行虚拟水调度的企业，在其建立和发展的初期进行强化激励和帮扶。另外，对于虚拟水调度规模小的弱势企业，可以采取合理的补助措施，以减小弱势企业采取投机和欺骗策略的动机，有助于达成使用补贴手段优化产业环境的初衷。

从长期角度看，政府与虚拟水企业的动态博弈是一个重复博弈，每轮博弈的结果会对下一轮博弈中政府和企业方所采取的策略产生影响。所以根据重复博弈的原理，需要建立长效机制，保持良好的效率，使企业的积极性长效、持久地保持在较高水平。

8.5　信息市场与信息经济

8.5.1　信息商品和信息经济

为了解决非对称信息造成的"柠檬"市场问题，一种办法是缺少信息的一方付出一定成本去获取信息。例如，二手车或二手房屋市场中，买家可以聘请专业评估机构，对欲购买的商品的真实价值进行鉴定，即购买该商品的信息。此时，信息可以视为一种特殊形式的商品，具有使用价值和价值。这就是信息经济学理论的产生基础。

信息经济学的信息市场理论隐含着两个基本假设：首先，市场信息是不完全和非对称的；其次，信息是商品，或者是一种特殊形式的商品。信息具有如下一些基本特性。

（1）保存性。除特殊情况外，时间的推移和个人对信息的多次重复使用，都不会使信息的内容有所损耗。

（2）共用性。在市场环境中，不同的市场参与者能够同时使用同一信息进行经济决策，而不同市场参与者由此而获得的效用既不会被分割，也不会被削弱。

（3）老化可能性。虽然信息产品一般情况下不会发生损耗，但信息老化、过时失效却是大多数信息产品具有的共同特征。

（4）创造性。信息作为创新产品才具有现实价值，因而信息产品具有不同程度的创造性。

在信息市场中，信息可视为一种"资源"。一些市场参与者总能够获得某些其他市场参与者没有或目前还没有获得的私人信息，于是，拥有信息者就可以对该信息采取垄断或独占行动。市场中的生产者在商品交易中使用信息来确定最优价格，而市场消费者也同时使用信息使自身购买效用最大化。这样，信息就具有了使用价值。

由于信息使用者的不同，信息需求的具体形式也会存在区别。但这些千差万别的信息需求在本质上都可以被划分为两种形式：一种是生产性信息需求，如企业对经济信息和市场信号的需求；另一种是消费性信息需求，如消遣性的知识需求。但在实际经济活动过程中，人们往往难以将生产性信息需求和消费性信息需求严格区分开来。例如，消费者接收广告信息可能纯粹是为了消费；也可能最初在接收广告信息时是为了消费，但当环境变化后，将接收到的原本希望用于纯消费的信息转而用于指导某些商品的生产。在这种情况下，为了与市场参与者效用最大化假设相一致，信息经济学假定市场参与者的信息需求均为生产性需求。

美国著名经济学家、1982 年诺贝尔经济学奖得主乔治·斯蒂格勒（George

Stigler，1961）提出，假定一个消费者需要购买某种商品，而市场中的商品价格往往存在离散现象，消费者知道市场上价格的大致分布，但不知道每一个生产者的具体报价。消费者可预先选定几个生产者，寻找其中的最低报价，具体措施包括实地走访、通信询问、接收广告、询问其他消费者、参加展会等，这种搜寻叫作固定样本搜寻。或者消费者也可连续不断地搜寻，直到找到他可以接受的价格（或者放弃搜寻），这样的搜寻叫作连续搜寻。每搜寻一次所获得的预期成本的节省额可以近似地看作信息的价值。

搜寻理论认为，人们对信息的搜寻是有成本的。广义地讲，任何事件或事物都包含或传递信息。搜寻，就是决策者将样本空间中的选择对象转变成选择空间中的选择对象的活动。搜寻成本是指搜寻活动本身所要花费的费用，这种费用有时指搜寻活动所需要的开销，有时也可以指等待下一次机会所付出的时间成本等代价。而搜寻会带来预期收益或减少风险损失，因此，须对成本与收益进行比较，权衡得失，把搜寻控制在适度的范围内。信息搜寻者在搜寻行为中既要考虑搜寻成本，特别是搜寻的边际成本，又要考虑因价格离散程度不同所造成的搜寻的边际收益，以及其在市场信息不对称情况下所处的地位，来决定搜寻密度和搜寻次数。随着搜寻次数的增加，从每一次搜寻中获得的收益（即搜寻的边际收益）总是下降的。当搜寻的预期边际收益等于边际成本时，搜寻活动才会停止（马费成，2012）。

例如，在现实生活中，可以观察到一些退休老人经常可以买到物美价廉的日用商品。其中的主要原因在于退休老人不用工作，其时间等机会成本比上班族等其他人群要低，其逛街、看广告等搜寻行为的边际成本也较低，这样，退休老人搜寻的策略地位就优于其他人群。假如退休老人进入市场第一次搜寻若干销售者时，发现价格相差越大，其采取下一次搜寻的可能性也就越大。这意味着，从一个给定的搜寻次数中得到的边际收益越大，价格的差距也就越大。

同理，人们会观察到，在菜市场等农副产品市场中的买卖双方议价行为，往往比耐用消费品（如家电）市场中的议价更加激烈。这是因为在菜市场中买家和卖家对商品质量和成本的信息不对称程度远低于家电市场。在菜市场中，蔬菜的质量如何，买家往往一眼就能看出来，也较容易对其成本高低进行估计；而对于家电如电视机、冰箱、空调等，其质量和成本则相对较难以判断。此外，消费者在菜市场上的搜寻次数一般要远远多于在家电市场上的搜寻次数，消费者可以由此积累较多的搜寻经验和谈判技巧，因而在菜市场上搜寻的边际成本也就低于其在家电市场上搜寻的边际成本。搜寻的边际成本大小影响了搜寻者的策略，进而影响其在交易中的谈判地位。因此，菜市场中的讨价还价会激烈得多。

在婚姻市场中也有类似机制存在。搜寻者将持续搜寻，直到他/她所发现的对象的任何预期的改进对他/她来说在价值上不超过所投入的时间成本和其他成本为止。搜寻的预期收益越大，搜寻所投入的时间等成本就越多。如果预期的婚姻持续时间越长，即婚姻的收益越大，人们愿意付出的搜寻时间就越久。因此，当离婚的成本越高时，搜寻者的搜寻就越仔细，结婚的时间就可能越迟，反之则越早。另外，各种潜在的搜寻对象越多，从其他的"样本"中获得的预期收益越大，从而搜寻过程也就越长。所以，在其他决定因素不变的情况下，动态、多变的社会中人们婚配年龄一般要迟于静态、稳定的社会中的情况。

婚姻市场中人们还会观察到所谓"鲜花插在牛粪上"的现象，即一方优秀而另一方较普通。信息理论对此的解释是，在恋爱、婚姻过程中，个人是否采取搜寻行动，不仅取决于个人的边际搜寻成本，而且还取决于个人所处的战略地位。一般来说，在同等条件下，优秀的男性或女性的搜寻成本要高于较普通的群体，即其等得越久越"亏"。而与一个优秀的对象结婚，比起与普通对象结婚所获得的收益自然更高一些。当然，男性和女性都可以采取搜寻和不搜寻两种策略。

由此，可以设计出如图 8-10 所示的婚姻市场的策略与收益矩阵。可以看出，此模型中对女性和男性群体而言，"普通"一方搜寻而"优秀"一方不搜寻都可能形成稳定的均衡。

信息的价值在一些国际贸易案例中也有体现。例如 2003~2004 年发生的"大豆风波"，2003 年 8 月，美国农业部发布预测，认为中国对大豆的进口将会增加，并基于"天气影响大豆产量"调低了月度供需报告中的大豆期末库存量。受此信息影响，作为国际大豆贸易定价基准的美国芝加哥期货交易所的大豆期货价格上涨至 16 年中的最高水平，在国际市场大豆价格急剧上升的背景下，中国的大豆期货价格也随之升高，中国大豆加工企业为了追求高额

		男方			
		优秀		普通	
		搜寻	不搜寻	搜寻	不搜寻
优秀	搜寻	0, 0	0, 2	-1, 1	-1, 2
	不搜寻	2, 0	0, 0	1, 1	0, 0
普通	搜寻	1, -1	1, 1	0, 0	0, 1
	不搜寻	2, -1	0, 0	1, 0	0, 0

（女方）

图 8 – 10　婚姻市场的策略与收益示意

利润，开始大量进口大豆。这导致了 2004 年上半年中国大豆进口量的大幅上升。而 2004 年 5 月，美国大豆播种面积大幅增加，南美洲大豆也获丰收，这些消息导致了国际大豆期货价格快速下跌。中国大豆加工企业前期进口的大豆价格随之迅速回落，加上国内市场的大豆需求受到国内宏观经济政策和禽流感影响，大豆价格进一步走低。在这样的情况下，国内众多大豆加工企业由于无力支付货款或高成本带来的巨额亏损而陷入危机。据估算，"大豆风波"使中国企业 2003～2004 年度大豆总进口额比上年度多支付了约 15 亿美元。① 与之类似，在国际棉花市场上，美国农业部同样通过其掌握信息发布权威性的优势，对国际市场棉花价格进行操作，维护其本国棉花生产行业利益。例如，在美国棉花丰收年份或发布利多信息，造成国际棉花价格上涨；而在其棉花减产年份或棉花种植前发布利空信息，减少国际棉花种植面积和库存。这些行为往往给中国（世界上最大的棉花生产国和消费国）等其他国家的棉花生产行业造成巨大损失。

从上述事件中可以看出，部分中国农业企业在信息的获取和利用上处于明显的劣势地位。中国企业缺乏足够的市场信息获取渠道，过度依赖于美国农业部的信息报告。而美国农业部所发布的全世界农产品信息是为美国企业和农户服务的，其未必能全面、准确和及时地反映全世界农产品市场信息。如果完全把美国农业部作为信息的来源，一旦其发布的信息在时效性和准确

① 石秀华. 从大豆风波看中国的食用植物油产业安全［J］. 理论月刊, 2015（1）: 122 – 125.

性上出现问题，中国企业对其造成的损失就处于被动接受的地位。有鉴于此，已经有研究者建议中国加强建设自身国际贸易市场信息的权威发布机制，实现对国际贸易市场供需信息的充分掌握，以有效管控市场风险，提升中国对国际农产品市场价格的影响力，进而在国际农产品定价博弈中取得优势地位（刘艳梅，2016）。

随着信息市场的发展，其配置与调节资源、推进技术创新的功能日益凸显。信息化拉动了工业化的投资与消费需求，促进了工业化的观念更新，提高了工业化进程中经济社会各部门的管理效率和资源利用效率，扩展了工业化的生产资源范围，使信息资源和知识资源成为工业化发展中越来越重要的发展资源。信息技术与生产流程之间的协同效应，构成了信息化与工业化融合发展的核心力量。

8.5.2　信息市场理论

格罗斯曼和斯蒂格利茨（Grossman and Stiglitz，1976）提出，市场中越多的个体成为拥有信息的市场参与者，价格体系在传播信息方面就更为敏感。市场中越多的个体成为拥有信息的市场参与者，则"拥有信息的市场参与者所获得的预期效用"相对于"未拥有信息的市场参与者的预期效用"的比值就越低。进一步推论得出，信息成本越高，拥有信息的市场参与者在均衡中的比率就越低。如果拥有信息的市场参与者所掌握的信息质量有所提高，则拥有信息者的交易需求更多地随着他们所拥有信息的变化而变化，价格体系的变化则更加依赖于随机变量的改变。这样，价格体系在传播信息方面将变得更敏感。未拥有信息的市场参与者从价格体系中获得的信息的价值也可能会随之升高。而市场噪声（价格与价值之间的偏差）越大，价格体系在传播信息方面就越迟钝，未拥有信息的市场参与者的预期效用也就越低。即均衡状态下市场噪声越大，拥有信息的市场参与者的比例就越高。若在限制条件下，市场中不存在任何噪声，价格体系将传播市场上产生的全部信息，这样的市场没有任何购买信息的刺激，故不存在竞争均衡。而如果几乎所有人都成为拥有信息的市场参与者，则信息市场中的噪声将非常小；或几乎所有的个人都是未拥有信息的市场参与者，则信息市场的信息成本非常低，那么市场将变得呆滞，交易非常少。

格罗斯曼和斯蒂格利茨据此认为，信息市场的极高效率未必能有效地提高市场的效率，反而可能阻碍市场效率的发挥，因为任何一个市场参与者都可以不付出信息成本而获取所需的市场信息，结果将不会有人对信息传播感兴趣，而市场由于信息的高效率传播而使市场参与者之间难以出现信息差别。

格罗斯曼 – 斯蒂格利茨悖论（Grossman – Stiglitz paradox）对有效市场假说的结论"个人依靠收集信息无法获得超额收益"提出了质疑。该悖论证明：由于信息成本的存在，市场效率和竞争均衡是不相容的，价格不可能是充分显示的。因为，如果价格是信息有效的，就不会有人花费成本来收集信息并承担风险；而如果没有人去获取信息并据此决定其需求，新信息又不能被汇总或是以最快的速度体现到资产的价格中，于是价格就不会是信息有效的。

也可以将其表述为：如果市场完全搜集了市场参与者的私人信息，市场参与者的需求将不再依赖他们自身所拥有的信息，但是，市场（价格体系）又怎么可能完全收集到所有个人的信息呢？在完全竞争市场中，交易者是价格接受者，如果均衡价格完全揭示私人信息，那么交易者都有"搭便车"的动机，即不愿意自己搜寻有成本的私人信息，而只想从价格体系中推测信息。当全体交易者都不搜寻私人信息，那么价格就没有什么信息可以汇总、传递；如果所有人都把"不搜集信息"视为共识，那么搜集信息就会产生超额收益，因此个人又有了搜集私人信息的动力。

众多对信息市场进行的研究都说明：信息市场的供求与普通产品市场之间存在差别，从信息商品的价格角度看，完全信息商品与不完全信息商品的预期价值，可分别看作它们的最高市场需求价格。信息的供给价格既严重地依赖于信息生产者的生产成本，也与信息传播成本有密切的联系。信息市场中信息商品价格的确定，一方面与信息生产条件及规模相关，另一方面也取决于利用信息的技术水平和条件，而且后者显得更重要——这个结论对于信息商品的交易形式，特别是以拍卖形式进行的技术专利产品的市场交易活动具有现实指导意义。

情报经济学者沃尔金（1989）认为，如果出现信息市场均衡价格，那么，该价格更可能是偏好于需求而非供给。尽管卖方市场是形成信息商品价格的不可缺少的要素，但买方市场才是形成信息商品价格的最主要的因素。交易商品的市场价格往往背离其价值，构成了信息市场首要的也是最重要的经济特征（乌家培等，2007；孙燕，2009）。

8.5.3　知识产权问题

信息市场中的另一个问题是知识产权问题。由于信息成本与使用规模无关，因此这种内在不确定性产生了二次信息市场，其形成模式主要可分为两类，其一是分享，如消费者购买图书、磁带、录像带、光盘等后，在亲友中交流分享；其二是盗版，如未经版权所有者同意而复制知识产权产品以获取利润。

信息成本的共享性构成了信息产品和信息资源具有共享性的基础。当为实现共享信息而产生的每个消费者的共享成本低于生产者生产该信息产品的边际成本时，就能实现信息产品的共享，且生产者和消费者都从共享中获得收益，从而提高了社会的信息福利。生产者是否允许分享的问题关键在于，生产的边际成本与租赁的交易成本之间的相互关系。一方面，如果生产成本较高，租赁成本较低，生产者保持最大利润的方式是生产少量的拷贝产品以高价格销售它们，并允许消费者租赁。另一方面，如果租赁的交易成本超过生产的边际成本，生产者获取最大利润的方式是禁止租赁。由于租赁的交易成本高而对消费者产生相当的不方便，影视服务产品销售店也不愿意购买更多的产品来供消费者"分享"，因而生产者可以获得更好的销售数量。

对于盗版问题，由于盗版厂商的成本远低于正版厂商，而其价格只需要不高于正版，如果被查处的预期罚款金额很低，一个典型的盗版厂商的经营规模将由于预期成本低廉而扩大。但是，如果预期罚款高昂，那么盗版厂商由于不得不另外支付部分成本进行伪装、反侦察等活动，因而盗版产品的价格也会提高——只要不高于正版价格，盗版行为仍然有利可图。另外，高昂的市场价格又将吸引厂商进入盗版生产市场，潜在地增加了盗版的数量。因此，如果政府等监管部门侦察盗版的技术落后，即发现盗版的概率较低，在这种情况下，就需要提高抓获盗版厂商时的罚款金额，使盗版行为的预期成本（罚款）不低于盗版的潜在收益时，才能达到保护知识产权的目的。相反，在侦察盗版技术较先进、查处率较高时，较低的罚款金额就能达到同样的目的。

无论是针对分享还是盗版，知识产权制度将公开的信息私有化，将严重阻碍竞争性市场的运行。然而，如果公开的信息没有私有化倾向，生产者将不会对公开的信息投资感兴趣。于是，对公开的信息投资不足将使厂商缺乏企业"创新"，特别是新产品创造的激励，社会总体福利也不会因此而得到提高。然而，公开信息的生产不仅是生产者的投资问题，它还与知识产权制度的完善状况、盗版活动的风险水平、租赁的交易成本、教育制度、研究与发展政策，乃至社会科学研究基础都有着密切关系。

在大多数情形下，从社会福利最优的角度看，知识产权（专利）应该是有一定界限的，其界限应根据产业、技术市场需求而变化。有观点认为，现有的版权制度已经不适应数字时代的文化发展趋势，不应该限制知识被自由地用于非商业的创造性工作。这种观点的支持者和参与者们建立了大量的网络站点来传播其"自由下载、网络共享"的信息自由理念。

8.6　拍卖博弈

在经济社会中拍卖活动已有数千年的历史。虽然拍卖规则各有不同，但它们都具有共同特征，即至少存在一个待拍卖的物品，不同参与人通过报价过程，对该物品进行竞争（购买或出售）。在这种竞买中出价最高者（或竞卖中出价最低者）为拍卖获胜者。若从博弈论视角来看待拍卖，其实质就是具有非对称信息的博弈问题。将博弈论应用于拍卖理论研究，不仅为相关参与人提供了最优的策略分析，更重要的是解释了在非对称信息情况下，如何通过拍卖方式更好地揭示被拍卖物品的真实价值信息。拍卖的机制设计可以视为一种特殊的不完全信息博弈分析：当卖方在选择出售商品的方式时，其本质就是在设计或选择某种博弈规则。通过博弈规则设计，使处于信息优势的一方（买家）展示出其真实类型（出价底线），是机制设计的重要方向之一。在当今"互联网＋"时代，拍卖更加普遍，涉及范围也更加广阔。而对于拍卖的研究，其意义不只局限于拍卖或投标方面，其他一些经济和社会现象，如政府制定各种规制、公共产品的供给、保险公司的收费和理赔条约等，都是机制设计的例子。这种对于非对称信息下资源配置问题的研究，开创了信息经济学研究的先河，有助于指导如何设计契约或机制来处理各种刺激与管制的问题，也加深了人们对保险市场、信用市场、政治机构、企业组织、工资结构、租税制度、社会福利等问题的理解。

8.6.1　拍卖中的买方策略

在拍卖博弈中，一般每个竞拍人（参与人）对其他参与人了解不多，即不知道其他人认为被拍卖的标的物有多少价值。在拍卖中会涉及共同价值（common value）和私人价值（private value）的概念：共同价值是指，被拍卖的标的物的真正价值对每个竞拍人都是相同的（这并不意味着每个人都准备出同样的价格）；而私人价值是指，每个竞拍人对标的物的价值评价是纯粹的个人偏好评价，该价值评价不仅每个人有所不同，并且每个人对该价值的评定和他人对该标的物的评价没有任何关系，即使某人知道了他人的估价，也不会改变自己对该物品的估价。

假设有这样一场拍卖：一个罐子里有若干的钱。让一群人对这个罐子竞拍，最高出价者将胜利，赢得罐子里的钱，而赢家也要为此支付他所出的价格。这是一个公共价值型拍卖——在这个罐子里的钱是既定的，虽然不一定知道具体的钱数是多少，但一定是某个确定值，而且对所有人而言该值是相同的。

在公共价值型拍卖中有一种很常见的现象，称为"赢家的诅咒"（winner's curse）。最后胜出者的出价要比实际价值高许多。也许有人会使用物理学家恩利克·费米（Enrico Fermi）那样的方式来估算罐子里的金额。费米有一次请朋友吃披萨饼，出门前没有带钱包，而是随手拿了一个装满硬币的罐子。费米对罐子里的金额是如此估算的：罐子里绝大部分是 1 美分硬币，铺满罐底大约需 10 个硬币，目测罐高 4 英寸，硬币厚 1/16 英寸，满满一瓶就是 64 层，共 640 个分币，即 6.4 美元。同时，费米又观察发现，罐中至少有 1/10 的硬币是 10 美分硬币，则总金额应该再加 6.4 美元，并减去 64 美分。显然，罐子里至少装有 12 美元，甚至可能多达 20 美元，买披萨饼是足够了。但即使竞拍人们都使用费米的方式进行估算，各人最终得出的结果仍然会有一定的差别。

如果在上述拍卖中，有人估价罐子里有 12 美元，有人估价为 20 美元，而罐子里的真实钱数为 15 美元，则出价 20 美元（也许他会在估价基础上减少一点，例如出价 19.9 美元）的人就会"买亏了"，即陷入了"赢家的诅咒"。

所以"赢家的诅咒"的产生机制是：很多人在出价时会如此思考："预计罐子里面的金额是 v_i，可以在这个基础上稍稍减少一点来出价，如此便可从这笔交易中获利。"而罐子里的真实金额是 V，但当人们估价的时候，他们可能并不会得到精确的 $v_i = V$，而是有一定误差。有些人的误差值是一个正值，也就意味着他们会高估罐子里的钱数，有些人的误差值是一个负值，即低估了罐子里的钱数。如图 8 – 11 所示，人们的出价可能呈现类似正态分布，即多数人能较准确地估价，少数人会做出明显过高或过低的较大误差的估价。如果人们只根据"自身对标的物的估价"来出价竞拍，那么最后的赢家就是那个估价最高的竞拍人，同时也就意味着其是犯了最大错误的人。这会导致最后获胜的出价会比真实价值高很多。

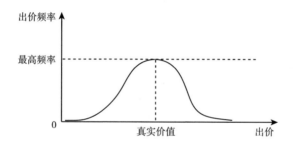

图 8 – 11 拍卖中可能的出价频率与价格

现实中有很多这样的"赢家的诅咒"案例。在二战后，美国政府开始拍卖墨西哥湾的石油开采权，据观察，在这些拍卖的初期，每次赢得拍卖的公司都亏损了。对政府来说这是乐见其成的（政府得到了一大笔资源开采费），但这些获胜的公司则由于过分高估标的油田的价值而遭遇了亏损。[1] 有学者研究了 2000～2018 年墨西哥湾石油开采权拍卖数据，发现仍然有企业陷入"赢家的诅咒"。[2] 而在美国职业篮球联赛等自由球员市场里，获胜签下某位球员

① Capen E C, Clapp R V, Campbell W M. Competitive bidding in high-risk situations [J]. Journal of Petroleum Technology, 1971, 23：641 – 653.

② Walls M R. Winner's curse：Revisiting bidding challenges in the Gulf of Mexico [J]. Oil & Gas Journal, 2020, 118 (3)：24 – 28.

的球队出价最后也往往会因为同样的原因，而变成最不合理的过高出价。股份有限公司首次公开募股时可能会定价过高，也是类似的原理。事实上，对于大多数的拍卖而言，一些竞拍人即使考虑"赢家的诅咒"适当减少了估价，最后仍然出价过高，例如在古玩市场中的很多拍卖案例，成交价往往比专家给出的参考价高。

据上海法院网报道，2016 年 9 月，某拍卖公司接到一家叉车公司的委托，对一批报废的物资进行拍卖处理，并刊登了拍卖公告、发布了拍品信息。一位李先生看到公告后，填写了竞买意向登记表报名参加此次拍卖，并支付了 6 万元保证金获得了竞拍的资格。拍卖会于 2016 年 10 月 10 日举行，几轮加价后，物资价格从起拍价 75 万元一路高涨，李先生一时冲动，报价 190 万元，并最终赢得拍卖。拍卖会结束后，拍卖公司向李先生出具了拍卖成交确认书，冷静下来的李先生这才意识到自己的出价实在高得离谱，而如果照此价格买下，显然是一笔得不偿失的交易。因此，李先生拒绝在确认书上签字，也没有支付拍卖款。拍卖公司只得在 2016 年 10 月 21 日再次组织对这批物资进行拍卖，并最终以 76 万元成交。物资虽然顺利成交，但两次成交价相差甚大，这让卖主叉车公司认为难以接受，遂决定向李先生索赔 114 万元的差额。法院审理后认为，根据拍卖法的规定，买受人应当按照约定支付拍卖标的的价款，未按照约定支付价款的，应当承担违约责任，或者由拍卖人征得委托人的同意，将拍卖标的再次拍卖。拍卖标的再次拍卖的，原买受人应当支付第一次拍卖中本人及委托人应当支付的佣金。再次拍卖的价款低于原拍卖价款的，原买受人应当补足差额。据此，在扣除已经支付的 3 万元违约金后，李先生还应支付叉车公司 111 万元及相应的利息。

在拍卖中，如果竞拍者作出了一个"如果赢了就会后悔"的决策，是低效率的。要改善这样的情况，正确的出价方式应该是：出价应该是在"假设自己已经是最后的赢家"的前提下，谨慎估计出来的价值。这意味着在估价中不仅考虑标的物价值本身，还考虑溢价风险、测量误差等因素对出价进行修正，即"像赢家那样去出价"。

例如，如果参与人 i 对标的物的估计价值为 y_i，若其被告知 $y_i > y_j$，$\forall j$，即其他每一个参与人的估值都要比 y_i 低，则参与人 i 应该下调其估值 y_i，直至其略高于最高的 y_j 为止。但实际上参与人 i 无法得知最高的 y_j 值是多少，则应该如此思考：在参与人 i 赢得拍卖的情况下，参与人 i 只会关注标的物的真实价值，而不会考虑其他人对其的估计，此时"拍卖赢家对标的物做出的估值"被称为相关估值（relevant estimate）。

因此，参与人 i 假设知道自己会赢得拍卖，然后基于此假设给出估价，若其真正赢得拍卖时，就不会因为出价过高而感到后悔，因为参与人 i 已经将这些信息考虑在估价之中。而即使参与人 i 竞标失败，其收益也是 0，比陷入"赢家的诅咒"而得到负收益要好。

美国普林斯顿大学教授、2002 年诺贝尔经济学奖获得者丹尼尔·卡尼曼（Daniel Kahneman）在 1982 年进行了一项经济心理学研究，提出了"作为效应"，并用标准理论对其进行解释。标准理论认为，通常情况下，人们"不作为"是正常的，而"作为"是反常的，因此，人们想象继续维持"不作为"的状态比想象"作为"的状态要更加容易，而如果"作为"了又引发了负面的结果，就会激起更为强烈的后悔情绪。这在一定程度上可以解释为什么"像赢家那样去出价"给出的估价往往会比"普通地对标的物作出的估价"低得多——"买亏了"比"竞标失败"后悔程度更高。

8.6.2　拍卖中的卖方策略

在拍卖中，卖家关心的问题是，如何设计拍卖机制，才能尽可能在拍卖中多赚一些，即让竞拍者们尽可能按各自心中的真实估价进行出价。

现实中存在许多不同方式的拍卖，其中较常见的是以下四种。

（1）首价密封拍卖（first-price sealed-bid auction），每个人通过密封投标的方式竞价（例如把出价写在纸上，封入信封后交给拍卖者），赢家就是出价最高的那个人；

（2）第二价格密封拍卖（second-price sealed-bid auction），每个人通过密封投标的方式竞价，赢家就是出价最高的那个人，但赢家只需要支付第二高的出价，也叫维克瑞拍卖（Vickrey auction）；

（3）公开增价拍卖（ascending open auction），拍卖中竞拍人们要喊出各自的出价，出价最高者赢得标的物，也叫英国式拍卖；

（4）公开降价拍卖（descending open auction），拍卖者先喊出一个高价，再逐步降价，直到有竞拍人提出购买，也叫荷兰式拍卖（Dutch auction）。

其中，首价密封拍卖和公开降价拍卖是非常相似的。公开降价拍卖中，相当于每个竞拍人都在心中写下了一个出价，而出价最高的人成为赢家并支付其出价，每个竞拍人事先看不到其他人的想法，当看到时（即最高出价者喊出其愿意购买时）也晚了。

而第二价格密封拍卖和公开增价拍卖虽有不同，但又密切相关。其共同点在于，这两种拍卖中，每个竞拍人的策略都是：价格上涨到"自己愿意为这个物品支付的最高价"时停止加价。而拍卖实际上停止于"出价第二高的人停手"的时刻。第二价格密封拍卖和公开增价拍卖中，赢家都是那个有最高出价意愿的人。第二价格密封拍卖中，赢家支付第二高出价人所出的价格。公开增价拍卖中，赢家支付其最后一次喊出的价格，即比第二高出价人所出的最高价要高一些。所以公开增价拍卖在结构上和第二价格密封拍卖非常相似。其区别在于：如果拍卖的物品具有公共价值，那么在公开增价拍卖中，竞拍者们可以观察通过其他人的出价行为获得一些信息，而在密封拍卖中则得不到这样的信息。2020 年诺贝尔经济学奖得主之一米尔格罗姆（Paul Milgrom）指出，由于公开增价拍卖中其他人的出价行为本身就携带着一定的其他拍卖者对于价值估计的信息，公开增价拍卖的成交价一般会高于第二价格密封拍卖（Milgrom and Webber, 1982）。

在公开增价拍卖中，竞拍人们轮流出价，直到开出最高价的竞拍人赢得物品并支付所开出的最高价格。按这种拍卖方法，物品并不一定能按开出最高价的竞拍人心中的真实最高评估价值卖出。例如，当所有竞拍人中的最高评价为 100 万元，第二高的评价为 90 万元时，当评价最高的竞拍人在喊价中开出 91 万元时，就可买走其评价为 100 万元的物品而只支付了 91 万元。并且由于是公开竞价，可能会出现围标问题，即竞拍人们合谋压价。拍卖者固然可以鼓励竞拍人之间互相竞争，从而提高拍卖者自己的收益，但竞拍人也可以通过减少竞拍人数和出价的频率来加强自己讨价还价的力量——某些情况中这可以通过形成购买集团来合法实现；有时又能通过违背反垄断法的共谋协定来非法实现。

多个竞拍人之间形成共谋并不容易，因为单个竞拍人有动机在成交的最后关头背叛，报出一个略高于协定价格的报价，以独占全部拍卖物品；但是重复拍卖则可以为共谋的竞拍人们提供惩罚这种背叛者的机会。这种竞拍者共谋问题在公开投标拍卖中比密封投标拍卖中更常见，因为在公开拍卖中，共谋的竞拍人们有充足的机会去发现并惩罚那些背叛者，而密封投标拍卖中背叛者更容易隐藏自己。

因此，首价密封拍卖方式可以比较有效地避免竞拍人们共谋围标，但这种拍卖方式不能将物品按竞拍人中最高的评估价值卖出，因为竞拍人不会老老实实地将心中的评估价格作为其出价。例如，如果作出最高评估价值的竞拍人认为，此标的物的价值为 100 万元，其可能不会写下出价为 100 万元，因为当其开出比 100 万元更低一些的价格时，就有可能赢得物品且净赚一个评估价值与实际价格的差额。如当其开出 90 万元时，有可能成交并净赚 10 万元。相反，当其开出 100 万元时，即使成交也只是不赔不赚。所以，竞拍人一般不会如实报出心中的评估价值。

经济学家威廉·维克瑞（William Vickrey）发明的"第二价格密封拍卖法"，既可避免围标，又可诱使竞拍人们如实地开出心中的真实评价。维克瑞的第二价格密封拍卖法要求每个竞拍人通过密封投标的方式竞价，标的物卖给出价最高的人，但这位赢家只需要支付第二高的出价。例如，最高的出价为 100 万元，第二高的出价为 90 万元，拍卖品就卖给出价 100 万元的竞拍人，但其只需支付给卖主 90 万元。

维克瑞指出，如果执行第二价格密封拍卖这种方式，每个竞拍人的最优策略就是使出价等于其自身对这件拍卖品的真实估价，或者说，此时"诚实出价"才是最优的竞拍策略。因为在第二价格密封拍卖中，当一个竞拍人获胜时，其最后所支付的成交价格，是独立于其所出的竞标价格的。对每个竞拍人 i 而言，虽然并不知道其他投标人对此拍卖品的评估价值，但其他投标人的评估价值是固定值（虽然投标人 i 不知道具体值是多少），竞拍人 i 一旦获胜，支付的第二高的价格是固定的，不会随 i 自己开出的价格而变；因此竞拍人 i 开出的价格越高，获胜的可能就越大。但是，竞拍人 i 也不应该开出比自己的评估价值更高的价格，因为一旦存在其他投标人开出的第二高价格比竞拍人 i 自己的价值评价还要高，若竞拍人 i 获胜时，就必须以高出自己的评估价值的第二高价格来购买此拍卖品，这种情形对竞拍人 i 而言也是得不偿失的。所以，在没有串通的情况下，竞拍人 i 的弱优势策略就是依照自己对拍卖商品的估价据实出价竞拍。

维克瑞的第二价格密封拍卖是一种建立在纳什均衡基础上的激励机制设计，在这种规则下，参与人的优势策略是显示个人的真实需求，即如实出价。结果，拍卖品被卖给出了最高价的竞拍人，而该中标者只需要以第二高的出价支付拍卖品的价格，因而可以获得消费者剩余，相当于是对其"如实出价"和"高评价"的奖励，所以这种拍卖制度对卖方和买方都有利，可以认为是有效率的。20 世纪 70 年代，美国联邦政府就根据维克瑞的理论，在公共工程招标中运用了第二价格密封的方式进行招标，成功地节省了可观的开支。

2020 年诺贝尔经济学奖的两位得主米尔格罗姆和威尔逊（Robert Wilson）也根据拍卖博弈的理论研究指导了拍卖的实践机制设计。例如，美国联邦通信委员会将无线电波频段牌照分配给运营商们时，曾经采取听证会或摇号方式来进行分配，费时费力，且无法保证牌照授予最合适的运营商。而米尔格罗姆和威尔逊将密封拍卖和公开增价拍卖相结合，设计了一种名为"同时向上增价"的拍卖机制。1994 年美国联邦通信委员会对于无线电波频段进行拍卖时，为了让拍卖更有效率，并且使收益最大化，就采用了这种机制。拍卖被设计成多轮的密封拍卖：在每轮拍卖中，各个竞拍人为自己想要购买的一个或多个无线电波频段分别报价，报价不公开。每轮报价结束时，拍卖方只公布每个频段的最高报价，基于此确定下轮拍卖中每个频段的起始价。下一轮拍卖开始后，上轮拍卖的最高报价仍然保留，直到被新出现的最高报价所取代。这种精心设计的拍卖方式，能够显示出更多的信息，有效地避免了合谋以及"赢家的诅咒"等常见问题，最终大获成功，为美国联邦通信委员会赢得了理想的收益。[①] 从此，这种拍卖机制也被其他国家和机构效仿，应用到各自的拍卖活动中。

在拍卖品只具有私人价值的条件下，所有形式的拍卖在预期中获得的收入是完全一样的。因为若拍卖品只具有私人价值，则每个竞拍人的优势策略与其他竞拍人无关，优势策略为"使自己的出价等于该拍卖品对于自己的私人价值"。

---

① Kwerel E. "Foreword" in Paul Milgrom's putting auction theory to work ［M］. New York：Cambridge University Press，2004：18.

　　网络的发展也推动了网络拍卖的迅速蹿红。事实上，网络大大降低了交易成本，使得任何人足不出户就可交易得到价格相对低廉的物品。现在很多网站都致力于推广拍卖——买家和卖家可以在网络平台上交易各式各样的物品。而很多网上拍卖的物品是私人价值物品。

　　美国最大、最著名的拍卖网站是易趣网（eBay）。创立于 1995 年的易趣网之所以能成为美国网上拍卖市场的主导者，其他拍卖网站难以成功地分享它的市场，原因在于网上拍卖有很强的网络外部性。拍卖者选择拍卖网站时，会希望拍品被尽可能多的潜在买家看到；而如果人们想竞拍购买一些稀有物品，也往往会选择有最多拍卖者的网站，因此拍卖者和竞拍者会同时看中有最大市场份额的网站。因为易趣网是第一家专职的拍卖网站，它的市场份额很大程度上归功于网络外部性。

　　易趣网主要采取两种拍卖形式：一种是单个物品的上价投标拍卖，拍卖截止时的最高报价者将成为胜者，并且支付第二高的竞拍者的报价。这种拍卖形式接近于标准的公开增价拍卖，但它有一个固定的并且公开标明的拍卖截止期，这样一来投标者就可以在临近截止时采取策略性行动。另一种是多个物品的上价投标拍卖，报价最高的 n 个投标者将竞拍分享 n 件物品。这种拍卖形式与传统的减价拍卖有两点区别：首先，报价是上升的而不是下降的；其次，拍卖有一个固定的、公开标明的截止时间。

　　网上拍卖也有一些注意事项。例如易趣这样的网站仅仅是为拍卖者和竞拍者提供了一个交易平台，它们并不像传统拍卖行那样具有质量保障功能；此外，初次在网站进行拍卖的人，可能缺少足够的事前信息；许多拍卖网站还被认为存在操纵拍卖的嫌疑。

　　随着中国互联网产业的发展，网络拍卖也在中国逐渐兴起。据报道，2016 年中国各类网络拍卖平台数量已超过 100 个。据拍卖行业几个主要拍卖平台的不完全统计，2016 年网络拍卖成交额为 350.98 亿元，较 2015 年同比增加 14.28%。淘宝、京东等大型网络购物平台都开设了拍卖业务。① 有些拍卖公司自建了拍卖网站，如浙江美术、嘉德等文物艺术品拍卖公司自建了网

---

① 商务部流通发展司，中国拍卖行业协会．中国拍卖行业发展报告［R/OL］．（2017-04-26）［2020-05-15］．http://images.mofcom.gov.cn/ltfzs/201704/20170426083430174.pdf.

拍平台。也有拍卖公司为了减少成本和风险，联合建立网拍平台，如"中国拍卖协会拍卖平台""艺典中国"等。还有的拍卖公司自身规模不大，但为了获取更多流量，选择缴纳一定的保证金或技术服务费，入驻大型网拍平台，如入驻淘宝、京东等。

由于中国的网络拍卖尚处于起步阶段，其中也会出现一些问题。例如2017 年 1 月，哔哩哔哩视频弹幕网曾在淘宝平台推出了拍卖周边产品的活动。然而这一活动却引发了恶意抬价的情况，引起了网友的关注。根据淘宝规则，竞拍的保证金为 100 元。某拍品起拍价为 1200 元，加价幅度并没有规定，也就是说，很可能有许多用户在仅仅交了 100 元保证金的情况下大幅加价。最终该拍品被"抬"至 98 亿元人民币的天价，一时间成为网络热议话题，而给出此最高价的竞拍者表示并没有能力支付。最终，拍卖方哔哩哔哩网站将拍品卖给了在竞拍活动中真实出价最高的买家，恶意竞拍者受到扣除信用分的处罚。[1]

2022 年 5 月，阿里拍卖平台上线一瓶限量版"汉帝茅台酒"，起拍价为3999 万元，加价幅度为 100 元。但拍卖规则存在一处漏洞：竞拍成功者若悔拍只需赔付 2000 元保证金，且"关注"拍卖商家的淘宝店铺可以免缴保证金，这意味着悔拍几乎不需要付出代价。由此引发超 9 万人次围观拍卖、1769 人报名竞拍，最终报价接近 100 亿元。商家和拍卖平台也注意到了这一异常情况，经过紧急商议后，商家决定中止拍卖。该商品第二次上线拍卖时，将保证金额度提高到 5 万元，并取消了免缴保证金的条款，仅有 1 人报名（徐汉雄，2022）。

2019 年 12 月，广东省佛山市顺德区人民法院通报，在对一处房产进行网络司法拍卖中，一名竞拍人加价 1800 余次，将房产从 3000 多万元加价到2.25 亿元，比评估价高出 1.71 亿元。然而，该竞拍人成功竞买后却"悔拍"，未在规定时间内交纳剩余价款。法院认为，该竞拍人在知晓网络司法拍卖操作流程和规则的情况下，没有真实购买意愿而明显恶意加价，在竞拍成交后拒不支付拍卖余款，其行为严重干扰了司法拍卖秩序，对法院正常处置被执

---

① 赵可心 . B 站手办遭恶意竞拍拍出 98 亿天价 官方回应 ［EB/OL］. （2017 – 01 – 25）［2018 – 04 – 15］. https：//news. youth. cn/kj/201701/t20170125_9064554. htm.

行人财产造成妨碍，情节严重。法院依照有关规定，决定对该竞拍人处以罚款 10 万元、司法拘留 15 日的处罚。法院还裁定将该房产重新拍卖，该竞拍人不得参加竞买，且交纳保证金 750 万元不予退还（吴元中，2019）。

2021 年 6 月有网民发现，某司法拍卖中心拍卖了一张被执行的"青眼白龙"限定版游戏卡牌，由于该卡缺少相关证书，鉴定机构难以对其进行估价，法院将起拍价设置为 80 元，预估成交价格为 100 元。虽然该卡真伪不详，但有网民认为如果是真品，那么其实际价值应该在 20 万~30 万元。而拍卖开始后不到半个小时，出价一路飙升至 8700 万元以上，迅速引发网络热议。由于可能存在恶意炒作与竞价行为，法院依法决定中止拍卖。对此法律界人士表示，司法拍卖与商业拍卖存在区别，若竞拍成功后悔拍，将依法承担责任。拍卖平台也发布了警示，告诫竞拍者：司法拍卖并非儿戏，切忌恶意出价，扰乱拍卖秩序（万承源，2022）。

第 9 章　合作博弈理论简介

博弈论包括非合作博弈理论和合作博弈理论。合作博弈理论的历史比非合作博弈理论更久远，只是在其诞生早期不如非合作博弈理论受重视，因此发展速度相对较慢。但随着社会经济和博弈理论的发展，合作博弈理论的价值开始凸显，其受重视程度和发展速度也逐渐提升。

9.1　合作博弈引论

9.1.1　合作博弈理论的意义

在非合作博弈中，各参与人从效用最大化视角选择各自的策略，强调个体理性，这有时会导致整体福利降低，例如因徒困境。即便存在需要团队合作或协同的场合，如约会博弈、猎鹿博弈等，博弈思考的出发点也是基于个体理性角度。

对于非合作博弈各方利益存在可能的帕累托改进的场合，一种提升各方收益的策略是：通过信号传递方式，让参与人之间进行信息沟通，协同各方策略。然而，信号传递需要一定的成本。若采用其他方式，如直接交谈或空口声明，如果成本较低，则事先的交谈并不能充分地保证彼此信任并坚守事先的承诺。如果博弈的参与人淡化策略的交互，提高对各方效率提升的关注水平，看重共赢，同时有强有力的契约、机制保证这种合作的可能，那么通过公平合理的收益分配机制保障，可在一定程度上促成各方的合作，实现各方共赢。这就是合作博弈的思路。

合作博弈思想也与现实中人们的一些行为相符。博弈实验研究表明，人们除了自利行为，还有利他主义倾向。即便是利己主义者之间，也存在彼此互助的现象。亚当·斯密在《国富论》中对此论述为："人类几乎随时随地都需要同胞的协助，但不可能仅仅依赖他人的恩惠。如果一个人为了自己的利益，能够刺激别人的利己心而自愿替自己做事，他就可以比较容易地达到目的。任何一个想与别人做买卖的人，都可以先这样提议：'请把我所要的东西给我吧，这样你就能从我这里得到你想要的东西。'这就是交易的通义。我们依照这个方法，可以取得所需要的大部分帮助。屠夫、酿酒师或面包师供给我们每天所需的食物和饮料，不是出自仁慈，而是因为他们自利的打算。我们不说唤起别人利他心的话，而改说唤起别人利己心的话。就算我们自己有需要，也要说这样做对他们有利。"（亚当·斯密，2013）

实际经济社会博弈中也存在很多合作行为，如全球尺度的节能减排问题、多国之间的经济贸易等。在这些博弈中，参与人之间的协同整体效益可以显著超过彼此独立行动的效益。

从理论基础看，合作博弈和非合作博弈也存在明显的区别。非合作博弈以个体理性选择理论为基础，纳什均衡分析是其主要的分析内容；合作博弈则往往从看上去"合理"的公理假设出发，强调利益分配的"公平性""合理性"和整体的帕累托最优等。但在某些情况下，合作博弈和非合作博弈具有一定程度的一致性。

美国经济学家何维·莫林（Herve Moulin，2011）将合作模式分为三类：（1）直接协议模式，即人与人之间通过直接、面对面的讨价还价，达成一种群体的合作；（2）市场化模式，即社会行为的决策权被完全赋予个体意义上的经济人，因而群体行为的结果依赖于个体自立策略互动式行为；（3）基于正义模式。基于博弈论本身的角度而言，从非合作博弈视角研究问题，可以归为市场化模式。而标准的合作博弈，即通过公理假设和最优化视角的理论体系，则偏向于直接协议模式和基于正义模式。

9.1.2　合作博弈理论的特征

非合作博弈理论和合作博弈理论的根本区别在于，前者不考虑博弈参与人之间可以运用有约束力协议的情况，而后者则允许参与人之间有这种协议存在。其实，用"是否允许存在约束力的协议"作为区分合作博弈和非合作博弈的依据，就是因为如果不允许存在这种协议，那么除非参与人本身没有偏离合作的动机，即合作行为（指采用对双方有利的策略，下同）本身就是博弈参与人的最优选择，否则即使合作最终有利于行为者自身，也仍然是无法保证参与人选择合作行为的；而当允许利用这种有约束力的协议时，就有可能在博弈方存在偏离合作的动机的情况下实现合作——当然必须先通过协调、协商等方式，达成合作协议或形成某种默契。

事实上，排除了所分析的博弈问题中存在有约束力协议的可能性，正是非合作博弈理论取得成功的关键原因。因为排除了有约束力的协议，就把非合作博弈理论的分析对象限制在个体理性基础上的个体决策上。而个体理性是人类的基本理性，个体理性决策是经济主体最基本的行为逻辑，而且分析个体理性的决策行为，比分析联合理性基础上的合作行为更加简单。因此非合作博弈的研究不仅具备较强的现实基础，而且其分析难度相对较低，较容易标准化。因此非合作博弈理论研究虽然起步较晚，但其具备上述优势，发展速度较快，更早形成了完整的理论体系并得到广泛应用，从而超越合作博弈理论，成为博弈论研究的主流。

但是，个体理性并不是人类经济行为所遵循的唯一逻辑，现实中集体理性的集体决策行为相当普遍。事实上人们在个体理性决策行为遇到困难时，经常会通过各类协议或默契等协调行为摆脱困境。因此，虽然非合作博弈理论有其适用领域，但由于其难以解释现实中普遍存在的集体理性行为，因此用非合作博弈理论研究人类的经济行为和社会经济规律时，会遇到一些难以克服的难点问题。要解决这些问题，对各种社会经济问题都作出有效分析，必须引入能有效分析人类集体理性的合作行为的合作博弈理论。

非合作博弈理论本身也离不开合作博弈理论的发展。非合作博弈分析中，会遇到不存在明显帕累托优劣关系的多重纳什均衡问题。例如两人有机会分享 100 元现金，如果两人索取的数额之和不超过 100 元，则各自的索取会得到满足，若两人索取的数额之和超过 100 元，则各自将一无所获。这是非合作博弈中非常普通的一个例子，也是现实的经济合作、竞争、交易中众多双边利益争夺问题的典型代表。作为非合作博弈，两个博弈方的策略是各自要

求的数额 $0 \leqslant s_i \leqslant 100$，当双方策略组合 (s_1, s_2) 满足 $s_1 + s_2 \leqslant 100$ 时，他们的收益与策略相等，否则收益为 0。这个博弈显然有多重纳什均衡，因为所有满足 $0 \leqslant s_i \leqslant 100$ 且 $s_1 + s_2 = 100$ 的策略组合都是纳什均衡。即使允许博弈方事先协商或可以改变策略，也只能避免出现 $s_1 + s_2 < 100$ 的非均衡结果，而无法确定具体哪个均衡会出现。若强调一次性同时选择且双方策略之和 $s_1 + s_2 > 100$ 时双方受益都为 0，聚点均衡指示可能的结果是（50，50），但如果不强调一次性同时选择，聚点均衡的作用反而不强。因此除非增加设定，对讨价还价过程进行建模，否则非合作博弈理论无法给出这个问题的最终答案。

非合作博弈理论无法解决上述问题的根源，其实就是忽视了博弈方之间可能的联合理性行为。如果考虑博弈方可能采用联合理性行为，就能发现通过博弈方的协调行为（协调方法正是本章要讨论的），完全可以解决这个非合作博弈理论无法解决的多重纳什均衡选择问题。这一方面揭示了非合作博弈理论的局限性和突破非合作博弈理论分析框架的要求，另一方面也揭示了合作博弈理论为解决非合作博弈理论难点提供了出路。因此从博弈理论发展内在逻辑的角度来看，可以认为非合作博弈理论的发展必然要求合作博弈理论的发展。

9.2　两人合作博弈

9.2.1　两人讨价还价问题的基本框架

两人讨价还价（two-person bargain）是合作博弈理论的基本问题，也是博弈论最早研究的问题之一。两人讨价还价的例子包括交易双方的价格谈判、劳资双方的工资争端、合作者的利润奖金分配，以及各种资源权益分割等，实质都是两个经济主体之间对特定利益的分割分配。

两人讨价还价问题有两个博弈方，可以用参与人 1 和参与人 2 表示，这与非合作博弈是相同的。两人讨价还价问题与非合作博弈的一个明显差异是博弈方的选择内容。非合作博弈中博弈方选择的是自身策略。但在两人讨价还价中，由于允许甚至强调通过协议协调行为，个人策略并不能直接决定结果，因此重要的不是各个博弈方的个人策略，而是作为协议对象的同时包含双方利益的分配方案（以下简称"分配"）。以两人分 100 元问题为例，参与人 1 或参与人 2 单方面想要得到多少钱（如 40 元、50 元或 100 元）是无意义的，有意义的是两人对总金额的分配（40，60）、（50，50），（100，0）等。

2007～2009 年，英国有一档热门电视竞猜节目叫《财富金球》（*Golden Balls*），每期节目的最后一个环节是"平分或偷走（Split or Steal）"。也就是当答题阶段结束后，两名选手需要决定累积的奖金（数额有时会高达 10 万英镑以上）如何分配。

奖金分配的规则如图 9 - 1 所示。两位选手需分别暗自进行二选一："平分"或"偷走"。如果双方均选择平分，累积奖金就会在两人之间平分；如果一人选择平分，另一个人选择偷走，那么选择偷走的人可赢得全部奖金，而另一人空手而归；如果两名选手都选择偷走，那么两人都会一无所获。

图 9 - 1　"平分或偷走"中的收益矩阵

在做选择时，两个选手可以有短暂的时间面对面地交谈，谈论自己打算如何选择，或尝试说服对方。选手在简短的谈话中，都想让对方相信自己根本没想过选择"偷走"，因为这样是不道德的，会遭到数十万电视观众的唾骂，让自己背负难以洗刷的骂名，然而很多选手表面上信誓旦旦，而话音刚落他们就选择"偷走"。

这个节目在观众中大受欢迎，同时也吸引了很多经济学家的关注，他们看到了很多节目以外的东西。包括美国行为经济学家理查德·塞勒（Richard Thaler）和范·登·阿瑟姆（van den Assem）等在内的一群经济学家曾研究过三年中播出的共 287 期节目，他们发现，年轻人大多不会选择"平分"，所以千万不要相信未满 30 岁的参赛者。虽然在这个节目中人们作出的承诺是博弈论中所谓的"空口声明"，但是如果有人明确承诺自己说的是真话，那么他履行承诺的概率将高出30%——这反映了人们更倾向于在撒谎时不提供某些信息，而非作出言不由衷的承诺。而对出现的结果频率进行统计，发现两名选手同时作出同一选择的频率很高，也就是说，（平分，平分）和（偷走，偷走）这样的局势经常出现，而（偷走，平分）和（平分，偷走）却不常出现。

范·登·阿瑟姆等（2011）认为，在对话环节中，虽然两名选手可能都声称下定决心要选"平分"，但他们的真实目的却是在对话过程中一边揣摩对方的心思，一边做出自己的决定。人类准确判断情感的本领，其实比一般人想象中更厉害。比如多数人都很善于识别假笑，因为人在假笑时所调动的面部肌肉群和自然产生的真心的笑容迥然不同。早在人类认知能力进化的初期，就形成了从他人面部识别情感的能力。因为识别对方的情感这种能力，对人类的生存至关重要，若是无法准确识别别人是否喜欢或厌恶自己，人类的繁殖机会将被严重影响，社交能力也会受限。正因为人们具备这种识别情感的能力，在"平分或偷走"节目中，完美骗过对方的概率很低，这导致双方的选择项会趋同。

《财富金球》这档节目中最经典的一幕是在尼克（Nick）和易卜拉欣（Ibrahim）两个选手中产生的。当时他们两人所累积的奖金总额达到了13600英镑，在两人简短商量时，尼克斩钉截铁地作出了一个惊人的宣言："我一定会选择'偷走'，但是我保证，节目结束后，我会和你平分奖金。"

易卜拉欣对此感到震惊："那你为什么不选择'平分'呢？如果我也选择偷走，我们俩一分钱也拿不到。"

主持人也对这样的言论闻所未闻，不得不插话指出，尼克的这种承诺并没有得到节目组的授权，节目组也不会对此作出保证。

尼克坚持道："但是我保证我就是要选择'偷走'，但我承诺节目过后一定分给你一半！如果你也选择'偷走'，那我们就只能空手回家了。"

易卜拉欣对这样的发言十分恼火："那我们为什么不一开始就选择'平分'，一人拿一半奖金呢？为什么还要等节目之后再分呢？"

尼克不为所动："不管怎么样，我告诉你，我就是要选择'偷走'！"

显然易卜拉欣被激怒了："一个人如果不守诺言，那他将一文不值，被人瞧不起。我爸爸从小就这样教育我……"

尼克直接打断了他："我同意，所以我保证会选'偷走'。你相信我吧，然后赛后平分。"

易卜拉欣："你就是一个白痴，你是个小人，不值一文……"

尼克："我知道，我就是要选择'偷走'。"

主持人不得不打断这无休止的争吵："如果你们还不开始选择，现场观众要在这里吃早餐了（指双方可以没完没了地争论一个通宵）。"

当主持人催促两人做出最终选择时，易卜拉欣似乎显得极度怀疑尼克的承诺，他突然放弃了他之前选择的那个选项小球，换成了另一个。

谜底揭晓了，全场的观众都看到了结果：两人都选择了"平分"！易卜拉欣惊讶地看着尼克，现场观众则报以热烈的掌声。

美国国家公共广播电台有一档名为"广播实验室"的节目，为这期的《财富金球》制作了一次特辑。尼克的对手易卜拉欣接受了采访。他承认说，自己本来编好了一个故事，想让尼克相信自己会选择"平分"，而自己实际打算选择"偷走"拿走全部的奖金。但没想到尼克一开口就说了这样一番话，易卜拉欣权衡利弊之下，发现自己只有两条路：如果自己"偷走"，那么肯定一分钱也拿不到；如果选择"平分"，说不定尼克还有可能会良心发现，遵守承诺分一些钱给自己，总之这样看上去总比一分钱都没有要好些，因此他选择了"平分"。

尼克在这里使用了一种博弈的技巧——"边缘策略"，这种策略会故意创造风险（对方可能一分钱也拿不到），把对方逼到角落，从而迫使对方遵从自己的意愿。这和"背水一战"以及"前向归纳法"相类似。

一般用 $s = (s_1, s_2)$ 表示两人讨价还价博弈的利益分配，s_1，s_2 分别代表两方参与人的利益。假设讨价还价博弈可分配的利益为 m，则必须满足双方利益之和不超过 m，且双方利益都在 $0 \sim m$。满足上述要求的分配称为"可行分配"，用 S 表示可行分配的集合，有：

$$S = \{(s_1, s_2) \mid 0 \leqslant s_i \leqslant m, s_1 + s_2 \leqslant m\}, i = \{1, 2\} \qquad (9-1)$$

任何谈判都有破裂的可能。对应每个分配 $s = (s_1, s_2)$，都有相应的效用配置 $u = (u_1, u_2)$。谈判破裂时，参与人也可能得到利益和存在利益差异。谈判破裂也包含在可行分配集中，即谈判破裂也是讨价还价双方的可行选择之一。谈判破裂结果用 d 表示，因为参与人不可能接受低于谈判破裂利益的分配，所以需要满足：谈判破裂给双方参与人带来的效用都是最低的，而且至少有一个分配给双方参与人带来的效用，大于谈判破裂时的效用，即：

$$u_1(s) \geqslant u_1(d), u_2(s) \geqslant u_2(d), \forall s \in S \qquad (9-2)$$

$$u_1(s') > u_1(d), u_2(s') > u_2(d), \exists \ s' \in S \qquad (9-3)$$

9.2.2　讨价还价博弈的解法

纳什（1950）提出了以纳什积最大化为核心的讨价还价博弈解法。其中纳什积就是双方效用超过破裂点部分的乘积，它同时反映了讨价还价双方的风险偏好以及双方的集体理性要求。

纳什讨价还价解以公平和效率两大原则为基础。纳什讨价还价解采用的是帕累托效率原则，体现在帕累托效率公理中。

帕累托效率公理：如果讨价还价博弈问题可行分配集合中的点有 (s_1, s_2) 和 (s_1', s_2')，且 $u_1(s_1) > u_1(s_1')$，$u_2(s_2) > u_2(s_2')$，那么 (s_1', s_2') 不可能是该博弈的结果。

帕累托效率公理可用图 9-2 表示。在图 9-2 中，阴影部分表示讨价还价的效用配置集合，满足帕累托效率要求的效用配置是效用配置集边界上粗线条表示的部分，也称为"帕累托效率边界"。帕累托效率公理也可表达为"博弈的解落在帕累托边界上"。帕累托效率公理表明，虽然博弈结果与双方的谈判技巧等有关，但两个理性参与人讨价还价的结果必须落在该边界上。

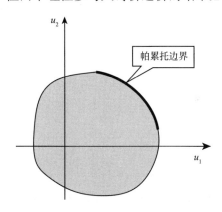

图 9-2　帕累托效率公理示意

虽然上述公理中的帕累托效率定义在效用上，但效用函数一般是利益的增函数，效用高低与分配大小是一致的。因此，上述帕累托效率也可以直接定义在分配上，即当 $s_1 > s_1'$ 且 $s_2 > s_2'$ 时，(s_1', s_2') 不可能是讨价还价博弈的结果。

纳什议价解的公平原则主要体现在以效用配置集为基础的"对称性公理"中。

对称性公理：如果 $B(S, d; u_1, u_2)$ 是一个对称的议价博弈，满足 $(u_1, u_2) \in U$ 的条件是 $(u_2, u_1) \in U$，且 $d_1 = d_2$，则作为博弈的解 (u_1^*, u_2^*) 必须满足 $u_1^* = u_2^*$。

对称性公理可以理解成，如果双方地位相同则结果相同（公平性），也可以理解成，双方的讨价还价能力一致，即在双方效用函数相同的情况下，双方都有能力实现相同的效用配置。在图 9-3 中，阴影部分表示讨价还价的效用配置集合，根据对称性公理，对称讨价还价博弈的解必须落在对称线上（粗线条表示的部分）。但是对称性公理并不要求地位不同的博弈方得到相同效用或利益分配，这避免了公平性变成一种僵化约束而对讨价还价博弈分析引入其他逻辑造成障碍。

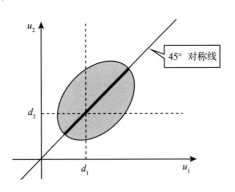

图 9-3　对称性公理示意

讨价还价博弈并不都是对称的，现实中许多因素会造成讨价还价双方处境不对称。非对称的讨价还价问题无法直接运用对称性公理解决，但可以通过变换，将其转化为对称博弈后再用对称性公理解决。纳什引入了线性变换无关公理和独立于无关选择公理，保证对称性变换过程不改变原博弈的解。

线性变换无关公理：如果 (s_1^*, s_2^*) 是一个两人讨价还价问题的解，那么当讨价还价问题中的效用变换为 $u_i' = a_i + b_i u_i$ 时，(s_1^*, s_2^*) 仍然是该问题的解。

　　线性变换无关公理表明的讨价还价解不变性是指实质性结果，也就是利益分配不变，效用配置结果是可以变化的，也要做与效用函数相同的线性变换（严格意义上是正仿射变换）（王则柯等，2021）。这个公理可以通过下述几种不对称情况理解。

　　如图 9 - 4 （a）所示，双方谈判破裂时的差异是讨价还价博弈不对称性的原因之一，只要考虑相对于谈判破裂的净效用增加 $u_i(s) \geqslant u_i(d)$，就可以把该博弈转化成对称讨价还价博弈，如图 9 - 4 （b）所示。这个对称讨价还价博弈的分配解与原博弈的分配解是相同的。

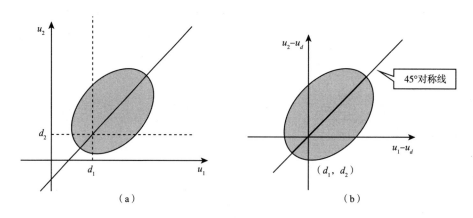

图 9 - 4　谈判破裂非对称的转化

　　不影响偏好结构的博弈参与人自身因素引起的非对称性，都可以用线性变换不变性公理解决。但参与人的风险态度和效用偏好的差异，可能导致讨价还价博弈的效用配置集不规则，无法用线性变换转变成对称集合。如图 9 - 5 中深色阴影部分的效用配置集无法用线性变换对称化。但此类无法通过线性变换对称化的讨价还价问题，可以借助增加不可能被选择的"无关"分配方案，先把非对称效用配置集扩展成对称效用配置集，再用对称性公理和效率公理求解。

　　独立于无关选择公理：如果 $B_1(S, d; u_1, u_2)$ 和 $B_2(S', d'; u_1, u_2)$ 是两个讨价还价问题，满足 $S \supset S'$ 且 $d = d'$，那么如果 B_1 的解 (s_1^*, s_2^*) 位于 S' 中，则 (s_1^*, s_2^*) 也是 B_2 的解。

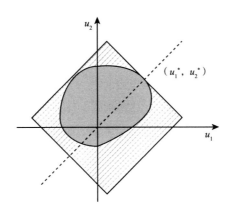

图 9 - 5　非对称效用配置集扩展为对称效用配置集

例如，把图 9 - 5 中的效用配置集扩展为其中的浅色阴影矩形后，这个扩展的效用配置集就是对称的，用对称性公理和帕累托效率公理解这个扩展效用配置集的讨价还价问题，得到效用配置解（u_1^*，u_2^*）。这个扩展效用配置集之后的效用配置解位于原问题的效用配置集中（边界上），因此扩展问题增加的效用配置（图中浅色阴影部分）实际上是不会被选择的无关配置。所以，扩展的对称讨价还价问题与原问题有相同的解，即（u_1^*，u_2^*）也是原讨价还价问题的解。

利用独立于无关选择公理解决非对称讨价还价问题的关键，是扩展问题的解位于原问题的效用配置集中。由于对称讨价还价问题的解就是对称线与帕累托边界交点，因此只有原问题的效用配置集边界与扩展问题的效用配置集边界在该交点相切才符合要求。但是，这一点并不总是能得到满足的，如图 9 - 6 中的情况就不符合这种要求。图 9 - 6 的情况需要结合利用线性变换无关公理才能解决。可以先通过线性变换，使得原问题变换过的效用配置集与对称扩展问题的帕累托边界正好在解处相切，从而得到线性变换过问题的效用配置解（$u_1^{*}{}'$，$u_2^{*}{}'$），如图 9 - 7 所示。然后，再用逆线性变换得到原问题的效用配置解，并进一步得到分配解。

纳什进一步总结了基于上述基本公理的讨价还价博弈解定理。

同时满足帕累托效率、对称性、线性变换无关、独立于无关选择 4 个公理的两人讨价还价问题的唯一解，就是下列约束最优化问题的解：

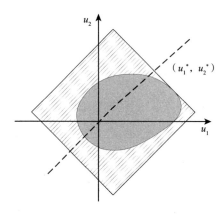

图9-6   扩展问题的解位于原问题效用配置集之外的情况

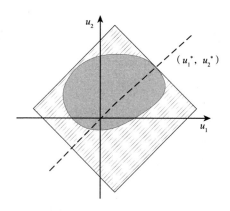

图9-7   线性变换无关公理和独立于无关选择公理相结合

$$\max_{s_1,s_2}\{[u_1(s) - u_1(d)] \times [u_2(s) - u_2(d)]\}$$
$$\text{s. t. } (s_1,s_2) \in S, (s_1,s_2) \geqslant (d_1,d_2) \qquad (9-4)$$

这个解被称为讨价还价问题的"纳什解"。纳什解是非线性优化问题的最优化点，该最优化问题的目标函数称为"纳什积"。

因为纳什积一般是凹函数，效用配置集合一般是凸紧集，因此上述纳什积优化问题通常有唯一解。分别以 $u_1(s) - u_1(d)$ 和 $u_2(s) - u_2(d)$ 为横坐标和纵坐标，令目标函数等于常数，可以得到一组等轴双曲线，如图9-8所示。最优化问题的解就是图中的 (u_1^*, u_2^*)。

纳什讨价还价博弈解法也有其局限性。如果讨价还价双方对所分割物的要求权存在明显差异，如破产清算问题中各个债权人持有的债权不同时，就

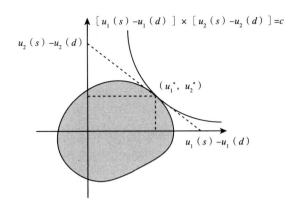

图 9 - 8　两人讨价还价问题的纳什解

难以直接用纳什解法给出合理的结论。

　　例如，假设某企业破产清算时的剩余资产为 K，有两个债权人持有债权，分别为 D_1 和 D_2，且 $D_1 + D_2 > K$。此时两个债权人无法都得到完全清偿，双方如何分割 K 的谈判就是一个讨价还价博弈。可行分配集 $S = \{(s_1, s_2) \mid s_1 + s_2 \leqslant K, 0 \leqslant s_1 \leqslant D_1, 0 \leqslant s_2 \leqslant D_1\}$。设两个债权人都是风险中性的，则其效用函数 $u_i(s_1, s_2) = s_i$，$i = 1, 2$，即债权人的效用等于其分到的金额。

　　若两个债权人的债权相同，即 $D_1 = D_2$，属于对称讨价还价博弈，根据对称性公理等可以直接得到解 $s_1 = s_2 = K/2$。若两个债权人的债权不同，不失一般性，假设 $D_1 > D_2$。用纳什解法分析，那么当 $D_1 > D_2 > K/2$ 时，纳什解如图 9 - 9（a）中的 S_1^*，仍然是（$K/2, K/2$）；当 $D_1 > D_2$ 且 $D_2 < K/2$ 时，纳什解如图 9 - 9（b）中的 S_2^*，即（$K - D_2, D_2$）。

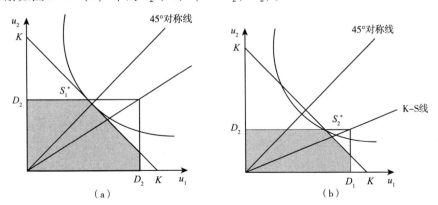

图 9 - 9　不同债权的两人讨价还价问题纳什解

两个债权人的债权不同时，由纳什解法得出的上述分配方案未必会被双方一致接受。因为虽然债权人 1 拥有的债权比债权人 2 的要大，但纳什讨价还价解法却把两人视为同等重要。债权人 1 一般不愿意接受这样的分配。

一种比较自然的观点是，可以根据双方债权的大小比例进行分割可清偿资产 K，即：

$$\begin{cases} c_1^* = \dfrac{D_1}{D_1 + D_2}K \\ c_2^* = \dfrac{D_2}{D_1 + D_2}K \end{cases} \tag{9-5}$$

这种解法由卡莱和斯莫罗丁斯基（Kalai and Smorodinsky，1975）提出，故称为"K-S 解"。上述破产清偿问题的 K-S 解就是图 9-9 中的 K-S 线与效用配置集帕累托边界的交点。

如果讨价还价博弈的谈判破裂点不在原点，上述解法可进一步改进为解分配与博弈方要求权减去破裂点利益成比例，K-S 线是从谈判破裂点到双方要求权决定的最大效用配置组合点的连线（谢识予，2023）。

9.2.3 最后通牒博弈和多轮讨价还价博弈

下面分析一个二人分配利益的序贯博弈模型。参与人 1 向参与人 2 给出一个分享 1 元的分配方案，该分配中参与人 1 获得的份额记为 S，参与人 2 获得的份额记为 $(1-S)$，则该分配方案记作 $(S, 1-S)$。参与人 2 有两个选择——接受或拒绝参与人 1 的分配方案，若接受则按 $(S, 1-S)$ 分配，若拒绝则两人都一无所获，收益为 $(0, 0)$。

通过逆向归纳法分析，人们应该是想让自己的利益最大化的，参与人 2 本应该屈辱地接受类似 "1 分钱" 的分配，因为得到 1 分钱总比一无所获好。而参与人 1 基本可以 "一毛不拔"。但在现实中博弈结果并非如此，经过让众多志愿受试者进行此博弈，结果证明，在这个博弈中，很多参与人 2 会拒绝接受参与人 1 给出的条件。当参与人 1 给对方开出的条件很低时，很可能遭到拒绝；而当参与人 1 分给对方的金额越接近总金额的一半时，参与人 2 选择接受的概率越高。

这个博弈被称为最后通牒博弈（ultimatum bargaining game）或独裁者博弈（dictator game）。在这种博弈中，理论上参与人 1（提议者）可以向对手（回应者）给出任何的分配条件，而对手不得不接受之。但是现实的结果发现人们还是会给出较公平的分配，所以这说明公平的概念（或分配的公正概念）的确深入人心。

最后通牒博弈实验始于 1982 年的德国柏林洪堡大学。从实验的结果来看，提议者平均把总金额的 37% 分给了回应者，而有近 50% 的回应者拒绝了仅获得低于总金额 20% 的提议者的出价。不论是对提议者还是对回应者的行为，理性经济人假设对最后通牒博弈没有得出一个有说服力的解释，而且也不能对现实世界中人们的真实行为提出满意的预测。主持实验的古斯教授（Werner Guth）等指出，其原因在于受试者是依赖其公平观念而不是利益最大化来决定其行为。

在众多最后通牒博弈实验中，平均出价水平最高的提议者把总奖金的 45% 分给了回应者。平均出价水平最低的提议者平均仅把总奖金的 23% 分给回应者。对提议者的出价，回应者拒绝水平最高的是 35%，回应者拒绝水平最低的仅有 12%。这些实验中，极少出现把总奖金的 50% 以上或只把极少奖金分给回应者的出价。

通过这些实验，一般性结论是，对于最后通牒博弈，虽然实验已证明出于公平性，绝大多数提议者并不会按纳什均衡指示的策略出最低价，而是给回应者更多的利益，一些回应者也表现出了对不公平的出价予以拒绝的勇气。但实验结果的数据同样也证实了，提议者绝不会因为要做到公平放弃谋取自己的利益；对于不公平的出价，回应者也并不是总是拒绝，除非提议者的出价过于不公平。

9.2.4　多轮博弈下的讨价还价

下面在理性人假设下讨论上述二人分配利益的博弈。显然，若参与人 2 拒绝了参与人 1 的分配方案，则其将一无所获，因此即使参与人 1 提出（1，0）的分配方案，参与人 2 也会接受——参与人 1 有可能提出的是（0.99，0.01）这样的分割方式，为了表述方便，可记为（1，0）。可见在理性人假设下，参与人 1 确实成为可以为所欲为的"独裁者"。之前章节所讲的"海盗分金"问题，其实就是一个多人版的最后通牒博弈。

如果稍微改动此博弈的条件，将其变为一个两轮的议价博弈：在第一轮中，参与人 1 向参与人 2 给出分享 1 元的分配 $(S_1, 1-S_1)$，参与人 2 有两个选择，接受则按 $(S_1, 1-S_1)$ 分配；若拒绝则两人互换角色，进入第二轮。此时用于分配的 1 元会"折损一次"，折损率为 $\delta(0 < \delta < 1)$。在第二轮中，参与人 2 向参与人 1 给出分配 $(S_2, \delta - S_2)$，参与人 1 有两个选择，接受则按 $(S_2, \delta - S_2)$ 分配，拒绝则博弈结束，双方收益为 $(0, 0)$。

通过逆向归纳分析可知，如果在第一轮中，参与人 2 拒绝了参与人 1 的分配，那么到第二轮参与人 2 将会提出 $(0, 1)$ 的方案（由于折损，实际可以分配的金额并没有 1 元那么多，而是经过折损的 $1 \times \delta$），并且参与人 1 会接受。因此参与人 1 为了使自己的利益最大化，就需要在第一轮使参与人 2 接受自己的分配方案，即将未来（第二轮）的"1 元"贴现到现在（第一轮）的值即 δ 分给参与人 2，剩下的部分归自己。这样双方在第一轮就都会接受 $(1-\delta, \delta)$ 的分配。

上述分析可以用图 9-10 表示。外侧函数曲线表示一轮博弈的可能分配组合：参与者 1 可能自己得到全部，但参与人 2 一无所获 $(1, 0)$；参与人 2 也有可能得到全部，参与人 1 一分未得 $(0, 1)$；或者两者之间的其他组合，出于自身利益最大化的考虑，参与人 1 会选择 $(1, 0)$ 的分配。在两轮的博弈中，如果进入第二阶段，内侧函数曲线代表参与人 1 和 2 可能的分配组合。逆向归纳可知，参与人 2 会提出 $(0, \delta)$ 的分配，而知晓这一点的参与人 1 在第一轮向参与人 2 给出的分配就是 $(1-\delta, \delta)$。

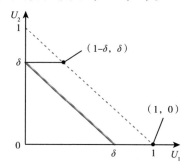

图 9-10　二人讨价还价博弈的可行分配

如果将上述博弈规则推广到三轮的博弈，则参与人 1 在第一轮会考虑：如果参与人 2 在第一轮拒绝了参与人 1 的分配方案，那么到第二轮参与人 2 将会考虑：如果第二轮参与人 1 拒绝了参与人 2 （0，1）的方案，那么到第三轮参与人 1 将会提出 （1，0）的方案，并且参与人 2 会接受，因此参与人 2 在第二轮要使参与人 1 接受方案，会将 "第三轮的 1 元" 贴现 （考虑折损系数）到第二轮的值留给参与人 1，即给出 $(\delta, 1-\delta)$ 的分配。

因此参与人 1 在第一轮应该将第二轮对手将获得的 "$(1-\delta)$ 元" 贴现到现在 （第一轮）的值 $[\delta(1-\delta)]$ 留给参与人 2，即给出 $[1-\delta(1-\delta), \delta(1-\delta)]$，或写成 $(1-\delta+\delta^2, \delta-\delta^2)$。

将此分析继续推广到四轮、五轮……的情况，不难写出：

四轮的讨价还价博弈中，第一轮参与人 1 应该提出的分配为 $(1-\delta+\delta^2-\delta^3, \delta-\delta^2+\delta^3)$；

五轮的讨价还价博弈中，第一轮参与人 1 应该提出的分配为 $(1-\delta+\delta^2-\delta^3+\delta^4, \delta-\delta^2+\delta^3-\delta^4)$；

……

当博弈为 n 轮时，根据等比数列求和公式可以写出，第一轮参与人 1 应该提出的分配为 $\left(\dfrac{1-\delta^n}{1+\delta}, \dfrac{\delta+\delta^n}{1+\delta}\right)$。

若 $n\to\infty$，即在一个无限轮的博弈中，双方可以无限次地拒绝对方的方案，并提出自己的条件，即：

$$U_1 = \frac{1-\delta^\infty}{1+\delta} = \frac{1}{1+\delta} \tag{9-6}$$

$$U_2 = \frac{\delta+\delta^\infty}{1+\delta} = \frac{\delta}{1+\delta} \tag{9-7}$$

而如果讨价还价都是在很短的时间内给出的，可以认为 δ 接近于 1，即多轮博弈后，可供分割的利益的折损速度也不会太快。此时有：

$$U_1 = \frac{1}{1+\delta} = \frac{1}{2} \tag{9-8}$$

$$U_2 = \frac{\delta}{1+\delta} = \frac{1}{2} \tag{9-9}$$

这与最后通牒博弈（一轮博弈）的结果完全不同。

这个讨价还价模型（bargain mode）是特拉维夫大学和纽约大学经济学教授阿里尔·鲁宾斯坦于 1982 年提出的，也称为鲁宾斯坦模型。这种轮流提议的讨价还价（bargaining）过程，在特殊条件下，会得到平均分配，这需要满足三个条件：

（1）能够出现无穷次讨价还价；

（2）折损系数 $\delta \to 1$，即可视为无折损；

（3）双方应该有相同的折损系数 δ。

如果博弈双方具有不同的折损系数，就会出现这样的情况：其中折损系数更低的一个参与人更加不耐烦，急于让博弈经历较少的轮数尽早结束；而另一个参与人更加耐心，可以一直讨价还价下去。这种情况下，更加耐心的一方会在博弈中占据有利地位。有时参与人们甚至可能会通过故意回绝一些对方的开价，以让自己显得比较有耐心，试图让对方给出一个对自己更有利的分配方案。

另一个值得讨论的问题是，在上述讨价还价模型中，根据逆向归纳，第一轮给出的分配方案就会被直接接受，讨价还价环节只存在于双方的推理和想象中。但在现实中经常能观察到人们给出某些方案后讨价还价、争论不休。模型和现实的差距在于，在现实生活中人们并不知道别人的折损系数是什么，因此无法确定对方能给出的最高条件是什么。而且很多人在第一次提出条件的时候，会比他们真正想要得到的收益，还要更高一些。这些都是在理论角度看来"低效率"的表现。

在某些情况下，人们可以通过对手的一些特征大概知道对方是否有耐心，例如在毕业季即将离校，急于卖掉手头旧货的高校毕业生；但即便如此人们也不知道对方分割利益后剩余的是多少（赚了多少）。所以信息的缺失会让博弈发生改变。卖家和买家在议价时并不清楚物品对于对方的价值，卖家很想表现得强势一些，而买家也想让自己看上去不太容易让步；有时候会发生议价失败，或者需要长时间的博弈、谈判才能达成共识，这些都是低效率的表现。这是由于有限理性和不完全信息造成的。

在现实中有很多双方讨价还价的例子。例如，美国影视行业的编剧大罢工中，编剧协会在面对影视制作公司的时候可能会处于不利地位——一些家底不那么厚实的编剧们需要工资养家糊口，因而无法坚持长期罢工。但影视制作公司也有其劣势的一面，因为他们急于将节目播出，而缺少编剧会使节目断档，影响其广告业务。在 2007～2008 年编剧大罢工期间，好莱坞至少有60 部影视作品被迫停工，即使没被"砍掉"的也大多缩水、质量受损。数以千计的工作人员赋闲在外，很多人因此丢掉了工作。乔治·米勒版电影《正义联盟》等多部酝酿中的影片流产；《绝望的主妇》《犯罪现场调查》《实习医生格蕾》《迷失》《英雄》等诸多热门剧集停摆，在罢工结束后才逐渐重启。据估计，这次罢工给在职的编剧们带来了大约 2.8 亿美元的薪酬损失，而美国娱乐界遭受的损失可达 20 多亿美元。①

而 2018 年德国金属工业工会与西南金属电气雇主协会的谈判中，由于行业面临技术工人严重不足的局面，且工人们在谈判期间的罢工使雇主企业损失了近 2 亿欧元，雇主协会不得不同意工会的"最苛刻"的要求——给金属和电气行业 90 万名工人加薪 4.3%，允许工人们将每日平均工作时间从标准的 7 小时缩减至 5.6 小时，并保留重返全职工作的权利。BBC 的报道据此认为，"德国的权力平衡已经从老板转向了员工"。②

又如，2023 年初，法国总统马克龙为解决该国退休基金的亏空问题，推动退休制度改革计划，拟到 2030 年将退休年龄从 62 岁逐步提高到 64 岁。该改革方案引起法国民众的强烈不满。法国工会发起数次大规模罢工抗议活动，导致包括巴黎在内的多个城市的能源供应、交通运输、制造业停滞。面对民众的抗议，马克龙政府只得表示将寻求与工会"重启对话"（张同泽，2023；Mawad et al.，2023）。

另一个例子是黄河流域的水权交易谈判问题。蒋凡等（2023）提出，建立"水银行"以实现黄河流域的水资源优化配置，即类比商业银行的存款、贷款等经营模式，在政府主导下先向各区域水权出让方集中购买水权，再向水权需求方出售，同时结算相关"利息"，实现水生态产品市场化运作。其

---

①　Wilkinson A. Hollywood's writers are on strike. Here's why that matters［EB/OL］.（2023 – 07 – 14）［2023 – 07 – 30］. https：//www.vox.com/culture/23696617/writers-strike-wga-2023-explained-residuals-streaming-ai.

②　BBC. German industrial workers win right to flexible hours［EB/OL］.（2018 – 02 – 06）［2019 – 09 – 15］. https：//www.bbc.com/news/world-europe-42959155.

中，讨价还价能力往往用贴现因子表示，贴现因子也称谈判者的耐心系数，贴现因子越高，表明该谈判者的耐心程度就越高，讨价还价能力也就越强，在谈判中所分配的收益比例越大。该研究针对黄河源地区和"水银行"双方的价格谈判建立鲁宾斯坦模型，分析结果表明，黄河源地区和"水银行"各自的耐心系数是影响水生态产品交易价格谈判的两个因素：在该博弈中，双方均表现出"对方耐心系数一定时，己方耐心系数越高，在谈判中越有利"。该研究还指出，黄河源的讨价还价能力也与当地所能供给的水生态产品占黄河水资源总量的比例有关，而这又受到生态环境保护政策的影响。据此建议完善黄河源生态环境保护相关政策，增强黄河源地区在水权交易中的议价能力，提高当地人民保护生态环境的积极性（蒋凡等，2023）。

9.3　多人合作博弈

9.3.1　多人合作博弈的联盟和联盟博弈

博弈方数量的不同，会对合作博弈有很大影响。因为当合作博弈的博弈方只有两个人时，博弈方的选择只有"合作或不合作"，"以某个方案或另一个方案进行合作"，博弈是一种纯粹的讨价还价，而当博弈方多于两个时，情况就会发生变化，就可能出现对博弈结果有很大影响的"部分博弈方的联盟（coalition）"问题。例如，有三个人有机会分享 300 元货币，分配方案由他们表决通过（少数服从多数），如果方案无法通过则三人失去这个机会，每人都一无所获。这个问题与两人分 100 元讨价还价问题的差异只是多了一个参与人，但这就会使情况发生重大变化。不难发现，博弈规则给头脑灵活的博弈方提供了得到更多利益的机会，这三个博弈方不可能始终停留在全体成员之间的讨价还价上。例如参与人 1 和参与人 2 可以结成联盟，强行通过对他们两人有利的分配方案，而剥夺参与人 3 的利益。当然参与人 3 也可以对抗这种不利局面，设法分化瓦解参与人 1 和参与人 2 的联盟，并与其中一方形成联盟等。这种组成联盟和反联盟的对抗在现实中普遍存在。这些联盟行为必然对博弈结果产生很大的影响，使得三人以上合作博弈的核心问题从讨价还价转变为联盟问题（Parkhe，1993）。因此多人合作博弈分析必须包含关于联盟的分析，也称为"联盟博弈"或"联盟型博弈"。而纯粹讨价还价的两人合作博弈则称为"两人讨价还价博弈"。两人讨价还价博弈和多人联盟博弈构成了合作博弈理论的两大研究对象。

对上述三人分 300 元问题的简单讨论，已经说明了因为多人合作博弈中存在博弈方之间联盟的可能性。对于三人分 300 元问题，容易直接得到纳什均衡解（100，100，100），但是其中实际上存在陷阱。因为已经假设三人分 100 元的规则是少数服从多数，因此只要有一人想到在其余两人中找一人结盟，例如参与人 1 联合参与人 2，就可以实现对自己更有利的分配，如（150，150，0）。因此这种纳什均衡解缺乏稳定性。当然（150，150，0）的分配也不稳定，因为参与人 3 可以通过提议如（0，180，120）的分配，拉拢参与人 2 与自己结盟，从而瓦解参与人 1 和参与人 2 的联盟和（150，150，0）的分配。而（0，180，120）同样也不牢靠，因为参与人 1 发现自己可能会反被"踢出局"时，还可以转而对参与人 3 示好，提议方案（140，0，160）从而与参与人 3 结盟。这种"联盟—分化瓦解—重组"的过程理论上可以不断进行下去，最终结果很难预料。因此把两人讨价还价的分析方法推广到联盟博弈分析是不恰当的。

如果博弈方人数进一步增加，联盟博弈的情况还会变得更加复杂。例如，一个社区有 n 户居民，每户会产生 1 袋生活垃圾，每袋垃圾会产生 1 单位负效用（垃圾放在家中造成污染的感受或处理成本），但每户居民都可以选择把自己的垃圾扔到某个其他社区居民的家里，以逃避自家垃圾的负效用。这些居民关于垃圾处置的选择，也是多人合作博弈的一个经典问题，称为"垃圾博弈"。在这个垃圾博弈中，如果每户居民都把垃圾留给自己，每户收益为（-1）。如果每户居民都把垃圾随机扔给任意一户其他居民，每户的预期收益仍然是（-1），这实际上也是此博弈的纳什均衡解。但如果部分居民结成联盟，联盟成员保证不相互扔垃圾，那么联盟成员家庭的期望效用就会上升。极端情况是（$n-1$）户居民结成联盟，共同约定都把垃圾扔给唯一的非联盟成员居民，这时候联盟成员的收益各为 [$-1/(n-1)$]，大大高于上述纳什解的（-1），被排除在联盟之外的那户居民的收益为（$-n+1$）。当然排除在联盟外的那户居民可以设法反击，例如可以通过许诺接收该联盟中任何一家可能收到的垃圾，动员联盟中的 $n-2$ 户都把垃圾扔给原联盟中的另外一户，这样原联盟之外这户受欺负的居民就只需要接收 1 袋垃圾而不是 $n-1$ 袋。当然原联盟中那户被"出卖"而收到 $n-2$ 袋垃圾的原联盟成员居民未必会就此善罢甘休，也能设法通过利诱，瓦解不利于自己的这个新联盟，形成更新版本的联盟……这种联盟的形成和瓦解，理论上也可以不断持续下去。

此外，联盟博弈中博弈方的地位和关系并不一定都是对称的。例如某人出售一件商品，但有两人同时想购买。如果设卖方对此商品的估价是 20 元，买家 1 估价 80 元，买家 2 估价 100 元，而且 3 人的估价是三方共同知识，这个商品交易问题也是一个多人合作博弈问题。用两人讨价还价的思路进行分析，卖方以 60 元的价格把商品卖给买家 2，双方各得 40 元效用（生产者剩余或消费者剩余）是最合理的结果。但如果买家 1 不甘心在此次交易中一无所获，就可能提高价格参与竞买，例如出价 70 元，竞买成功就能获得 10 元效用，而卖方此时能得到更高的 50 元效用，当然也愿意接受。然而买家 2 也可以再提价，如出价 80 元，竞买成功后其将获得 20 元效用，卖方得到 60 元效用。当然一旦两个买主发现相互竞价会导致两败俱伤使卖方得利时，也可能会转而联合起来对付卖方。例如两个买家都出价 30 元，只要买到商品的一方能给没有买到的一方一定的补偿，称为"旁支付"（side payment），两个买主的购买联盟就可能成功。这种三方较量还可以继续进行下去，较量的结果实际上就是联盟的形成和瓦解。

上面几个例子进一步解释了联盟在多人合作博弈中的核心意义。事实上联盟正是多人合作博弈与两人合作博弈最根本的区别所在，多人合作博弈分析必须考虑其中的联盟问题。

合作博弈中的"联盟"可定义为：设 $N = \{1, 2, \cdots, n\}$ 为 n 个参与人集合，则其中任意一子集 $S \subset N$ 为一个联盟。

单个参与人可视为一种特殊的联盟。而为了数学处理的方便，将空集 $\varnothing$ 也视作一种特殊的联盟。N 的所有子集（所有联盟）构成的集合记为 $P(N)$。由集合论相关原理可知 N 的所有子集（包括 N 本身，称为大联盟 grand coalition）共有 2^n 个。在这些子集中非空子集有 2^n-1 个，能够成有意义联盟的（至少有两个参与人）的子集有 2^n-n-1 个。可见联盟博弈的参与人数越多，可能的联盟就越多，博弈也就越复杂。

一般用向量 $x = (x_1, \cdots, x_n)$ 表示联盟博弈的分配，其中 x_i 为参与人 i 的预期收益。联盟博弈的分配必须符合博弈问题的基本假设，以及参与人的风险和效用偏好。此外联盟博弈的分配必须满足：每个参与人的收益都不少于其不参加任何联盟的收益。因为若非如此，相关博弈方就不会参与联盟博弈，联盟博弈就是无意义的。满足这些要求的所有分配构成联盟博弈的"可行分配集合"。因为联盟博弈中参与人们可以形成联盟，用有约束力的协议来统一行动和分配利益，因此分配在联盟博弈中具有核心作用。

例如，上述"三人分300元"联盟博弈的可行分配集合为 $\{(x_1, x_2, x_3) \mid 0 \leqslant x_i \leqslant 300, x_1 + x_2 + x_3 = 300\}$。垃圾博弈问题的可行分配集合为 $\{(x_1, \cdots, x_n) \mid -n \leqslant x_i \leqslant 0, x_1 + \cdots + x_n = -n\}$。三人商品交易联盟博弈的可行分配集合为 $\{(x_{卖家}, x_{买家1}, x_{买家2}) \mid 0 \leqslant x_{卖家}, 0 \leqslant x_{买家1} \leqslant 60, 0 \leqslant x_{买家2} \leqslant 80, x_{卖家} + x_{买家1} + x_{买家2} \leqslant 80\}$。

联盟博弈的另一个重要概念是特征函数（characteristic function）。特征函数是建立在联盟博弈中联盟的基础上的，它反映了联盟的价值和形成联盟的基础。特征函数的定义如下。

对于 n 人联盟博弈中的联盟 $S \in P(N)$，无论联盟之外的参与人如何行动，联盟成员通过协调行为可保证实现的最大联盟总收益，称为联盟的"保证水平"，记为 $V(S)$。一个联盟博弈所有可能联盟的保证水平 $V(S)$ 构成 $P(N) \to R$ 的一个实值函数，该函数称为这个联盟博弈的"特征函数"。

特征函数具有超加性：对任意两个独立联盟 S_1 与 S_2（两者没有公共成员，即 $S_1 \cap S_2 = \varnothing$），有 $V(S_1 \cup S_2) \geqslant V(S_1) + V(S_2)$。

根据特征函数的定义，一般联盟博弈特征函数值的计算方法为：

$$V(S) = \max_{x \in x_S} \min_{y \in x_{N \setminus S}} \sum_{i \in S} U_i(x, y) \qquad (9 - 10)$$

其中，x_S 表示 S 中成员全部联合混合策略的全体，$N \setminus S$ 表示 N 中除了 S 的成员之外的其他成员组成的联盟，$x_{N \setminus S}$ 表示 $N \setminus S$ 中成员全部联合混合策略的全体，$U_i(x, y)$ 表示参与人 i 对应策略组合 (x, y) 的预期收益。

现实中，常常通过对博弈的直接分析得到特征函数值。例如"三人分300元"博弈的特征函数为：$V(\varnothing) = 0$；$V(\{i\}) = 0$，$i = 1, 2, 3$（未加入联盟者将被另二人组成的联盟排挤）；$V(\{i, j\}) = 300$，$i, j = 1, 2, 3$ 且 $i \neq j$；

$V(\{1,2,3\})=300$。而前面 n 户居民垃圾博弈的特征函数为：$V(\varnothing)=0$；$V(1)=-(n-1)$；$V(2)=-(n-2)$；…；$V(n-1)=-1$；$V(n)=-n$。这里括号中数字为联盟中居民的户数，或称为联盟规模。三人商品交易博弈的特征函数为：$V(\varnothing)=0$；$V(\{i\})=0$，$i=$ 卖家，买家 1，买家 2；$V(\{$卖家，买家1$\})=60$；$V(\{$卖家，买家2$\})=V(\{$买家1，买家2$\})=V(\{$卖家，买家1，买家2$\})=80$。

特征函数是衡量联盟价值的重要基础，特别是对于可通过内部转移收益调节联盟成员利益不平衡的可转移效用（transferable utility）博弈，特征函数对形成何种联盟和博弈结果有决定作用。由于特征函数在联盟博弈中的重要地位，联盟博弈有时也称为"特征函数型博弈"。联盟博弈也表示为 $B(N,V)$，其中 V 就是其特征函数。

特征函数还可以用来对联盟博弈进行分类。例如满足 $V(N)>\sum\limits_{i\in N}V(\{i\})$ 的联盟博弈称为"本质博弈"，即存在有净增效益的联盟；而满足 $V(N)=\sum\limits_{i\in N}V(\{i\})$ 的联盟博弈称为"非本质博弈"。若一个联盟博弈的 $V(S)$ 只取 0 和 1，且单人联盟的特征函数值为 0，而大联盟特征函数值为 1，则称为"简单博弈"。在简单博弈中，特征函数值为 1 的联盟称为"有价值联盟"，特征函数值为 0 的联盟称为"无价值联盟"。如果对于任何 $S\subset N$，有 $V(S)+V(N\setminus S)=V(N)$，则此联盟博弈称为常和博弈。

9.3.2 优超、核和稳定集

联盟博弈包含联盟，而联盟的形成和瓦解情况又非常复杂，因此联盟博弈分析比非合作博弈和两人讨价还价博弈都要复杂。联盟博弈的目的是得到博弈的"理性"最终分配，其中最经典的方法有两类：一类方法是联盟博弈的"核"和"稳定集"分析；另一类方法是"沙普利值"的赋值法分析。

联盟博弈的一个基本的解的概念是"核"（core）。因为"核"的概念以"优超"的概念为基础，因此先介绍两个层次的优超概念。

（1）对于联盟博弈 $B(N,V)$ 的分配 x、y 和联盟 $S\subset N$，如果 $x_i>y_i$，$\forall i\in S$ 成立，且 $\sum\limits_{i\in S}x_i=x(S)\le V(S)$，则称"$x$ 关于 S 优超 y"，记为 $x>_S y$。

（2）对于联盟博弈 $B(N, V)$ 的分配 x、y，如果 $\exists S \subset N$，使得 $x >_S y$，则称"x 优超 y"，记为 $x > y$。

根据优超的定义，可以判断，在前面三人分 300 元的博弈中，分配（150，150，0）关于联盟 $\{1, 2\}$ 优超（100，100，100），从而（150，150，0）是优超（100，100，100）的。同样地，有（0，170，130）关于联盟 $\{2, 3\}$ 优超（150，150，0），因此（0，170，130）是优超（150，150，0）的。

基于优超的概念，可以定义联盟博弈的核：对于 n 人联盟博弈 $B(N, V)$，分配集之中不被任何分配优超的分配的全体，称为该博弈的核，记为 $C(N, V)$。

核的概念由加拿大计算机科学家、数学家唐纳德·吉利斯（Donald B Gillies，1953）提出。吉利斯认为，合作博弈的分配仅考虑个体理性是不够的，还应满足联盟理性（coalitional rationality）：当联盟中每个成员与其他人博弈时，所有联盟至少应表现得同样好。即：博弈任何合理的解都不应劣于某个联盟的特征函数值。满足这个特点的解就是核。在作为核的解中，任何一方都没有动机偏离联盟，单独行动不会使其收益增加。

与优超相对的概念是"瓦解"（block）：设 $x = (x_1, \cdots, x_n)$ 是联盟博弈 $B(N, V)$ 的一个可行分配。如果联盟 S 使得 $V(S) > x(S)$，也就是说联盟 S 的特征函数值（保证水平）高于分配 x 带给联盟成员收益的总和，则称为"联盟 S 瓦解分配 x"。

可以看出，联盟博弈的"核"也可以定义在瓦解的基础上：在一个联盟博弈 $B(N, V)$ 的可行分配集中，所有不会被任何联盟所瓦解的分配的集合，称为这个联盟博弈的核。

由于优超和瓦解之间本就存在对应关系，因此"定义在优超概念上的核"和"定义在瓦解概念上的核"实际上是等价的。例如，根据瓦解的定义，可以得出三人分 300 元的博弈中，两个优超关系中的联盟 $\{1, 2\}$ 和 $\{2, 3\}$，就是分别瓦解分配（100，100，100）和（150，150，0）的联盟。

把核作为联盟博弈的解具有合理性，因为核中的分配肯定不会被任何联盟瓦解推翻，因此在联盟博弈中具有稳定性。核是合作博弈理论最早出现的解概念，在博弈论中有重要的地位。例如，微观经济学中关于高效率生产和高效率消费的埃奇沃斯盒状图分析，其契约曲线（关于高效率生产或高效率消费的资源分配）在两个经济体互惠互利区域的部分就是双方博弈的核。但核作为联盟博弈解概念的问题是，联盟博弈的核可能是空集，而非空时又有可能不唯一。这很大程度上影响了其作为博弈的解的作用。

例如前述三人分 300 元博弈的核就是空集，即 $C(N, V) = \varnothing$。因为此博弈实际上不存在任何不被优超的分配。例如分配（100，100，100）关于联盟 $\{1, 2\}$ 被分配（150，150，0）优超，而分配（150，150，0）关于联盟 $\{2, 3\}$ 被分配（150，150，0）优超，等等。而 n 户居民垃圾博弈的核也是空集。因为该博弈的所有可行分配也都能够被优超。

如果三人分 300 元的规则从"少数服从多数"改为"分配必须全部同意才能通过"，那么此联盟博弈就存在非空的核 $C(N, V) = \{(x_1, x_2, x_3) \mid 0 \leq x_i \leq 300, x_1 + x_2 + x_3 = 300\}$。因为任何非三人联盟特征函数 $V(S) = 0$，因此无法瓦解任何分配 x；而对于三人联盟 $\{1, 2, 3\}$，因为 $x_1 + x_2 + x_3 = 300$，所以不可能存在同时满足 $y_1 > x_1$，$y_2 > x_2$，$y_3 > x_3$ 和 $y_1 + y_2 + y_3 \leq 300$ 的分配 (y_1, y_2, y_3)，因此也无法瓦解任何 x，从而证明上述集合 $\{(x_1, x_2, x_3) \mid 0 \leq x_i \leq 300, x_1 + x_2 + x_3 = 300\}$ 构成该博弈的核。但这个博弈的核中显然存在多个元素，即解不唯一。

根据联盟博弈核的定义和有关博弈的性质，可以得到下列关于联盟博弈核的定理。

定理 1：n 人联盟博弈 $B(N, V)$ 的核由所有满足以下条件的 n 维向量 $x = (x_1, \cdots, x_n)$ 组成：

（1）对所有可能联盟，联盟成员的总收益之和不小于该联盟的特征函数值，即 $\forall S \subset N, x(S) \geq V(S)$；

（2）大联盟成员总收益等于联盟特征函数值，即 $x(N) = V(N)$。

定理 2：常和本质博弈的核是空集。

因为若常和本质博弈的核非空，存在 $x \in C(N, V)$，根据本质博弈的定义 $V(N) > \sum_{i \in N} V(\{i\})$，至少存在一个参与人 k 满足 $x_k > V(\{k\})$，否则有：

$$V(N) = x(N) = \sum_{i \in N} x_i \leq \sum_{i \in N} V(\{i\}) \qquad (9-11)$$

根据常和博弈的定义，有 $V(N \setminus \{k\}) + V(\{k\}) = V(N)$，则：

$$\sum_{i \ne k} x_i = \sum_{i \in N} x_i - x_k < V(N) - V(\{k\}) = V(N \backslash \{k\}) \qquad (9-12)$$

即分配 x 会被联盟 $N \backslash \{k\}$ 瓦解，与"x 是博弈的核"矛盾。因此常和本质博弈的核是空集。

定理 3：在简单博弈 $B(N, V)$ 中，核非空的充要条件是存在拥有否决权的参与人。

另一个基于占优分析的联盟博弈解概念是稳定集（stable set）。稳定集是冯·诺伊曼和摩根斯坦首先提出的，因此也称为"v-N-M 解"。

稳定集的定义为，对于 n 人联盟博弈 $B(N, V)$，若分配集 w 满足：（1）内部稳定性，即不存在 x, $y \in w$，使得 $x > y$；（2）外部稳定性，即 $\forall x \notin w$，$\exists y \in w$，使得 $y > x$ 则分配集 w 称为这个联盟博弈的一个"稳定集"。

联盟博弈的稳定集与核之间存在联系。稳定集一般包含核，即若 w 是 $B(N, V)$ 的稳定集，$C(N, V)$ 是 $B(N, V)$ 的核，则 $C(N, V) \subset w$。

三人分 300 元博弈和 n 户居民垃圾博弈的稳定集为空集。因为这两个博弈所有的分配都能够被优超，因此这两个博弈的任何分配集都不可能满足稳定集的内部稳定性条件，所以不可能存在稳定集。而如果三人分 300 元的规则改为"分配必须全部同意才能通过"，稳定集就非空了。此时分配集 $\{(x_1, x_2, x_3) \mid 0 \le x_i \le 300, x_1 + x_2 + x_3 = 300\}$ 就是稳定集。因为其中的分配都满足帕累托效率，不可能被任何三人联盟瓦解，而所有三人以下联盟的特征函数值都是 $V(S) = 0$，也不可能瓦解这些分配。同时该分配集以外的分配都不满足帕累托效率，因此肯定可以被该分配集中的分配之一优超。因此该分配集具有内外部稳定性，根据定义可知其是稳定集。

稳定集很容易理解，也是联盟博弈重要的解概念之一。但稳定集作为联盟博弈的解概念，也存在和核同样的问题，因为稳定集同样可能是空集，而非空时又可能不唯一，因此还需要其他的解。

为此，提出"核仁"（nucleolus）的概念。"核仁"以"剩余"的概念为基础。

设 $x = (x_1, \cdots, x_n)$ 是联盟博弈 $B(N, V)$ 的一个可行分配，记 $x(S) = \sum_{i \in S} x_i$，则：

$$e(S,x) = V(S) - x(S) = V(S) - \sum_{i \in S} x_i \qquad (9-13)$$

称 $e(S, x)$ 为 S 关于 x 的剩余。

剩余 $e(S, x)$ 反映了联盟对于分配的不满意程度，而每个联盟都希望剩余越小越好。参与人集合 N 的子集有 2^n 个，故 $e(S, x)$ 也有 2^n 个，可将它们按照从小到大的顺序排列为向量 $\theta(x)$：

$$\theta(x) = [\theta_1(x), \cdots, \theta_{2^n}(x)] \qquad (9-14)$$

设有分配 x，y 为两个向量，规定"$\theta(x) < \theta(y)$"表示 $\theta_1(x) < \theta_1(y)$ 或者对 $k(k=1, \cdots, i-1)$ 有 $\theta_k(x) = \theta_k(y)$ 而 $\theta_i(x) < \theta_i(y)$。

则核仁的定义为：对于 n 人联盟博弈 $B(N, V)$ 的分配 x、y，所有满足 $\theta(x) < \theta(y)$，$x \neq y$ 的 x 的集合 $N(V)$ 是 $B(N, V)$ 的核仁。

核仁具有以下性质：对于 n 人联盟博弈 $B(N, V)$，其核仁 $N(V)$ 非空，且只包含一个元素；若其核 $C(N, V)$ 非空，则其必定包含核仁，即 $N(V) \subset C(N, V)$。

核仁可以说是"使最大的不满最小化"，它体现了一种平均主义的公平性，是一种保护弱势群体的分配方案。

9.3.3　沙普利值

沙普利值（Shapley value）是沙普利（Shapley，1953）提出的，从另一个角度分析联盟博弈的解的概念及其分析方法。如前面所述，合作博弈主要关心的问题是 n 个参与人之间构成怎样的联盟，并且如何分配因为联盟而获得的总收益。因为联盟获得的最大收益由特征函数给出，于是求解总收益的"分配方案"（合作博弈利益分配的一个解）就成为联盟是否稳定的重要条件。参与经济活动中的主体为获得更多的经济利益结成一个联盟，如果利益分配方案是"公平"的，为各经济主体所接受，那么，这个联盟的协议就是有约束力的、可执行的，并且也是稳定的。但是要做到"公平"并不容易：不同的经济主体都会有各自的判断标准，要达成一致是非常困难的。对此沙普利制定了一种比较客观的评价标准，即沙普利值。其主要思想是：将联盟合作得到的总收益（总效用）按照各参与人对联盟的贡献来分配。

沙普利首先给出了作为沙普利值基础的三个公理。

（1）对称公理：博弈的沙普利值（对应分配）与参与人的排列次序无关，或者说参与人排列次序的改变不影响博弈得到的值。

（2）有效公理：全体参与人的沙普利值之和分割完相应联盟的价值，即特征函数值。

（3）加法公理：当两个独立的博弈合并时，合并博弈的沙普利值是两个独立博弈的沙普利值之和。

沙普利证明了，同时符合上述三个公理，描述联盟博弈 $B(N, V)$ 各个参与人价值的唯一指标是向量 $(\varphi_1, \cdots, \varphi_n)$，其中：

$$\varphi_i = \sum_{S \in N} \frac{(n-k)!(k-1)!}{n!} [V(S) - V(S \backslash \{i\})] \qquad (9-15)$$

$$k = |S| \qquad (9-16)$$

其中，n 是联盟博弈的总参与人数，k 为联盟 S 的规模，即 S 包含的博弈参与人数量。向量 $(\varphi_1, \cdots, \varphi_n)$ 称为联盟博弈 $B(N, V)$ 的"沙普利值"，φ_i 是参与人 i 的沙普利值。

式 （9-15） 中 $V(S) - V(S \backslash \{i\})$ 代表参与人 i 参加或不参加联盟 S，对联盟 S 的特征函数值的影响，反映了参与人 i 对联盟 S 的贡献。$\frac{(n-k)!(k-1)!}{n!}$ 就是参与人 i 以随机方式结盟时，加入联盟 S 的概率。因此各个参与人的沙普利值就是其参与联盟博弈的预期贡献，正是衡量联盟博弈中每个参与人价值的最好指标。

需要注意的是，有时存在这样的情况：单独一个参与人是否加入某联盟，对该联盟的利益没有影响，因此有时候存在 $V(S) - V(S \backslash \{i\}) = 0$，这时候称参与人 i 是联盟 S 的"无为参与人"，也就是对联盟 S 没有贡献的参与人。由于每个参与人常常对于许多联盟是无为参与人，而无为参与人的存在可以使沙普利值的计算得到简化，因此沙普利的计算实际上并不像表面上看起来那么困难。

此外，沙普利值有对称性，即如果联盟博弈各个参与人的地位关系是对称的，那么其沙普利值相同。根据这个性质，以及各参与人沙普利值之和分割完联盟价值的有效公理，很容易通过直接分析得到对称联盟博弈的沙普利值。例如三人分300元博弈中，无论规则是"少数服从多数"还是"分配必须全部同意才能通过"，沙普利值都是（100，100，100）。同样的道理可以直接得到 n 户居民垃圾博弈的沙普利值为（-1，…，-1），即每户人家负担一袋垃圾。

若三人分300元博弈的规则改为"参与人1和2同意的分配即可通过"，则此联盟博弈的特征函数值为 $V(\{1,2\}) = V(\{1,2,3\}) = 300$，其余联盟的 $V(S) = 0$。根据沙普利值的计算方法，有：

$$\varphi_1 = \varphi_2 = \frac{(3-2)!(2-1)!}{3!} \times 300 + \frac{(3-3)!(3-1)!}{3!} \times 300 = 150$$

$$(9-17)$$

$$\varphi_3 = 0 \qquad (9-18)$$

因此这个联盟博弈的沙普利值为（150，150，0）——因为此博弈中参与人3没有表决权，因此其对所有联盟的边际贡献都是0，其沙普利必然为0；而参与人1、参与人2的地位是对称的，因此根据对称性参与人1、参与人2的沙普利值必须相同，再根据有效公理就可以直接得出这个联盟博弈的沙普利值为（150，150，0）。

在联盟博弈中按照各个参与人的贡献（价值）进行分配，与市场经济中按边际生产力分配的原则一样，看上去是比较公平和容易被人们接受的。沙普利值反映的正是各个参与人在联盟博弈中的贡献和价值，因此沙普利值是联盟博弈中进行公平分配，避免无休止的联盟对抗，从而解决联盟博弈问题的有效方法。当然现实中的经济主体在接受这种分配方法之前，可能会需要一个适应过程。沙普利值是联盟博弈最重要的解概念之一。而且沙普利值作为一种分配原则，在资源管理、税负分担、公共事业定价、社会活动等方面也有重要的应用。

例如美国法学家班扎夫三世（John F Banzhaf Ⅲ）提出的政治选举中的班扎夫权力指数（Banzaf index of voting power），就是受沙普利值思想的启发构造的。该指数的思路是，投票者的权力（价值）体现在，通过自己加入一个将要失败的联盟可使它胜利，或者退出一个将要胜利的联盟可使其失败。换句话说，投票者的权力体现在是否能成为左右联盟胜败的"关键加入者"

（pivoting player）。因此可以把一个投票者作为"关键加入者"的获胜联盟的个数，作为衡量该投票者权力的指标，称为"权力指数"（Banzhaf，1965）。班扎夫权力指数与沙普利值的关系非常密切。实际上在选举博弈中，沙普利值就等于班扎夫权力指数。

在一些电视综艺节目中可以看到这样的情况：评委们需要投票决定某些比赛结果。其中"明星评委"投的 1 张票相当于"大众评委"的若干票，相当于明星评委拥有更多的票数。假设在一次投票表决中，规则是评委 A、B、C 分别有 1 票，其中评委 A 的那张票相当于 2 票，某项决定获得 3 票及以上即可通过。根据此投票规则可知，A 是这个表决问题中 3 个联盟的关键加入者（分别是 {A，B}、{A，C} 和 {A，B，C}），B 和 C 各是 1 个联盟的关键加入者（分别是 {A，B} 和 {A，C}），因此评委 A、B、C 的班扎夫权力指数分别为 3、1、1。

9.3.4　三人争产问题

《塔木德》（*Talmud*）是在公元 2 ~ 6 世纪编纂的犹太教律法集，也被称为犹太教法典。其中记载了一个财产纠纷的案例，可视为一个联盟博弈的例子：某人在婚书中写明，若自己身故，作为婚姻中止的补偿，将遗产分给自己的三个妾，其中第一个妾（简称妾 1）分得 100 组兹（Zuz，一种犹太银币），第二个妾（简称妾 2）分得 200 组兹，第三个妾（简称妾 3）分得 300 组兹。可是此人死后清算遗产时，发现其遗产不够 600 枚银币，只有 100 枚银币、200 枚银币或者 300 枚银币，这些情况下这三个妾各应该分到多少枚银币？与此类似，若三人合伙投资做生意，该如何分配利润或债务？

《塔木德》中用另一个例子解释了解决这类经济纠纷的原则。

两人争夺一件衣服，若两人都说"这件衣服是我的"，则两人平分；若一人说"这件衣服全是我的"，另一人说"这件衣服一半是我的"，则前者分得衣服的 3/4，后者分得衣服的 1/4（Aumann and Maschler，1985）。

上述原则被称为"争衣原则"（contested garment principle），它主要包含以下两条规则：（1）争执双方只分配有争议部分，无争议部分归主张方所有；（2）争执中提出更高要求的一方的最终分配所得，不应少于提出更低要求的一方的所得。

一般地，财产争执者数量为三人以上时，将所有争执者按照其所主张的金额排序，所求金额最低者自成一组，剩下所有争执者另成一组，将争议部分的财产在两组间公平分配，以此类推。

依照"争衣原则"，《塔木德》中列举出了遗产为 100 枚银币、200 枚银币或者 300 枚银币时，三个妾应该分得的银币数量（见表 9–1）。

表 9–1　　　　　　　　　　　　三人遗产分配

项目	妾 1	妾 2	妾 3
按婚书应分得遗产	100	200	300
总遗产为 100 时	100/3	100/3	100/3
总遗产为 200 时	50	75	75
总遗产为 300 时	50	100	150

在遗产只有 100 枚银币时，三个妾都要求获得全部遗产，因此三人各得总数的 1/3，符合"争衣原则"。

在遗产为 200 枚银币的情况下，妾 1 与"妾 2 妾 3 组合"先进行第一次分配。由于妾 1 只主张 100 枚银币，所以"妾 2 妾 3 组合"先获得无争议的剩余 100 枚银币。有争议的 100 枚银币则在妾 1 与"妾 2 妾 3 组合"间平分，妾 1 得 50 枚银币，"妾 2 妾 3 组合"得 50 枚银币。在妾 2 和妾 3 进行的第二次分配中，两人都对她们在第一次分配中获得的 150 枚银币有全部的主张，因此妾 2 和妾 3 两人平分，各得 75 枚银币。

在遗产为 300 枚银币的情况下，妾 1 与"妾 2 妾 3 组合"先进行第一次分配。由于妾 1 只主张 100 枚银币，所以"妾 2 妾 3 组合"先获得无争议的剩余 200 枚银币。有争议的 100 枚银币则在妾 1 与"妾 2 妾 3 组合"间平分，妾 1 得 50 枚银币，"妾 2 妾 3 组合"得 50 枚银币。在妾 2 和妾 3 进行的第二次分配中，对她们在第一次分配中获得的 250 枚银币，妾 2 主张自己获得其中的 200 枚，妾 3 主张自己获得 250 枚，因此妾 3 先得到无争议的 50 枚，两人再平分剩下的 200 枚，最终妾 2 得到 100 枚，妾 3 共得到 150 枚。此时三人所分到的遗产比例与婚书中的比例相同。

可以看出，"争衣原则"的分配方法存在一个临界点，例如上述"三人争产"的案例中，若遗产数低于 150 枚银币，就应该三人平均分配。否则让妾 1 与"妾 2 妾 3 组合"先进行第一次分配，妾 1 拿走 50 枚的话，妾 2 与妾 3 平分剩下的部分，每人所得将低于 50 枚，违背了其中"争执中提出更高要求的一方的最终分配所得，不应少于提出更低要求的一方的所得"的规则。

下面从联盟博弈的角度对"三人争产"问题进行分析。设供分割的遗产为 $Q(0 < Q < 600)$，妾 1、妾 2 和妾 3 所分得的遗产分别为 $f(Q)$，$g(Q)$ 和 $h(Q)$，记妾 1 和妾 2 所组成的联盟为 I，妾 1 和妾 3 所组成的联盟为 II，妾 2 和妾 3 所组成的联盟为 III。其所得遗产分别为 $U_1(Q)$、$U_2(Q)$ 和 $U_3(Q)$。为了简化描述，略去货币的单位。

（1）当 $0 < Q \leqslant 150$ 时，由于争执中提出更高要求方的所得不应少于提出更低要求的所得，因此妾 3 所得 $h(Q) \geqslant Q/3$，则联盟 I 的所得 $U_1(Q) \leqslant 2Q/3 \leqslant 100$，联盟内部妾 1 和妾 2 平分所得，即 $f(Q) = g(Q)$。联盟 III 所得 $U_3(Q) \leqslant Q < 200$，因此联盟内部妾 2 和妾 3 平分所得，即 $g(Q) = h(Q)$。因此 $f(Q) = g(Q) = h(Q)$。此时联盟 II 所得 $U_2(Q) = 2Q/3 \leqslant 100$，联盟内部妾 1 和妾 3 也平分所得。此时，三个妾中任意两个的所得都满足"争衣原则"。

（2）当 $150 < Q \leqslant 450$ 时，妾 1 和联盟 III 有争议的遗产为 100，则联盟 III 先获得无争议的 $(Q-100)$，再和妾 1 平分 100，此时妾 1 获得 50，联盟 III 获得 $(Q-50)$，且满足 $100 < Q-50 \leqslant 400$。

①若 $100 < Q-50 \leqslant 200$，即 $150 < Q \leqslant 250$ 时，联盟 III 中妾 2 和妾 3 应该平分所得，各得 $(Q/2 - 25)$。此时，联盟 I 所得 $U_1(Q) = Q/2 + 25$，且满足 $100 < U_1(Q) \leqslant 150$，可视为妾 2 先获得无争议的 $U_1(Q) - 100 = (Q/2 - 75)$，再和妾 1 平分 100，结果妾 1 获得 50，妾 2 获得 $(Q/2 - 25)$，即两人所得满足"争衣原则"。同理，联盟 II 中妾 1 和妾 3 所得也满足"争衣原则"。

②当 $200 < Q-50 \leqslant 300$，即 $250 < Q \leqslant 350$ 时，联盟 III 中妾 3 主张该联盟的全部所得，而妾 2 主张 200，因此妾 3 先获得无争议的 $U_3(Q) - 200 = (Q - 250)$，然后再与妾 2 平分有争议的 200，于是妾 2 获得 100，妾 3 获得 $(Q - 150)$。此时，联盟 I 所得 $U_1(Q) = 150$，可视为妾 2 先获得无争议的 50，再和妾 1 平分 100，结果妾 1 获得 50，妾 2 获得 100，即两人所得满足"争衣原则"。此时联盟 II 所得 $U_2(Q) = (Q - 100)$ 元，且满足 $150 < U_2(Q) \leqslant 250$，可视为妾 3 先获得无争议的 $U_2(Q) - 100 = (Q - 200)$，再和妾 1 平分 100，结果

妾 1 获得 50，妾 3 获得（$Q-150$），即两人所得满足"争衣原则"。此时，三个妾中任意两个的所得都满足"争衣原则"。

③当 $300 < Q-50 \leqslant 400$，即 $350 < Q \leqslant 450$ 时，联盟Ⅲ中妾 2 主张 200，妾 3 主张 300，均低于 $U_3(Q)$，因此妾 2 先获得无争议的 $U_3(Q)-300=(Q-350)$，妾 3 先获得无争议的 $U_3(Q)-200=(Q-250)$，然后两人再平分有争议的（$550-Q$），于是妾 2 获得（$Q/2-75$），妾 3 获得（$Q/2+25$）。此时，联盟Ⅰ所得 $U_1(Q)=(Q/2-25)$，可视为妾 2 先获得无争议的 $U_1(Q)-100=(Q/2-125)$，再和妾 1 平分 100，结果妾 1 获得 50，妾 2 获得（$Q/2-75$），即两人所得满足"争衣原则"。此时联盟Ⅱ所得 $U_2(Q)=(Q/2+75)$，且满足 $250 < U_2(Q) \leqslant 300$，可视为妾 3 先获得无争议的 $U_2(Q)-100=(Q-25)$，再和妾 1 平分 100，结果妾 1 获得 50，妾 3 获得（$Q/2+25$），即两人所得满足"争衣原则"。此时，三个妾中任意两个的所得都满足"争衣原则"。

（3）当 $450 < Q \leqslant 600$ 时，设三个妾的所得在 $Q=450$ 时各自所得的基础上的增长幅度分别为 x、y、z，即 $f(Q)=50+x$，$g(Q)=150+y$，$h(Q)=250+z$，则联盟Ⅰ所得 $U_1(Q)=200+x+y$，联盟中妾 1 主张 100，妾 2 主张 200，均低于 $U_1(Q)$，因此妾 1 先获得无争议的 $U_1(Q)-200=(x+y)$，妾 2 先获得无争议的 $U_1(Q)-100=(100+x+y)$，然后两人再平分有争议的（$100-x-y$），于是妾 1 获得 $[50+(x+y)/2]$，妾 2 获得 $[150+(x+y)/2]$，同时由 $f(Q)=50+x=[50+(x+y)/2]$ 可知 $x=y$。同理，分析联盟Ⅱ和联盟Ⅲ可知 $x=z$、$y=z$，即 $x=y=z=(450-Q)/3$。即三个妾的所得在 $Q=450$ 时各自所得的基础上平均增长，且三个妾中任意两个的所得都满足"争衣原则"。

（4）当 $Q > 600$ 时，即总财产超过了三个妾的主张之和，此时财产分配应先成倍数地满足三个妾的主张。设此时 Q 除以 600 的商为 C，余数为 D，此时妾 1 先分得 $100C$，妾 2 先分得 $200C$，妾 3 先分得 $300C$，然后再则根据上述（1）～（3）三种情况分配剩余的部分 D。

可以将"三人争产"视为现实中破产清算的一个比喻：丈夫相当于一家破产企业，三个妾是其债权人。由于破产是严重资不抵债的后果，因此，"遗产"数量超过总债务以上的情况较少出现。此时"争夺大衣原则"与简单地按照债权比例进行分配相比，更好地保护了中小规模债权人（妾 1、妾 2）的基本利益。当一家企业破产时，受害程度最重的往往不是那些资产丰厚、难以伤筋动骨的大债权人,而是中小债权人。而如果那些中小规模的债权企业获得的清偿过少,则可能出现连锁倒闭的问题,甚至可能会影响整个区域的经济。因此,"争衣原则"为破产清算中保护中小规模债权人的权益提供了思路,同时它也仍然保持了博弈规则的公正性——如果破产企业遗留的资产较多,则大债权人有利可图。争执中的各方一旦接受了这种分配规则,经过思考后,都会认为该规则是较为公正,能令人满意的。这种公正性也是保证各参与人遵守博弈规则的前提。有人认为,《塔木德》中提出的这种解决方案,与前述"核"的概念类似,可称为其鼻祖(张平,2007;成克利,2010)。

9.4　其他合作博弈问题

9.4.1　合作竞争理论简介

人们经常说"商场如战场",商业竞争与战争确实存在着诸多相似之处,但是也存在区别。商业竞争中,一家企业的成功并不一定要以其他企业失败为前提,商业竞争的结局并不是以分出胜负或使用的策略如何巧妙为评价标准。有时候人们甚至会发现,当一家企业"漂亮"地击败竞争对手之时,其自身也陷入了惨淡经营的境地。在现代商业关系中,很多时候一家企业的成功是以其他企业的成功为前提的,甚至这种关系也存在于同一领域的竞争对手之间(翟凤勇等,2020)。

因此,在竞争和合作之外,经济领域中也会出现一种"合作竞争关系",其与单纯的竞争(competition)或合作(cooperation)关系不同。合作竞争(coopetition)也称为"合作性竞争""竞合",最早出现于1913年,一家海产品公司(Sealshipt Oyster System)用该词来描述零售商之间的关系:在一个城市中,牡蛎零售商彼此是竞争对手,但为了共同利益也会合作,共同培育市场,最终每个零售商都因此获益。[①] 类似地,在电子电器商城卖场中,不同商

---

① Corte V D, Aria M. Coopetition and sustainable competitive advantage: The case of tourist destinations [J]. Tourism Management, 2016, 54: 524-540.

铺彼此是竞争对手，但当顾客前来购买某种产品而某商铺正好缺货时，店主们往往会到其他同行那里"调货"，这样"互通有无"，从短期看不仅彼此获利，而且从长期看，这种"合作"的程度越高，此商城越能给顾客"品类齐全，不会空手而归"的感觉，更能吸引消费者前来此商城购物，即这种协作也有将市场做大的作用。

关于合作竞争的研究始于 21 世纪初，合作竞争并非合作和竞争的简单结合，而是同一时刻既有竞争又有合作的复杂关系。有研究者将合作竞争定义为跨组织间，为了部分共同利益进行的交互行为。这些组织在传统意义上是竞争对手，但为了取得更大的利益而合作，在这个过程中取得比较竞争优势。若用描述性定义方式，合作竞争可以定义为行业相近或相关的企业或行为主体之间彼此竞争同时又合作的交互关系。

哈佛大学商学院的布兰登勃格和耶鲁大学管理学院的内勒巴夫两位教授认为，商业是"战争与和平"同时进行的领域，企业合作可以做大蛋糕，竞争则是分蛋糕，合作竞争是追求竞争对手之间的共赢，而非消灭对方（Brandenburger and Nalebuff, 1996）。他们还认为，正因为合作竞争关系涉及商业活动主体之间复杂的策略交互，所以将博弈论作为理论框架引入合作竞争分析，可清晰地彰显商业活动中合作竞争的重要性。从某种意义上说，博弈论是深入分析合作竞争关系的最重要的理论基石。博弈论对复杂多行为主体交互的策略研究提供了充分的分析手段，因此在一定程度上使得合作竞争理念清晰化，更多地被人们所认知，同时也提供了分析合作竞争的有力工具。

合作竞争可以发生在具有互补关系的企业之间。布兰登勃格和内勒巴夫将商业主体的互补性解释为：一家企业产品的出现，对另一家企业产品的价值有提升作用。例如，计算机软件对计算机硬件的价值有提升作用，反过来，硬件配置出色的计算机又对软件功能发挥具有重要作用。因此软件公司和计算机硬件公司彼此之间就具有互补性关系。例如，每当微软公司推出新的计算机操作系统，或游戏厂商推出一款性能强大的游戏，都会刺激英特尔、英伟达、超威（AMD）等公司的新款处理器、显卡等硬件的销售；相应地，性能更强大的新硬件的推出也会带动软件的发展。而一些汽车生产商和银行之间也具有互补性关系，银行为消费者提供信贷，使得市场购买力提升，增加了汽车的消费；反过来，对汽车的消费需求又刺激了银行业务发展。

　　合作竞争还可以发生在具有竞争性关系的企业之间。在一些大城市，麦当劳和肯德基这样的快餐连锁店往往"毗邻而居"，吸引着偏好标准化快餐的顾客光顾，这两家企业由于竞争而不敢懈怠，各自在这个过程中提升了竞争力，使其他的潜在竞争者则更难进入这个市场；两家企业在共同做大快餐市场的同时，由于规模效应，各自的原料供应成本和广告成本都因此减少，使两家企业进一步获益。另一个例子是，法国标致雪铁龙公司和日本丰田公司2005 年合作推出丰田 Aygo、雪铁龙 C1 和标致 107 三款两厢小汽车，共同进军欧洲市场。[①] 这些联合开发车型共用底盘、大部分构造材料及局部组件等。这种合作共享机制大大降低了配件采购成本，但在汽车市场中这两家车企仍然存在激烈的竞争关系。

　　1985 年，苹果公司与其开发供应商微软公司签署协议，同意向微软公司提供苹果公司开发的操作系统的图形客户界面技术，条件是微软公司继续为苹果公司开发办公软件（如 Microsoft Word、Microsoft Excel 等）。[②] 这次交易使微软公司获得了开发操作系统的关键技术，并在其基础上开发了 Windows 操作系统，进而占领了全世界个人电脑桌面操作系统市场，在该领域超越了苹果公司。

　　可见，现代商界中不同商业主体之间的关系，并非你死我活的零和博弈关系，也不是简单的"囚徒困境"关系，更多地体现为一种兼具竞争与合作特征的复杂、微妙的关系，即合作竞争关系。

　　在网络时代，博弈方之间的合作竞争关系更为明显。合作竞争关系不仅体现在信息技术相关的软硬件设施方面，在这些信息环境提供的便利的基础上，经济主体之间的关系也日益网络化、动态化。人与人之间、企业与企业之间为了实现共赢，共享资源、技术和信息，可以费用共担，共同开拓市场，合作研发，经济共享，从而带来成本降低、资源互补和技术共享等优势。但同时，它们的竞争关系依然存在。

　　随着博弈论、机制设计、行为分析等相关研究的不断深入，人们越来越认识到，商界中的博弈，特别是复杂的多人博弈，并非单纯的输赢局势，还

---

　　① 搜狐汽车 . 丰田/标致雪铁龙 合作推 3 款城市微型轿车［EB/OL］. 央广网 .（2013 - 09 - 16）［2022 - 04 - 20］. https：//auto. cnr. cn/jkxc/201309/t20130916_513607140. shtml.

　　② 李岷 . 苹果：技术创造新商业［N］. 中国企业报，2012 - 04 - 24（13）.

有很多的共赢局势，并且与恶性竞争相比，共赢局势更容易吸引参与人的关注，同时也更加稳定。

9.4.2 合作博弈理论展望

本章对合作博弈理论做了简单介绍。合作博弈理论的内容非常丰富，本章的启发式介绍并未涵盖合作博弈理论的全部内容，只能让读者对合作博弈理论的核心内容有一个初步的了解。正如前面所提到的，合作博弈理论的诞生并不比非合作博弈理论晚，只是因为合作博弈理论的研究对象比非合作博弈理论更为复杂，因此在其诞生后的几十年中发展速度相对较慢。而随着非合作博弈理论在发展中体现出其局限性，需要到合作博弈理论中寻找解释和补充，可以预见，人们将会进一步意识到合作博弈理论的价值，对合作博弈理论的重视程度将会不断上升。

参 考 文 献

[1] 成克利.“三妾争产”分配方案的博弈分析及数学建模——诠释广义平均分配原则的人性化应用 [J]. 财经界，2010（3）：223 - 226.

[2] 范如国. 博弈论 [M]. 武汉：武汉大学出版社，2011.

[3] 关健. 外卖进入“战国”阶段 输赢2016年上半年或见分晓 [N]. 第一财经日报，2015 - 08 - 04（A09）.

[4] 蒋凡，冯昌信，田治威. 黄河源水生态产品“水银行”交易定价研究——基于水生态产品价值实现角度 [J]. 湿地科学与管理，2023，19（2）：36 - 40.

[5] 孔亮. 美国两党政治纲领转换的原因及影响分析 [J]. 燕山大学学报（哲学社会科学版），2016，17（3）：68 - 74.

[6] 李莉. 离奇的人质劫持事件：《纽约时报》驻华首席记者哈雷特·阿班笔下的“西安事变”[J]. 新闻春秋，2014（4）：15 - 19.

[7] 李梅军. 日本啤酒商的“苦肉计”[J]. 国家安全通讯，2001（7）：61.

[8] 李少文. 美国两党建立初选制度的原因、过程与效果 [J]. 当代世界与社会主义，2018（1）：38.

[9] 梁小民. 鼠盟式的价格联盟 [J]. 新智慧：财富版，2005（8）：16.

[10] 林培. 一条谣言引发的挤兑潮 [N]. 新华日报，2014 - 03 - 26（1）.

[11] 刘艳梅. 大宗农产品国际定价权博弈问题研究 [M]. 北京：新华出版社，2016.

[12] 卢梭. 论人类不平等的起源和基础 [M]. 李常山，译. 北京：商务印书馆，1962.

[13] 马费成. 信息经济学 [M]. 武汉：武汉大学出版社，2012.

[14] 莫林·H. 合作的微观经济学：一种博弈论的阐释 [M]. 童乙伦，梁碧，译. 上海：格致出版社、上海三联书店、上海人民出版社，2011.

[15] 浦谔. 完善科研经费使用，进一步解放科研生产力 [N]. 光明日报，2021 - 08 - 15 (1).

[16] 人民网浙江频道. 江泽民考察绍兴酒 [EB/OL]. (2010 - 12 - 03) [2020 - 11 - 16]. http://zj.people.com.cn/GB/187016/208612/13390673.html.

[17] 孙燕. 信息经济学 [M]. 大连：大连海事大学出版社，2009.

[18] 万承源. 天价"青眼白龙金卡"再现司法拍卖 [N]. 扬子晚报，2022 - 02 - 24 (A6).

[19] 王海. 蜈蚣博弈 (Centipede Game) 在现实中都有哪些应用? [EB/OL]. (2015 - 10 - 21) [2020 - 07 - 17]. https://www.zhihu.com/question/29543850.

[20] 王家范，张耕华，陈江. 大学中国史 [M]. 北京：高等教育出版社，2011.

[21] 王璐. 金融改革深化助力中国经济向好 [N]. 金融时报，2019 - 12 - 09 (12).

[22] 王伟光. 结构性过剩经济中的企业竞争行为——以彩电企业"价格联盟"的终结和价格战再起为例 [J]. 管理世界，2001 (1)：170 - 177.

[23] 王文举. 经济博弈论基础 [M]. 北京：高等教育出版社，2010.

[24] 王则柯，李杰，欧瑞秋，等. 博弈论教程 (第四版·数字教材版) [M]. 北京：中国人民大学出版社，2021.

[25] 温宪. 美国"钱主政治"愈演愈烈 [N]. 人民日报，2014 - 10 - 20 (3).

[26] 沃尔金，尚本汇. 情报经济理论 [J]. 情报科学，1990，11 (1)：74 - 78.

[27] 乌家培，谢康，肖静华. 信息经济学 (第二版) [M]. 北京：高等教育出版社，2007.

[28] 吴文俊. 活动受限制下的非协作对策 [J]. 数学学报，1961 (1)：47 - 62.

[29] 吴元中. 坚决打击司法拍卖中恶意悔拍行为 [N]. 法制日报，

2019 – 12 – 18（5）.

[30] 谢康，肖静华. 信息经济学（第四版）[M]. 北京：高等教育出版社，2019.

[31] 谢识予. 经济博弈论（第四版）[M]. 上海：复旦大学出版社，2017.

[32] 谢识予. 经济博弈论（第五版）[M]. 上海：复旦大学出版社，2023.

[33] 新华社. 美国民主情况 [N]. 人民日报，2021 – 12 – 06（15）.

[34] 新华通讯社史编写组. 新华通讯社史 [M]. 北京：新华出版社，2010.

[35] 徐汉雄. 茅台竞拍成儿戏，网络拍卖岂能无底线 [N]. 楚天都市报，2022 – 05 – 18（A10）.

[36] 徐日丹. 强化法律监督，依法严惩"碰瓷"违法犯罪——最高检法律政策研究室相关负责人答记者问 [N]. 检查日报，2020 – 10 – 15（1）.

[37] 亚当·斯密. 国富论 [M]. 陈星，译. 北京：北京联合出版公司，2013.

[38] 杨志峰，支援，尹心安. 虚拟水研究进展 [J]. 水利水电科技进展，2015，35（5）：181 – 190.

[39] 翟凤勇，孙成双，叶蔓，等. 博弈论：商业竞合之道 [M]. 北京：机械工业出版社，2020.

[40] 张平. 犹太人分遗产 [J]. 商界（中国商业评论），2007（5）：92 – 95.

[41] 张同泽. 百万人上街，法国举行第九轮全国大罢工反对退改 [EB/OL].（2023 – 03 – 24）[2023 – 03 – 24]. https://www.thepaper.cn/newsDetail_forward_22428294.

[42] 张维迎. 博弈论与信息经济学 [M]. 上海：格致出版社、上海三联书店、上海人民出版社，2012.

[43] 支援. 基于水足迹的产业用水结构分析及节水路径选择 [D]. 北京：北京师范大学，2015.

[44] 支援，梁龙跃，尹心安，等. 基于信号传递博弈原理的虚拟水调度补贴策略研究 [J]. 生态经济，2017，33（7）：134 – 139.

[45] 支援. 水资源态势与虚拟水出路 [M]. 北京：科学出版社，2020.

[46] 支援，王秀峰，梁龙跃，等. 基于完全信息博弈原理的虚拟水战略

研究 [J]. 生态经济, 2018, 34 (3): 202-207.

[47] 中国人权研究会. 美国对外侵略战争造成严重人道主义灾难 [N]. 人民日报, 2020-04-10 (7).

[48] 中华人民共和国国务院新闻办公室. 2019 年美国侵犯人权报告 [N]. 人民日报, 2020-03-14 (7).

[49] 中华人民共和国国务院新闻办公室. 2020 年美国侵犯人权报告 [N]. 人民日报, 2021-03-25 (11).

[50] 中华人民共和国国务院新闻办公室. 2021 年美国侵犯人权报告 [N]. 人民日报, 2022-03-01 (14).

[51] 中华人民共和国国务院新闻办公室. 2022 年美国侵犯人权报告 [N]. 人民日报, 2023-03-29 (17).

[52] 周菊, 刘晓林. 电池回收 "赌石人" 的窝火与疑惑: 该退役的废旧电池都去哪了? [EB/OL]. (2021-01-09) [2020-01-10]. http://www. eeo. com. cn/2021/0109/454981. shtml.

[53] 朱丽亚. 重庆洗车费成倍上涨　消费者洗车店展开博弈 [N]. 中国青年报, 2007-04-23 (7).

[54] Acemoglu D, Laibson D, List J A. Microeconomics (2nd Edition) [M]. London: Pearson, 2017.

[55] Akerlof G A. The market for "lemons": Quality uncertainty and the market mechanism [J]. The Quarterly Journal of Economics, 1970, 84: 488-500.

[56] Allan J A. Virtual water: A strategic resource global solutions to regional deficits [J]. Ground Water, 1998, 36 (4): 545-546.

[57] Arrow K J. Uncertainty and the welfare economics of medical care [J]. The American Economic Review, 1963, 53 (5): 941-973.

[58] Aumann R J, Maschler M. Game theoretic analysis of a bankruptcy problem from the Talmud [J]. Journal of Economic Theory, 1985, 36 (2): 195-213.

[59] Aumann R J, Peleg B. Von Neumann-Morgenstern solutions to cooperative games without side payments [J]. Bulletin of the American Mathematical Society, 1960, 66 (3): 173-179.

[60] Aumann R J. Subjectivity and correlation in randomized strategies [J].

Journal of Mathematical Economics, 1974, 1 (1): 67 – 96.

［61］ Banzhaf J F. Weighted voting doesn't work: A mathematical analysis ［J］. Rutgers Law Review, 1965, 19 (2): 317 – 343.

［62］ Barrabi T. Twitter employee seen sleeping on office floor as Elon Musk pushes tight deadlines ［EB/OL］. (2022 – 11 – 02) ［2022 – 11 – 04］. https://nypost. com/2022/11/02/twitter-employee-sleeps-on-office-floor-amid-elon-musk-deadlines.

［63］ Brandenburger A M, Nalebuff B J. Co-opetition: A revolution mindset that combines competition and cooperation ［M］. New York: Crown Business, 1996.

［64］ Campbell – Staton S C, Arnold B J, Gonçalves D, et al. Ivory poaching and the rapid evolution of tusklessness in African elephants ［J］. Science, 2021, 374 (6566): 483 – 487.

［65］ Cherfas J. The games animals play ［J］. New Scientist, 1977, 75: 672 – 673.

［66］ Cournot A A. Researches into the mathematical principles of the theory of wealth ［M］. New York: Macmillan, 1897.

［67］ Davis M, Maschler M. The kernel of a cooperative game ［J］. Naval Research Logistics Quarterly, 1965, 12: 223 – 259.

［68］ Enz M J, Murphy J, Tierney J E. Major league baseball free agent market: Asymmetric information and the market for lemons ［J］. Proceedings of ASBBS, 2012, 19 (1): 327 – 334.

［69］ Foot P. The problem of abortion and the doctrine of double effect ［J］. Oxford Review, 1967 (5): 5 – 15.

［70］ Friedman J. A non-cooperative equilibrium for supergames ［J］. Review of Economic Studies, 1971, 38 (1): 1 – 12.

［71］ Gillies D B. Discriminatory and bargaining solutions to a class of symmetric n-person games ［M］//Kuhn H W, Tucker A W. Contributions to the theory of games Ⅱ, Annals of Mathematical Studies, Vol. 24. Princeton: Princeton University Press, 1953: 325 – 342.

［72］ Grossman S J, Stiglitz J E. Information and competitive price systems

[J]. American Economic Review, 1976, 66 (2): 246 – 253.

[73] Harsanyi J C. A bargaining model for social status in informal groups and formal organizations [J]. Behavioral Science, 1966, 11 (5): 357 – 369.

[74] Harsanyi J C. Games with incomplete information played by "Bayesian" players, Ⅰ – Ⅲ Part I. The Basic Model [J]. Management Science, 1967, 14 (3): 159 – 182.

[75] Harsanyi J C. Games with randomly disturbed payoffs [J]. International Journal of Game Theory, 1973 (2): 1 – 23.

[76] Horlemann L, Neubert S. Virtual Water Trade: A realistic concept for resolving the water crisis? [M] Bonn: Dt. Institut für Entwicklungspolitik, 2007.

[77] Horne A. The age of Napoleon [M]. New York: Modern Library, 2004.

[78] Hotelling H. Stability in competition [J]. The Economic Journal, 1929, 39 (153): 41 – 57.

[79] Kalai E, Smorodinsky M. Other solutions to Nash's bargaining problem [J]. Econometrica, 1975, 43: 513 – 518.

[80] Kohlberg E, Mertens J F. On the strategic stability of equilibria [J]. Econometrica, 1986, 54 (5): 1003 – 1038.

[81] Kuhn H W. Extensive games and the problem of information [M] //Kuhn H W, Tucker A W. Contributions to the theory of games Ⅱ, Annals of Mathematical Studies, Vol. 24. Princeton: Princeton University Press, 1953: 193 – 216.

[82] Lehn K. Information asymmetries in baseball's free agent market [J]. Economic Inquiry, 1984, 22 (1): 37 – 44.

[83] Lhatoo Y. De Beers is fighting "fake" diamonds, but what's real? [N]. South China Morning Post, 2018 – 11 – 24.

[84] Mawad D, Laborie A, Briscoe O, Berlinger J. French airports, schools and oil refineries hit by national strike over pension age increase [EB/OL]. (2023 – 03 – 23) [2023 – 03 – 24]. https://edition. cnn. com/2023/03/23/business/france-national-strike-pension-reform/index. html.

[85] Milgrom P R, Weber R J. A theory of auctions and competitive bidding [J]. Econometrica, 1982, 50 (5): 1089 – 1122.

[86] Mirrlees J A. The theory of moral hazard and unobservable behaviour: Part I [J]. The Review of Economic Studies, 1999, 66 (1): 3 –21.

[87] Nash J. Equilibrium points in n-person games [J]. Proceedings of the National Academy of Sciences, 1950, 36 (1): 48 –49.

[88] Nash J. Non-cooperative Games [J]. Annals of Mathematics, 1951, 54 (2): 286 –295.

[89] Nash J. The bargaining problem [J]. Econometrica, 1950, 18 (2): 155 –162.

[90] Olson M L Jr. The logic of collective action: Public goods and the theory of groups [M]. Cambridge: Harvard University Press, 1965.

[91] Parkhe A. Strategic alliance structuring: A game theoretic and transaction cost examination of interfirm cooperation [J]. The Academy of Management Journal, 1993, 36 (4): 794 –829.

[92] Penner M. Strange science [N]. Los Angeles Times, 1998 – 07 – 06 (34).

[93] Polak B. Epistemic conditions for Nash Equilibrium, and common knowledge of rationality [J]. Econometrica, 1999, 67 (3): 673 –676.

[94] Poundstone W. Gaming the vote: Why elections aren't fair (and what we can do about it) [M]. New York: Hill & Wang, 2008.

[95] Reynolds D. Summits: Six meetings that shaped the twentieth century [M]. New York: Basic Books, 2009.

[96] Rothschild M, Stiglitz J. Equilibrium in competitive insurance markets: An essay on the economics of imperfect information [J]. The Quarterly Journal of Economics. 1976, 90: 629 –649.

[97] Saez E, Zucman G. The triumph of injustice: How the rich dodge taxes and how to make them pay [M]. New York: W W Norton & Company, 2019.

[98] Schelling T C. Micromotives and macrobehavior [M]. New York: WW Norton, 2006.

[99] Schelling T C. The strategy of conflict [M]. Cambridge: Harvard University Press, 1960.

[100] Schrittwieser J, Antonoglou I, Hubert T, et al. Mastering Atari, Go, chess and shogi by planning with a learned model [J]. Nature, 2020, 588: 604 - 609.

[101] Selten R. Re-examination of the perfectness concept for equilibrium points in extensive games [J]. International Journal of Game Theory, 1975 (4): 25 - 55.

[102] Selten R. Spieltheoretische behandlung eines oligopolmodells mit nachfrageträgheit-teil i bestimmung des dynamischen preisgleichgewichts [J]. Zeitschrift für die gesamte Staatswissenschaft, 1965, 121: 301 - 24.

[103] Shapley L. A value for n-person games [M] //Kuhn H W, Tucker A W. Contributions to the theory of games II, Annals of Mathematical Studies, Vol. 24. Princeton: Princeton University Press, 1953: 307 - 317.

[104] Smith J M. On evolution [M]. Edinburgh: Edinburgh University Press, 1972.

[105] Spence M. Job market signaling [J]. Quarterly Journal of Economic, 1973, 87 (3): 355 - 374.

[106] Stewart I. A puzzle for pirates [J]. Scientific American, 1999, (5): 98 - 99.

[107] Stigler G. The economics of information [J]. Journal of Political Economy, 1961, 69 (3): 213 - 225.

[108] Stiglitz J E, Weiss A. Credit rationing in markets with imperfect information [J]. American Economic Review, 1981, 71: 393 - 410.

[109] Sweet K. Silicon Valley Bank assets seized by FDIC in largest bank failure since 2008 [N/OL]. (2023 - 03 - 10) [2023 - 03 - 10]. https://www.usatoday.com/story/money/2023/03/10/silicon-valley-bank-failure-fdic/11444609002/.

[110] Talwalkar P. Game theory applied to basketball by Shawn Ruminski [EB/OL]. (2012 - 06 - 19) [2022 - 11 - 22]. https://mindyourdecisions.com/blog/2012/06/19/game-theory-applied-to-basketball-by-shawn-ruminski/.

[111] Thaler R H. Misbehaving: The making of behavioral economics [M]. New York: W. W. Norton & Company, 2015.

[112] van Damme E. Stable equilibria and forward induction [J]. Journal of Economic Theory, 1989, 48: 476 – 496.

[113] van den Assem M J, van Dolder D, Thaler R H. Split or steal? Cooperative behavior when the stakes are large [J]. Management Science, 2012, 58 (1): 2 – 20.

[114] van de Rijt A, Siegel D, Macy M. Neighborhood chance and neighborhood change: A comment on bruch and mare [J]. American Journal of Sociology, 2009, 114 (4): 1166 – 1180.

[115] von Neumann J, Morgenstern O. Theory of games and economic behavior: 60th anniversary commemorative edition [M]. Princeton: Princeton University Press, 2007.

[116] Walters S. "Britain needs Margaret Thatcher": Voters aged 18 to 24 choose the Iron Lady as the best former Prime Minister to be in charge of tackling Covid-19 and Brexit [EB/OL]. (2020 – 12 – 03) [2020 – 12 – 26]. https://www. dailymail. co. uk/news/article-9081207/Voters-aged-18-24-choose-Iron-Lady-best-former-Prime-Minister. html.

[117] Wilson R. Computing equilibria of n-person games [J]. SIAM Journal on Applied Mathematics, 1971, 21 (1): 80 – 87.

[118] WWAP (World Water Assessment Programme). The United Nations World Water Development Report 2023: Partnerships and cooperation for water [R]. Paris: UNESCO, 2023.

[119] Zermelo E. Über eine anwendung der mengenlehre auf die theorie des schachspiels [C] //Hobson E W, Love A E H. Proceedings of the Fifth International Congress of Mathematicians. Cambridge: Cambridge University Press, 1913: 501 – 504.

后　记

　　本书是笔者从事博弈论及信息经济学教学与研究工作中，对博弈战略进行理论研究与实践探索的总结。博弈论发展至今，已经被广泛应用于经济学、数学、计算机科学、生物学、政策、政治和军事领域。大数据、"互联网＋"、人工智能和生态文明时代为博弈论开辟了新的应用范围，同时也提出了新的研究方向。博弈论已经为世界带来了深远的影响，未来也将继续起着越来越重要的作用。

　　本书遵循"精心设计、用心思考、细心求证、雅俗共赏"的原则，在介绍现代博弈论经典理论体系的基础上，根据日常生活、经济、社会领域中的博弈分析需求，选取了较多具有真实性、代表性、可读性的博弈实例，力图通过实证分析，揭示其中的博弈规律，以便更好地服务于解释、预测和指导博弈决策活动的需要。希望通过本书，能够帮助读者建立博弈战略的思维方式，加深对博弈基础原理和方法的认知，并加强"综合考虑各个博弈方的直接与间接效应"的意识，将博弈论这一理论方法投入到管理与决策的实践应用中。

　　本书在撰写过程中，参考和引用了许多国内外文献，在此对撰写这些文献的同行作者、组织机构一并表示感谢。

　　限于笔者的理论水平和研究深度，本书在理论方法和学术观点上难免存在不足之处，恳请广大读者批评指正。

　　在本书付梓之际，谨向为本书的研究、出版提供帮助的朋友们表示衷心的感谢！